唯美

中文版Photoshop CS6
从入门到精通
（微课视频 全彩版）

316集视频讲解**+手机扫码**看视频**+作者直播**

☑ 配色宝典 ☑ 构图宝典 ☑ 创意宝典 ☑ 商业设计宝典 ☑ Illustrator基础
☑ CorelDRAW基础 ☑ PPT课件 ☑ 素材资源库 ☑ 工具速查 ☑ 色谱表

唯美世界　编著

中国水利水电出版社
www.waterpub.com.cn
·北 京·

内 容 简 介

《中文版 Photoshop CS6 从入门到精通（微课视频 全彩版）》是一本系统讲述 Photoshop 软件的 Photoshop 完全自学教程、Photoshop 视频教程。主要讲述了 Photoshop 入门必备知识和 PS 抠图、修图、调色、合成、特效等核心技术，以及 PS 平面设计、淘宝美工、数码照片处理、网页设计、UI 设计、手绘插画、服装设计、室内设计、建筑设计、园林景观设计、创意设计所必备的 PS 知识。

《中文版 Photoshop CS6 从入门到精通（微课视频 全彩版）》主要介绍了 Photoshop CS6 的基本操作方法和核心功能，主要内容包括 Photoshop 入门、Photoshop 基本操作、选区与填色、绘画与图像修饰、调色、实用抠图技法、蒙版与合成、图层混合与图层样式、矢量绘图、文字、滤镜和通道等。学完此部分内容后，可以满足几乎所有的常用设计工作。为了进一步提高读者的 Photoshop 使用水平，特赠送了 Photoshop CS6 的辅助功能，如网页切片与输出、创建 3D 立体效果、视频与动画、文档的自动处理等；为了提高读者的实战能力，还赠送了 19 个数码照片处理、平面设计及创意设计等不同类型的实战案例，有需要的读者可以根据前言中的提示下载后学习。

《中文版 Photoshop CS6 从入门到精通（微课视频 全彩版）》的各类学习资源有：

1．316 集视频讲解 + 素材源文件 +PPT 课件 + 手机扫码看视频 + 作者直播。

2．赠送《配色宝典》《构图宝典》《创意宝典》《商业设计宝典》《Illustrator 基础》《CorelDRAW 基础》等设计师必备知识的电子书。

3．赠送素材资源库、工具速查、色谱表等教学或者设计素材。

《中文版 Photoshop CS6 从入门到精通（微课视频 全彩版）》使用 Photoshop CS6 软件编写，使用 Photoshop CC、Photoshop CS5 版本的读者也可参考学习。

图书在版编目（C I P）数据

中文版Photoshop CS6从入门到精通 ：微课视频 ：
全彩版 ：唯美 / 唯美世界编著. -- 北京 ：中国水利水
电出版社，2018.7（2024.1重印）
ISBN 978-7-5170-6407-7

Ⅰ．①中… Ⅱ．①唯… Ⅲ．①图像处理软件 Ⅳ.
①TP391.413

中国版本图书馆CIP数据核字(2018)第074419号

丛 书 名	唯美
书 名	中文版Photoshop CS6从入门到精通（微课视频 全彩版） ZHONGWENBAN Photoshop CS6 CONG RUMEN DAO JINGTONG(WEIKE SHIPIN QUANCAI BAN)
作 者	唯美世界 编著
出版发行	中国水利水电出版社 （北京市海淀区玉渊潭南路1号D座 100038） 网址：www.waterpub.com.cn E-mail: zhiboshangshu@163.com 电话：（010）62572966-2205/2266/2201（营销中心）
经 售	北京科水图书销售有限公司 电话：（010）68545874、63202643 全国各地新华书店和相关出版物销售网点
排 版	北京智博尚书文化传媒有限公司
印 刷	北京富博印刷有限公司
规 格	203mm×260mm 16开本 30印张 1088千字 4插页
版 次	2018年7月第1版 2024年1月第16次印刷
印 数	102001—104000册
定 价	99.80元

第5章 调色
练习实例：制作梦幻效果海的女儿

第3章 选区与填色
使用椭圆选框工具制作人像海报

第5章 调色
练习实例：复古色调婚纱照

第6章　实用抠图技法
练习实例：使用色彩范围制作中国风招贴

第6章　实用抠图技法
练习实例：使用魔术橡皮擦工具去除人像背景

第7章　蒙版与合成
练习实例：使用剪贴蒙版制作人像海报

第19章 创意设计实战
19.5 帽子上的世界

第19章 创意设计实战
19.4 卡通风格娱乐节目海报

第18章 平面设计精粹
18.2 炫彩风格舞会海报

第3章　选区与填色
练习实例：羽化选区制作可爱儿童照

第8章　图层混合与图层样式
练习实例：使用强光混合模式制作双重曝光效果

第11章　滤镜
练习实例：使用干画笔滤镜制作风景画

第7章　蒙版合成
举一反三：使用图层蒙版轻松融图制作户外广告

第3章　选区与填色
扩展选区制作不规则图形的底色

第3章　选区与填色
使用边缘检测为长发模特换背景

第3章　选区与填色
使用套索与多边形套索制作手写感文字标志

第2章　Photoshop基本操作
使用复制并重复变换制作放射状背景

第2章　Photoshop基本操作
练习实例：使用自动混合制作清晰的图像

第3章　选区与填色
举一反三：制作服装面料图案

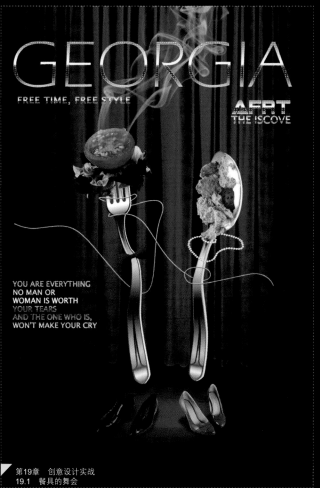

第19章 创意设计实战
19.1 餐具的舞会

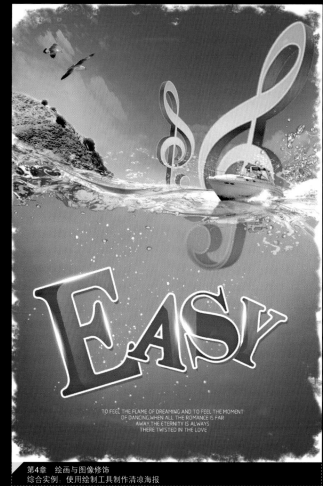

第4章 绘画与图像修饰
综合实例：使用绘制工具制作清凉海报

第7章 蒙版与合成
练习实例：使用蒙版制作古典婚纱版式

第10章 文字
练习实例：创建段落文字制作男装宣传页

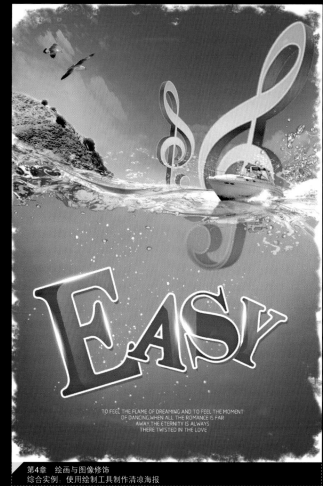

第8章 图层混合与图层样式
练习实例：制作对比效果

第11章 滤镜
练习实例：使用海报边缘滤镜制作涂鸦感绘画

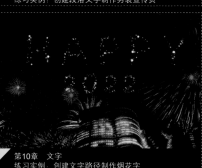

第10章 文字
练习实例：创建文字路径制作烟花字

第8章 图层混合与图层样式
练习实例：使用混合模式制作暖色夕阳

第19章 创意设计实战
19.6 大自然的疑问

第19章 创意设计实战
19.3 自然主题创意合成

第7章 蒙版与合成
综合实例：使用多种蒙版制作箱包创意广告

第7章 蒙版与合成
练习实例：使用图层蒙版制作汽车广告

前 言
Preface

Photoshop（简称"PS"）软件是 Adobe 公司研发的世界顶级、最著名、使用最广泛的图像处理软件。她的每一次更新版本都会引起万众瞩目。十多年前，Photoshop 8 版本改名为 Adobe Photoshop CS（Creative Suite，创意性的套件），此后几年 CS 版本不断升级，直至 Photoshop CS6，该版本也成为 CS 系列的集大成者。后来 Photoshop 继续升级至 CC 版本进入"云"时代，增加了智能锐化、Camera Raw 滤镜、相机防抖、3D 编辑和视频编辑等新功能，功能增强的同时对电脑的配置要求也更高。

需要指出的是，无论 Photoshop 版本如何更新，其核心功能都不会改变，而新增的那些功能相对用的也很少。所以本书仍然以目前使用最广泛的 Photoshop CS6 版本为基础进行讲解，该版本功能非常强大，能满足日常所有的设计需求，而对计算机的配置要求相对较低。

Photoshop 在日常设计中应用非常广泛，平面设计、淘宝美工、数码照片处理、网页设计、UI 设计、手绘插画、服装设计、室内设计、建筑设计、园林景观设计、创意设计等都要用到它，它几乎成了各种设计的必备软件，即"设计师必备"。

本书显著特色

1. 配套视频讲解，手把手教您学习
本书配备了大量的同步教学视频，涵盖全书几乎所有实例，如同老师在身边手把手教您，学习更轻松、更高效！

2. 二维码扫一扫，随时随地看视频
本书在章首页、重点、难点等多处设置了二维码，手机扫一扫，可以随时随地看视频。（若个别手机不能播放，可下载后在电脑上观看）

3. 订制学习内容，短期内快速上手
Photoshop 功能强大、命令繁多，全部掌握需要较多时间。如想在短期内学会用 PS 进行淘宝修图、数码照片处理、网页设计、平面设计等，不必耗时费力学习 PS 全部功能，只需根据本书的建议（见封三）学习部分内容即可。

4. 内容极为全面，注重学习规律
本书涵盖了 Photoshop CS6 几乎所有工具、命令常用的相关功能，是市场上内容最全面的图书之一。同时采用"知识点 + 理论实践 + 实例练习 + 综合实例 + 技术拓展 + 技巧提示"的模式编写，也符合轻松易学的学习规律。

5. 实例极为丰富，强化动手能力
"动手练"便于读者动手操作，在模仿中学习。"举一反三"可以巩固知识，在练习某个功能时触类旁通。"练习实例"用来加深印象，熟悉实战流程。大型商业案例则是为将来的设计工作奠定基础。

6. 案例效果精美，注重审美熏陶
PS 只是工具，设计好的作品一定要有美的意识。本书实例案例效果精美，目的是加强对美感的熏陶和培养。

7. 配套资源完善，便于深度广度拓展
除了提供几乎覆盖全书实例的配套视频和素材源文件外，本书还根据设计师必学的内容赠送了大量教学与练习资源。

软件学习资源包括：

《新手必看——Photoshop 基础视频教程》《Photoshop CS6 常用快捷键速查》《Photoshop CS6 工具速查》《Illustrator 基础》《CorelDRAW 基础》及本书的 PPT 课件。

设计理论及色彩技巧资源包括：

《配色宝典》《构图宝典》《商业设计宝典》《色彩速查宝典》《行业色彩应用宝典》及常用颜色色谱表。

练习资源包括：

实用设计素材、Photoshop 资源库等。

8．专业作者心血之作，经验技巧尽在其中

作者系艺术学院讲师、Adobe® 创意大学专家委员会委员、Corel 中国专家委员会成员。设计、教学经验丰富，大量的经验技巧融在书中，可以提高学习效率，少走弯路。

9．提供在线服务，随时随地可交流

提供公众号、QQ 群等多渠道互动、答疑、下载服务。

本书服务

1. Photoshop CS6软件获取方式

本书提供的下载文件包括教学视频和素材等，教学视频可以演示观看。要学习本书，须先安装 Photoshop CS6 软件。您可以通过如下方式获取 Photoshop CS6 简体中文版：

（1）登录 Adobe 官方网站 http://www.adobe.com/cn/ 咨询。

（2）到当地电脑城的软件专卖店咨询。

（3）到网上咨询、搜索购买方式。

2. 关于本书资源下载

（1）登录网站 xue.bookln.cn，输入书名，搜索到本书后下载。

（2）加入本书学习QQ群：690403129,（加群时，请注意提示文字，并根据提示添加相应的群），根据群公告提示下载。

3. 关于本书的服务

（1）在学习本书的过程中遇到任何问题，可以扫描本书的微信公众号获得回复。

（2）还可以访问本书的 QQ 群：690403129 咨询并关注群公告，我们及时为您服务。

关于作者

本书由唯美世界组织编写，唯美世界是一家由多名艺术学院讲师组成的松散组织，主要从事平面设计、动漫制作、影视后期合成的教育培训和教材开发工作。

本书由瞿颖健和曹茂鹏执笔编写，其他参编的人员有：王铁成、张玉华、曹爱德、曹元钢、崔英迪、齐琦、荆爽、秦颖、曹明、赵申申、曹诗雅、曹玮、曹子龙、董辅川、高歌、葛妍、韩雷、胡娟、矫雪、李芳、李化、李进、李路、李木子、刘微微、柳美余、马啸、马扬、瞿吉业、瞿学严、瞿玉珍、瞿云芳、苏晴、孙丹、孙芳、孙雅娜、陶恒兵、王萍、王晓雨、王志惠、杨建超、杨力、杨宗香、于佳、于燕香、张建霞、张凯、张越、赵民欣，在此一并表示感谢。

编　者

目 录
Contents

316集大型高清视频讲解

电子书目录

亲爱的读者朋友，通过以上内容的学习，我们已经掌握了 Photoshop CS6 的核心功能和操作要领。为了进一步提高读者的 Photoshop 使用水平，特赠送以下电子书，有需要的读者可以根据前言中的提示下载后学习。

Photoshop入门

本章内容简介：

本章主要讲解Photoshop的一些基础知识，包括认识Photoshop工作区；在Photoshop中进行新建、打开、置入、存储、打印等文件基本操作；学习在Photoshop中查看图像细节的方法；学习操作的撤销与还原方法；了解一部分常用的Photoshop设置。

重点知识掌握：

- 熟悉Photoshop的工作界面；
- 掌握"新建""打开""置入""存储""存储为"命令的使用；
- 掌握"缩放工具""抓手工具"的使用方法；
- 熟练掌握"前进一步""后退一步"命令及其快捷键的使用；
- 熟练掌握"历史记录"面板的使用。

通过本章的学习，我能做什么？

通过本章的学习，我们应该熟练掌握新建、打开、置入、存储文件等功能。通过这些功能，我们能够将多个图片添加到一个文档中，制作出简单的拼贴画，或者为照片添加一些装饰元素等。

1.1 Photoshop 第一课

正式开始学习 Photoshop 的具体功能之前，初学者肯定有好多问题想问。比如：Photoshop 是什么？能干什么？对我有用吗？我能用 Photoshop 做什么？学 Photoshop 难吗？怎么学？这些问题将在本节中解答。

1.1.1 Photoshop 是什么

大家口中所说的 PS，也就是 Photoshop，全称是 Adobe Photoshop，是由 Adobe Systems 公司开发并发行的一款图像处理软件。

为了更好地理解 Adobe Photoshop CS6，可以把这 3 个词分开来解释。Adobe 就是 Photoshop 所属公司的名称；Photoshop 是软件名称，常被缩写为 PS；CS6 是这款 Photoshop 软件的版本号，如图 1-1 所示。就像"腾讯QQ 2016"一样，"腾讯"是企业名称；QQ 是产品的名称；2016 是版本号，如图 1-2 所示。

Adobe Photoshop CS6
图 1-1

腾讯 QQ 2016
图 1-2

提示：关于 Photoshop CS6

Photoshop CS6 有标准版和扩展版两个版本，如图 1-3 所示。如果在 Windows XP 系统下安装 Photoshop CS6 Extended，3D 功能和光照效果滤镜等某些需要启动 GPU 的功能将不可用。

Adobe Photoshop CS6（标准版）可实现出众图像选择、图像润饰和逼真绘画的突破性功能，适用于摄影师、印刷设计人员。

Adobe Photoshop CS6 Extended（扩展版）包含 Photoshop CS6 中的所有高级编辑和合成功能以及可处理 3D 和基于动画的内容的工具，适用于视频专业人士、跨媒体设计人员、Web 设计人员、交互式设计人员。

Adobe Photoshop CS6   Adobe Photoshop CS6 Extended
图1-3

随着技术的不断发展，Photoshop 的技术团队也在不断对软件功能进行优化。从 20 世纪 90 年代至今，Photoshop 经历了多次版本的更新。比较早期的是 Photoshop 5.0、Photoshop 6.0、Photoshop 7.0，近几年又相继推出了 Photoshop CS4、Photoshop CS5、Photoshop CS6 等。如图 1-4 所示为不同版本 Photoshop 的启动界面。

图 1-4

目前，Photoshop 的多个版本都拥有数量众多的用户群。每个版本的升级都会有性能的提升和功能上的改进，但是在日常工作中并不一定非要使用最新版本。因为新版本虽然会有功能上的更新，但是对设备的要求也会有所提升，在软件的运行过程中就可能会消耗更多的资源。如果在使用新版本的时候感觉运行起来特别"卡"，操作反应非常慢，非常影响工作效率，这时就要考虑下是否因为计算机配置较低，无法更好地满足 Photoshop 的运行要求。可以尝试使用低版本的 Photoshop，比如 Photoshop CS5。如果卡顿的问题得以解决，那么就安心地使用这个版本吧！虽然是较早期的版本，但是功能也非常强大，与最新版本之间并没有特别大的差别，几乎不会影响到日常工作。如图 1-5 和图 1-6 所示为 Photoshop CS6 以及 Photoshop CS5 的操作界面，不仔细观察甚至都很难发现两个版本的差别。因此，即使学习的是 Photoshop CS6 版本的教程，使用相近的低或高版本软件去练习也不是完全不可以的，除去几个小功能上的差别，几乎不影响使用。

图 1-5　　　　　　　　　　　　　　　　　　　　图 1-6

 提示：选择合适的版本。

　　虽然老版本对设备要求较低，运行相对流畅，但是也不要一味追求软件的"低能耗"而使用 Photoshop 5.0、Photoshop 6.0 这样的"古董级"版本，除非你使用的是一台同样"古董级"的计算机；否则生活在"新时代"的你会发现，20 世纪末的软件操作起来还真的是有些别扭呢！如图 1-7 所示为 Photoshop 5.0 操作界面。

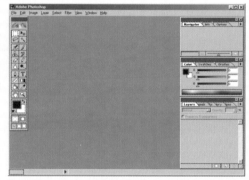

图1-7

1.1.2　Photoshop 的第一印象：图像处理

　　前面提到了 Photoshop 是一款"图像处理"软件，那么什么是"图像处理"呢？简单来说，图像处理就是指围绕数字图像进行的各种各样的编辑修改过程。比如把原本灰蒙蒙的风景照变得鲜艳明丽、瘦瘦脸或者美美白、裁切掉证件照中的多余背景等，都可以被称为图像处理，如图 1-8~ 图 1-12 所示。

图 1-8　　　　　　　　　　　　　　　　　　　图 1-9

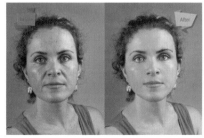

图 1-10　　　　　　　　　图 1-11　　　　　　　　　图 1-12

其实 Photoshop 图像处理功能的强大远不止于此。对于摄影师来说，Photoshop 绝对是集万千功能于一身的"数码暗房"。模特闭眼了？没问题！场景乱七八糟？没问题！商品脏了？没问题！外景写真天气不好？没问题！风光照片游人入画？没问题！集体照缺了个人？还是没问题！有了 Photoshop，再加上熟练的操作，这些问题统统可以搞定，如图 1-13 和图 1-14 所示。

图 1-13   图 1-14

充满创意的你肯定会有很多想法。想要和大明星"合影"？想要去火星"旅行"？想生活在童话里？想美到没朋友？想炫酷到爆？想变身机械侠？想飞？想上天？统统没问题！在 Photoshop 的世界中，只有你的"功夫"不到位，否则没有实现不了的画面，如图 1-15~ 图 1-18 所示。

图 1-15   图 1-16   图 1-17   图 1-18

当然，Photoshop 可不只是用来"玩"的，在各种设计制图领域里也少不了 Photoshop 的身影。下面就来看一下设计师的必备利器——Photoshop！

1.1.3 设计师不可不会的 Photoshop

Photoshop 并不仅仅是一款图像处理软件，更是设计师的必备工具之一。我们知道，设计作品要最终呈现在世人面前，设计师往往要绘制大量的草稿、设计稿、效果图等。在没有计算机的年代里，这些操作都需要在纸张上进行。如图 1-19 所示为传统广告，需要依据摆好姿势的模特与道具绘制出广告画面。

而在计算机技术蓬勃发展的今天，无纸化办公、数字化图像处理早已融入到设计师，甚至是我们每个人的日常生活中，数字技术给人们带来了太多的便利。Photoshop 既是画笔，又是纸张，我们可以在 Photoshop 中随意地绘画，随意地插入漂亮的照片、图片、文字。掌握了 Photoshop，无疑是获得了一把"利剑"。数字化的制图过程不仅节省了很多时间，更能够实现精准制图。如图 1-20 所示为在 Photoshop 中制作海报。

图 1-19   图 1-20

当前设计行业有很多分支，除了平面设计，还有室内设计、景观设计、UI 设计、服装设计、产品设计、游戏设计、动画设计等。而每一分支还可以进一步细分，比如上面看到的例子更接近平面设计师的工作之一——海报设计。除了海报设计之外，标志设计、书籍装帧设计、广告设计、包装设计、卡片设计等也属于平面设计的范畴。虽然不同的设计师所做的工作内容不同，但这些工作中几乎都少不了 Photoshop 的身影。

平面设计师自不用说，除海报设计之外，标志设计、书籍装帧设计、广告设计、包装设计、卡片设计等从草稿到完整效果图都可以使用 Photoshop 来完成，如图 1-21~ 图 1-24 所示。

图 1-21　　　　　　　图 1-22　　　　　　　图 1-23　　　　　　　图 1-24

摄影师与 Photoshop 的关系之紧密是人所共知的。在传统暗房的年代，人们想要实现某些简单的特殊效果，往往需要运用很繁琐的技法和漫长时间的等待。而在 Photoshop 中可能只需要执行一个命令，瞬间就能够实现某些特殊效果。Photoshop 为摄影师提供了极大的便利和艺术创作的可能性。尤其对于商业摄影师而言，Photoshop 技术更是提升商品照片品质的有力保证，如图 1-25 和图 1-26 所示。

室内设计师通常会利用 Photoshop 进行室内效果图的后期美化处理，如图 1-27 所示。景观设计师绘制效果图时，有很大一部分工作也可以在 Photoshop 中进行，如图 1-28 所示。

对于服装设计师而言，在 Photoshop 中不仅可以进行服装款式图、服装效果图的绘制，还可以进行成品服装的照片美化，如图 1-29~ 图 1-32 所示。

图 1-25　　　　　　　图 1-26

图 1-27　　　　　　　图 1-28

图 1-29　　　　　　图 1-30　　　　　　图 1-31　　　　　　图 1-32

产品设计要求尺寸精准、比例正确，所以 Photoshop 很少用于平面图的绘制，而是更多地用来绘制产品概念稿或者效果图，如图 1-33 和图 1-34 所示。

图 1-33　　　　　　　　　　　图 1-34

游戏设计是一项工程量庞大的综合项目，涉及工种较多，不仅需要程序开发人员，还需要美术设计人员。Photoshop 在其中主要应用在游戏界面、角色设定、场景设定、材质贴图绘制等方面。虽然 Photoshop 也具有 3D 功能，但在目前的游戏设计中几乎不会用其 3D 功能，游戏设计中的 3D 部分主要使用 Autodesk 3ds Max、Autodesk Maya 等软件来完成，如图 1-35 和图 1-36 所示。

图 1-35   图 1-36

动画设计与游戏设计相似，虽然不能使用 Photoshop 制作动画片，但是可以使用 Photoshop 进行角色设定、场景设定等"平面""静态"绘图方面的工作，如图 1-37 和图 1-38 所示。

图 1-37   图 1-38

插画设计并不算是一个新的行业，但是随着数字技术的普及，插画绘制的过程更多地从纸上转移到计算机上。数

字绘图不仅可以任意地在油画、水彩画、国画、版画、素描画、矢量画、像素画等多种绘画模式之间进行切换，还可以轻松消除绘画过程中的"失误"，创造出前所未有的视觉效果，更好地为印刷行业服务。Photoshop 是数字插画师常用的绘画软件。除此之外，Painter、Illustrator 也是插画师常用的工具。如图 1-39~ 图 1-42 所示为优秀的插画作品。

图 1-39   图 1-40

图 1-41   图 1-42

1.1.4 我不是设计师，Photoshop 对我有用吗

Photoshop 可不只是为设计师服务的。如你所见，越来越多的人把 Photoshop 挂在嘴边。看到 80 岁老太太的照片酷似 18 岁少女，我们会说："P 的吧？"看到逼真的灵异照片，我们会想"P 得好真实"。重要的合影里朋友闭着眼，我们的第一反应是"P 图让眼睛睁开"。会一点 Photoshop 的人，也肯定遇到过朋友提出把照片"P 得美点"的要求。

的确，随着数字技术的普及，原本是专业人员手中的制图工具也逐渐走下"神坛"，设计制图软件的操作方式也越来越贴近大众。一代又一代的"傻瓜式"的修图软件早已成为人们手机中的必备 APP 了，图像编修思路的大众化带动了全民修图的热潮，"修图"似乎已经成为像打电话、发短信一样简单而普通的事情。然而手机中的修图 APP 毕竟功能有限，能够实

现的效果仅限于软件内置的几十种大家都在用的"滤镜"效果。如果有一天你对这些功能雷同的软件感到厌烦了，那么请记得，Photoshop 带给图像的将是无限的可能！如图 1-43~ 图 1-46 所示为使用 Photoshop 制作的作品。

图 1-43   图 1-44   图 1-45   图 1-46

但是读者可能会问：我不是设计师，学的不是艺术专业，从事的工作也与美术毫无关系，那我学习 Photoshop 有什么用？的确，Photoshop 对于设计从业人员来说可以算作是谋生工具。但是，对更多的人来说，Photoshop 能做的事却不仅仅是专业的设计，更多的时候它既是一个便利的工具，又是一种能带给我们快乐的方式。例如，借助于 Photoshop 强大而简单易操作的图像处理功能，可以轻松地为自己做一个"最美证件照"，如图 1-47 所示；当重要的证件材料需要以电子形式存储时，可以用手机拍照并用 Photoshop 处理成扫描仪扫描出的效果；爱好文艺的人，可以在旅行归来的第一时间将照片导入到 Photoshop 中进行处理，如图 1-48 所示；重要的时刻再也不用担心影楼把最爱的人处理成千人一面的效果，如图 1-49 所示。除此之外，Photoshop 还给了我们一个能够像艺术家一样进行"创作"的机会。相信我们每个人都有想要告诉世界却无法说出口的"话"，不妨通过 Photoshop 以图像的形式展示出来，如图 1-50 所示。

图 1-47　　　　　　图 1-48　　　　　　图 1-49　　　　　　图 1-50

如果能够很好地掌握 Photoshop 的操作技能，也许会为我们提供新的工作机会。如果能够熟练地使用 Photoshop 修饰照片，那么可以尝试影楼后期处理的工作；技术更进一步的，可以尝试广告公司的商业摄影后期修图工作；如果能够熟练地使用 Photoshop 进行图像、文字、版面的编排，则可以尝试广告设计、排版设计、书籍设计、企业形象设计等工作。此外，淘宝网店美工也是近年来比较热门的职业之一，用 Photoshop 制作的网店效果图如图 1-51～图 1-54 所示。当然，如果你现在是一个"门外汉"，想要进入任何一个行业都不能只靠一个工具。Photoshop 可以作为一块"敲门砖"，但入门之后仍需要不断学习才行。

   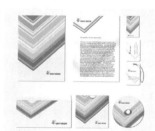

图 1-51　　　　　　　　图 1-52　　　　　　图 1-53　　　　　　　图 1-54

除了使用 Photoshop 之外，还有几款软件也是平面设计师的必备工具，如 Adobe Illustrator（简称 AI）与 Adobe InDesign（简称 ID）。Adobe Illustrator 是一款矢量制图软件，Adobe InDesign 是一款排版软件。这两款软件与 Photoshop 同属于 Adobe 公司，在操作方式上非常相似，所以有了 Photoshop 的基础，再学习这两款软件也是非常简单的。如图 1-55 所示为 Adobe Illustrator 的操作界面，如图 1-56 所示为 Adobe InDesign 的操作界面，是不是与 Photoshop 的非常相似呢？

图 1-55　　　　　　　　　　　　　　图 1-56

1.1.5　如果你也想当个设计师

设计师可以使用 Photoshop 轻松地进行工作，而非专业人员或者初学者同样可以借助 Photoshop 这块"敲门砖"，圆一个设计师的梦。其实仔细想来，普通人与设计师的区别在哪里？一是不具备设计表现能力，二是艺术设计理论的欠缺。

目前的艺术设计从业人员大部分毕业于艺术设计专业院校，而这部分人的前身就是日常所说的"艺术生"。艺术生在进入高校开始系统的专业课学习之前，都经历过几年的素描、色彩等绘画教育。这些绘画方面的课程主要训练人们的绘画造型能力以及色彩的运用能力，这是作为一个设计师必备的技能。

对于非专业人员来说，可能无法再花费几年时间把绘画的基本功搞好。那么，不会画画，无法画出设计稿的人就没有可能成为设计师了吗？当然不是！Photoshop 的出现可以说在一定程度上弥补了设计者绘画功底缺失的问题，毕竟有了 Photoshop，传统广告设计中需要绘制的部分直接调用素材或者进行处理就可以得到。很多时候平面设计师的工作可以被简化为 idea+Photoshop。当然，如果具备绘画功底或者商业摄影功底，那么进入平面设计行业则会更容易些。

理论知识同样很重要。艺术设计理论知识的学习可以说是无止境的，几乎没有任何一个设计师敢大声说出："我精通全部的设计理论！"因为我们都知道，任何一项技术理论的学习都是长期而深入的。读完几本艺术设计方面的理论教材，可以说是刚刚跨进设计世界的门槛，接下来的路需要不停地通过设计项目的磨炼，才能使自己提升，成为真正优秀的设计师。虽然学海无涯，但是我们也不要因此而害怕。因为艺术是人类的精神家园，艺术设计是创造美的行为。而艺术设计的学习就是在无数"美"的陪伴下，感知"美"，学习"美"，制造"美"，使我们成为"美"的缔造者。

〔重点〕 1.1.6　Photoshop 不难学

千万别把学 Photoshop 想得太难！Photoshop 其实很简单，就像玩手机一样。手机可以用来打电话、发短信，也可以用来聊天、玩游戏、看电影。同样的，Photoshop 可以用来谋生，也可以给自己修美照，或者恶搞好朋友的照片……因此，在学习 Photoshop 之前希望大家一定要把 Photoshop 当成一个有趣的玩具。首先你得喜欢去"玩"，想要去"玩"，这样学习的过程将会是愉悦而快速的。

前面铺垫了很多，相信大家对 Photoshop 已经有一定的认识了，下面开始真正地告诉大家如何有效地学习 Photoshop。

（1）利用简短视频教程，快速入门。

如果非常急切地要在最短的时间内达到能够简单使用 Photoshop 的程度，建议你看一套非常简单而基础的教学视频。恰好本书配备了这样一套视频教程：《Photoshop 基础视频精讲》。这套视频教程选取了 Photoshop 中最常用的功能，每个视频讲解一个或者几个小工具，时间都非常短，短到在你感到枯燥之前就结束了讲解。视频虽短，但是建议你一定要打开 Photoshop，跟着视频一起尝试使用。

由于"入门级"的视频教程时长较短，所以部分参数的解释无法完全在视频中讲解到。在练习的过程中如果遇到了问题，马上翻开书找到相应的小节，阅读相应内容即可。

当然，一分努力一分收获，学习没有捷径。2 小时与 200 小时的学习效果肯定是不一样的，只学习了简单视频内容是无法参透 Photoshop 的全部功能的。不过，到了这里你应该能够做一些简单的操作了。比如照片调色，给人物祛斑、祛痘、去瑕疵，或做个名片、标志、简单广告等，如图 1-57~ 图 1-60 所示。

| 图 1-57 | 图 1-58 | 图 1-59 | 图 1-60 |

（2）边翻开教材边打开 Photoshop 进行系统学习。

经过基础视频教程的学习后，看上去似乎学会了 Photoshop。但是实际上，之前的学习只是接触到了 Photoshop 的皮毛而已，很多功能只是做到了"能够使用"，而不一定能够达到"了解并熟练应用"的程度。因此，接下来要做的就是开始系统地学习 Photoshop。本书以操作为主，在翻开教材的同时，一定要打开 Photoshop，边看书边练习。因为 Photoshop 是一门应

中文版Photoshop CS6从入门到精通（微课视频 全彩版）

用型技术，单纯的理论灌输很难使我们熟记其功能操作，而且 Photoshop 的操作是"动态"的，每次鼠标的移动或点击都可能会触发指令，所以读者在动手练习过程中能够更直观有效地理解软件功能。

（3）勇于尝试，试了才能懂。

在软件学习过程中，一定要"勇于尝试"。在使用 Photoshop 中的工具或者命令时，我们总能看到很多参数或者选项设置。面对这些参数，看书的确可以了解参数的作用，但是更好的办法是动手去尝试。例如随意勾选一个选项或把数值调到最大、最小、中档，分别观察效果；移动滑块的位置，看看有什么变化。又如，Photoshop 中的调色命令可以实时显示参数调整的预览效果，试一试就能看到变化，如图 1-61 所示。从中不难看出，动手试试更容易，也更直观。

图 1-61

（4）别背参数，没多大用。

在学习 Photoshop 的过程中，切记不要死记硬背书中的参数。同样的参数在不同的情况下得到的效果各不相同。比如同样的画笔大小，在较大尺寸的文档中绘制出的笔触会显得很小，而在较小尺寸的文档中则可能显得很大。所以在学习过程中，我们需要理解参数为什么这么设置，而不是记住特定的参数。

其实，Photoshop 的参数设置并不复杂。在独立制图的过程中，涉及到参数设置时可以多次尝试各种不同的参数，肯定能够得到看起来很舒服的效果。如图 1-62 和图 1-63 所示为同样参数在不同图片上的效果对比。

图 1-62　　　　　　　　图 1-63

（5）抓住重点快速学。

为了更有效地快速学习，需要抓住重点。在本书的目录中可以看到部分内容被标注为重点，那么这部分知识就需要优先学习。在时间比较充裕的情况下，可以将非重点的知识一并学习。此外，书中的练习案例非常多。案例的练习是非常重要的，通过案例的操作不仅可以练习本章节所讲的内容，还能够复习之前学习过的知识。在此基础上还能够尝试使用其他章节的功能，为后面章节的学习做铺垫。

（6）在临摹中进步。

经过上述阶段的学习后，相信读者已经掌握了 Photoshop 的常用功能。接下来，就需要通过大量的制图练习提升我们的技术水平。如果此时恰好有需要完成的设计工作或者课程作业，那么这将是非常好的练习过程。如果没有这样的机会，那么建议在各大设计网站欣赏优秀的设计作品，并选择适合自己水平的优秀作品进行"临摹"。仔细观察优秀作品的构图、配色、元素的应用以及细节的表现，尽可能一模一样地将其绘制出来。这并不是教大家去抄袭优秀作品的创意，而是通过对画面内容无限接近的临摹，尝试在没有教程的情况下，培养、锤炼独立思考、独立解决制图过程中遇到的技术问题的能力，以此来提升我们的"Photoshop 功力"。如图 1-64 和图 1-65 所示为不同难度的作品临摹。

图 1-64　　　　　　　　图 1-65

（7）网上一搜，自学成才。

当然，在独立作图的时候，肯定会遇到各种各样的问题。比如临摹的作品中出现了一个火焰燃烧的效果，这个效果可能是我们之前没有接触过的，怎么办呢？这时"百度"一下就是最便捷的方式了，如图1-66和图1-67所示。网络上有非常多的教学资源，善于利用网络自主学习是非常有效的自我提升途径。

（8）永不止步地学习。

好了，到这里 Photoshop 软件技术对于我们来说已经不是问题了。克服了技术障碍，接下来就可以

图 1-66

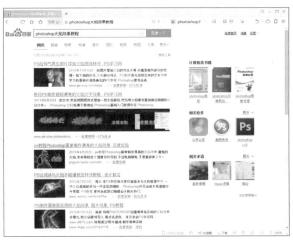

图 1-67

尝试独立设计了。有了好的创意和灵感，通过 Photoshop 在画面中准确、有效地表达出来，才是我们的终极目标。要知道，在设计的道路上，软件技术学习的结束并不意味着设计学习的结束。对国内外优秀作品的学习、新鲜设计理念的吸纳，以及设计理论的研究都应该是永不止步的。

想要成为一名优秀的设计师，自学能力是非常重要的。学校老师无法把全部知识塞进我们的脑袋，很多时候网络资源和书籍更能帮到我们。

提示：快捷键背不背？

为了提高操作效率，很多初学者执着于背诵快捷键。的确，熟练掌握快捷键后操作起来很方便，但面对快捷键速查表中列出的众多快捷键，要想全部背下来可能会花费很长时间。并不是所有的快捷键都适合我们使用，有的工具命令在实际操作中几乎用不到。建议大家先不用急着背快捷键，不断尝试使用 Photoshop，在使用的过程中体会哪些操作是常用的，然后再看下这个操作是否有快捷键。

其实快捷键大多是很有规律的，很多命令的快捷键都是与命令的英文名称相关。例如"打开"命令的英文是 OPEN，而快捷键就选取了首字母 O 并配合 Ctrl 键一起使用；"新建"命令则是 Ctrl+N（NEW 首字母）。这样记忆就容易多了。

1.2　开启 Photoshop 之旅

接下来，就让我们带着一颗坚定的心，开始美妙的 Photoshop 学习之旅吧。首先来了解一下如何安装 Photoshop。不同版本的 Photoshop 其安装方式略有不同，本书讲解的是 Photoshop CS6 的安装方式。如果想安装其他版本的 Photoshop，可以在网络上搜索一下具体方法，非常简单。完成安装后，有必要认识、了解并熟悉 Photoshop 的工作界面，为后面的学习做准备。

1.2.1　安装 Photoshop CS6

步骤01 想要使用 Photoshop，首先要做的就是将其安装到计算机中。将安装光盘放入光驱中，然后在光盘根目录 Adobe CS6 文件夹中双击 Setup.exe 文件，或从 Adobe 官方网站下载试用版运行 Setup.exe 文件。运行安装程序后，开始初始化，如图1-68所示。

图1-68

步骤 02 初始化完成后，在"欢迎"窗口中可以选择"安装"或"试用"，如图 1-69 所示。

图 1-69

步骤 03 如果在"欢迎"窗口中单击"安装"，则会弹出"Adobe 软件许可协议"窗口，阅读许可协议后单击"接受"按钮，如图 1-70 所示。在弹出的"序列号"窗口中输入安装序列号，如图 1-71 所示。

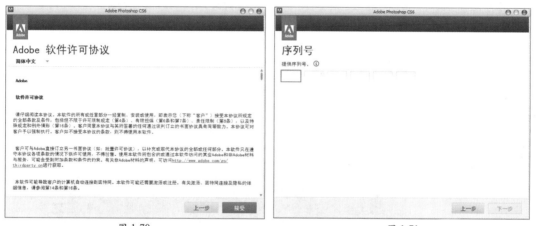

图 1-70　　　　　　　　　　　　　　　　　　　图 1-71

步骤 04 如果在"欢迎"窗口中单击"试用"，则在弹出的"登录"窗口中输入 Adobe ID，并单击"登录"按钮，如图 1-72 所示。接着在"选项"窗口中选择合适的语言，并设置合适的安装路径，然后单击"安装"按钮开始安装，如图 1-73 所示。

图 1-72　　　　　　　　　　　　　　　　　　　图 1-73

安装完成后显示"安装完成"窗口，如图 1-74 所示。在桌面上双击 Photoshop CS6 快捷方式，即可启动 Photoshop CS6，如图 1-75 所示。

图 1-74 图 1-75

 提示：试用与购买。

在上述过程中是以"试用"的方式进行下载安装，在没有付费购买 Photoshop 软件之前，我们可以免费使用一小段时间；如果需要长期使用，则需要购买。

重点 1.2.2 认识一下Photoshop

扫一扫，看视频

Photoshop 成功安装后，在"程序"菜单中选择 Adobe Photoshop CS6 命令，即可将其启动；或者双击桌面上的 Adobe Photoshop CS6 快捷方式来启动，如图 1-76 所示。至此，我们终于见到了 Photoshop 的"芳容"，如图 1-77 所示。

Adobe Photoshop CS6.exe

图 1-76

图 1-77

虽然打开了 Photoshop，但此时所看到的却不是它的全貌，因为当前没有可操作的文档，所以很多功能都没有显示出来。为了便于读者学习，可以在这里打开一张图片。执行"文件 > 打开"命令，在弹出的"打开"对话框中选择一张图片，然后单击"打开"按钮，如图 1-78 所示。接着文档被打开，Photoshop 的全貌才得以呈现，如图 1-79 所示。Photoshop 的工作界面由菜单栏、选项栏、标题栏、工具箱、状态栏、文档窗口以及多个面板组成。

图 1-78   图 1-79

1. 菜单栏

Photoshop 的菜单栏中包含多个菜单项，单击某个菜单项，即可打开相应的菜单。每个下拉菜单中都包含多个命令，其中某些命令后方带有▶符号，表示该命令还包含多个子命令；某些命令后方带有一连串的"字母"，这些字母就是 Photoshop 的快捷键。例如，"文件"下拉菜单中的"关闭"命令后方显示了 Ctrl+W，那么同时按下键盘上的 Ctrl 键和 W 键，即可快速执行该命令，如图 1-80 所示。

对于菜单命令，本书采用诸如"执行'图像 > 调整 > 曲线'命令"的方式表述。换句话说，就是要首先单击菜单栏中的"图像"菜单项，接着将光标向下移动到"调整"命令处，在弹出的子菜单中单击"曲线"命令，如图 1-81 所示。

图 1-80   图 1-81

 提示：自定义命令的快捷键。

在实际操作中，使用快捷键是非常方便、快捷的。不过，有的命令并没有快捷键，比如"亮度 / 对比度"命令。在 Photoshop 中可以为没有快捷键的命令设置一个快捷键，当然也可以更改已有命令的快捷键。

执行"编辑 > 键盘快捷键"命令，打开"键盘快捷键和菜单"对话框。在该对话框中找到需要设置快捷键的命令，其右侧有一个用于定义快捷键的文本框，单击使之处于输入的状态，如图 1-82 所示。此时在键盘上按下想要设置的快捷键即可，如同时按住 Shift 键、Ctrl 键和 M 键，此时文本框中会出现 Shift+Ctrl+M 组合键，然后单击"确定"按钮完成操作，如图 1-83 所示。在此要注意的是，在为命令配置快捷键时，只能在键盘上进行操作，不能手动输入快捷键的字母。

图 1-82   图 1-83

2. 文档窗口

执行"文件 > 打开"命令，在弹出的"打开"对话框中随意选择一张图片，单击"打开"按钮，如图 1-84 所示。这张图片就会在 Photoshop 中被打开，在文档窗口的标题栏中就可以看到关于这张图片的相关信息了（文档名称、文档格式、窗口缩放比例以及颜色模式等），如图 1-85 所示。

3. 状态栏

状态栏位于文档窗口的下方，用于显示当前文档的大小、文档尺寸、当前工具和测量比例等信息。在状态栏中单击》按钮，在弹出的菜单中选择相应的命令，可以设置要显示的内容，如图 1-86 所示。

图 1-84   图 1-85   图 1-86

4. 工具箱与工具选项栏

工具箱位于 Photoshop 工作界面的左侧，其中以小图标的形式提供了多种实用工具。有的图标右下角带有▲标记，表示这是个工具组，其中可能包含多个工具。用鼠标右键单击（简称右击）工具组图标，即可看到该工具组中的其他工具；将光标移动到某个工具上单击，即可选择该工具，如图 1-87 所示。

选择了某个工具后，在其选项栏中可以对相关参数选项进行设置。不同工具的选项栏也不同，如图 1-88 所示。

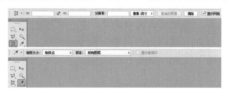

图 1-87   图 1-88

提示：双排显示工具箱。

当工具箱无法在 Photoshop 中完全显示时，可以将单排显示的工具箱折叠为双排显示。单击工具箱顶部的折叠按钮 》 可以将其折叠为双栏，单击 《 按钮则可还原回展开的单栏模式，如图 1-89 所示。

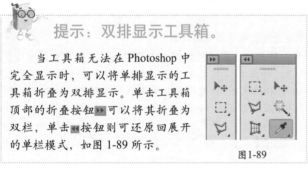

图 1-89

5. 面板

面板主要用来配合图像的编辑、对操作进行控制以及设置参数等。默认情况下，面板位于文档窗口的右侧，如图 1-90 所示。面板可以堆叠在一起，单击面板名称（标签）即可切换到相对应的面板。将光标移至面板名称（标签）上方，按住鼠标左键拖曳即可将面板与窗口进行分离，如图 1-91 所示。如果要将面板堆叠在一起，可以拖曳该面板到界面上方，当出现蓝色边框后松开鼠标，即可完成堆叠操作，如图 1-92 所示。

图 1-90

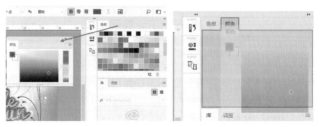

图 1-91   图 1-92

在面板中单击右上角的 ⏴⏴ 按钮，可以将面板折叠起来；反之，单击 ⏵⏵ 按钮，可以展开面板，如图 1-93 所示。在每个面板的右上角都有一个"面板菜单"按钮 ≡，单击该按钮可以打开该面板的相关设置菜单，如图 1-94 所示

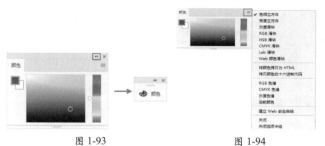

图 1-93　　　　　　　　　　图 1-94

在 Photoshop 中有很多的面板，通过在"窗口"菜单中选择相应的命令，即可将其打开或关闭，如图 1-95 所示。例如，执行"窗口 > 信息"命令，即可打开"信息"面板，如图 1-96 所示。如果在命令前方带有 ✔ 标记，则说明这个面板已经打开了，再次执行该命令可将这个面板关闭。

图 1-95

图 1-96

1.2.3　退出 Photoshop

当不需要使用 Photoshop 时，就可以将其关闭了。在 Photoshop 工作界面中单击右上角的"关闭"按钮 ✕，即可将其关闭；也可以执行"文件 > 退出"命令（快捷键 Ctrl+Q）来退出 Photoshop，如图 1-97 所示。需要注意的是，退出 Photoshop 之前，可能涉及到文件的存储问题，详见 1.3.8 节。

图 1-97

1.2.4　选择合适的工作区

Photoshop 为有着不同制图需求的不同用户提供了多种工作区。执行"窗口 > 工作区"命令，在弹出的子菜单中可以切换工作区类型，如图 1-98 所示。不同工作区的差别主要在于"面板"的显示。例如，3D 工作区显示 3D 面板和"属性"面板，而"绘画"工作区则更侧重于显示颜色选择以及画笔设置等的面板，如图 1-99 和图 1-100 所示。

图 1-98

图 1-99

图 1-100

在实际操作中，我们可能会发现有的面板比较常用，而有的面板则几乎不会用到。可以在"窗口"菜单中选择相应的命令来关闭部分面板，只保留必要的面板，如图 1-101 所示。执行"窗口 > 工作区 > 新建工作区"命令，可以将当前界面状态存储为随时可用的"工作区"。在弹出的对话框中为工作区设置一个名称，接着单击"存储"按钮，即可存储当前工作区，如图 1-102 所示。执行"窗口 > 工作区"命令，在弹出的子菜单中可以选择前面自定义的工作区，如图 1-103 所示。

图 1-101

图 1-102

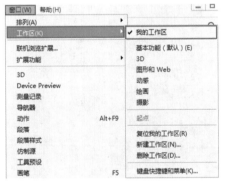

图 1-103

读书笔记

提示：删除自定义的工作区。

执行"窗口 > 工作区 > 删除工作区"命令，在弹出的对话框中选择需要删除的工作区即可。

1.3 文件操作

熟悉了 Photoshop 的工作界面后，下面就可以开始正式接触 Photoshop 的功能了。不过，打开 Photoshop 之后，我们会发现很多功能都无法使用，这是因为当前的 Photoshop 中没有可供操作的文件。这时就需要新建文件，或者打开已有的图像文件。在对文件进行编辑的过程中，还会经常用到"置入"操作。文件制作完成后需要对文件进行"存储"，而存储文件时涉及到文件格式的选择。上述基本操作流程如图 1-104 所示。下面就来学习这些知识。

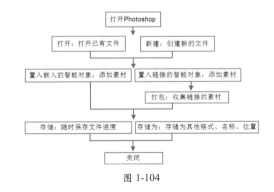

图 1-104

打开了 Photoshop，此时界面中一片空白，什么都没有。要进行设计作品的制作，首先要执行"文件 > 新建"命令来新建一个文档。

新建文档之前，要考虑几个问题：要新建一个多大的文件？分辨率要设置为多少？颜色模式选择哪一种？这一系列问题都可以在"新建"对话框中得到解答。

扫一扫，看视频

步骤 01 启动 Photoshop 之后，执行"文件 > 新建"命令（快捷键 Ctrl+N），在弹出的"新建"对话框中可以设置文件的名称、尺寸、分辨率、颜色模式等，如图 1-105 所示。

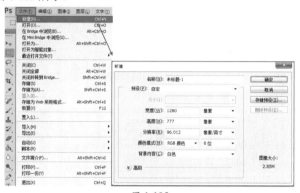

图 1-105

步骤 02 如果要选择系统内置的一些预设文档尺寸，可以单击"预设"下拉列表框按钮，从中选择某种尺寸类型。例如，要新建一个 A4 大小的空白文档，选择"国际标准纸张"选项，接着在下方的"大小"下拉列表中选择 A4，接着单击"确定"按钮，即可完成文件的新建，如图 1-106 所示。如果要制作比较特殊的尺寸，则直接进行"宽度""高度"等参数的设置即可，如图 1-107 所示。

图 1-106

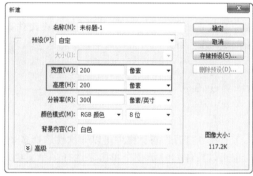

图 1-107

- 宽度 / 高度：设置文件的宽度和高度，其单位有"像素""英寸""厘米""毫米""点""派卡"和"列"7 种。

- 分辨率：用来设置文件的分辨率大小，其单位有"像素 / 英寸"和"像素 / 厘米"2 种。新建文件时，文档的宽度与高度通常与实际印刷的尺寸相同（超大尺寸文件除外）。而在不同情况下，对分辨率需要进行不同的设置。通常来说，图像的分辨率越高，印刷出来的质量就越好，但也并不是任何场合都需要将分辨率设置为较高的数值。一般印刷品分辨率为 150~300dpi，高档画册分辨率为 350dpi 以上，大幅的喷绘广告（1 米以内）分辨率为 70~100dpi，巨幅喷绘广告分辨率为 25dpi，多媒体显示图像为 72dpi。当然，分辨率的数值并不是一成不变的，需要根据计算机以及印刷精度等实际情况进行设置。

- 颜色模式：设置文件的颜色模式以及相应的颜色深度。

- 背景内容：设置文件的背景内容，有"白色""背景色"和"透明"3 个选项。

- 高级选项：展开该选项组，在其中可以进行"颜色配置文件"以及"像素长宽比"的设置。

【重点】1.3.2 在 Photoshop 中打开图像文件

想要处理数码照片，或者继续编辑之前的设计方案，需要在 Photoshop 中打开已有的文件。执行"文件 > 打开"命令（快捷键 Ctrl+O），在弹出的如图 1-108 所示"打开"对话框中找到文件所在的位置，选择需要打开的文件，接着单击"打开"按钮，即可在 Photoshop 中打开该文件，如图 1-109 所示。

扫一扫，看视频

图 1-108   图 1-109

 提示：找不到想要打开的文件怎么办？

有时在"打开"对话框中已经找到了图片所在的文件夹，却没看到要打开的图片，这是为什么？

遇到这种情况时，首先查看一下"打开"对话框底部，"文件名"下拉列表框的右侧是否显示的是 所有格式 。如果显示为"所有格式"，则表明此时所有 Photoshop 支持的格式文件都可以被显示。一旦此处显示为某种特定格式，那么其他格式的文件即使存在于文件夹中，也无法被显示。解决办法就是单击格式下拉列表框后的下拉箭头 ，设置为"所有格式"就可以了。

如果还是无法显示要打开的文件，那么可能这个文件并不是 Photoshop 所支持的格式。如何知道 Photoshop 支持哪些格式的文件呢？可以在"打开"对话框底部单击格式下拉列表框，查看一下其中包含的文件格式。

1.3.3 多文档操作

1.打开多个文档

扫一扫，看视频

在"打开"对话框中可以一次性选择多个文档，同时将其打开。可以按住鼠标左键拖曳，框选多个文档；也可以按住 Ctrl 键逐个单击来选择多个文档。然后单击"打开"按钮，如图 1-110 所示。接着被选中的多张图片就都被打开了，但默认情况下只能显示其中一张图片，如图 1-111 所示。

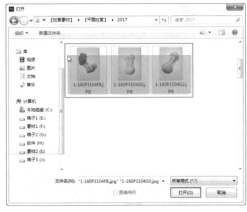

图 1-110

图 1-111

2. 多个文档间的切换

虽然一次性打开了多个文档，但在文档窗口中只能显示一个文档。单击标题栏上的文档名称，即可切换到相应的文档窗口，如图1-112所示。

3. 切换文档浮动模式

默认情况下，打开多个文档时，多个文档均合并到文档窗口中。除此之外，文档窗口还可以脱离界面呈现"浮动"的状态。其方法是将光标移动至文档名称上方，按住鼠标左键向界面外拖曳，如图1-113所示。松开鼠标后，文档即呈现为浮动的状态，如图1-114所示。若要恢复为堆叠的状态，可以将浮动的窗口拖曳到文档窗口上方，当出现蓝色边框后松开鼠标即可完成堆叠，如图1-115所示。

图1-112

4. 多文档同时显示

要一次性查看多个文档，除了让窗口浮动之外还有一个办法，就是通过设置"窗口排列方式"来查看。执行"窗口>排列"命令，在弹出的子菜单中可以看到多种文档的显示方式，选择适合自己的方式即可，如图1-116所示。例如，打开了3张图片，想要同时看到，可以选择"三联垂直"方式，效果如图1-117所示。

图 1-113

图 1-114

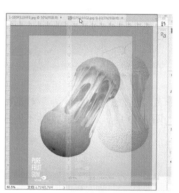

图 1-115

图 1-116

图 1-117

1.3.4 打开最近使用过的文件

执行"文件>最近打开文件"命令，在弹出的子菜单中单击某一文件名，即可将其在Photoshop中打开。选择底部的"清除最近的文件列表"命令可以删除历史打开记录，如图1-118所示。

提示：将文件打开为智能对象。

执行"文件 > 打开为智能对象"命令，然后在弹出的"打开"对话框中选择一个文件将其打开，此时该文件将以智能对象的形式被打开。

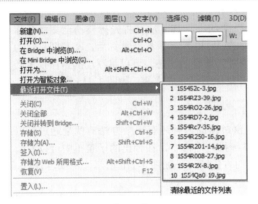

图 1-118

1.3.5 打开为：打开扩展名不匹配的文件

如果要打开扩展名与实际格式不匹配的文件，或者没有扩展名的文件，可以执行"文件 > 打开为"命令（如图 1-119 所示），在弹出的"打开为"对话框中选择文件，然后在"打开为"下拉列表框中为它指定正确的格式，单击"打开"按钮，如图 1-120 所示。如果文件不能打开，则选取的格式可能与文件的实际格式不匹配，或者文件已经损坏。

图 1-119

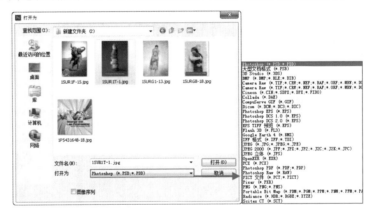

图 1-120

[重点] 1.3.6 置入：向文档中添加其他图片

扫一扫，看视频

使用 Photoshop 制图时，经常需要使用其他的图像元素来丰富画面效果。前面学习了"打开"命令，但"打开"命令只能将图片在 Photoshop 中以一个独立文件的形式打开，并不能添加到当前的文件中，而通过"置入"操作可以将对象添加到当前文件中。

1. 置入对象

在已有的文件中执行"文件 > 置入"命令，在弹出的如图 1-121 所示"置入嵌入对象"对话框中选择要置入的文件，单击"置入"按钮，即可将所选对象置入到当前文档内。此时置入的对象边缘处带有定界框和控制点，如图 1-122 所示。

中文版Photoshop CS6从入门到精通（微课视频 全彩版）

图 1-121   图 1-122

按住鼠标左键拖曳定界框上的控制点可以放大或缩小图像，还可将其进行旋转。按住鼠标左键拖曳图像可以调整置入对象的位置（缩放、旋转等操作与"自由变换"操作非常接近，具体操作方法详见 2.5.1 节，如图 1-123 所示）。调整完成后按 Enter 键，即可完成置入操作。此时定界框会消失。在"图层"面板中也可以看到新置入的智能对象图层（智能对象图层右下角带有 图标），如图 1-124 所示。

图 1-123   图 1-124

2. 将智能对象转换为普通对象

置入后的素材对象会作为智能对象。"智能对象"有几点好处，如可以对图像进行缩放、定位、斜切、旋转或变形操作且不会降低图像的质量；但是对"智能对象"无法直接进行内容的编辑（如删除局部、用画笔工具在上方进行绘制等）。如果想要对智能对象的内容进行编辑，需要在该图层上单击鼠标右键，在弹出的快捷菜单中选择"栅格化图层"命令（如图 1-125 所示），将智能对象转换为普通对象后再进行编辑，如图 1-126 所示。

图 1-125   图 1-126

提示：栅格化智能对象。

如果在操作过程中出现如图 1-127 所示"处理前必须要先栅格化此智能对象。编辑内容将不再可用。是否栅格化智能对象。"的提示，那么一定要查看一下"图层"面板中所选的图层是否为智能图层。如果是，则需要在该图层上单击鼠标右键，在弹出的快捷菜单中选择"栅格化图层"命令，将智能对象转换为普通对象后再进行编辑。

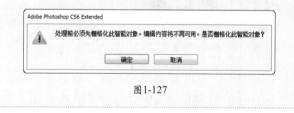

图 1-127

举一反三：利用置入功能制作有趣的儿童照

至此，虽然只学了"新建""打开""置入""关闭""存储"这几项功能，但可别小看这几个功能，有了它们，我们便能完成一些比较简单的任务了。比如"打开"一张照片，如图 1-128 所示。想不想为照片添加一个可爱的相框？可以尝试在网上搜索一些 PNG 格式的素材（因为 PNG 格式的素材通常都是透明背景的），如搜索关键词"相框 PNG"，把搜到的有趣的透明背景的素材保存起来，如图 1-129 所示。然后通过"置入"命令，将相框素材置入到照片文件中，并适当调整大小，如图 1-130 所示。怎么样？一张有趣的儿童照就完成了，如图 1-131 所示。

图 1-128   图 1-129   图 1-130   图 1-131

举一反三：置入标签素材制作网店商品图

如果你是个淘宝店主或者想要尝试淘宝美工的工作，那么"置入"命令还能够帮助你轻松打造一款"新品"。例如，在Photoshop中打开一张产品的照片，如图 1-132 所示。接下来，搜索 PNG 格式的标签素材（可以搜索"标签 PNG"等关键词），找到一款适合的角标 PNG 素材，如图 1-133 所示。将其置入到当前文件中，如图 1-134 所示。这些比较常用的 PNG 素材或者制作好的可以批量使用的 PSD 文件，建议大家留存起来，以备今后使用。

| 图 1-132 | 图 1-133 | 图 1-134 |

1.3.7　复制文件

对于已经打开的文件，可以执行"图像 > 复制"命令，将当前文件复制出一份来，如图 1-135 和图 1-136 所示。想要一个原始效果作为对比时，可以使用该命令复制出当前效果的文档，然后在另一个文档上进行操作。

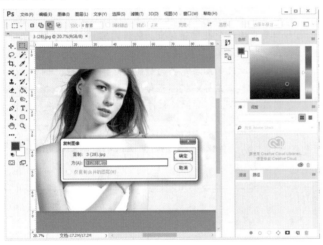

图 1-135　　　　　　　　　　　　　　　　图 1-136

重点 1.3.8　存储文件

扫一扫，看视频

对某一文档进行了编辑后，可能需要将当前操作保存到当前文档中。这时需要执行"文件 > 存储"命令（快捷键 Ctrl+S）。如果文档存储时没有弹出任何窗口，则默认以原始位置进行存储。存储时将保留所做的更改，并且会替换掉上一次保存的文件。

如果是第一次对文档进行存储，可能会弹出"存储为"对话框，从中可以重新选择文件存储位置，并设置文件存储格式以及文件名。

如果要将已经存储过的文档更换位置、名称或者格式后再次存储，可以执行"文件 > 存储为"命令（快捷键 Shift+Ctrl+S），在弹出的"存储为"对话框中，对文件存储位置、文件名、保存类型等进行设置，然后单击"保存"按钮，如图 1-137 所示。

图 1-137

- 文件名：设置保存的文件名。
- 格式：选择文件的保存格式。
- 作为副本：选中该复选框时，可以另外保存一个副本文件。
- 注释/Alpha通道/专色/图层：可以选择是否存储注释、Alpha通道、专色和图层。
- 使用校样设置：将文件的保存格式设置为EPhotoshop或PDF时，该复选框才可用。选中该复选框后，可以保存打印用的校样设置。
- ICC配置文件：可以保存嵌入在文档中的ICC配置文件。
- 缩览图：为图像创建并显示缩览图。

【重点】1.3.9 存储格式的选择

存储文件时，在弹出的"存储为"对话框的"格式"下拉列表框中可以看到有多种格式可供选择，如图 1-138 所示。但并不是每种格式都经常使用，选择哪种格式才是正确的呢？下面就来认识几种常见的图像格式。

图 1-138

1.PSD：Photoshop 源文件格式，保存所有图层内容

在存储新建的文件时，我们会发现默认的格式为"Photoshop（*.PSD;*.PDD;*.PSDT）。PSD 格式是 Photoshop 的默认文件存储格式，能够保存图层、蒙版、通道、路径、未栅格化的文字、图层样式等。在一般情况下，保存文件都采用这种格式，以便随时进行修改。

选择该格式，然后单击"保存"按钮，在弹出的"Photoshop 格式选项"对话框中选中"最大兼容"复选框，可以保证在其他版本的 Photoshop 中能够正确打开该文档。在这里单击"确定"按钮即可。也可以选中"不再显示"复选框，接着单击"确定"按钮，就可以每次都采用当前设置，并不再显示该对话框，如图 1-139 所示。

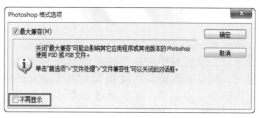

图 1-139

 提示：非常方便的 PSD 格式。

PSD 格式文件可以应用在多款 Adobe 公司的软件中，在实际操作中也经常会直接将 PSD 格式文件置入到 Illustrator、InDesign 等平面设计软件中。除此之外，After Effects、Premiere 等影视后期制作软件也是可以使用 PSD 格式文件的。

2.GIF：动态图片、网页元素

GIF 格式是输出图像到网页最常用的格式。GIF 格式采用 LZW 压缩，支持透明背景和动画，被广泛应用在网络中。网页切片后常以 GIF 格式进行输出。除此之外，我们常见的动态 QQ 表情、搞笑动态图片也是 GIF 格式的。选择这种格式，在弹出的"索引颜色"对话框中可以进行"调板""颜色"等设置。选中"透明度"复选框，可以保存图像中的透明部分，如图 1-140 所示。

图 1-140

3.JPEG：最常用的图像格式，方便存储、浏览和上传

JPEG 格式是平时最常用的一种图像格式。它是一种最有效、最基本的有损压缩格式，支持绝大多数的图形处理软件。JPEG 格式常用于对质量要求并不是特别高，而且需要上传网络、传输给他人或者在计算机上随时查看的情况。例如，做了一个标志设计的作业、修了张照片等。对于有极高要求的图像输出打印，最好不使用 JPEG 格式，因为它是以损坏图像质量来提高压缩质量的。

存储时选择 JPEG 格式，会将文档中的所有图层合并，并进行一定的压缩，存储为一种在绝大多数计算机、手机等电子设备上可以轻松预览的图像格式。在选择格式时可以看到保存类型显示为 JPEG(*.JPG;*.JPEG;*.JPE)。JPEG 是这种图像格式的名称，而这种图像格式的后缀名可以是 JPG 或 JPEG。

选择此格式并单击"保存"按钮之后，在弹出的"JPEG 选项"对话框中可以进行图像品质的设置。品质数值越大，图像质量越高，文件大小也就越大。如果对图像文件的大小有要求，那么可以参考右侧的文件大小数值来调整图像的品质。设置完成后单击"确定"按钮，如图 1-141 所示。

图 1-141

4.TIFF：高质量图像，保存通道和图层

TIFF 格式是一种通用的图像文件格式，可以在绝大多数制图软件中打开并编辑，而且也是桌面扫描仪扫描生成的图像格式。TIFF 格式最大的特点就是能够最大程度地保持图像质量不受影响，而且能够保存文档中的图层信息以及 Alpha 通道。但 TIFF 并不是 Photoshop 特有的格式，所以有些 Photoshop 特有的功能（如调整图层、智能滤镜）就无法被保存下来。这种格式常用于对图像文件质量要求较高，而且还需要在没有安装 Photoshop 的计算机上预览或使用的情况。例如，制作了一个平面广告，需要发送到印刷厂。选择该格式后，在弹出的"TIFF 选项"对话框中可以对"图像压缩"等内容进行设置。如果对图像质量要求很高，可以选中"无"单选按钮，然后单击"确定"按钮，如图 1-142 所示。

图 1-142

5.PNG：透明背景、无损压缩

当图像文件中有一部分区域是透明的，存储为 JPEG 格式时会发现透明的部分被填充上了颜色，存储为 PSD 格式则不方便打开，而存储成 TIFF 格式文件又比较大。这时不要忘了"PNG 格式"。PNG 是一种专门为 Web 开发的，用于将图像压缩到 Web 上的文件格式。与 GIF 格式不同的是，PNG 格式支持 244 位图像并产生无锯齿状的透明背景。

PNG 格式由于可以实现无损压缩，并且背景部分是透明的，因此常用来存储背景透明的素材。选择该格式后，在弹出的"PNG 选项"对话框中对压缩方式进行设置后，单击"确定"按钮完成操作，如图 1-143 所示。

图 1-143

6.PDF：电子书

PDF 是由 Adobe Systems 公司创建的一种文件格式，允许在屏幕上查看电子文档，也就是通常所说的"PDF 电子书"。此外，PDF 文件还可被嵌入到 Web 的 HTML 文档中。这种格式常用于多页面的排版。选择这种格式后，在弹出的"存储 Adobe PDF"对话框中可以选择一种高质量或低质量的"Adobe PDF 预设"，也可以通过左侧不同的选项卡进行压缩、输出等设置，如图 1-144 所示。

图 1-144

除了以上几种图像格式外，在"格式"下拉列表框中还可以看到其他几种格式。这些格式对大部分用户来说不是很常用，可以简单了解一下。

- PSB：一种大型文档格式，可以支持高达300 000像素的超大图像文件。它支持Photoshop所有的功能，可以保存图像的通道、图层样式和滤镜效果，但是只能在Photoshop中打开。

- BMP：由微软开发的一种文档固有格式，这种格式被大多数软件所支持。BMP格式采用了一种名为RLE的无损压缩方式，对图像质量不会产生什么影响。该格式主要用于保存位图图像，支持RGB、位图、灰度和索引颜色模式，但是不支持Alpha通道。

- DICOM：常用于传输和保存医学图像，如超声波和扫描图像。DICOM 格式文件包含图像数据和标头，其中存储了有关医学图像的信息。

- EPS：为了在PostScript打印机上输出图像而开发的一种文件格式，是处理图像工作中最重要的格式之一。它被广泛应用在Mac和PC环境下的图形设计和版面设计中，几乎所有的图形、图表和页面排版程序都支持这种格式。如果仅仅是保存图像，建议不要使用EPS格式。如果文件要用无PostScript的打印机打印，为避免出现打印错误，最好也不要使用EPS格式，可以用TIFF格式或JPEG格式来代替。

- IFF格式：由Commodore公司开发。由于该公司已退出计算机市场，因此IFF格式也将逐渐被废弃。

- DCS格式：由Quark公司开发的EPhotoshop格式的变种，主要在支持这种格式的QuarkXPress、PageMaker和其他应用软件上工作。DCS便于分色打印；在Photoshop中使用DCS格式时，必须转换成CMYK颜色模式。

- PCX：DOS模式下的古老程序PC PaintBrush的固有格式，目前并不常用。

- RAW：一种灵活的文件格式，主要用于在应用程序与计算机平台之间传输图像。RAW格式支持具有Alpha通道的CMYK、RGB和灰度模式，以及无Alpha通道的多通道、Lab、索引和双色调模式。

- PXR：一种专门为高端图形应用程序设计的文件格式，支持具有单个Alpha通道的RGB和灰度图像。

- SCT：支持灰度图像、RGB图像和CMYK图像，但是不支持Alpha通道，主要用于Scitex计算机上的高端图像处理。

- TGA：专用于使用Truevision视频板的系统，支持人单个Alpha通道的32位RGB文件，以及无Alpha通道的索引、灰度模式，并且支持16位和24位的RGB文件。

- PBM：便携位图格式，支持单色位图（即1位/像素），可以用于无损数据传输。因为许多应用程序都支持这种格式，所以可以在简单的文本编辑器中编辑或创建这类文件。

1.3.10　关闭文件

执行"文件 > 关闭"命令（快捷键 Ctrl+W），可以关闭当前所选的文件，如图 1-145 所示。单击文档窗口右上角的"关闭"按钮✕，也可关闭所选文件，如图 1-146 所示。执行"文件 > 关闭全部"命令，或按快捷键 Alt+Ctrl+W，可以关闭所有打开的文件。

图 1-145

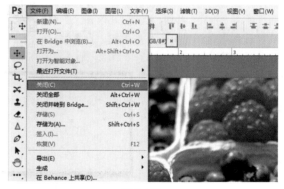

图 1-146

提示：关闭并退出 Photoshop。

执行"文件 > 退出"命令或者单击程序窗口右上角的"关闭"按钮，可以关闭所有的文件并退出 Photoshop。

✎ 读书笔记

练习实例：使用"置入"命令制作拼贴画

文件路径	资源包\第1章\练习实例：使用"置入"命令制作拼贴画
难易指数	★★★★★
技术掌握	"打开"命令、"置入"命令、栅格化智能图层

案例效果

案例效果如图 1-147 所示。

图 1-147

操作步骤

扫一扫，看视频

步骤 01 执行"文件 > 打开"命令，在弹出的"打开"对话框中找到素材位置，选择素材1.jpg，单击"打开"按钮，如图 1-148 所示。此时可以看到素材图像中带有参考线，方便用户进行操作，如图 1-149 所示。

图 1-148 　　　　　　　　图 1-149

步骤 02 执行"文件 > 置入"命令，在打开的"置入"对话框中找到素材位置，选择素材 2.jpg，单击"置入"按钮，如图 1-150 所示，结果如图 1-151 所示。

图 1-150 　　　　　　　　图 1-151

步骤 03 接着将素材图像 2.jpg 向左移动，如图 1-152 所示。按 Enter 键，完成置入操作，如图 1-153 所示。

图 1-152 　　　　　　　　图 1-153

步骤 04 此时置入的对象为智能对象，可以将其栅格化。选择智能图层，然后单击鼠标右键，在弹出的快捷菜单中选择"栅格化图层"命令，如图 1-154 所示。此时智能图层变为普通图层，如图 1-155 所示。

图 1-154 　　　　　　　　图 1-155

步骤 05 以同样的方式依次置入其他素材，最终效果如图 1-156 所示。

图 1-156

提示：置入对象。

置入对象后会显示定界框，即使不需要调整大小，也要按 Enter 键才能完成置入操作，因为定界框会影响到下一步的操作。

中文版Photoshop CS6从入门到精通（微课视频 全彩版）

1.4 查看图像

在 Photoshop 中编辑图像文件的过程中，有时需要观看画面整体，有时需要放大显示画面的某个局部，这时就要用到工具箱中的"缩放工具"以及"抓手工具"。除此之外，"导航器"面板也可以帮助我们方便、快速地定位到画面某个部分。

[重点] 1.4.1 缩放工具：放大、缩小、看细节

进行图像编辑时，经常需要对画面细节进行操作，这就需要将画面的显示比例放大一些。此时可以使用工具箱中的"缩放工具"来完成。单击工具箱中的"缩放工具"按钮 🔍 ，将光标移动到画面中，单击鼠标左键即可放大图像显示比例，如图 1-157 所示；如需放大多倍，可以多次单击，如图 1-158 所示。此外，也可以直接按快捷键 Ctrl+"+"放大图像显示比例。

"缩放工具"既可以放大，也可以缩小显示比例。在"缩放工具"选项栏中可以切换该工具的模式，单击"缩小"按钮 🔍 可以切换到缩小模式，在画布中单击鼠标左键可以缩小图像，如图 1-159 所示。此外，也可以直接按快捷键 Ctrl+"-"缩小图像显示比例。使用"缩放工具"放大或缩小的只是图像在屏幕上显示的比例，图像的真实大小是不会随之发生改变的。

| 图 1-157 | 图 1-158 | 图 1-159 |

在"缩放工具"选项栏中可以看到其他一些选项设置，如图 1-160 所示。

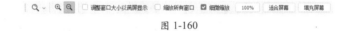

图 1-160

- □ 调整窗口大小以满屏显示：选中该复选框后，在缩放窗口的同时自动调整窗口的大小。
- □ 缩放所有窗口：如果当前打开了多个文档，选中该复选框后可以同时缩放所有打开的文档窗口。
- ☑ 细微缩放：选中该复选框后，在画面中按住鼠标左键向左侧或右侧拖动，能够以平滑的方式快速放大或缩小窗口。
- 100%：单击该按钮，图像将以实际像素的比例进行显示。
- 适合屏幕：单击该按钮，可以在窗口中最大化显示完整的图像。
- 填充屏幕：单击该按钮，可以在整个屏幕范围内最大化显示完整的图像。

[重点] 1.4.2 抓手工具：平移画面

当画面显示比例比较大的时候，有些局部可能就无法显示。这时可以选择工具箱中的"抓手工具" ✋ ，在画面中按住鼠标左键拖动，如图 1-161 所示。画面中显示的图像区域随之产生了变化，如图 1-162 所示。在使用其他工具时，按住 Space 键（即空格键）即可快速切换到"抓手工具"状态，此时在画面中按住鼠标左键拖动即可平移画面。松开 Space 键时，会自动切换回之前使用的工具。

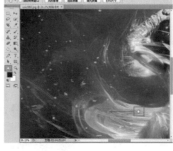

| 图 1-161 | 图 1-162 |

1.4.3 使用导航器查看画面

　　"导航器"面板用于缩放图像的显示比例，以及查看图像特定区域。打开一幅图像，执行"窗口 > 导航器"命令，打开"导航器"面板。在"导航器"面板中，以缩览图的形式显示了当前文档窗口中的内容，如图 1-163 所示。将光标移动至缩览图上方，当它变为抓手 形状时，按住鼠标左键拖动，即可移动图像画面，如图 1-164 所示。

图 1-163   图 1-164

- "缩放"文本框 50% ：在其中可以输入缩放数值，然后按 Enter 键确认操作。如图 1-165 和图 1-166 所示为不同缩放数值的对比效果。

图 1-165   图 1-166

- "缩小"按钮 ／"放大"按钮 ：单击"缩小"按钮 可以缩小图像的显示比例，如图 1-167 所示；单击"放大"按钮 可以放大图像的显示比例，如图 1-168 所示。

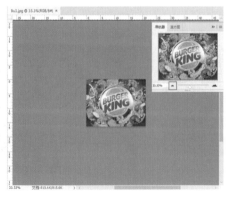

图 1-167   图 1-168

- 缩放滑块 拖曳缩放滑块可以放大或缩小窗口，如图 1-169 和图 1-170 所示。

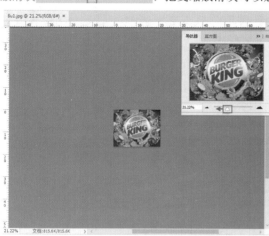

图 1-169   图 1-170

1.4.4　旋转视图工具

右键单击"抓手工具"按钮，在弹出的工具组中单击"旋转视图工具"按钮 ，接着在画面中按住鼠标左键拖动，即可看到整个图像画面发生了旋转，如图 1-171 所示。也可以在该工具选项栏中设置特定的旋转角度，如图 1-172 所示。此外，"旋转视图工具"旋转的是画面的显示角度，而不是对图像本身进行旋转。

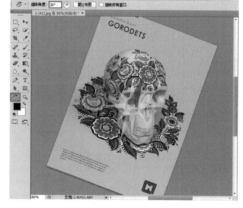

图 1-171   图 1-172

1.4.5　使用不同的屏幕模式

单击工具箱底部的"切换屏幕模式"按钮 ，在弹出的菜单中可以选择屏幕模式（标准屏幕模式、带有菜单栏的全屏模式和全屏模式），如图 1-173 所示。虽然平时操作时切换不同的屏幕模式很少见，但是有时会因为不小心启用了某种屏幕模式，而使工作界面产生变化，这时便要懂得如何将屏幕模式切换回之前的状态。

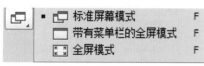

图 1-173

- 标准屏幕模式：这是默认的屏幕显示模式，可以显示菜单栏、标题栏、滚动条和其他屏幕元素，如图 1-174 所示。在标准屏幕模式下按 Tab 键可以切换为只显示标题栏和菜单栏的界面，如图 1-175 所示。再次按下 Tab 键即可恢复标准屏幕模式。
- 带有菜单栏的全屏模式：这种模式能够以精简的模式显示界面中的各个部分，使可以操作的图像区域更大，如图 1-176 所示。
- 全屏模式：全屏模式也被称为"大师模式"，菜单栏、工具箱、面板全部隐藏，只显示黑色背景和图像窗口，如图 1-177 所示。在这种模式下需要通过快捷键操作，如果需要临时使用面板、菜单栏、工具箱等内容，可以按 Tab 键进行切换。如果要退出全屏模式，可以按 Esc 键。

图 1-174

图 1-175

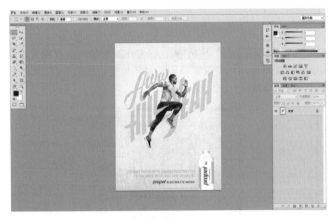

图 1-176

图 1-177

1.5　错误操作的处理

　　使用画笔和画布绘画时，如果画错了，需要很费力地擦掉或者盖住；在暗房中冲洗照片，一旦出现失误，照片可能就无法挽回了。相比之下，使用 Photoshop 等数字图像处理软件最大的便利之处就在于能够"重来"。操作出现错误，没关系，简单一个命令，就可以轻轻松松地"回到从前"。

[重点] 1.5.1　撤销与还原操作

扫一扫，看视频

　　执行"编辑 > 还原状态更改"命令（快捷键 Ctrl+Z），可以撤销最近的一次操作，将其还原到上一步操作状态。如果想要取消还原操作，可以执行"编辑 > 重做"命令。这两个命令仅限于一个操作步骤的还原与重做，所以使用得并不多。

　　很多时候，在操作中需要对之前执行的多个步骤进行撤销，这时就需要用到"编辑 > 后退一步"命令（快捷键 Alt+Ctrl+Z）。默认情况下，这个命令可以后退最后执行的 20 个步骤，多次使用该命令即可逐步后退操作。如果要取消后退的操作，可以连续执行"编辑 > 前进一步"命令（快捷键 Shift+Ctrl+Z）来逐步恢复被后退的操作。"后退一步"与"前进一步"是最常用的命令，所以一定要学会使用其快捷键，以便快速、高效地完成操作，如图 1-178 所示。

图 1-178

中文版Photoshop CS6从入门到精通（微课视频 全彩版）

提示：增加可返回的步骤数目。

默认情况下，Photoshop能够撤销20步历史操作。如果想要增多，可以执行"编辑>首选项>性能"命令，在弹出的"首选项"对话框中将"历史记录状态"的数值改大，然后单击"确定"按钮即可，如图1-179所示。但要注意将"历史记录状态"数值设置得越大，就会占用越多的系统内存。

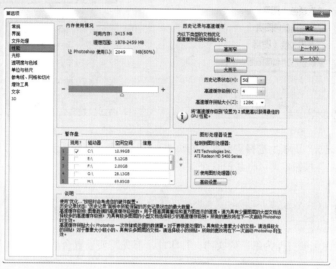

图 1-179

1.5.2 "恢复"文件

对某一文件进行了一些操作后，执行"文件 > 恢复"命令，可以直接将该文件恢复到最后一次保存时的状态。如果一直没有进行过存储操作，则可以返回到刚打开文件时的状态。

[重点] ## 1.5.3 使用"历史记录"面板还原操作

扫一扫，看视频

在 Photoshop 中，对文档进行过的编辑操作被称为"历史记录"。而"历史记录"面板就是用来记录文件操作历史的。执行"窗口 > 历史记录"命令，打开"历史记录"面板，如图1-180所示。当对文档进行一些编辑操作时，"历史记录"面板中就会出现刚刚进行的操作条目。单击其中某一项历史记录操作，就可以使文档返回之前的编辑状态，如图1-181所示。

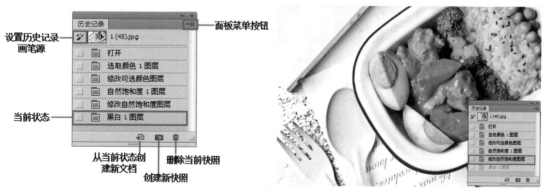

图 1-180

图 1-181

"历史记录"面板还有一项功能，即快照。这项功能可以为某个操作状态快速"拍照"，将其作为一项"快照"，留在"历史记录"面板中，以便在多个操作步骤之后还能返回到之前某个重要的状态。选择需要创建快照的状态，然后单击"创建新快照"按钮 （如图 1-182 所示），即可生成一个新的快照，如图 1-183 所示。

图 1-182

图 1-183

　　如需删除快照，在"历史记录"面板中选择需要删除的快照，然后单击"删除当前快照"按钮 或将快照拖曳到该按钮上，接着在弹出的对话框中单击"是"按钮，即可将其删除。

1.6　打印设置

　　设计作品完成制作后，经常需要打印为纸质的实物。打印前，首先需要设置合适的打印参数。

【重点】1.6.1　设置打印选项

步骤01 执行"文件 > 打印"命令，在弹出的"Photoshop 打印设置"对话框中可以进行打印参数的设置。首先需要在右侧顶部设置要使用的打印机，输入打印份数，选择打印版面。单击"打印设置"按钮，可以在弹出的对话框中设置打印纸张的尺寸。

步骤02 在"位置和大小"选项组中可以设置文档位于打印页面的位置和缩放大小（也可以直接在左侧打印预览图中调整图像大小）。选中"居中"复选框，可以将图像定位于可打印区域的中心；取消选中"居中"复选框，可以在"顶"和"左"文本框中输入数值来定位图像，也可以在预览区域中移动图像进行自由定位，从而打印部分图像。选中"缩放以适合介质"复选框，可以自动缩放图像以适合纸张的可打印区域；取消选中"缩放以适合介质"复选框，可以在"缩放"文本框中输入图像的缩放比例，或在"高度"和"宽度"文本框中设置图像的尺寸。选中"打印选定区域"复选框，可以启用裁剪控制功能，移动定界框或缩放图像，如图 1-184 所示。

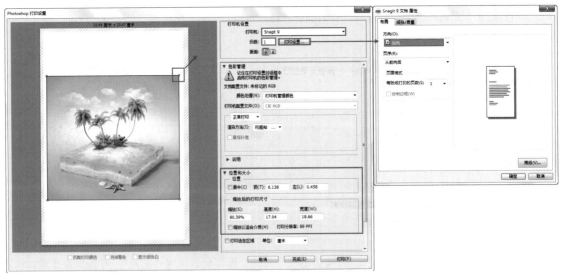

图 1-184

中文版Photoshop CS6从入门到精通（微课视频 全彩版）

步骤 03 展开"色彩管理"选项组，可以进行颜色的设置，如图 1-185 所示。

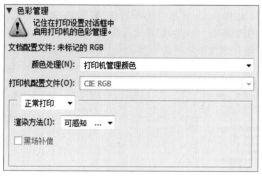

图 1-185

- 颜色处理：设置是否使用色彩管理。如果使用色彩管理，则需要确定将其应用在程序中还是打印设备中。
- 打印机配置文件：选择适用于打印机和将要使用的纸张类型的配置文件。
- 渲染方法：指定颜色从图像色彩空间转换到打印机色彩空间的方式，包括"可感知""饱和度""相对比色""绝对比色" 4 种。可感知渲染将尝试保留颜色之间的视觉关系，色域外颜色转变为可重现颜色时，色域内的颜色可能会发生变化。因此，如果图像的色域外颜色较多，可感知渲染是最理想的选择。相对比色渲染可以保留较多的原始颜色，是色域外颜色较少时的最理想选择。

步骤 04 在"打印标记"选项组中可以指定页面标记，如图 1-186 所示。

图 1-186

- 角裁剪标志：在要裁剪页面的位置打印裁剪标记。可以在角上打印裁剪标记。在 PostScript 打印机上，选中该复选框也将打印星形色靶。
- 说明：打印在"文件简介"对话框中输入的任何说明文本（最多约 300 个字符）。
- 中心裁剪标志：在要裁剪页面的位置打印裁切标记。可以在每条边的中心打印裁切标记。
- 标签：在图像上方打印文件名。如果打印分色，则将分色名称作为标签的一部分进行打印。
- 套准标记：在图像上打印套准标记（包括靶心和星形靶）。这些标记主要用于对齐 PostScript 打印机上的分色。

步骤 05 展开"函数"选项组，如图 1-187 所示。

图 1-187

- 药膜朝下：使文字在药膜朝下（即胶片或像纸上的感光层背对）时可读；而在正常情况下，打印在纸上的图像是药膜朝上打印的，感光层正对时文字可读；而打印在胶片上的图像通常采用药膜朝下的方式打印。
- 负片：打印整个输出（包括所有蒙版和任何背景色）的反相版本。
- 背景：选择要在页面上的图像区域外打印的背景色。
- 边界：在图像周围打印一个黑色边框。
- 出血：在图像内而不是在图像外打印裁剪标记。

步骤 06 全部设置完成后，单击"打印"按钮即可打印文档。单击"完成"按钮，将保存当前的打印设置。

1.6.2 打印一份

执行"编辑 > 打印一份"命令，即可按之前所做的打印设置快速打印当前文档。

1.6.3 创建颜色陷印

肉眼观察印刷品时，会出现一种深色距离较近、浅色距离较远的错觉。因此，在处理陷印时，需要使深色下的浅色不露出来，而保持上层的深色不变。"陷印"又称"扩缩"或"补漏白"，主要是为了弥补因印刷不精确而造成的相邻的不同颜色之间留下的无色空隙，如图 1-188 所示。只有当图像的颜色为 CMYK 颜色模式时，"陷印"命令才可用。执行"图像 > 陷印"命令，打开"陷印"对话框。其中"宽度"选项表示印刷时颜色向外扩张的距离（图像是否需要陷印一般由印刷商决定。如果需要陷印，印刷商会告诉用户要在"陷印"对话框中输入的数值），如图 1-189 所示。

不包含陷印的未对齐对象　　包含陷印的未对齐对象

图 1-188 　　　　　　　　图 1-189

执行"编辑 > 首选项"命令，在弹出的子菜单中可以看到一系列针对 Photoshop 本身的设置选项，如图 1-190 所示。选择某一项，即可打开相应的"首选项"对话框。在该对话框左侧选择不同的选项卡，也可以切换"首选项"设置界面，如图 1-191 所示。首选项的参数设置选项非常多，日常操作中很少会全部用到，下面介绍几个常用的设置。

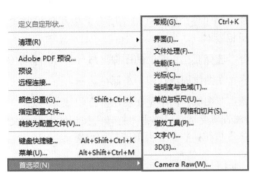

图 1-190

图 1-191

1.7.1 界面颜色设置

默认情况下的 Photoshop 工作界面呈现为深色。如果不习惯深色，也可以更改界面颜色。执行"编辑 > 首选项 > 界面"命令，打开相应的"首选项"对话框，在"外观"选项组的"颜色方案"列表中单击，即可设置界面颜色。本书为了方便读者阅读，使用的是最浅色的界面方案，如图 1-192 所示。

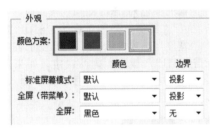

图 1-192

1.7.2 界面文字大小设置

在较大尺寸或较高分辨率的屏幕上运行 Photoshop 时，可以尝试增大 Photoshop 界面文字的显示大小，以便于观看。执行"编辑 > 首选项 > 界面"命令，打开相应的"首选项"对话框，在"文本"选项组中可以设置"用户界面字体大小"，如图 1-193 所示。

图 1-193

1.7.3 自动保存

在使用 Photoshop 制图过程中如果出现断电、计算机崩溃等情况，非常容易导致图像文件破损、丢失。为了避免前功尽弃，Photoshop 的"自动保存"功能要好好利用起来。执行"编辑 > 首选项 > 文件处理"命令，在弹出的对话框中进行相应的设置。默认情况下"自动存储恢复信息时间间隔"为 10 分钟，如果制作的文件非常重要，也可以将时间缩短，使自动保存频率更高一些，如图 1-194 所示。当然，如果频率过高也可能会影响到操作的流畅度。

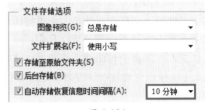

图 1-194

1.7.4　给 Photoshop 更多的内存

在运行 Photoshop 时，可能会出现运行卡顿的情况。造成这种情况的原因非常多，在无法升级计算机性能的前提下可进行的操作也比较少。此时可以适当增大 Photoshop 可使用的内存量。执行"文件 > 首选项 > 性能"命令，打开"首选项"对话框，在"内存使用情况"选项组中可以对"让 Photoshop 使用"进行设置，如图 1-195 所示。在制作较为复杂的文件时，可以适当增大 Photoshop 使用内存；但也应该注意在不需要的时候将 Photoshop 使用内存设置到合理范围内，否则可能会造成除 Photoshop 以外的其他软件内存不足、运行缓慢的情况。

图 1-195

1.7.5　暂存盘已满

在使用 Photoshop 制图过程中，有时会出现"不能完成请求，因为暂存盘已满"的提示，接着可能无法进行任何操作，如图 1-196 所示。这是因为默认选择的 Photoshop 暂存盘所在的磁盘分区没有空间了。执行"文件 > 首选项 > 性能"命令，打开"首选项"对话框，在"暂存盘"选项组中可以看到当前选择的暂存盘以及后方的空闲空间，从中可以选择一个或多个空闲空间较大的磁盘（尽量不要选择系统盘所在的 C 盘），如图 1-197 所示。

图 1-196　　　　　　　图 1-197

1.8　清理内存

应定期清理在 Photoshop 制图过程中产生的还原操作、历史记录、剪贴板以及视频高速缓存，以缓解因编辑图像的操作过多导致 Photoshop 运行速度变慢的问题，如图 1-198 所示。执行"编辑 > 清理"命令，在弹出的子菜单中选择相应的命令，在弹出的对话框中单击"确定"按钮，即可完成清理，如图 1-199 所示。

图 1-198

图 1-199

综合实例：使用"新建""置入""存储"命令制作饮品广告

文件路径	资源包\第1章\综合实例：使用"新建""置入""存储"命令制作饮品广告
难易指数	★★★★☆
技术掌握	"新建"命令、"置入"命令、"存储"命令

案例效果

案例效果如图 1-200 所示。

图 1-200

操作步骤

步骤 01 执行"文件 > 新建"命令或按快捷键 Ctrl+N，在弹出的"新建"对话框中设置"宽度"为 297 毫米，"高度"为 210 毫米，然后单击"确定"按钮，如图 1-201 所示。新建的文档如图 1-202 所示。

扫一扫，看视频

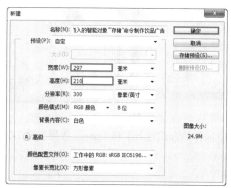

图 1-201

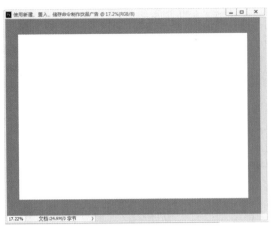

图 1-202

图 1-206

步骤 02 执行"文件 > 置入"命令，在打开的"置入"对话框中找到素材位置，选择素材 1.jpg，单击"置入"按钮，如图 1-203 所示。接着将光标移动到素材右上角处，按住快捷键 Shift+Alt 的同时按住鼠标左键向右上角拖动，等比例扩大素材，如图 1-204 所示。然后双击鼠标左键或者按 Enter 键，此时定界框消失，完成置入操作，如图 1-205 所示。

步骤 04 执行"文件 > 存储"命令，在弹出的"存储为"对话框中设置要保存的位置，输入合适的文件名，在"格式"Photoshop（*.PSD;*.PDD），单击"保存"按钮，如图 1-207 所示。在弹出的"Photoshop 格式选项"对话框中单击"确定"按钮，即可完成文件的存储，如图 1-208 所示。

图 1-207   图 1-208

步骤 05 在没有安装特定的看图软件和 Photoshop 的计算机上，PSD 格式的文档可能会难以打开并预览其效果。为了方便预览，在此将文档另外以 JPEG 格式存储一份。执行"文件 > 存储为"命令，在弹出的"存储为"对话框中设置要保存的位置，输入合适的文件名，在"格式"下拉列表框中选择 JPEG（*.JPG;*.JPEG;*.JPE），单击"保存"按钮，如图 1-209 所示。在弹出的"JPEG 选项"对话框中设置"品质"为 10，单击"确定"按钮，完成设置，如图 1-210 所示。

图 1-203

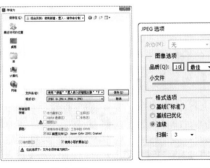

图 1-209   图 1-210

图 1-204

图 1-205

步骤 03 以同样的方式置入素材 2.png，效果如图 1-206 所示。

中文版Photoshop CS6从入门到精通（微课视频 全彩版）

Photoshop基本操作

本章内容简介：

通过第 1 章的学习，我们已经能够在 Photoshop 中打开图片或创建新的文件，并且能够向已有的文件中添加一些漂亮的装饰素材。本章将要学习 Photoshop 的一些最基本操作。由于 Photoshop 是典型的图层制图软件，所以在学习其他操作之前必须要充分理解"图层"的概念，并熟练掌握图层的基本操作方法。在此基础上学习画板、剪切 / 拷贝 / 粘贴图像、图像的变形以及辅助工具的使用方法等。

重点知识掌握：

- 掌握"图像大小"命令的使用方法；
- 熟练掌握"裁剪工具"的使用方法；
- 熟练掌握图层的选择、新建、复制、删除、移动等操作；
- 熟练掌握剪切、拷贝与粘贴等操作；
- 熟练掌握自由变换操作。

通过本章学习，我能做什么？

通过本章的学习，我们将适应 Photoshop 的图层化操作模式，为后面的操作奠定坚实的基础。在此基础上，通过 2.1 小节的学习，我们可对数码照片的尺寸进行调整，能够将图像调整为所需的尺寸，能够随意裁切、保留画面中的部分内容。对象的变形操作也是本章的重点内容，想要使对象"变形"有多种方式，最常用的是"自由变换"。通过本章的学习，我们可熟练掌握该命令，并将图层变换为所需的形态。

2.1 调整图像的尺寸及方向

当图像的尺寸及方向无法满足要求时，就需要进行调整。例如，证件照需要上传到网上的报名系统，要求尺寸在2.5cm×3.5cm以内，如图2-1所示。又如将相机拍摄的照片作为手机壁纸，需要将横版照片裁剪为竖版照片，如图2-2所示。又如想要将图片的大小限制在1MB以下等。学完本节内容后，这些问题就都能轻松解决了。

图 2-1   图 2-2

重点 2.1.1 调整图像尺寸

扫一扫，看视频

要想调整图像尺寸，可以使用"图像大小"命令来完成。选择需要调整尺寸的图像文件，执行"图像 > 图像大小"命令，打开"图像大小"对话框，如图2-3所示。如果增大图像大小或提高分辨率，则会增加新的像素，此时图像的尺寸虽然增大了，但是图像的质量会下降，如果一张图像的分辨率比较低，并且图像比较模糊，即使提高图像的分辨率也不能使其变得清晰。因为Photoshop只能在原始数据的基础上进行调整，无法生成新的原始数据。

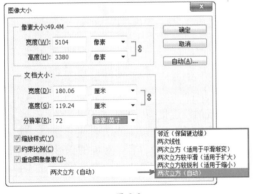

图 2-3

• **像素大小**：该选项组下的参数主要用来设置图像的尺寸。顶部数据显示了当前图像的大小，修改图像的"宽度"和"高度"数值，像素大小也会发生变化。

• **文档大小**：该选项组中的参数主要是用来设置图像的打印尺寸。当选中"重定图像像素"复选框时，如果减小图像的大小，就会减少像素数量，此时图像虽然变小了，但是画面质量仍然是不变的。

• **缩放样式**：当文档中的某些图层包含图层样式时，勾选"缩放样式"选项后，可以在调整图像的大小时自动缩放样式效果。只有在勾选了"约束比例"选项时，"缩放样式"才可用。

• **约束比例**：当勾选"约束比例"选项时，可以在修改图像的宽度或高度时，保持宽度和高度的比例不变。

• **重定图像像素**：当取消选中"重定图像像素"复选框时，即使修改图像的宽度和高度，图像的像素总量也不会发生变化，也就是说减少宽度和高度时，会自动提高分辨率；当增大宽度和高度时，会自动降低分辨率。

练习实例：通过修改图像大小制作合适尺寸的图片

文件路径	资源包\第2章\练习实例：通过修改图像大小制作合适尺寸的图片
难易指数	★★★★★
技术掌握	"图像大小"命令

案例效果

案例效果如图2-4所示。

图 2-4

操作步骤

步骤 01 执行"文件 > 打开"命令，打开素材1.jpg，如图2-5所示。执行"图像 > 图像大小"命令，打开"图像大小"窗口，可以看到图像的原始尺寸较大，如图2-6所示。本案例需要得到一个宽度、高度均为500像素的图像，而且大小要在732.4KB以下。

扫一扫，看视频

图 2-5

图 2-6

步骤 02 单击"约束长宽比"按钮⑧，取消限制长宽比。设置"宽度"为500像素，"高度"为500像素。单击"确定"按钮，如图2-7所示。

图 2-7

步骤 03 执行"文件>存储"命令，在弹出的"另存为"对话框中设置文件的保存位置和文件名，在"格式"下拉列表框中选择"JPEG(*.JPG;*JPFG;*JPE)"，单击"保存"按钮。为了减小文档的大小，便于网络传输，在弹出的"JPEG选项"对话框中设置"品质"为8（此时的文档大小符合我们的要求），单击"确定"按钮，如图2-8所示。

图 2-8

[重点] 2.1.2 动手练：修改画布大小

执行"图像 > 画布大小"命令，在弹出的"画布大小"对话框中可以调整可编辑的画面范围。在"宽度"和"高度"文本框中输入数值，可以设置修改后的画布尺寸。如果选中"相对"复选框，"宽度"和"高度"数值将代表实际增加或减少的区域的大小，而不再代表整个文档的大小。输入正值表示增加画布，输入负值则表示减小画布。如图2-9所示为原始图片，如图2-10所示为"画布大小"对话框。

扫一扫，看视频

图 2-9

图 2-10

✎ 读书笔记

- **定位**：主要用来设置当前图像在新画布上的位置。如图 2-11 和图 2-12 所示为不同定位位置的对比效果。

- **画布扩展颜色**：当"新建大小"大于"当前大小"（即原始文档尺寸）时，在此处可以设置扩展区域的填充颜色。如图 2-13 和图 2-14 所示分别为使用"前景色"与"背景色"填充扩展颜色的效果。

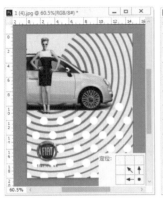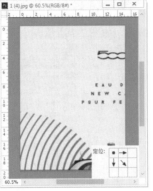

图 2-11   图 2-12

图 2-13   图 2-14

"画布大小"与"图像大小"的概念不同，"画布"指的是整个可以绘制的区域而非部分图像区域。例如，增大"图像大小"，会将画面中的内容按一定比例放大，而增大"画布大小"则在画面中增大了部分空白区域，原始图像没有变大，如图 2-15 所示。

600像素×600像素   **图像大小：1000像素×1000像素**   **画布大小：1000像素×1000像素**

图 2-15

如果缩小"图像大小"，画面内容会按一定比例缩小；缩小"画布大小"，图像则会被裁掉一部分，如图 2-16 所示。

600像素×600像素   **图像大小：300像素×300像素**   **画布大小：300像素×300像素**

图 2-16

练习实例：通过修改画布大小制作照片边框

文件路径	资源包\第2章\练习实例：通过修改画布大小制作照片边框
难易指数	★★★★★
技术掌握	设置画布大小

案例效果

案例效果如图 2-17 所示。

图 2-17

操作步骤

 执行"文件>打开"命令，在弹出的"打开"对话框中找到素材位置，选择素材 1.jpg，单击"打开"按钮，如图 2-18 所示。接着素材即可在 Photoshop 中打开，如图 2-19 所示。

扫一扫，看视频

图 2-18

图 2-19

步骤02 执行"图像>画布大小"命令，在弹出的"画布大小"对话框中选中"相对"复选框，设置"宽度"和"高度"均为 50 像素，设置"画布扩展颜色"为白色，单击"确定"按钮完成设置，如图 2-20 所示。此时画布四周出现白色边缘，效果如图 2-21 所示。

图 2-20   图 2-21

步骤03 执行"文件>置入"命令，在弹出的"置入"对话框中找到素材位置，选择素材 2.png，单击"置入"按钮，如图 2-22 所示。接着将置入对象调整到合适的大小、位置，然后按 Enter 键完成置入操作。最终效果如图 2-23 所示。

图 2-22   图 2-23

〔重点〕2.1.3 动手练：使用"裁剪工具"

想要裁剪掉画面中的部分内容，最便捷的方法就是在工具箱中选择"裁剪工具" ，直接在画面中绘制出需要保留的区域即可。如图 2-24 所示为该工具选项栏。

扫一扫，看视频

图 2-24

步骤 01 选择工具箱中的"裁剪工具"口,,如图 2-25 所示。在画面中按住鼠标左键拖动,绘制一个需要保留的区域,如图 2-26 所示。接下来还可以对这个区域进行调整,将光标移动到裁剪框的边缘或者四角处,按住鼠标左键拖动,即可调整裁剪框的大小,如图 2-27 所示。

图 2-25　　　　　　图 2-26　　　　　　图 2-27

步骤 02 若要旋转裁剪框,可将光标放置在裁剪框外侧,当它变为带弧线的箭头形状时,按住鼠标左键拖动即可,如图 2-28 所示。调整完成后,按 Enter 键确认,如图 2-29 所示。

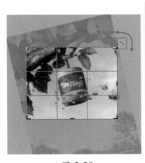 

图 2-28　　　　　　　　　　图 2-29

步骤 03 :该下拉列表框用于设置裁切的约束方式。当选择"不受约束"选项时,拖动控制点可以将宽度与高度进行任意的更改。如果想要按照特定比例进行裁剪,可以在数值框内输入数值定义长宽比,如图 2-30 所示。若要取消长宽比,可以单击"清除"按钮 。

图 2-30

步骤 04 在工具选项栏中单击"拉直" 按钮,在图像上按住鼠标左键画出一条直线,松开鼠标后,即可通过将这条线校正为直线来拉直图像,如图 2-31 和图 2-32 所示。

✎ *读书笔记*

 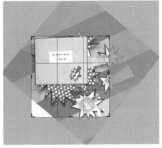

图 2-31　　　　　　　　　　图 2-32

步骤 05 如果在工具选项栏中选中"删除裁剪的像素"复选框,裁剪之后会彻底删除裁剪框外部的像素数据,如图 2-33 所示。如果取消选中该复选框,多余的区域将处于隐藏状态,如图 2-34 所示。如果想要还原到裁剪之前的画面,只需要再次选择"裁剪工具",然后随意操作,即可看到原文档。

图 2-33　　　　　　　　　　图 2-34

练习实例:使用"裁剪工具"裁剪出封面背景图

文件路径	资源包\第2章\练习实例:使用"裁剪工具"裁剪出封面背景图
难易指数	★★★★★
技术掌握	裁剪工具

案例效果

案例处理前后的效果对比如图2-35和图2-36所示。

图 2-35　　　　　　　　　　图 2-36

中文版Photoshop CS6从入门到精通(微课视频 全彩版)

操作步骤

步骤 01 执行"文件 > 打开"命令，在弹出的"打开"对话框中找到素材位置，选择素材 1.jpg，单击"打开"按钮，如图 2-37 所示。素材文件就被打开了，如图 2-38 所示。

扫一扫，看视频

图 2-37　　　　　　　　图 2-38

步骤 02 单击工具箱中的"裁剪工具" **4.**，在画布上按住鼠标左键拖曳出一个矩形区域，选择要保留的部分，如图 2-39 所示。然后按 Enter 键或双击鼠标左键，即可完成裁剪。此时可以看到矩形区域以外的部分被裁剪掉了，如图 2-40 所示。

图 2-39　　　　　　　　图 2-40

步骤 03 执行"文件 > 置入"命令，在打开的"置入"对话框中找到素材位置，选择素材 2.png，单击"置入"按钮，如图 2-41 所示。将素材摆放在合适位置上，按 Enter 键完成置入操作。最终效果如图 2-42 所示。

图 2-41　　　　　　　　图 2-42

2.1.4　动手练：使用"透视裁剪工具"

"透视裁剪工具" **4.**可以在对图像进行裁剪的同时调整图像的透视效果，常用于去除图像中的透视感，或者在带有透视感的图像中提取局部，还可以用来为图像添加透视感。

例如，打开一幅带有透视感的图像，然后右键单击工具箱中的"裁剪工具"，在弹出的工具组中选择"透视裁剪工具"，在建筑的一角处单击鼠标左键，如图 2-43 所示。接着将光标依次移动到带有透视感的建筑的其他点上，如图 2-44 所示。绘制出 4 个点即可，如图 2-45 所示。

图2-43　　　　　　　　图2-44

图 2-45

按 Enter 键完成裁剪，可以看到原本带有透视感的建筑被"拉"成平面了，如图 2-46 所示。

图 2-46

如果以当前图像透视的反方向绘制裁剪框（如图 2-47 所示），则能够起到强化图像透视的作用，如图 2-48 所示。

图 2-47　　　　　　　　图 2-48

提示："透视裁剪工具"的应用范围。

　　针对整个图像进行的透视校正，可以使用"透视裁剪工具"；如果是针对单独图层添加透视或者去除透视，则需要使用"自由变换"命令，在后面小节会进行讲解。

练习实例：使用"透视裁剪工具"去除透视感

文件路径	资源包\第2章\练习实例：使用"透视裁剪工具"去除透视感
难易指数	★★★★★
技术掌握	透视裁剪工具

案例效果

　　案例处理前后的效果对比如图 2-49 和图 2-50 所示。

图 2-49

图 2-50

操作步骤

步骤 01 执行"文件 > 打开"命令，在弹出的"打开"对话框中找到素材位置，选择素材 1.jpg，单击"打开"按钮，如图 2-51 所示。接着素材即可在 Photoshop 中打开，如图 2-52 所示。

扫一扫，看视频

图 2-51

图 2-52

步骤 02 原图中的广告牌整体呈现出一种带有透视感的效果，需要去除这种透视感。单击工具箱中的"透视裁剪工具"，接着在广告牌的左上角单击，然后将光标移动至右上角单击，如图 2-53 所示。继续在右下角处单击，然后在左下角处单击，完成裁剪框的绘制，如图 2-54 所示。

图 2-53

图 2-54

步骤 03 最后双击画布，完成裁剪。此时广告牌的透视效果被去除，并且裁剪框以外的内容也被删除掉了。最终效果如图 2-55 所示。

图 2-55

中文版Photoshop CS6从入门到精通（微课视频 全彩版）

2.1.5　使用"裁剪"与"裁切"命令

"裁剪"命令与"裁切"命令都可以对画布大小进行一定的修整，但是两者存在很明显的不同。"裁剪"命令可以基于选区或裁剪框裁剪画布，而"裁切"命令可以根据像素颜色差别裁剪画布。

步骤01 打开一幅图像，然后使用"矩形选框工具"绘制一个选区，如图2-56所示。接着执行"图像>裁剪"命令，此时选区以外的像素将被裁剪掉，如图2-57所示。

图2-56　　　　　　　　　图2-57

步骤02 在不包含选区的情况下，执行"图像>裁剪"命令，在弹出的"裁切"对话框中可以选择基于哪个位置的像素的颜色进行裁切，然后设置裁切的位置。若选中"左上角像素颜色"单选按钮，则将画面中与左上角颜色相同的像素裁切掉，如图2-58和图2-59所示。

图2-58　　　　　　　　　图2-59

步骤03 "裁切"命令最有趣的地方，就是可以用来裁剪透明像素。如果图像内存在如图2-60所示的透明区域（画面中灰白栅格部分代表没有像素，也就是透明），执行"图像>裁切"命令，在弹出的如图2-61所示"裁切"对话框中选中"透明像素"单选按钮，然后单击"确定"按钮，就可以看到画面中透明像素被裁剪掉，如图2-62所示。总结一下：无论是使用"裁剪工具"，还是使用"裁切"或者"裁剪"命令，裁剪后的画布都是矩形的。

图2-60　　　　　　　　图2-61　　　　　　　　图2-62

练习实例：使用"裁切"命令去除多余的像素

文件路径	资源包\第2章\练习实例：使用"裁切"命令去除多余的像素
难易指数	★★★★★
技术掌握	"裁切"命令

案例效果

案例处理前后的效果对比如图2-63和图2-64所示。

图2-63　　　　　　　　　图2-64

操作步骤

步骤01 执行"文件>打开"命令，在弹出的"打开"对话框中找到素材位置，选择素材"1.jpg"，单击"打开"按钮，如图2-65所示。素材文件就被打开了，如图2-66所示。

扫一扫，看视频

图2-65　　　　　　　　　图2-66

步骤02 执行"图像>裁切"命令，在弹出的"裁切"对话框中选中"左上角像素颜色"单选按钮，单击"确定"按钮，如图2-67所示。此时与画面左上角的黄色相同的颜色区域就被裁切掉了，如图2-68所示。

图2-67　　　　　　　　　图2-68

【重点】2.1.6 旋转画布

使用相机拍摄照片时，有时会由于相机朝向使照片产生横向或竖向效果。这些问题可以通过"图像>图像旋转"子菜单中的相应命令来解决，如图2-69所示。如图2-70所示为原图与图像旋转"180度""顺时针90度""逆时针90度""水平翻转画布""垂直翻转画布"的对比效果。

图 2-69

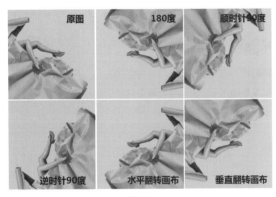

图 2-70

执行"图像>图像旋转>任意角度"命令，在弹出的"旋转画布"对话框中输入特定的旋转角度，并设置旋转方向为"度顺时针"或"度逆时针"，如图2-71所示。如图2-72所示为顺时针旋转60度的效果。旋转之后，画面中多余的部分被填充为当前的背景色。

图 2-71

图 2-72

举一反三：旋转照片角度

将相机中的照片导入到计算机中时，经常会出现照片"立起来"或者"躺下"的问题，如图2-73所示。此时可以执行"图像>图像旋转>逆时针90度"命令，使照片角度恢复正常，效果如图2-74所示。

图 2-73　　　　　图 2-74

2.2 掌握"图层"的基本操作

扫一扫，看视频

Photoshop是一款以"图层"为基础操作单位的制图软件。换句话说，"图层"是在Photoshop中进行一切操作的载体。顾名思义，图层就是"图+层"，图即图像，层即分层、层叠。简而言之，就是以分层的形式显示图像。来看一幅漂亮的Photoshop作品，在鲜花盛开的草地上，一只甲壳虫漫步其间，身上还背着一部老式电话机，如图2-75所示。该作品实际上就是通过将不同图层上大量不相干的元素按照顺序依次堆叠形成的。每个图层就像一块透明玻璃，最顶部的"玻璃板"上是话筒和拨盘，中间的"玻璃板"上贴着甲壳虫，最底部的"玻璃板"上有草地花朵。将这些"玻璃板"（图层）按照顺序依次堆叠摆放在一起，就呈现出了完整的作品。

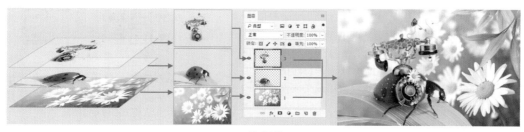

图 2-75

在"图层"模式下，操作起来非常方便、快捷。如要在画面中添加一些元素，可以新建一个空白图层，然后在新的图层中绘制内容。这样新绘制的图层不仅可以随意移动位置，还可以在不影响其他图层的情况下进行内容的编辑。如图 2-76 所示为打开的一张图片，其中包含一个背景图层。接着在一个新的图层上绘制了一些白色的斑点，如图 2-77 所示。由于白色斑点在另一个图层上，所以可以单独移动这些白色斑点的位置，或者对其大小和颜色等进行调整，如图 2-78 所示。所有的这些操作都不会影响到原图内容，如图 2-79 所示。

图 2-76

图 2-77

图 2-78

图 2-79

除了方便操作以及图层之间互不影响外，Photoshop 的图层之间还可以进行"混合"。例如，上方的图层降低了不透明度，逐渐显现出下方图层，如图 2-80 所示，或者通过设置特定的"混合模式"，使画面呈现出奇特的效果，如图 2-81 所示。这些内容将在后面的章节学习。

图 2-80

图 2-81

了解图层的特性后，我们来看一下它的"大本营"——"图层"面板。执行"窗口>图层"命令，打开"图层"面板，如图 2-82 所示。"图层"面板常用于新建图层、删除图层、选择图层、复制图层等，还可以进行图层混合模式的设置，以及添加和编辑图层样式等。

读书笔记

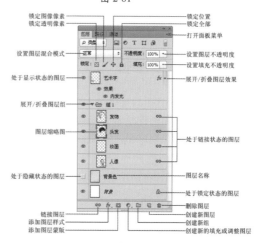

图 2-82

其中各项功能介绍如下。

- 图层过滤 ⊘类型 ⊘ ▣◉T▥◪▣: 用于筛选特定类型的图层或查找某个图层。在左侧的下拉列表框中可以选择筛选方式，在其列表右侧可以选择特殊的筛选条件。单击最右侧的⬤按钮，可以启用或关闭图层过滤功能。

- 锁定 锁定: ▨◢✛▤: 选中图层，单击"锁定透明像素"按钮▨，可以将编辑范围限制为只针对图层的不透明部分；单击"锁定图像像素"按钮◢，可以防止使用绘画工具修改图层的像素；单击"锁定位置"按钮✛，可以防止图层的像素被移动；单击"锁定全部"按钮▤，可以锁定透明像素、图像像素和位置，处于这种状态下的图层将不能进行任何操作。

- 设置图层混合模式 正片叠底 ⊘: 用来设置当前图层的混合模式，使之与下面的图像产生混合。在该下拉列表框中提供了很多的混合模式，选择不同的混合模式，产生的图层混合效果不同。具体使用方法将在第9章中讲解。

- 设置图层不透明度 不透明度: 100% ▼: 用来设置当前图层的不透明度。具体使用方法将在第9章中讲解。

- 设置填充不透明度 填充: 100% ▼: 用来设置当前图层的填充不透明度。该选项与"不透明度"选项类似，但是不会影响图层样式效果。具体使用方法将在第9章讲解。

- 处于显示/隐藏状态的图层 ◉/▢: 当该图标显示为◉时表示当前图层处于可见状态，而显示为▢时则当前图层处于不可见状态。单击该图标，可以在显示与隐藏之间进行切换。

- 链接图层 ⊖: 选择多个图层后，单击该按钮，所选的图层会被链接在一起。被链接的图层可以在选中其中某一图层的情况下进行共同移动或变换等操作。当链接好多个图层以后，图层名称的右侧就会显示链接标志，如图2-83所示。

图 2-83

- 添加图层样式 fx: 单击该按钮，在弹出的菜单中选择一种样式，可以为当前图层添加该样式。图层样式的使用方法将在第9章讲解。

- 创建新的填充或调整图层 ◐: 单击该按钮，在弹出的菜单中选择相应的命令，即可创建填充图层或调整图层。此按钮主要用于创建调色调整图层，具体使用方法将在第5章讲解。

- 创建新组 ▢: 单击该按钮，即可新建一个图层组，详见2.2.10节。

- 创建新图层 ▣: 单击该按钮，即可在当前图层的上一层新建一个图层，详见2.2.2节。

- 删除图层 ▥: 选中图层后，单击该按钮，可以删除该图层。

提示：特殊的"图层背景"。

当打开一张JPG格式的照片或图片时，在"图层"面板中将自动生成一个"背景"图层，而且背景图层后方带着▤图标。该图层比较特殊，无法移动或删除部分像素，有的命令可能也无法使用（如"自由变换""操控变形"等）。因此，如果想要对"背景"图层进行这些操作，需要按住Alt键双击"背景"图层，将其转换为普通图层，之后再进行操作，如图2-84所示。

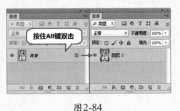

图2-84

中文版Photoshop CS6从入门到精通（微课视频 全彩版）

【重点】 2.2.1 图层操作第一步：选择图层

在使用Photoshop制图的过程中，文档中经常会包含很多图层，所以选择正确的图层进行操作就非常重要了，否则可能会出现明明想要删除某个图层，却错误地删掉了其他对象。

1.选择一个图层

当打开一张JPG格式的图片时，在"图层"面板中将自动生成一个"背景"图层，如图2-85所示。此时该图层处于被选中的状态，所有操作也都是针对这个图层进行的。如果当前文档中包含多个图层（例如，在当前的文档中执行"文件 > 置入"命令，置入一张图片），此时，"图层"面板中就会显示两个图层。在图层面板中单击新建的图层，即可将其选中，如图2-86所示。在"图层"面板空白处单击鼠标左键，即可取消选择所有图层，如图2-87所示。没有选中任何图层时，图像的编辑操作就无法进行。

图 2-85

图 2-86

图 2-87

2.选择多个图层

想要对多个图层同时进行移动、旋转等操作时，就需要同时选中多个图层。在"图层"面板中首先单击选中一个图层，然后按住 Ctrl 键的同时单击其他图层（单击名称部分即可，不要单击图层的缩略图部分），即可选中多个图层，如图 2-88 和图 2-89 所示。

图 2-88

图 2-89

【重点】2.2.2 新建图层

如要向图像中添加一些绘制的元素，最好创建新的图层，这样可以避免绘制失误而对原图产生影响。

在"图层"面板底部单击"创建新图层"按钮🔲，即可在当前图层的上一层新建一个图层，如图 2-90 所示。单击某一个图层即可选中该图层，然后在其中进行绘图操作，如图 2-91 所示。

图 2-90

图 2-91

当文档中的图层比较多时，可能很难分辨某个图层。为了便于管理，我们可以对已有的图层进行命名。将光标移动至图层名称处并双击，图层名便处于激活的状态，如图 2-92 所示。接着输入新的名称，按 Enter 键确定，如图 2-93 所示。

图 2-92

图 2-93

【重点】2.2.3 删除图层

选中图层，单击"图层"面板底部的"删除图层"按钮🗑，如图 2-94 所示。在弹出的对话框中单击"是"按钮，即可删除该图层（选中"不再显示"复选框，可以在以后删除图层时省去这一步骤），如图 2-95 所示。如果画面中没有选区，直接按 Delete 键也可以删除所选图层。

图 2-94

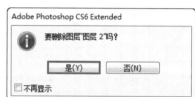
图 2-95

提示：删除隐藏的图层。

执行"图层>删除图层>隐藏图层"命令，可以删除所有隐藏的图层。

【重点】2.2.4 复制图层

想要复制某一图层，可以在该图层上单击鼠标右键，在弹出的快捷菜单中选择"复制图层"命令，如图 2-96 所示。在弹出的"复制图层"对话框中对复制的图层命名，然后单击"确定"按钮即可完成复制，如图 2-97 所示。此外，也可以选中图层后，通过快捷键 Ctrl+J 来快速复制图层。如果包含选区，则可以快速将选区中的内容复制为独立图层。

图 2-96

图 2-97

提示：修饰照片时养成复制"背景"图层的好习惯。

在对数码照片进行修饰时，建议复制"背景"图层后再进行操作，以免由于操作不当而无法回到最初状态。

【重点】2.2.5 调整图层顺序

在"图层"面板中，位于上方的图层会遮挡住下方的图层，如图 2-98 所示。在制图过程中经常需要调整图层堆叠的顺序。例如，置入一个新的背景素材时，默认情况下背景素材显示在最顶部。这时就可以在"图层"面板中单击选择该图层，按住鼠标左键向下拖曳，如图 2-99 所示。松开鼠标后，即可完成图层顺序的调整，此时画面的效果也会发生改变。

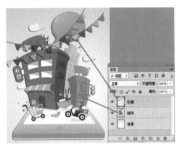

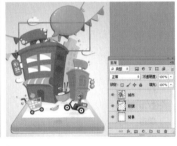

图 2-98　　　　　　　　　　　　　　　　　　图 2-99

 提示：使用菜单命令调整图层顺序。

选中要移动的图层，然后执行"图层 > 排列"子菜单中的相应命令，也可以调整图层的排列顺序。

【重点】2.2.6 移动图层

如要调整图层的位置，可以使用工具箱中的"移动工具" ▶╋ 来实现。如要调整图层中部分内容的位置，可以使用选区工具绘制出特定范围，然后使用"移动工具" ╋ 进行移动。

1.使用"移动工具"

（1）在"图层"面板中选择需要移动的图层（"背景"图层无法移动），如图 2-100 所示。接着选择工具箱中的"移动工具" ▶╋，然后在画面中按住鼠标左键拖曳，该图层的位置就会发生变化，如图 2-101 所示。

图 2-100　　　　　　　　　　　　　图 2-101

（2）☑ 自动选择：图层▼：在工具选项栏中选中"自动选择"复选框时，如果文档中包含多个图层或图层组，可以在后面的下拉列表框中选择要移动的对象。如果选择"图层"选项，使用"移动工具"在画布中单击时，可以自动选择"移动工具"下面包含像素的最顶层的图层；如果选择"组"选项，在画布中单击时，可以自动选择"移动工具"下面包含像素的最顶层的图层所在的图层组。

（3）☑ 显示变换控件：在工具选项栏中选中"显示变换控件"复选框后，选择一个图层时，就会在图层内容的周围显示定界框，如图 2-102 所示。通过定界框可以进行缩放、旋转、切变等操作（操作方式与"自由变换"功能相同，具体使用方法参见 2.5.1 节），变换完成后按 Enter 键确认，如图 2-103 所示。

图 2-102　　　　　　　　图 2-103

 提示：水平移动、垂直移动。

在使用"移动工具"移动对象的过程中，按住 Shift 键可以沿水平或垂直方向移动对象。

2. 移动并复制

在使用"移动工具"移动图像时，按住 Alt 键拖曳图像，可以复制图层。当图像中存在选区时，按住 Alt 键的同时拖动选区中的内容，则会在该图层内部复制选中的部分，如图 2-104 和图 2-105 所示。

图 2-104　　　　　　　　图 2-105

3. 在不同的文档之间移动图层

在不同文档之间使用"移动工具" ，可以将图层复制到另一个文档中。在一个文档中按住鼠标左键，将图层拖曳至另一个文档中，松开鼠标即可将该图层复制到另一个文档中，如图 2-106 和图 2-107 所示。

图 2-106　　　　　　　　图 2-107

 提示：移动选区中的像素。

当图像中存在选区时，选中普通图层，使用"移动工具"进行移动时，选中图层内的所有内容都会移动，且原选区显示透明状态。当选中的是背景图层，使用"移动工具"进行移动时，选区部分将会被移动且原选区位置被填充背景色。

✎　*读书笔记*

练习实例：使用移动复制的方法制作欧式花纹服装面料

文件路径	资源包\第2章\练习实例：使用移动复制的方法制作欧式花纹服装面料
难易指数	★★★★★
技术掌握	移动工具、移动复制

案例效果

案例效果如图 2-108 所示。

图 2-108

操作步骤

步骤 01 执行"文件 > 打开"命令，打开 1.psd 文件。其中包含两个图层，图层 1 为花纹图层，"背景"图层为面料的底色，如图 2-109 和图 2-110 所示。本例需要通过多次复制花纹图层，并将这些图层整齐地排列起来，制作出华丽的欧式风格服装面料的纹样效果。

扫一扫，看视频

图 2-109　　　　　　图 2-110

步骤 02 复制图层的方法很多，如按快捷键 Ctrl+J 即可复制所选图层。具体到本例，由于要将花纹图层复制多次，并且每次复制出的花纹图层都需要移动到不同位置上，这时使用"移动工具"进行移动复制便是很好的选择。首先单击工具箱中的"移动工具"，在"图层"面板中，选中图层 1，然后在画面中按住鼠标左键并向左上角拖动，将花纹图层移动到画面左上角的位置，如图 2-111 所示。

图 2-111

步骤 03 接下来，需要通过"移动复制"的方法复制出另外一个花纹。仍然使用"移动工具"，在画面中按住鼠标左键的同时，按住 Alt 键向右拖动该花纹，即可复制出一个相同的花纹图层。将其移动到与原始花纹左侧贴齐的位置，如图 2-112 所示。由于默认开启了"智能参考线"，所以移动复制的过程会出现参考线和移动的具体数值，通过观察能够确定是否水平移动（在需要垂直或水平移动时，配合 Shift 键可以保证在水平或垂直方向移动）。

图 2-112

步骤 04 以同样的方法，继续多次使用"移动工具"，在画面中按住鼠标左键的同时，按住 Alt 键向右移动复制一整排花纹，如图 2-113 所示。

图 2-113

步骤 05 在"图层"面板中按住 Ctrl 键加选这 3 个图层，如图 2-114 所示。然后继续使用"移动工具"，按住鼠标左键的同时，按住 Alt 键向左下移动复制这 3 个花纹，如图 2-115 所示。

图 2-114　　　　　　　图 2-115

步骤 06 此时第二排花纹由于错落排列，所以右侧有一部分空缺。选择最右侧的花纹，并进行移动复制（复制过程中注意观察智能参考线以及移动的数值是否准确），如图 2-116 所示。接下来，在"图层"面板中选中这两排花纹图层（如图 2-117 所示），向下移动复制，如图 2-118 所示。

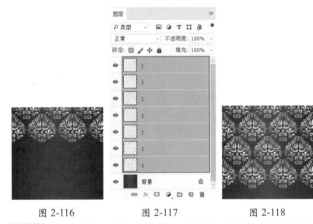

图 2-116　　　　　图 2-117　　　　　图 2-118

步骤 07 最后重新选中第一排的 3 个花纹（如图 2-119 所示），向下移动复制，最终效果如图 2-120 所示。

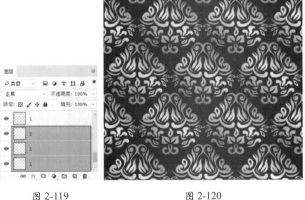

图 2-119　　　　　　　图 2-120

中文版Photoshop CS6从入门到精通（微课视频 全彩版）

〔重点〕2.2.7　动手练：对齐图层

在版面的编排中，有一些元素是必须要对齐的，如界面设计中的按钮、版面中的一些图案。那么如何快速、精准地进行对齐呢？使用"对齐"功能可以将多个图层对象排列整齐。

在对图层操作之前，先要选择图层，在此按住 Ctrl 键加选多个需要对齐的图层。接着选择工具箱中的"移动工具" ✛，在其选项栏中单击对齐按钮 ▊▊▊ ▊▊▊，即可进行对齐，如图 2-121 所示。例如，单击"水平居中对齐"按钮 ▲，效果如图 2-122 所示。

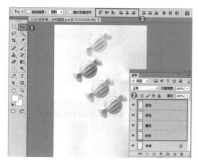

图 2-121　　　　　　图 2-122

提示：对齐按钮。

- 顶对齐 ▛：将所选图层最顶端的像素与当前图层最顶端的中心像素对齐。
- 垂直居中对齐 ▬：将所选图层的中心像素与当前图层垂直方向的中心像素对齐。
- 底对齐 ▙：将所选图层最底端的像素与当前图层最底端的中心像素对齐。
- 左对齐 ▌：将所选图层的中心像素与当前图层左边的中心像素对齐。
- 水平居中对齐 ♯：将所选图层的中心像素与当前图层水平方向的中心像素对齐。
- 右对齐 ▐：将所选图层的中心像素与当前图层右边的中心像素对齐。

〔重点〕2.2.8　动手练：分布图层

多个对象已排列整齐了，那么怎么才能让每两个对象之间的距离是相等的呢？这时就可以使用"分布"功能。使用该功能可以将所选的图层以上下、左右两端的对象为起点和终点，将所选图层在这个范围内进行均匀的排列，得到具有相同间距的图层。在使用"分布"命令时，文档中必须包含多个图层（至少为 3 个图层，"背景"图层除外）。

首先加选需要进行分布的图层，然后在工具箱中选择

"移动工具"，在其选项栏中单击分布按钮 ▊▊▊ ▊▊▊，即可进行分布，如图 2-123 所示。例如，单击"垂直居中分布"按钮 ▮，效果如图 2-124 所示。

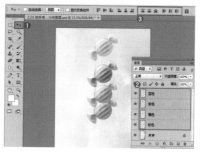

图 2-123　　　　　　图 2-124

提示：分布按钮。

- 垂直顶部分布 ▀：单击该按钮时，将平均每一个对象顶部基线之间的距离，调整对象的位置。
- 垂直居中分布 ▤：单击该按钮时，将平均每一个对象水平中心基线之间的距离，调整对象的位置。
- 底部分布 ▙：单击该按钮时，将平均每一个对象底部基线之间的距离，调整对象的位置。
- 左分布 ▌：单击该按钮时，将平均每一个对象左侧基线之间的距离，调整对象的位置。
- 水平居中分布 ▐：单击该按钮时，将平均每一个对象垂直中心基线之间的距离，调整对象的位置。
- 右分布 ▐：单击该按钮时，将平均每一个对象右侧基线之间的距离，调整对象的位置。

举一反三：对齐、分布制作网页导航

整齐、统一总是给人和谐的美感。在 UI 设计中这一点表现得尤为突出，很多网页、手机界面都会将按钮或图标摆放得规规矩矩，尤其是那种形态相似、大小相等的图标。这时我们就可以使用对齐与分布功能进行调整。

步骤 01 首先将制作好的图标放置在相应的位置，并大致调整它们的间距，如图 2-125 所示。接下来，对其细节进行调整。选中图标图层，然后选择"移动工具"，在其选项栏中单击"垂直居中对齐"按钮 ▮（因为图标需要横向对齐），效果如图 2-126 所示。

图 2-125　　　　　　图 2-126

步骤 02 接着调整图标之间的间距。在加选图层的状态下，单击"水平居中分布"按钮，效果如图 2-127 所示。对齐与分布操作完成后，就可以对图标的大小及位置进行调整了，效果如图 2-128 所示。

图 2-127

图 2-128

举一反三：对齐、分布制作整齐版面

步骤 01 在版式设计中，对齐与分布功能的应用也非常广泛。在图 2-129 中，图片只是置入到了文档内，还没有进行调整。在"图层"面板中加选图片图层，如图 2-130 所示。

图 2-129

图 2-130

步骤 02 选择"移动工具"，在其选项栏中单击"水平居中对齐"按钮，效果如图 2-131 所示。接着单击"垂直居中分布"按钮，效果如图 2-132 所示。最后效果如图 2-133 所示。

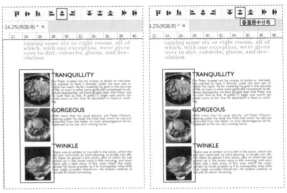

图 2-131　　　　　　图 2-132

图 2-133

2.2.9 锁定图层

"锁定"功能可以起到保护图层透明区域、图像像素和位置的作用，在"图层"面板的上半部分有多个锁定按钮，如图 2-134 所示。使用这些按钮可以根据需要完全锁定或部分锁定图层，以免因操作失误而对图层的内容造成破坏。

步骤 01 打开一个文档，可以看到"花"图层内存在透明区域，如图 2-135 所示。

图 2-134

图 2-135

步骤 02 选择"花"图层，然后单击"锁定透明像素"按钮 ⬚，如图 2-136 所示。选择工具箱中的"画笔工具" 🖌️，在画面中按住鼠标左键涂抹。此时可以看到花朵上方出现了画笔涂抹后的痕迹，但是透明位置并没有。这是因为我们刚刚将透明像素位置锁定了，所以该区域受到了保护，如图 2-137 所示。

图 2-136

图 2-137

> 💡 **提示：如何取消锁定状态？**
>
> 单击相应的按钮可以进行锁定，再次单击可以取消锁定。因此，在操作下一步之前，需再次单击"锁定透明像素"按钮 ⬚ 取消锁定。

步骤 03 单击"锁定图像像素"按钮 🖌️，选择"画笔工具"，在画面中按住鼠标左键拖曳，弹出一个警告对话框，提示因为锁定不能进行编辑，如图 2-138 所示。单击"确定"按钮，然后使用"移动工具"拖曳花朵，发现能够移动，如图 2-139 所示。可见激活该功能后，是不能对该图层进行绘画、擦除等操作的，但是可以移动。

图 2-138   图 2-139

步骤 04 单击"锁定位置"按钮 ✛，选择"画笔工具"，在画面中按住鼠标左键涂抹，可以看到画笔涂抹的痕迹，如图 2-140 所示。但是如果使用"移动工具"进行移动，则会弹出警告对话框，如图 2-141 所示。可见激活该功能后，图层将不能移动。该功能对于设置了精确位置的图像非常有用。

图 2-140

图 2-141

步骤 05 "锁定全部"这个功能非常好理解，单击"锁定全部"按钮 🔒，对该图层将不能进行任何操作。

> 💡 **提示：为什么锁定状态有空心的和实心的？**
>
> 当图层被完全锁定之后，图层名称的右侧会出现一个实心的锁 🔒，如图 2-142 所示；当图层只有部分属性被锁定时，图层名称的右侧会出现一个空心的锁 🔓，如图 2-143 所示。

图 2-142   图 2-143

2.2.10 动手练：使用"图层组"管理图层

"图层组"就像一个"文件袋"。在办公时如果有很多文件，我们会将同类文件放在一个文件袋中，并在文件袋上标明信息。而在 Photoshop 中制作复杂的图像效果时也是一样的，"图层"面板中经常会出现数十个图层，把它们分门别类地"收纳"起来是个非常好的习惯，在后期操作中可以更加便捷地对画面进行处理。如图 2-144 所示为一个书籍设计作品中所使用的图层，如图 2-145 所示为借助"图层组"整理后的"图层"面板。

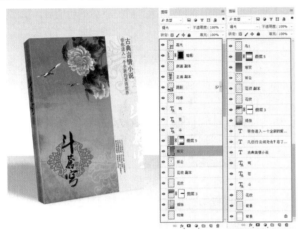

图 2-144

图 2-145

1. 创建"图层组"

单击"图层"面板底部的"创建新组"按钮，即可创建一个新的图层组，如图 2-146 所示。选择需要放置在组中的图层，按住鼠标左键拖曳至"创建新组"按钮上（如图 2-147 所示），则以所选图层创建图层组，如图 2-148 所示。

图 2-146　　　　　图 2-147

图 2-148

> 提示：尝试创建一个"组中组"。
>
> 图层组中还可以套嵌其他图层组。将创建好的图层组移到其他组中，即可创建出"组中组"。

2. 将图层移入或移出图层组

步骤 01 选择一个或多个图层，按住鼠标左键拖曳到图层组内，如图 2-149 所示。松开鼠标就可以将其移入到该组中，如图 2-150 所示。

图 2-149　　　　　图 2-150

步骤 02 将图层组中的图层拖曳到组外（如图 2-151 所示），就可以将其从图层组中移出，如图 2-152 所示。

图 2-151　　　　　图 2-152

3. 取消图层编组

在图层组名称上单击鼠标右键，在弹出的快捷菜单中选择"取消图层编组"命令，如图 2-153 所示。图层组消失，而组中的图层并未被删除，如图 2-154 所示。

中文版Photoshop CS6从入门到精通（微课视频 全彩版）

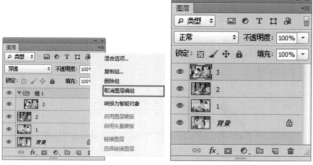

图 2-153　　　　　　　　　　图 2-154

【重点】2.2.11　合并图层

合并图层是指将所有选中的图层合并成一个图层。例如，多个图层合并前如图 2-155 所示，将"背景"图层以外的图层进行合并后如图 2-156 所示。经过观察可以发现，画面的效果并没有什么变化，只是多个图层变为了一个。

图 2-155

图 2-156

1. 合并图层

想要将多个图层合并为一个图层，可以在"图层"面板中单击选中某一图层，然后按住 Ctrl 键加选需要合并的图层，执行"图层 > 合并图层"命令或按快捷键 Ctrl+E。

2. 合并可见图层

执行"图层 > 合并可见图层"命令，或按快捷键 Ctrl+Shift+E，可以将"图层"面板中的所有可见图层合并为"背景"图层。

3. 拼合图像

执行"图层 > 拼合图像"命令，即可将全部图层合并到"背景"图层中。如果有隐藏的图层则会弹出一个提示对话框，询问用户是否要扔掉隐藏的图层。

4. 盖印

盖印可以将多个图层的内容合并到一个新的图层中，同时保持其他图层不变。选中多个图层，然后按快捷键 Ctrl+Alt+E，可以将这些图层中的图像盖印到一个新的图层中，而原始图层的内容保持不变。按快捷键 Ctrl+Shift+Alt+E，可以将所有可见图层盖印到一个新的图层中。

【重点】2.2.12　栅格化图层

在 Photoshop 中新建的图层为普通图层。除此之外，Photoshop 中还有几种特殊图层，如使用文字工具创建出的文字图层、置入后的智能对象图层、使用矢量工具创建出的形状图层、使用 3D 功能创建出的 3D 图层等。与智能对象非常相似，可以移动、旋转、缩放这些特殊图层，但是不能对其内容进行编辑。想要编辑这些特殊对象的内容，就需要将它们转换为普通图层。

"栅格化"图层就是将"特殊图层"转换为"普通图层"的过程。选择需要栅格化的图层，然后执行"图层 > 栅格化"子菜单中的相应命令，或者在"图层"面板中选中该图层，单击鼠标右键，在弹出的快捷菜单中选择"栅格化图层"命令，如图 2-157 所示。随即可以看到"特殊图层"已转换为"普通图层"，如图 2-158 所示。

图 2-157　　　　　　　　　　图 2-158

扫一扫，看视频

剪切、拷贝（也称复制）、粘贴相信大家都不陌生，剪切是将某个对象暂时存储到剪贴板中备用，并从原位置删除；拷贝是保留原始对象并复制到剪贴板中备用；粘贴则是将剪贴板中的对象提取到当前位置。

对于图像也是一样。想要使不同位置出现相同的内容，需要使用"拷贝""粘贴"命令；想要将某个部分的图像从原始位置去除并移动到其他位置，需要使用"剪切""粘贴"命令。

【重点】2.3.1 剪切与粘贴

"剪切"就是将选中的像素暂时存储到剪贴板中备用，而原始位置的像素则会消失。通常"剪切"与"粘贴"命令一同使用。

步骤01 选择一个普通图层（非"背景"图层），然后选择工具箱中的"矩形选框工具" ，按住鼠标左键拖曳，绘制一个选区，如图2-159所示。执行"编辑>剪切"命令或快捷键Ctrl+X，可以将选区中的内容剪切到剪贴板上，此时原始位置的图像消失了，如图2-160所示。

图 2-159

图 2-160

步骤02 执行"编辑>粘贴"命令或按快捷键Ctrl+V，可以将剪切的图像粘贴到画布中并生成一个新的图层，如图2-161和图2-162所示。

图 2-161

图 2-162

【重点】2.3.2 拷贝

创建选区后，执行"编辑>拷贝"命令或按快捷键Ctrl+C，可以将选区中的图像拷贝到剪贴板中，如图2-163所示。然后执行"编辑>粘贴"命令或按快捷键Ctrl+V，可以将拷贝的图像粘贴到画布中并生成一个新的图层，如图2-164所示。

图 2-163

图 2-164

> **提示：为什么有时剪切后的区域不是透明的？**
>
> 当被选中的图层为普通图层时，剪切后的区域为透明区域。如果被选中的图层为"背景"图层，那么剪切后的区域会被填充为当前背景色。如果选中的图层为智能图层、3D图层、文字图层等特殊图层，则不能够进行剪切操作。

举一反三：使用"拷贝""粘贴"命令制作产品细节展示效果

在网购商城中经常能够看到产品细节展示的拼图，顾客从中可以清晰地了解到产品的细节。其制作方法非常简单，下面以在版面右侧黄色矩形位置添加产品细节展示效果为例进行说明。

步骤01 选中产品图层，使用"矩形选框工具"在需要表达细节的位置绘制一个矩形选区，然后按快捷键Ctrl+C进行复制，如图2-165所示。按快捷键Ctrl+V粘贴，然后按快捷键Ctrl+T调出定界框，再按住Shift键拖曳控制点将其等比放大，如图2-166所示。

图 2-165 图 2-166

步骤 02 按 Enter 键，确认变换操作，如图 2-167 所示。使用同样的方法制作另外一处细节图，最终效果如图 2-168 所示。

图 2-167 图 2-168

2.3.3 合并拷贝

合并拷贝就是将文档内所有可见图层拷贝并合并到剪贴板中。打开一个含有多个图层的文档，执行"选择 > 全选"命令或按快捷键 Ctrl+A 全选当前图像，然后执行"编辑 > 选择性拷贝 > 合并拷贝"命令或按快捷键 Ctrl+Shift+C，将所有可见图层拷贝并合并到剪贴板中，如图 2-169 所示。接着新建一个空白文档，按快捷键 Ctrl+V，可以将合并拷贝的图像粘贴到当前文档或其他文档中，如图 2-170 所示。

图 2-169 图 2-170

2.4 变换与变形

在"编辑"菜单中提供了多种对图层进行变换 / 变形的命令，如"内容识别缩放""操控变形""透视变形""自由变换""变换"（"变换"命令与"自由变换"的功能基本相同，使用"自由变换"更方便一些）"自动对齐图层""自动混合图层"等，如图 2-176 所示。

图2-176

【重点】2.3.4 清除图像

使用"清除"命令可以删除选区中的图像。清除图像分为两种情况，一种是清除普通图层中的像素，另一种是清除"背景"图层中的像素，两种情况遇到的问题和结果是不同的。

步骤 01 打开一张图片，在"图层"面板中自动生成一个"背景"图层。使用"矩形选框工具"绘制一个矩形选区，然后执行"编辑 > 清除"命令或者按 Delete 键进行删除，如图 2-171 所示。在弹出的"填充"对话框中设置填充的内容，如选择"背景色"，然后单击"确定"按钮，如图 2-172 所示。此时可以看到选区中原有的像素消失了，而以"背景色"进行填充，如图 2-173 所示。

图 2-171 图 2-172 图 2-173

步骤 02 如果选择一个普通图层，然后绘制一个选区，接着按 Delete 键进行删除，如图 2-174 所示。随即可以看到选区中的像素消失了，如图 2-175 所示。

图 2-174 图 2-175

> 提示："背景"图层无法进行变换。
>
> 打开一张图片后，有时会发现无法使用"自由变换"命令，这可能是因为打开的图片只包含一个"背景"图层。此时需要按住 Alt 键的同时并双击"背景"图层，将其转换为普通图层，然后就可以使用"编辑 > 自由变换"命令了。

扫一扫，看视频

在制图过程中，经常需要调整图层的大小、角度，有时也需要对图层的形态进行扭曲、变形，这些都可以通过"自由变换"命令来实现。选中需要变换的图层，执行"编辑 > 自由变换"命令（快捷键 Ctrl+T）。此时对象进入自由变换状态，四周出现了定界框，4 个角点处以及4 条边框的中间都有控制点，如图 2-177 所示。完成变换后，按 Enter 键确认。如果要取消正在进行的变换操作，可以按 Esc 键。

图 2-177

1. 缩放（放大、缩小）

按住鼠标左键并拖曳定界框上、下、左、右边框上的控制点，可以进行横向或纵向上的放大或缩小，如图 2-178 所示。按住鼠标左键并拖曳角点处的控制点，可以同时对横向和纵向进行放大或缩小，如图 2-179 所示。

图 2-178　　　　　　图 2-179

按住 Shift 键的同时拖曳定界框 4 个角点处的控制点，可以进行等比缩放，如图 2-180 所示。如果按住 Shift+Alt 键的同时拖曳定界框 4 个角点处的控制点，能够以中心点作为缩放中心进行等比缩放，如图 2-181 所示。

图 2-180　　　　　　图 2-181

2. 旋转

将光标移动至 4 个角点处的任意一个控制点上，当其变为弧形的双箭头形状 ↱ 后，按住鼠标左键拖动即可进行旋转，如图 2-182 所示。

图 2-182

3. 斜切

在自由变换状态下，单击鼠标右键，在弹出的快捷菜单中选择"斜切"命令，然后按住鼠标左键拖曳控制点，即可看到斜切效果，如图 2-183 所示。

图 2-183

4. 扭曲

在自由变换状态下，单击鼠标右键执行"扭曲"命令，按住鼠标左键拖曳上、下控制点，可以进行水平方向的扭曲，如图 2-184 所示；按住鼠标左键拖曳左、右控制点，可以进行垂直方向的扭曲，如图 2-185 所示。

图 2-184　　　　　　图 2-185

5. 透视

在自由变换状态下，单击鼠标右键执行"透视"命令，拖曳一个控制点即可产生透视效果，如图 2-186 和图 2-187 所示。此外，也可以选择需要变换的图层，执行"编辑 > 变换 > 透视"命令。

图 2-186　　　　　　图 2-187

6. 变形

在自由变换状态下，单击鼠标右键执行"变形"命令，拖曳网格线或控制点即可进行变形操作，如图 2-188 所示。此外，也可以在调出变形定界框后，在工具选项栏的"变形"下拉列表框中选择一个合适的形状，然后设置相关参数，效果如图 2-189 所示。

图 2-188　　　　　　　　图 2-189

7. 旋转 180 度、顺时针旋转 90 度、逆时针旋转 90 度、水平翻转、垂直旋转

在自由变换状态下，单击鼠标右键，在弹出的快捷菜单的底部还有 5 个旋转的命令，即"旋转 180 度""顺时针旋转 90 度""逆时针旋转 90 度""水平翻转"与"垂直旋转"命令，如图 2-190 所示。顾名思义，根据这些命令的名字我们就能够判断出它们的用法。

图2-190

8. 复制并变换图像

选择一个图层，按快捷键 Ctrl+Alt+T 调出定界框，在"图层"面板中将自动复制出一个相同的图层，如图 2-191 所示。此时进入自由变换并复制的状态，接着就可以对这个图层进行变换，如图 2-192 所示。

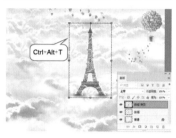 

图 2-191　　　　　　图 2-192

9. 复制并重复上一次变换

如要制作一系列变换规律相似的元素，可以使用"复制并重复上一次变换"功能来完成。在使用该功能之前，需要先设定好一个变换规律。

首先确定一个变换规律；然后按快捷键 Ctrl+Alt+T 调出定界框，将"中心点"拖曳到定界框左下角的位置，如图 2-193 所示；接着对图像进行旋转和缩放，按 Enter 键确认，如图 2-194 所示；最后多次按快捷键 Shift+Ctrl+Alt+T，可以得到一系列规律的变换效果，如图 2-195 所示。

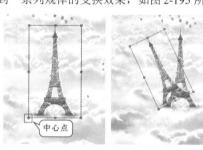

图 2-193　　　　　　图 2-194

图 2-195

练习实例：使用"自由变换"功能等比例缩放卡通形象

文件路径	资源包\第3章\练习实例：使用"自由变换"功能等比例缩放卡通形象
难易指数	★★★★☆
技术掌握	"自由变换"命令、"快速选择"工具

扫一扫，看视频

案例效果

案例处理前后的效果对比如图 2-196 所示。

图 2-196

制作步骤

步骤 01 执行"文件 > 打开"命令，在弹出的"打开"对话框中找到素材的位置，然后单击选择素材 1.jpg，然后单击"打开"按钮，如图 2-197 所示。随即素材在 Photoshop 中被打开，如图 2-198 所示。

图 2-197

图 2-198

步骤 02 单击工具箱中的"快速选择工具" ，在其选项栏中单击"添加到选区"按钮，将笔尖设置为 35 像素，然后将光标移到企鹅上，按住鼠标左键拖动，即可得到部分选区，如图 2-199 所示。继续进行拖曳，得到企鹅的选区，如图 2-200 所示。

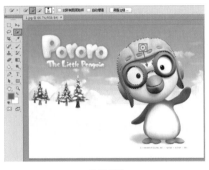

图 2-199　　　　　　　　图 2-200

步骤 03 按快捷键 Ctrl+J，将选区复制到独立图层。按快捷键 Ctrl+D 取消选区。按快捷键 Ctrl+T 调出定界框，将光标移动到右上角处，按住 Shift 键向左下拖曳，进行等比缩放，如图 2-201 所示。缩放完成后，按 Enter 键确认。在工具箱中选择"移动工具"，在该图层上按住鼠标左键向左拖曳，效果如图 2-202 所示。

图 2-201　　　　　　　　图 2-202

练习实例：使用"变换"命令制作立体书籍

文件路径	资源包\第2章\练习实例：使用"变换"命令制作立体书籍
难易指数	★★★★★
技术掌握	"变换"命令

案例效果

案例效果如图 2-203 所示。

图 2-203

操作步骤

步骤 01 执行"文件 > 打开"命令，在弹出的"打开"对话框中找到素材位置，选择素材 1.jpg，单击"打开"按钮，如图 2-204 所示。随即素材在 Photoshop 中被打开，如图 2-205 所示。

扫一扫，看视频

图 2-204　　　　　　　　图 2-205

步骤 02 执行"文件>置入"命令，在弹出的"置入"对话框中找到素材位置，选择素材 2.jpg，单击"置入"按钮。如图 2-206 所示。将置入对象调整到合适的位置，然后按 Enter键完成置入操作，如图 2-207 所示。

图 2-206　　　　　　　　　图 2-207

步骤 03 选择该图层，单击鼠标右键，在弹出的快捷菜单中选择"栅格化图层"命令，如图 2-208 所示，即可将智能图层转换为普通图层。为了更好地进行变形，可以降低该图层的不透明度。选择该图层，设置其"不透明度"为 20%，如图 2-209 所示。效果如图 2-210 所示。

图 2-208　　　　　　图 2-209　　　　　　图 2-210

步骤 04 执行"编辑>变换>扭曲"命令，调出定界框（也可以执行"编辑>自由变换"命令，在画面中单击鼠标右键，在弹出的快捷菜单中选择"扭曲"命令），接着将光标移动至右上角的控制点上，按住鼠标左键将控制点拖曳至封面右上

角处，如图 2-211 所示。继续将剩余 3 个控制点拖曳至相应位置，如图 2-212 所示。

图 2-211　　　　　　　　　图 2-212

步骤 05 调整完成后按下 Enter 键，完成变换操作，如图 2-213 所示。接着将图层 2 的"不透明度"设置为 100%，如图 2-214 所示。

图 2-213　　　　　　　　　图 2-214

步骤 06 使用同样的方法制作书脊部分，最终效果如图 2-215 所示。

图 2-215

练习实例：使用复制并重复变换制作放射状背景

文件路径	资源包\第2章\练习实例：使用复制并重复变换制作放射状背景
难易指数	★★★★★
技术掌握	复制并重复变换

案例效果

案例效果如图 2-216 所示。

图 2-216

操作步骤

步骤 01 执行"文件>打开"命令，在弹出的"打开"对话框中找到素材位置，选择素材 1.jpg，单击"打开"按钮，如图 2-217 所示。打开背景素材后，按快捷键 Ctrl+R 调出标尺，然后创建参考线，如图 2-218 所示。

图 2-217　　　　　　　　　图 2-218

步骤 02 在"图层"面板中在单击"创建新图层"按钮，创建一个新图层，如图 2-219 所示。选择工具箱中的"矩形选框工具"，在画布上按住鼠标左键拖动，绘制一个矩形选区，如图 2-220 所示。

图 2-219　　　　　　　　　图 2-220

步骤 03 选择工具箱中的"前景色设置"，在弹出的"拾色器"对话框中设置合适的颜色，单击"确定"按钮，如图 2-221 所示。按快捷键 Alt+Delete 为矩形填充颜色；按快捷键 Ctrl+D 取消选区，如图 2-222 所示。

图 2-221　　　　　　　　　图 2-222

步骤 04 选择该图层，按快捷键 Ctrl+T 调出定界框，然后单击鼠标右键，在弹出的快捷菜单中选择"透视"命令，如图 2-223 所示。将自由变换中心点移动到右侧边缘处，接着将矩形右上角的控制点向下拖曳至中心位置，按 Enter 键完成透视，如图 2-224 所示。

图 2-223　　　　　　　　　图 2-224

步骤 05 在"图层"面板中单击"创建新组"按钮，新建"组 1"，如图 2-225 所示。选择三角形所在图层（图层 1），将其移动到新建的组中，如图 2-226 所示。

图 2-225　　　　　　　　　图 2-226

步骤 06 执行"编辑 > 自由变换"命令，将中心点移动到最右侧中心，然后在工具选项栏中设置"旋转角度"为 15 度，如图 2-227 所示。按 Enter 键完成变换，效果如图 2-228 所示。

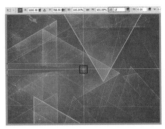

图 2-227　　　　　　　　　图 2-228

步骤 07 多次按快捷键 Ctrl+Shift+Alt+T，旋转并复制出多个三角形，构成一个放射状背景，如图 2-229 所示。接着在"图层"面板中选择"组 1"，单击鼠标右键，在弹出的快捷菜单中选择"合并组"命令，将"组 1"变为一个普通图层，如图 2-230 所示。

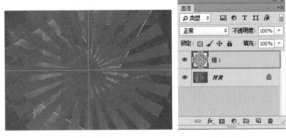

图 2-229　　　　　　　　　图 2-230

步骤 08 在"图层"面板中选择图层"组 1"，设置其"混合模式"为"划分"，"不透明度"为 40%，如图 2-231 所示。效果如图 2-232 所示。

图 2-231　　　　　　　　　图 2-232

中文版Photoshop CS6从入门到精通（微课视频 全彩版）

步骤09 继续调整放射状背景。选择该图层，按快捷键 Ctrl+T 调出定界框，然后将光标放在右上角处，按住快捷键 Shift+ Alt 键拖曳控制点，将其以中心点作为缩放中心进行等比放大，如图 2-233 所示。最后按 Enter 键确认变换操作，效果如图 2-234 所示。

步骤10 执行"文件 > 置入"命令，在弹出的"置入"对话框中找到素材位置，选择素材 2.png，单击"置入"按钮，如图 2-235 所示。按 Enter 键完成置入操作。最终效果如图 2-236 所示。

图 2-233　　　　　图 2-234

图 2-235　　　　　　图 2-236

练习实例：使用复制并自由变换制作创意翅膀

文件路径	资源包\第2章\练习实例：使用复制并自由变换制作创意翅膀
难易指数	★★★★★
技术掌握	置入、复制图层、自由变换

案例效果

案例效果如图 2-237 所示。

图 2-237

操作步骤

步骤01 执行"文件 > 打开"命令，或按快捷键 Ctrl+O，在弹出的"打开"对话框中选择素材 1.jpg，单击"打开"按钮，如图 2-238 所示。

步骤02 执行"文件 > 置入"命令，在弹出的对话框中选择素材 10.png，单击"置入"按钮，将素材旋转并缩放，移动到适当位置，按 Enter 键完成置入，然后选择该图层，执行"图层 > 栅格化 > 智能对象"命令，将智能对象栅格化，如图 2-239 所示。选择该图层，执行"图层 > 复制图层"命令，然后按快捷键 Ctrl+T 调出定界框，将其旋转、移动、放大，按 Enter 键完成变换，如图 2-240 所示。

扫一扫，看视频

图2-238

图 2-239　　　　　图 2-240

步骤03 按快捷键 Ctrl+Alt+Shift+T，复制并重复上一次变换，如图 2-241 所示。继续按快捷键 Ctrl+Alt+Shift+T，复制并重复上一次变换，如图 2-242 所示。多次按快捷键 Ctrl+Alt+Shift+T，得到具有相同变换规律的图像效果，如图 2-243 所示。

图 2-241　　　　图 2-242　　　　图 2-243

步骤04 执行"文件 > 置入"命令，在弹出的对话框中选择素材 11.png，单击"置入"按钮，栅格化该图层后将素材旋转并缩放，移动到适当位置，按 Enter 键完成置入，如图 2-244 所示。接着继续自由变换，对其进行旋转和移动，然后通过快捷键 Ctrl+Alt+Shift+T，有规律地进行复制并旋转，效果如图 2-245 所示。

图 2-244　　　　　图 2-245

步骤05 执行"文件 > 置入"命令，在弹出的对话框中选择素材 12.png，单击"置入"按钮，栅格化该图层后将素材旋转并缩放，移动到适当位置（摆放在最外侧，"背景"图层的上方），按 Enter 键完成置入，如图 2-246 所示。继续使用上述同样的方法有规律地进行复制并旋转，效果如图 2-247 所示。

图 2-246　　　　　　　图 2-247

步骤06 依次置入其他素材并对其进行复制和变换，制作出翅膀的形态，如图 2-248~ 图 2-250 所示。

图 2-248　　　　图 2-249　　　　图 2-250

步骤07 单击"图层"面板底部的"创建新组"按钮，然后将新建的图层组改名为"右侧翅膀"，将翅膀的所有图层移至该组内，如图 2-251 所示。执行"图层 > 新建调整图层 > 曲线"命令，在弹出的"属性"面板中将曲线底部的定位点向右移动，调整画面明暗，然后单击"此调整剪切到此图层"按钮，如图 2-252 所示。效果如图 2-253 所示。

图 2-251　　　　　　　图 2-252

图 2-253

步骤08 在"图层"面板中选择"右侧翅膀"图层组，执行"图层 > 复制组"命令，然后将复制得到的图层组更名为"左侧翅膀"。按快捷键 Ctrl+E，将其合并为一个图层。选择该图层，按快捷键 Ctrl+T 调出定界框。单击鼠标右键，在弹出的快捷菜单中选择"水平翻转"命令，效果如图 2-254 所示。接着将其向左移动并缩小，放置在适当位置，如图 2-255 所示。

图 2-254　　　　　　　图 2-255

步骤09 下面添加主体人物。执行"文件 > 置入"命令，在弹出的对话框中选择素材 20.png，单击"置入"按钮，栅格化该图层后将素材旋转并缩放，移动到适当位置，按 Enter 键完成置入，执行"图层 > 栅格化 > 智能对象"命令，将该图层"栅格化"为普通图层，如图 2-256 所示。

图 2-256

步骤10 接下来添加文字。在工具箱中选择"横排文字工具"，在其选项栏中设置合适的字体、字号、填充颜色，在画面中单击并输入文字（按 Enter 键换行），完成后单击空白区域，如图 2-257 所示。

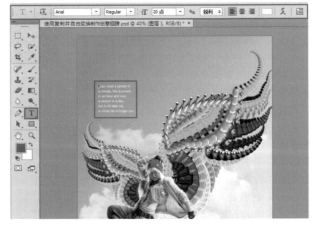

图 2-257

步骤11 制作矩形文字分割线。新建图层，在工具箱中选择"矩形工具"，在其选项栏中设置"绘制模式"为像素，设置"前景色"为浅灰色，在画面左上角文字处按住鼠标左键拖曳绘制形状，如图 2-258 所示。使用同样的方法再制作两条文字分割线，如图 2-259 所示。

图 2-258　　　　　　　　图 2-259

步骤12 继续添加文字。在工具箱中选择"横排文字工具"，在其选项栏中设置合适的"字体""字号""填充"，在画面中单击并输入文字，如图 2-260 所示。使用同样的方法输入右下角文字，如图 2-261 所示。

图 2-260　　　　　　　　图 2-261

2.4.2　内容识别缩放

在变换图像时我们经常要考虑是否等比的问题，因为很多不等比的变形是不美观、不专业、不能用的。但是对于一些图形，等比缩放确实能够保证画面效果不变形，但是图像尺寸可能就不尽如人意了。有没有一种方法既能保证画面效果不变形，又能不等比地调整大小呢？答案是肯定的，可以使用"内容识别缩放"命令进行缩放操作。

扫一扫，看视频

步骤01 在图 2-262 中，可以看到画面非常宽。如果需要将这个素材用在 A4 大小的画布中，图像比例明显不合适。如果按快捷键 Ctrl+T 调出定界框，然后横向缩放，画面中的图形就变形了，如图 2-263 所示。若执行"编辑 > 内容识别缩放"命令调出定界框，然后进行横向的缩放，随着拖曳可以看到画面中的主体并未发生变形，而颜色较为统一的位置则进行了缩放，如图 2-264 所示。

图 2-262

图 2-263　　　　　　　　图 2-264

提示："内容识别缩放"命令的适用范围。

"内容识别缩放"命令适用于处理图层和选区，图像可以是 RGB、CMYK、Lab 和灰度颜色模式以及所有位深度，但不适用于处理调整图层、图层蒙版、各个通道、智能对象、3D 图层、视频图层、图层组，或者同时处理多个图层。

步骤02 如果要缩放人像图片（如图 2-265 所示），可以在执行完"内容识别缩放"命令之后，单击工具选项栏中的"保护肤色"按钮，然后进行缩放。这样可以最大程度地保证人物比例，如图 2-266 所示。

图 2-265　　　　　　　　图 2-266

提示：工具选项栏中的"保护"选项的用法。

选择要保护的区域的 Alpha 通道。如果要在缩放图像时保留特定的区域，"内容识别缩放"命令允许在调整大小的过程中使用 Alpha 通道来保护内容。

练习实例：使用"内容识别缩放"命令制作迷你汽车

文件路径	资源包\第2章\练习实例：使用"内容识别缩放"命令制作迷你汽车
难易指数	★★★★★
技术掌握	"内容识别缩放"命令

案例效果

案例处理前后的效果对比如图 2-267 和图 2-268 所示。

图 2-267　　　　　　　　图 2-268

操作步骤

步骤01 执行"文件 > 打开"命令，在弹出的"打开"对话框中找到素材位置，选择素材 1.jpg，单击"打开"按钮。随即素材在 Photoshop 中被打开，如图 2-269 所示。为了保护原图层，可以先进行备份。选择"背景"图层，按 Ctrl+J 组合键进行复制，然后将复制得到的图层命名为"内容识别比例"，如图 2-270 所示。

图 2-269　　　　　　　　图 2-270

步骤02 在"图层"面板中选择"内容识别缩放"图层，执行"编辑 > 内容识别缩放"命令，将光标移动到右侧中心位置，按住鼠标左键向左拖动，随着拖动可以看到绿色背景产生了缩放，而画面主体仍然保持正常比例，如图 2-271 所示。按 Enter 键完成变换，最终效果如图 2-272 所示。

图 2-271　　　　　　　　图 2-272

2.4.3　操控变形

"操控变形"命令通常用来修改人物的动作、发型、缠

绕的藤蔓等。该功能通过可视网格，以添加控制点的方法扭曲图像。下面就使用这一功能来更改人物动作。

步骤01 选择需要变形的图层，执行"编辑 > 操控变形"命令，图像上将会布满网格，如图 2-273 所示。在网格上单击添加"图钉"，这些"图钉"就是控制点，拖曳图钉才能进行变形操作，如图 2-274 所示。

图 2-273　　　　　　　　图 2-274

提示：要添加多少个图钉才能完成变形。

图钉添加得越多，变形的效果越精确。添加一个图钉并拖曳，可以进行移动，达不到变形的效果。添加两个图钉，会以其中一个图钉作为"轴"进行旋转。当然，添加图钉的位置也会影响到变形的效果。例如，在图 2-274 中，在身体位置添加的图钉就是用来固定身体，使其在变形时不移动的。

步骤02 接下来，拖曳图钉就能进行变形操作了，如图 2-275 所示。调整完成后按 Enter 键确认，效果如图 2-276 所示。

图 2-275　　　　　　　　图 2-276

提示："操控变形"命令的应用范围。

除了图像图层、形状图层和文字图层之外，还可以对图层蒙版和矢量蒙版应用"操控变形"命令。如果要以非破坏性的方式变形图像，需要先将图像转换为智能对象。

提示："操控变形"的选项栏。

在"操控变形"的选项栏中可以进行相关参数的设置，如图2-277所示。

图2-277

- **模式：** 共有"刚性""正常"和"扭曲"3种模式。选择"刚性"模式时，变形效果比较精确，但是过渡效果不是很柔和；选择"正常"模式时，变形效果比较准确，过渡也比较柔和；选择"扭曲"模式时，可以在变形的同时创建透视效果。

- **浓度：** 共有"较少点""正常"和"较多点"3个选项。选择"较少点"选项时，网格点数量比较少，同时可添加的图钉数量也较少，图钉之间需要间隔较大的距离；选择"正常"选项时，网格点数量比较适中；选择"较多点"选项时，网格点非常细密，当然可添加的图钉数量也更多，如图2-278所示。

- **扩展：** 用来设置变形效果的衰减范围。如果设置较大的像素值，变形网格的范围也会相应地向外扩展，变形之后，图像的边缘会变得更加平滑；如果设置较小的像素值（可以设置为负值），图像的边缘变化效果会显得很生硬。

- **显示网格：** 控制是否在变形图像上显示出变形网格。

- **图钉深度：** 选择一个图钉以后，单击"将图钉前移"按钮，可以将图钉向上层移动一个堆叠顺序；单击"将图钉后移"按钮，可以将图钉向下层移动一个堆叠顺序。

- **旋转：** 共有"自动"和"固定"两个选项。选择"自动"选项时，在拖曳"图钉"变形图像时，系统会自动对图像进行旋转处理（按住Alt键，将光标放置在"图钉"范围之外，即可显示出旋转变形框）；如果要设定精确的旋转角度，可以选择"固定"选项，然后在后面的文本框中输入旋转度数即可。

图2-278

练习实例：使用"操控变形"命令制作有趣的长颈鹿

文件路径	资源包\第2章\练习实例：使用"操控变形"命令制作有趣的长颈鹿
难易指数	★★★★★
技术掌握	操控变形命令、变换命令

案例效果

案例处理前后的效果对比如图2-279和图2-280所示。

图2-279   图2-280

操作步骤

步骤01 执行"文件>打开"命令，在弹出的"打开"对话框中找到素材位置，选择素材1.psd，单击"打开"按钮。素材文件就被打开了，如图2-281所示。在"图层"面板中选择"图层1"，按快捷键Ctrl+J对其进行复制，如图2-282所示。

扫一扫，看视频

图2-281   图2-282

步骤02 选择"图层1拷贝"图层，执行"编辑>操控变形"命令，图像上将布满网格，通过单击添加多个图钉，如图2-283所示。依次在图钉上按住鼠标左键拖动，即可移动图钉位置，使图像产生变形，如图2-284所示。调整完成后按Enter键，完成变形操作。

图2-283   图2-284

步骤03 选择"图层 1 拷贝"图层,执行"编辑 > 变换 > 水平翻转"命令,并向右移动到合适位置,然后按 Enter 键确认。最终效果如图 2-285 所示。

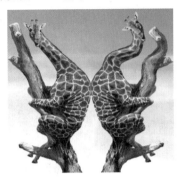

图 2-285

2.4.4 自动对齐图层

爱好摄影的朋友们可能会遇到这样的情况:在拍摄全景图时,由于拍摄条件的限制,可能要拍摄多张照片,然后通过后期进行拼接。使用"自动对齐图层"命令可以快速将单张图片组合成一张全景图。

步骤01 新建一个空白文档,然后置入素材。接着将置入的图层栅格化,如图 2-286 所示。然后适当调整图像的位置,图像与图像之间必须要有重合的区域,如图 2-287 所示。

图 2-286

图 2-287

> **提示:该新建一个多大的空白文档?**
>
> 如果不知道该新建多大的文档,可以先打开一张图片,然后将背景图层转换为普通图层,使用"裁剪工具"扩大画布。

步骤02 按住 Ctrl 键单击加选图层,然后执行"编辑 > 自动对齐图层"命令,打开"自动对齐图层"对话框。选择"自动",单击"确定"按钮,如图 2-288 所示。得到的画面效果如图 2-289 所示。在自动对齐之后,可能会出现透明像素,可以使用"裁剪工具"进行裁剪。

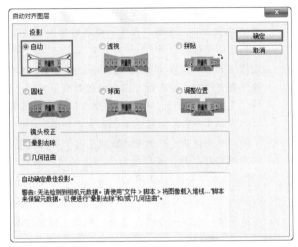

图 2-288

图 2-289

- 自动:通过分析源图像,应用"透视"或"圆柱"版面。
- 透视:通过将源图像中的一张图像指定为参考图像来创建一致的复合图像,然后变换其他图像,以匹配图层的重叠内容。
- 圆柱:通过在展开的圆柱上显示各个图像来减少"透视"版面中出现的"领结"扭曲,同时图层的重叠内容仍然相互匹配。
- 球面:将图像与宽视角对齐(垂直和水平)。指定某个源图像(默认情况下是中间图像)作为参考图像后,对其他图像执行球面变换,以匹配重叠的内容。
- 拼贴:对齐图层并匹配重叠内容,不更改图像中对象的形状(如圆形将仍然保持为圆形)。
- 调整位置:对齐图层并匹配重叠内容,但不会变换(伸展或斜切)任何源图层。
- 晕影去除:对导致图像边缘(尤其是角落)比图像中心暗的镜头缺陷进行补偿。
- 几何扭曲:补偿桶形、枕形或鱼眼失真。

中文版Photoshop CS6从入门到精通(微课视频 全彩版)

练习实例：使用"自动对齐"命令制作宽幅风景照

文件路径	资源包\第2章\练习实例：使用"自动对齐"命令制作宽幅风景照
难易指数	★★★★★
技术掌握	自动对齐命令、裁剪工具

案例效果

案例效果如图 2-290 所示。

图 2-290

操作步骤

步骤 01 执行"文件 > 新建"命令或按快捷键 Ctrl+N，在弹出的"新建文档"对话框中设置"宽度"为 1000 像素，"高度"为 451 像素，"分辨率"为 96 像素 / 英寸，然后单击"创建"按钮，如图 2-291 和图 2-292 所示。

扫一扫，看视频

图 2-291　　　　　　　图 2-292

步骤 02 执行"文件 > 置入"命令，在弹出的"置入"对话框中找到素材位置，选择素材 1.jpg，单击"置入"按钮，如图 2-293 所示。接着将置入对象移动到画面的左侧，按住 Shift 键拖曳控制点将其等比放大，如图 2-294 所示。

图 2-293　　　　　　　图 2-294

步骤 03 调整完成后按 Enter 键，完成置入操作。使用同样的

方法置入素材 2.jpg，然后调整图片位置与大小（在调整位置时"素材 2"要与"素材 1"有重叠的区域），如图 2-295 所示。继续置入另外两个素材，如图 2-296 所示。

图 2-295

图 2-296

步骤 04 按住 Ctrl 键加选 4 个图层，单击鼠标右键，在弹出的快捷菜单中选择"栅格化图层"命令，将智能图层转换为普通图层，如图 2-297 所示。

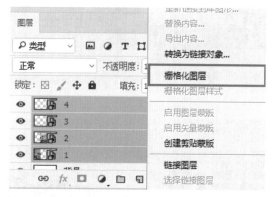

图 2-297

步骤 05 在加选图层的状态下，执行"编辑 > 自动对齐图层"命令，在弹出的对话框中选择"自动"，单击"确定"按钮，如图 2-298 所示。此时原本不连续的 4 张图片被连接在一起

了，效果如图 2-299 所示。

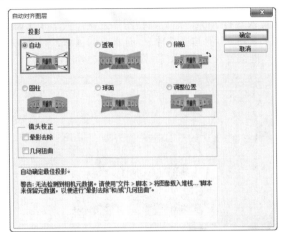

图 2-298

图 2-299

步骤 06 选择工具箱中的"裁剪工具"，在画布上绘制一个裁剪框，如图 2-300 所示。完成裁剪后按 Enter 键确认，最终效果如图 2-301 所示。

图 2-300

图 2-301

2.4.5　自动混合图层

　　"自动混合图层"功能可以自动识别画面内容，并根据需要对每个图层应用图层蒙版，以遮盖过度曝光、曝光不足的区域或内容差异。使用"自动混合图层"命令可以缝合或者组合图像，从而在最终图像中获得平滑的过渡效果。

步骤 01 打开一张素材图片，如图 2-302 所示。接着置入一张素材图片，并将置入的图层栅格化，如图 2-303 所示。

图 2-302　　　　　　　　　图 2-303

步骤 02 按住 Ctrl 键加选两个图层，然后执行"编辑 > 自动混合图层"命令，在弹出的"自动混合图层"对话框中选中"堆叠图像"选项，单击"确定"按钮，如图 2-304 所示。此时画面效果如图 2-305 所示。

图 2-304　　　　　　　　图 2-305

- 全景图：将重叠的图层混合成全景图。
- 堆叠图像：混合每个相应区域中的最佳细节。对于已对齐的图层，该选项最适用。

　　提示："自动混合图层"功能的适用范围。

　　"自动混合图层"功能仅适用于 RGB 或灰度图像，不适用于智能对象、视频图层、3D 图层或"背景"图层。

练习实例：使用"自动混合图层"命令制作清晰的图像

文件路径	资源包\第2章\练习实例：使用"自动混合图层"命令制作清晰的图像
难易指数	★★★★★
技术掌握	自动混合图层命令

案例效果

案例效果如图2-306所示。

图2-306

操作步骤

扫一扫，看视频

步骤01 执行"文件>打开"命令，在弹出的"打开"对话框中找到素材位置，选择素材1.jpg，单击"打开"按钮，如图2-307所示。随即素材在Photoshop中被打开，如图2-308所示。

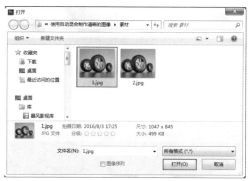

图2-307

图2-308

步骤02 按住Alt键双击"背景"图层，将其转换为普通图层，如图2-309所示。将该图层更名为"1"，如图2-310所示。

图2-309

图2-310

步骤03 执行"文件>置入"命令，在弹出的"置入"对话框中找到素材位置，选择素材2.jpg，单击"置入"按钮。如图2-311所示。按Enter键，完成置入操作，如图2-312所示。

图2-311

图2-312

步骤04 此时置入的对象为智能对象，不能进行自动混合，需要将图层进行栅格化。选择图层2，单击鼠标右键，在弹出的快捷菜单中选择"栅格化图层"命令，如图2-313所示。

图2-313

步骤05 按住Ctrl键单击，加选图层1、2，执行"编辑>自动混合图层"命令，在弹出的对话框中设置"混合方法"为"堆叠图像"，然后单击"确定"按钮，如图2-314所示。最终效果如图2-315所示。

图 2-314　　　　　　　　　　　　　图 2-315

2.5 常用辅助工具

　　Photoshop 提供了多种方便、实用的辅助工具，如标尺、参考线、智能参考线、网格、对齐等。使用这些工具，用户可以轻松制作出尺度精准的对象和排列整齐的版面。

【重点】 ### 2.5.1 使用标尺

　　在对图像进行精确处理时，就要用到标尺工具了。

1. 开启标尺

　　执行"文件 > 打开"命令，打开一张图片。执行"视图 > 标尺"命令（快捷键 Ctrl+R），在文档窗口的顶部和左侧出现标尺，如图2-316所示。

扫一扫，看视频

图 2-316

2. 调整标尺原点

　　虽然标尺只能在窗口的左侧和上方，但是可以通过更改

原点（也就是零刻度线）的位置来满足使用需要。默认情况下，标尺的原点位于窗口的左上方。将光标放置在原点上，然后按住鼠标左键拖曳原点，画面中会显示出十字线。释放鼠标左键后，释放处便成了原点的新位置，同时刻度值也会发生变化，如图2-317和图2-318所示。想要使标尺原点恢复默认状态，在左上角两条标尺交界处双击即可。

图 2-317　　　　　　　　图 2-318

3. 设置标尺单位

　　在标尺上单击鼠标右键，在弹出的快捷菜单中选择相应的单位，即可设置标尺的单位，如图2-319所示。

图 2-319

【重点】2.5.2 使用参考线

"参考线"是一种很常用的辅助工具,在平面设计中尤为适用。例如,制作对齐的元素时,徒手移动很难保证元素整齐排列,如果有了参考线,则可以在移动对象时自动"吸附"对象到参考线上,从而使版面更加整齐,如图 2-320 所示。除此之外,在制作一个完整的版面时,也可以先使用参考线将版面进行分割,之后再进行元素的添加,如图 2-321 所示。

扫一扫,看视频

图 2-320

图 2-321

"参考线"是一种显示在图像上方的虚拟对象(打印和输出时不会显示),用于辅助移动、变换过程中的精确定位。执行"视图 > 显示 > 参考线"命令,可以切换参考线的显示和隐藏状态。

1. 创建参考线

首先按快捷键 Ctrl+R,打开标尺。将光标放置在水平标尺上,然后按住鼠标左键向下拖曳,即可拖出水平参考线,如图 2-322 所示。将光标放置在左侧的垂直标尺上,然后按住鼠标左键向右拖曳,即可拖出垂直参考线,如图 2-323 所示。

图 2-322

图 2-323

2. 移动和删除参考线

如果要移动参考线,单击工具箱中的"移动工具",然后将光标放置在参考线上,当其变成分隔符形状时 ↔,按住鼠标左键拖动,即可移动参考线,如图 2-324 所示。如果使用"移动工具"将参考线拖曳出画布之外,可以删除这条参考线,如图 2-325 所示。

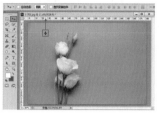

图 2-324　　　　　　　　图 2-325

提示:参考线可对齐或任意放置。

在创建、移动参考线时,按住 Shift 键可以使参考线与标尺刻度对齐;按住 Ctrl 键可以将参考线放置在画布中的任意位置,并且可以让参考线不与标尺刻度对齐。

3. 删除所有参考线

如要删除画布中的所有参考线,可以执行"视图 > 清除参考线"命令。

2.5.3 智能参考线

"智能参考线"是一种在绘制、移动、变换等情况下自动出现的参考线,可以帮助用户对齐特定对象。执行"视图 > 显示 > 智能参考线"命令启用智能参考线。然后,使用"移动工具"移动某个图层,如图 2-326 所示。移动过程中与其他图层对齐时就会显示出洋红色的智能参考线,而且还会提示图层之间的间距,如图 2-327 所示。

图 2-326　　　　　　　　图 2-327

同样,缩放图层到某个图层一半尺寸时也会出现智能参考线,如图 2-328 所示。绘制图形时也会出现,如图 2-329 所示。

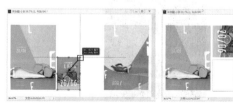

图 2-328　　　　　　　　图 2-329

2.5.4　网格

网格主要用来对齐对象。借助网格可以更精准地确定绘制对象的位置，尤其是在制作标志、绘制像素画时，网格更是必不可少的辅助工具。在默认情况下，网格显示为不打印出来的线条。打开一张图片，如图2-330所示。接着执行"视图＞显示＞网格"命令，就可以在画布中显示出网格，如图2-331所示。

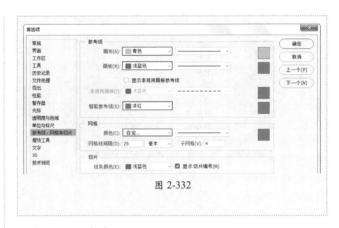

图 2-332

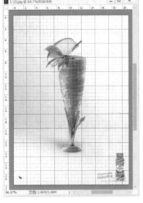

图 2-330　　　　　　　　图 2-331

提示：设置不同颜色的参考线和网格。

默认情况下参考线为青色，智能参考线为洋红色，网格为灰色。如果正在编辑的文档与这些辅助对象的颜色非常相似，则可以更改参考线、网格的颜色。执行"编辑＞首选项＞参考线、网格和切片"命令，在弹出的"首选项"对话框中可以选择合适的颜色，还可以选择线条类型，如图2-332所示。

2.5.5　对齐

在移动、变换或者创建新图形时，经常会感受到对象自动被"吸附"到另一个对象的边缘或者某些特定位置，这是因为开启了"对齐"功能。"对齐"有助于精确地放置选区、裁剪选框、切片、形状和路径等。执行"视图＞对齐"命令，可以切换"对齐"功能的开启与关闭。在"视图＞对齐到"菜单下可以设置可对齐的对象，如图2-333所示。

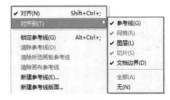

图 2-333

读书笔记

综合实例：复制并自由变换制作暗调合成

文件路径	资源包\第2章\综合实例：复制并自由变换制作暗调合成
难易指数	★★★★★
技术掌握	图层组的使用、自由变换、复制并重复变换

案例效果

案例效果如图2-334所示。

扫一扫，看视频

图 2-334

操作步骤

步骤01 执行"文件＞打开"命令，在弹出的"打开"对话框中找到素材位置，选择素材1.jpg，单击"打开"按钮，如图2-335所示。素材文件就被打开了，如图2-336所示。

图 2-335　　　　　　　　图 2-336

步骤02 在"图层"面板中单击"创建新组"按钮，新建

中文版Photoshop CS6从入门到精通（微课视频 全彩版）

"组 1"，如图 2-337 所示。选中"组 1"，执行"图层 > 重命名组"命令，将该组重命名为"旋转复制"，如图 2-338 所示。

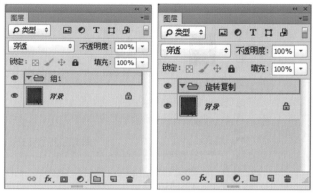

图 2-337　　　　　　　图 2-338

步骤 03 执行"文件 > 置入"命令，在弹出的"置入"对话框中找到素材位置，选择素材 2.png，单击"置入"按钮，如图 2-339 所示。接着将光标移动到素材右上角处，按住快捷键 Shift+Alt 的同时按住鼠标左键向左下角拖动，等比例缩小素材，然后双击鼠标左键完成置入操作，如图 2-340 所示。

图 2-339

图 2-340

步骤 04 选择口红所在图层，执行"编辑 > 自由变换"命

令，将中心点向下移动，如图 2-341 所示。然后在选项栏中设置"旋转"为 15 度，如图 2-342 所示，按 Enter 键完成操作。

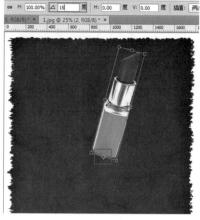

图 2-341　　　　　　　图 2-342

步骤 05 按快捷键 Ctrl+Shift+Alt+T，按照之前的变换规律旋转并复制出一个口红，如图 2-343 所示。通过该快捷键多次进行旋转并复制，效果如图 2-344 所示。选择"旋转复制"图层组，单击鼠标右键，在弹出的快捷菜单中选择"合并组"命令，如图 2-345 所示。

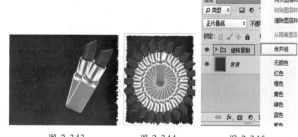

图 2-343　　　　图 2-344　　　　图 2-345

步骤 06 选择"旋转复制"图层，设置其"混合模式"为"正片叠底"，如图 2-346 所示。效果如图 2-347 所示。

步骤 07 在"图层面板"中选中"旋转复制"图层，执行"图像 > 调整 > 去色"命令。此时该图层变为黑白效果，如图 2-348 所示。

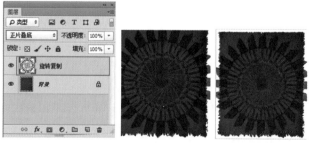

图 2-346　　　　图 2-347　　　　图 2-348

步骤 08 选择该图层，按快捷键 Ctrl+J 对其进行复制。按快捷键 Ctrl+T 调出定界框，将光标定位到右上角的控制点

处，然后按住快捷键 Shift+Alt 的同时拖曳控制点，以中心点作为缩放中心进行等比放大，如图 2-349 所示。调整完成后按 Enter 键，完成变换操作。在"图层"面板中设置"合并 - 放大"图层的"混合模式"为"滤色"，"不透明度"为20%，如图 2-350 所示。效果如图 2-351 所示。

框中找到素材位置，选择素材"3.png"，单击"置入"按钮，如图 2-352 所示。将素材调整到合适位置，然后按 Enter 键确认。最终效果如图 2-353 所示。

图 2-352

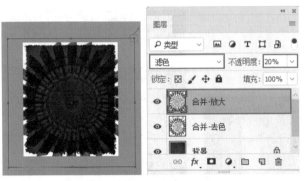

图 2-349　　　　　　　　图 2-350

图 2-351

图 2-353

步骤 09 执行"文件 > 置入"命令，在弹出的"置入"对话

✎ *读书笔记*

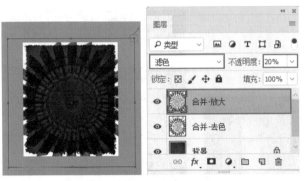

中文版Photoshop CS6从入门到精通（微课视频 全彩版）

Chapter 3
第 3 章

选区与填色

本章内容简介：

本章主要讲解一些最基本、最常见的选区绘制方法，以及选区的基本操作，如移动、变换、显示 / 隐藏、存储等，并在此基础上带领大家学习选区形态的编辑。学会了选区的使用方法后，我们可以对选区进行颜色、渐变以及图案的填充。

重点知识掌握：

- 掌握使用选框工具和套索工具创建选区的方法；
- 掌握颜色的设置以及填充方法；
- 掌握渐变的使用方法；
- 掌握选区的基本编辑操作。

通过本章的学习，我能做什么？

通过本章的学习，我们能够轻松地在画面中绘制一些简单的选区，如长方形选区、正方形选区、椭圆选区、正圆选区、细线选区、随意的选区以及随意的带有尖角的选区等。有了选区后就可以对选区内的部分进行单独的操作，可以将其复制为单独的图层，也可以删除这部分内容，还可以为选区内部填充颜色等。

3.1 创建简单选区

在创建选区之前，首先来了解一下什么是"选区"。可以将"选区"理解为一个限定处理范围的"虚线框"，当画面中包含选区时，选区边缘显示为闪烁的黑白相间的虚线框，如图 3-1 所示。进行的操作只对选区以内的部分起作用，如图 3-2 所示。

扫一扫，看视频

图 3-1

图 3-2

选区功能的使用非常普遍，无论是照片修饰或者平面设计制图过程中，经常遇到要对画面局部进行处理、在特定范围内填充颜色或者将部分区域删除的情况。在类似情况下，都可以创建出选区，然后对选区进行操作。在 Photoshop 中包含多种选区制作工具，本节将要介绍的是一些最基本的选区绘制工具，通过这些工具可以绘制长方形选区、正方形选区、椭圆选区、正圆选区、细线选区、随意的选区以及随意的带有尖角的选区等，如图 3-3 所示。除了这些工具，还有一些用于"抠图"的选区制作工具和技法，将在后面的章节进行讲解。

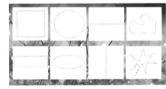

图 3-3

【重点】3.1.1 动手练：矩形选框工具

"矩形选框工具"可以创建出矩形选区与正方形选区。

步骤01 单击工具箱中的"矩形选框工具"按钮，将光标移动到画面中，按住鼠标左键拖动即可出现矩形的选区，松开鼠标后完成选区的绘制，如图 3-4 所示。在绘制过程中，按住 Shift 键的同时按住鼠标左键拖动可以创建正方形选区，如图 3-5 所示。

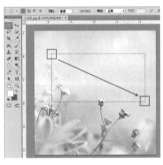

图 3-4

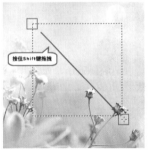

图 3-5

步骤02 在"矩形选框工具"的选项栏中可以看到选区运算的按钮。选区的运算是指选区之间的"加"和"减"。在绘制选区之前，首先要注意此处的设置。如果想要创建出一个新的选区，那么需要单击"新选区"按钮，然后绘制选区。如果已经存在选区，那么新创建的选区将替代原来的选区，如图 3-6 所示。如果之前包含选区，单击"添加到选区"按钮可以将当前创建的选区添加到原来的选区中（按住 Shift 键也可以实现相同的操作），如图 3-7 所示。如果之前包含选区，单击"从选区减去"按钮可以将当前创建的选区从原来的选区中减去（按住 Alt 键也可以实现相同的操作），如图 3-8 所示。如果之前包含选区，单击"与选区交叉"按钮，则绘制选区时只保留原有选区与新建选区相交的部分（按住快捷键 Shift+Alt 也可以实现相同的操作），如图 3-9 所示。

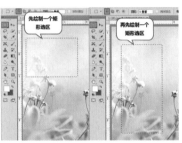

图 3-6

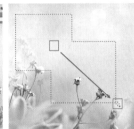

图 3-7

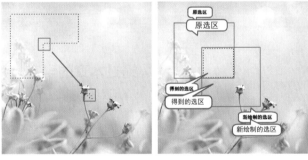

图 3-8   图 3-9

步骤03 在选项栏中可以看到"羽化"选项，该选项主要用来设置选区边缘的虚化程度。若要绘制"羽化"的选区，需要先在控制栏中设置参数，然后按住鼠标左键拖曳进行绘制。选区绘制完成后可能看不出有什么变化，如图 3-10 所示。可以将前景色设置为某一彩色，然后使用前景色填充快捷键 Alt+Delete 进行填充，然后使用快捷键 Ctrl+D 取消选区的选择，此时就可以看到羽化选区填充后的效果，如图 3-11 所示。羽化值越大，虚化范围越宽；反之，羽化值越小，虚化范围越窄。如图 3-12 所示为"羽化"数值为 30 像素时的羽化效果。

图 3-10

图 3-11

图 3-12

 提示：选区警告。

当设置的"羽化"数值过大，以至于任何像素都不大于 50% 选择，Photoshop 会弹出一个警告对话框，提醒用户羽化后的选区边将不可见（选区仍然存在），如图 3-13 所示。

Adobe Photoshop CS6 Extended

警告:任何像素都不大于 50% 选择。选区边将不可见。

确定

图 3-13

步骤 04 "样式"下拉列表框用来设置矩形选区的创建方法。当选择"正常"选项时，可以创建任意大小的矩形选区；当选择"固定比例"选项时，可以在"右侧"的"宽度"和"高度"文本框中输入数值，以创建固定比例的选区。比如，设置"宽度"为1、"高度"为2，那么创建出来的矩形选区的高度就是宽度的 2 倍，如图 3-14 所示。当选择"固定大小"选项时，可以在右侧的"宽度"和"高度"文本框中输入数值，然后单击鼠标左键，即可创建一个固定大小的选区（单击"高度和宽度互换"按钮 ⇄ 可以切换"宽度"和"高度"的数值），如图 3-15 所示。

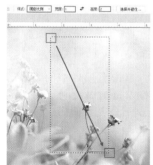
图 3-14

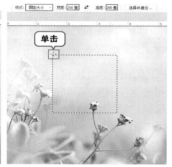
图 3-15

步骤 05 如果在选项栏中单击"调整边缘"按钮，则弹出的"调整边缘"对话框中可以对选区进行平滑、羽化等处理（具体内容将在 3.5.2 节中进行讲解）。若打开了该对话框，想要关闭该对话框并且不做出更改，单击右下角的"取消"按钮即可，如图 3-16 所示。

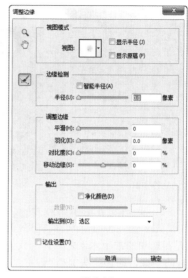
图 3-16

举一反三：巧用选区运算绘制镂空文字

镂空文字能够露出下方图案，给人一种空间感。

步骤 01 选择需要制作镂空文字的图层，如图 3-17 所示。因为要制作文字，可以先建立参考线，如图 3-18 所示。

图 3-17

图 3-18

步骤 02 选择"矩形选框工具"，单击选项栏中的"添加到选区"按钮，然后参照参考线位置绘制一个选区，如图 3-19 所示。接着继续在左侧绘制一个矩形选区，如图 3-20 所示。

图 3-19

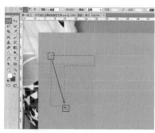
图 3-20

步骤 03 继续绘制选区，组合成字母 E，如图 3-21 所示。接着选中蓝色矩形图层，按 Delete 键删除选区中的像素。然后使用快捷键 Ctrl+D 取消选区的选择，效果如图 3-22 所示。

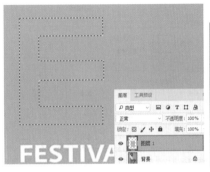

图 3-21　　　　　　　图 3-22

举一反三：利用羽化选区制作暗角效果

　　"暗角"是摄影中的常用术语之一。当我们拍摄出的画面四角有变暗的现象，叫做"失光"，俗称"暗角"。在设计中，"暗角"能够将视线向画面中心引导，从而突出主题。

步骤 01 打开图片，如图 3-23 所示。新建一个图层，将其填充为黑色。然后单击工具箱中的"椭圆选框工具"按钮，在其选项栏中设置"羽化"为 100 像素，然后绘制一个椭圆选区，如图 3-24 所示。

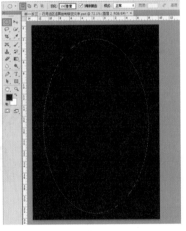

图 3-23　　　　　　　图 3-24

步骤 02 按 Delete 键，删除选区中的像素，此时暗角效果已经产生。如果觉得颜色太深，可以多次按 Delete 键删除，如图 3-25 所示。最后使用快捷键 Ctrl+D 取消选区的选择，如图 3-26 所示。

图 3-25　　　　　　　图 3-26

【重点】3.1.2　动手练：椭圆选框工具

　　"椭圆选框工具"主要用来制作椭圆选区和正圆选区。

步骤 01 右键单击工具箱中的"选框工具组"按钮，在弹出的工具组中选择"椭圆选框工具"。将光标移动到画面中，按住鼠标左键拖动即可出现椭圆形的选区，松开鼠标后完成选区的绘制，如图 3-27 所示。在绘制过程中如果按住 Shift 键的同时按住鼠标左键拖动，可以创建正圆选区，如图 3-28 所示。

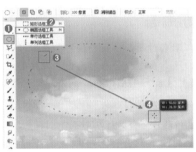

图 3-27　　　　　　　图 3-28

步骤 02 选项栏中的"消除锯齿"复选框是通过柔化边缘像素与背景像素之间的颜色过渡效果，来使选区边缘变得平滑的。如图 3-29 所示是取消选中"消除锯齿"复选框时的图像边缘效果，如图 3-30 所示是选中"消除锯齿"复选框时的图像边缘效果。由于"消除锯齿"只影响边缘像素，因此不会丢失细节，这在剪切、拷贝和粘贴选区图像时非常有用。其他选项与"矩形选框工具"相同，这里不再重复讲解。

图 3-29　　　　　　　图 3-30

举一反三：巧用选区运算绘制卡通云朵

步骤 01 选择"椭圆选框工具"，单击选项栏中的"添加到选区"按钮，然后按住鼠标左键拖曳绘制一个圆形选区，如图 3-31 所示。继续绘制另外几个圆形选区，如图 3-32 和图 3-33 所示。

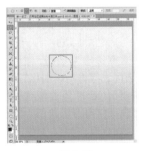

图 3-31　　　　　　　图 3-32

图 3-33

步骤02 将选区填充为白色，如图 3-34 所示。还可以继续丰富云朵的细节，完成效果如图 3-35 所示。

图 3-34 　　　　图 3-35

举一反三：制作同心圆图形

步骤01 如果要制作多层次的同心圆图形，首先在工具箱中选择"椭圆选框工具"，按住 Shift 键的同时按住鼠标左键拖动，绘制一个正圆选区，如图 3-36 所示。接着设置合适的前景色，在新的图层中使用快捷键 Alt+Delete 进行填充，如图 3-37 所示。继续新建图层并绘制彩色正圆，如图 3-38 所示。

图 3-36 　　　图 3-37 　　　图 3-38

步骤02 多次重复这样的操作，在不同的图层上绘制不同颜色的圆形，如图 3-39 所示。绘制完成后我们会发现这些圆形很难对齐。此时可以按住 Ctrl 键加选这些图层，然后单击选项栏中的"水平居中对齐"和"垂直居中对齐"按钮进行对齐，如图 3-40 所示。应用效果如图 3-41 所示。

图 3-39 　　　图 3-40 　　　图 3-41

练习实例：使用"椭圆选框工具"制作人像海报

文件路径	资源包＼第 3 章＼练习实例：使用"椭圆选框工具"制作人像海报
难易指数	★★★★★
技术掌握	"椭圆选框工具"、填充颜色、反向选择

案例效果

案例效果如图 3-42 所示。

图 3-42

操作步骤

步骤01 执行"文件>打开"命令，打开素材 1.jpg，如图 3-43 所示。新建图层，单击工具箱中的"椭圆选框工具"按钮，同时按住 Shift 键和鼠标左键拖曳，绘制一个正圆选区，如图 3-44 所示。

扫一扫，看视频

图 3-43 　　　　图 3-44

步骤02 设置前景色为紫灰色，按下快捷键 Alt+Delete 填充前景色，按下快捷键 Ctrl+D 取消选区，如图 3-45 所示。执行"文件>置入"命令，置入素材 2.jpg，然后按 Enter 键完成置入操作；接着将该图层栅格化，如图 3-46 所示。

图 3-45 　　　　图 3-46

步骤03 选中新置入的素材图层，然后使用"椭圆选框工具"在人物头部绘制一个正圆选区，如图 3-47 所示。按快捷键 Ctrl+Shift+I 将选区反选，然后按下 Delete 键删除选区中的像素，使用快捷键 Ctrl+D 取消选择，效果如图 3-48 所示。

步骤04 用同样的方式制作顶部两个较小的圆形照片，如图 3-49 所示。置入前景装饰，接着将置入对象调整到合适的大小、位置，然后按 Enter 键完成置入操作，最终效果如图 3-50 所示。

图 3-47

图 3-48

图 3-49

图 3-50

3.1.3 单行 / 单列选框工具：1 像素宽 /1 像素高的选区

"单行选框工具" ▭、"单列选框工具" ▯ 主要用来创建高度或宽度为 1 像素的选区，常用来制作分割线或网格效果。

步骤01 右键单击工具箱中的"选框工具组"按钮，在弹出的工具组中选择"单行选框工具" ▭，如图 3-51 所示。接着在画面中单击，即可绘制 1 像素高的横向选区，如图 3-52 所示。

步骤02 右键单击工具箱中的"选框工具组"按钮，在弹出的工具组中选择"单列选框工具" ▯，如图 3-53 所示。接着在画面中单击，即可绘制 1 像素宽的纵向选区，如图 3-54 所示。

图 3-51

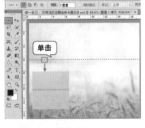
图 3-52

图 3-53

图 3-54

举一反三：年代感做旧效果

具有年代感的照片或电影最显著的特点有以下几个：颜色褪去、偏黄、饱和度低、模糊、残缺不全等。利用"单列选框工具"可以为画面增加一些细节缺失的效果。选择工具箱中的"单列选框工具" ▯，接着在画面中单击，即可绘制纵向的选区，如图 3-55 所示。单击选项栏中的"添加到选区"按钮 ▣，然后在画面中多次单击，绘制多个单列选区，如图 3-56 所示。新建一个图层，然后将选区填充为白色，使用快捷键 Ctrl+D 取消选区的选择，效果如图 3-57 所示。

图 3-55

图 3-56

图 3-57

中文版Photoshop CS6从入门到精通（微课视频 全彩版）

{重点} 3.1.4 套索工具：绘制随意的选区

使用"套索工具" ◯ 可以绘制出不规则形状的选区。例如需要随意选择画面中的某个部分，或者绘制一个不规则的图形，都可以使用"套索工具"。

步骤01▸单击工具箱中的"套索工具"按钮 ◯，将光标移动至画面中，按住鼠标左键拖曳，如图3-58所示。最后将光标定位到起始位置时，松开鼠标即可得到闭合选区，如图3-59所示。

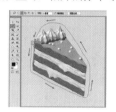
图 3-58

图 3-59

步骤02▸如果在绘制中途松开鼠标左键，Photoshop 会在该点与起点之间建立一条直线以封闭选区，如图3-60和图3-61所示。

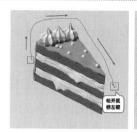
图 3-60

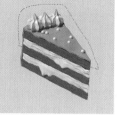
图 3-61

提示：从"套索工具"快速切换到"多边形套索工具"。

当使用"套索工具"绘制选区时，如果在绘制过程中按住 Alt 键，松开鼠标左键以后（不松开 Alt 键），Photoshop 会自动切换到"多边形套索工具"。

{重点} 3.1.5 多边形套索工具：创建带有尖角的选区

"多边形套索工具" ▷ 能够创建带有尖角的选区，例如绘制楼房、书本等对象的选区。

步骤01▸选择工具箱中的"多边形套索工具" ▷，接着在画面中单击确定起点，如图3-62所示。接着移动到第二个位置单击，如图3-63所示。

步骤02▸继续通过单击的方式进行绘制，当绘制到起始位置时，光标变为 ▷ 后单击，如图3-64所示。随即会得到选区，如图3-65所示。

图 3-64

图 3-65

图 3-62

图 3-63

提示："多边形套索工具"的使用技巧。

在使用"多边形套索工具"绘制选区时，按住 Shift 键，可以在水平方向、垂直方向或45°方向上绘制直线。另外，按 Delete 键可以删除最近绘制的直线。

3.2 选区的基本操作

对创建完成的"选区"可以进行一些操作，如移动、全选、反选、取消选择、重新选择、存储与载入等。

扫一扫，看视频

{重点} 3.2.1 取消选区

当绘制了一个选区后，就可以针对选区内部的图像进行操作了。如果不需要对局部进行操作了，则可以取消选区。执行"选择 > 取消选择"命令或按快捷键 Ctrl+D，即可取消选区状态。

3.2.2　重新选择

如果刚刚错误地取消了选区，可以将选区"恢复"回来。要恢复被取消的选区，可以执行"选择 > 重新选择"命令。

〔重点〕3.2.3　动手练：移动选区位置

创建完的选区可以进行移动，但是选区的移动不能使用"移动工具"，而要使用选框工具，否则移动的内容将是图像，而不是选区。

步骤01 选择一种选框工具，设置选区运算模式为"新选区" ▣，接着将光标移动至选区内，当它变为 ▶ 状后，按住鼠标左键拖曳，如图3-66所示。拖曳到相应位置后松开鼠标，完成移动操作，如图3-67所示。

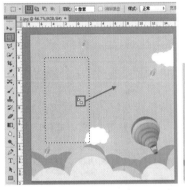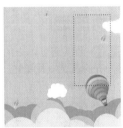

图 3-66　　　　　　　　　图 3-67

> **提示：不要使用"移动工具"移动选区。**
>
> 如果使用"移动工具"，那么移动的将是选区中的内容，而不是选区本身。

步骤02 使用选框工具创建选区时，在松开鼠标左键之前，按住 Space 键（即空格键）拖曳鼠标，可以移动选区，如图3-68所示。在包含选区的状态下，按键盘上的 →、←、↑、↓ 键可以以1像素的距离移动选区。

图 3-68

〔重点〕3.2.4　全选

"全选"能够选择当前文档边界内的全部图像。执行"选择 > 全部"命令或按快捷键 Ctrl+A 即可进行全选，如图3-69所示。

图 3-69

〔重点〕3.2.5　反选

通过前面的学习，我们已经能够创建出多种形状的选区，但是如果想要创建出与当前选择内容相反的选区，该怎么做呢？其实很简单，首先创建出中间部分的选区（为了便于观察，此处图中网格的区域为选区内部），如图3-70所示；然后执行"选择 > 反向选择"命令（快捷键 Shift+Ctrl+I），即可选择反向的选区，也就是原本没有被选择的部分，如图3-71所示。

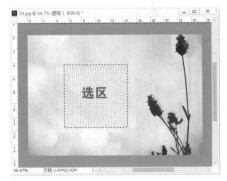

图 3-70

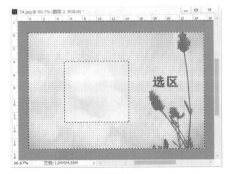

图 3-71

中文版Photoshop CS6从入门到精通（微课视频 全彩版）

3.2.6 隐藏选区、显示选区

在制图过程中，有时画面中的选区边缘线可能会影响我们观察画面效果。执行"视图 > 显示 > 选区边缘"命令（快捷键 Ctrl+H）可以切换选区的显示与隐藏状态。

3.2.7 动手练：存储选区、载入存储的选区

在 Photoshop 中选区是一种"虚拟对象"，无法直接被存储在文档中，而且一旦取消，选区就不复存在了。如果在制图过程中，某个选区需要多次使用，则可以借助"通道"功能将选区"存储"起来。

步骤01 执行"窗口 > 通道"命令，打开"通道"面板。此时如果画面中包含选区（如图 3-72 所示），在"通道"面板底部单击"将选区存储为通道"按钮，可以将选区存储为"Alpha 通道"，如图 3-73 所示。

步骤02 对于以通道形式存储的选区，在"通道"面板中按住 Ctrl 键的同时单击存储选区的通道蒙版缩略图（如图 3-74 所示），即可重新载入存储起来的选区，如图 3-75 所示。

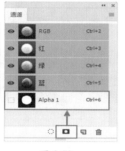

图 3-72　　　　　　　　图 3-73

图 3-74　　　　　　　　图 3-75

【重点】3.2.8 载入当前图层的选区

在操作过程中经常需要得到某个图层的选区。例如在文档内有两个图层，如图 3-76 所示。此时可以在"图层"面板中按住 Ctrl 键的同时单击该图层缩略图，即可载入该图层选区，如图 3-77 所示。

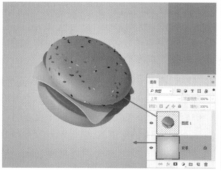

图 3-76　　　　　　　　　　图 3-77

3.3 颜色设置

当我们想要画一幅画时，首先想到的是纸、笔、颜料。在 Photoshop 中，"文档"就相当于纸，"画笔工具"相当于笔，"颜料"则需要通过颜色的设置来得到。需要注意的是，设置好的颜色不是仅用于"画笔工具"，在"渐变工具""填充"命令、"颜色替换画笔"等，甚至是滤镜中都可能涉及到颜色的设置。如图 3-78~ 图 3-80 所示为用到颜色的设计作品。

在 Photoshop 中可以从内置的色板中选择合适的颜色，也可以随意选择任何颜色，还可以从画面中选择某种颜色。本节就来学习几种颜色设置的方法。

图 3-78　　　　　　图 3-79　　　　　　图 3-80

在学习颜色的具体设置方法之前，首先来认识一下"前景色"和"背景色"。在工具箱的底部可以看到前景色和背景色设置按钮（默认情况下，前景色为黑色，背景色为白色），如图 3-81 所示。单击"前景色"/"背景色"按钮，可以在弹出的"拾色器"对话框中选取一种颜色作为前景色/背景色。单击 按钮可以切换所设置的前景色和背景色（快捷键为 X），如图 3-82 所示。单击 按钮可以恢复默认的前景色和背景色（快捷键为 D），如图 3-83 所示。

扫一扫，看视频

通常前景色使用的情况更多些。前景色通常被用于绘制图像、填充某个区域以及描边选区等，如图 3-84 所示。而背景色通常起到"辅助"的作用，常用于生成渐变填充和填充图像中被删除的区域（例如使用橡皮擦擦除背景图层时，被擦除的区域会呈现出背景色）。一些特殊滤镜也需要使用前景色和背景色，例如"纤维"滤镜和"云彩"滤镜等，如图 3-85 所示。

前景色
切换前景色和背景色
默认前景色和背景色
背景色

图 3-81

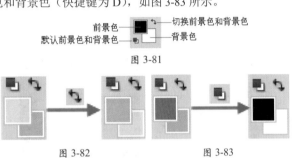

图 3-82　　　　　图 3-83

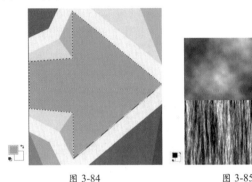

云彩

纤维

图 3-84　　　　　图 3-85

认识了前景色与背景色之后，可以尝试单击"前景色"/"背景色"按钮，打开"拾色器"对话框。"拾色器"是Photoshop中最常用的颜色设置工具，不仅在设置前/背景色时要用到，很多颜色设置（如文字颜色、矢量图形颜色等）都需要使用它。以设置"前景色"为例，首先单击工具箱底部的"前景色"按钮，在弹出的"拾色器（前景色）"对话框中拖动颜色滑块到相应的色相范围内，然后将光标放在左侧"色域"中，单击即可选择颜色，设置完毕后单击"确定"按钮完成操作，如图3-86所示。如果想要设定精确数值的颜色，可以在"颜色值"处输入具体的数值。设置完毕后，前景色随之发生了变化，如图3-87所示。

- 溢色警告 ⚠：由于 HSB、RGB 以及 Lab 颜色模式中的一些颜色在 CMYK 印刷模式中没有等同的颜色，所以无法准确印刷出来，这些颜色就是常说的"溢色"。出现警告后，可以单击警告图标下面的小色块，将颜色替换为 CMYK 颜色中与其最接近的颜色。
- 非 Web 安全色警告 ⬡：这个警告图标表示当前所设置的颜色不能在网络上准确显示出来。单击警告图标下面的小色块，可以将颜色替换为与其最接近的 Web 安全颜色。
- 只有 Web 颜色：选中该复选框后，只在色域中显示 Web 安全色。
- 添加到色板：单击该按钮，可以将当前所设置的颜色添加到"色板"面板中。
- 颜色库：单击该按钮，可以打开"颜色库"对话框。

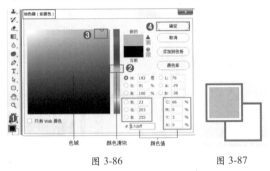

色域　　　颜色滑块　　　颜色值

图 3-86　　　　　图 3-87

📖 读书笔记

3.3.3　动手练：使用"色板"面板选择颜色

在制图过程中，有时不知道用什么颜色合适，这时不妨到"色板"面板中找找灵感！执行"窗口 > 色板"命令，打开"色板"面板。默认情况下，该面板中包含一些系统预设的颜色。

1.使用"色板"设置前景色/背景色

执行"窗口 > 色板"命令，打开"色板"面板。单击某一色块即可将其设置为前景色，如图3-88所示。按住Ctrl键单击某一色块即可将其设置为背景色，如图3-89所示。

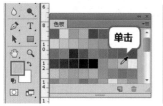
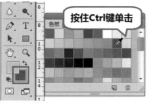

图 3-88   图 3-89

先设置一种前景色，然后单击"创建前景色的新色板"按钮 ，在弹出的"色板名称"对话框中对新建的颜色进行命名，然后单击"确定"按钮，即可将当前的前景色添加到"色板"面板中，如图3-90所示。如果要删除某一个色块，在该色块上按下鼠标左键，将其拖曳到"删除色板"按钮 上即可，如图3-91所示。

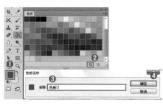
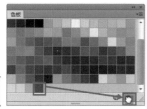

图 3-90   图 3-91

2.使用其他色板

在"色板"面板中单击右上角的 按钮，在弹出的菜单中提供了大量的内置色板库（"色板库"是指系统预设的一系列色板合集），如图3-92所示。

图 3-92

执行这些命令时，Photoshop会弹出一个提示对话框，如果单击"确定"按钮，载入的色板将替换掉当前的色板；如果单击"追加"按钮，载入的色板将追加到当前色板的后面，如图3-93所示。如图3-94所示为色板库中的颜色。

图 3-93

图 3-94

重点 3.3.4 吸管工具：选取画面中的颜色

"吸管工具" 可以吸取图像的颜色作为前景色或背景色。但是使用"吸管工具"只能吸取一种颜色，可以通过取样大小设置采集颜色的范围。

在工具箱中选择"吸管工具" ，在选项栏中设置"取样大小"为"取样点"、"样本"为"所有图层"，选中"显示取样环"复选框。然后使用"吸管工具"在图像中单击，此时拾取的颜色将作为前景色，如图3-95所示。按住Alt键，然后单击图像中的区域，此时拾取的颜色将作为背景色，如图3-96所示。

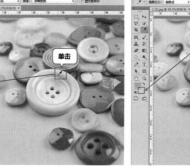

图 3-95   图 3-96

扫一扫，看视频

图 3-97

> **提示："吸管工具"使用技巧。**
>
> 如果在使用绘画工具时需要暂时使用"吸管工具"拾取前景色，可以按住 Alt 键将当前工具切换到"吸管工具"，松开 Alt 键后即可恢复到之前使用的工具。
>
> 使用"吸管工具"采集颜色时，按住鼠标左键拖曳出画布之外，可以采集 Photoshop 的界面和界面以外的颜色信息。

- **取样大小**：设置吸管取样范围的大小。选择"取样点"选项时，可以选择像素的精确颜色。选择"3×3 平均"选项时，可以选择所在位置 3 个像素区域以内的平均颜色；选择"5×5 平均"选项时、可以选择所在位置 5 个像素区域以内的平均颜色。其他选项依此类推。
- **样本**：可以从"当前图层"或"所有图层"中采集颜色。
- **显示取样环**：选中该复选后，可以在拾取颜色时显示取样环，如图 3-97 所示。

> **提示：为什么"显示取样环"复选框无法启用？**
>
> 如果"显示取样环"复选框处于不可用状态，可以执行"编辑>首选项>性能"命令，在弹出对话框的"图形处理器设置"选项组下选中"使用图形处理器"复选框（如果此复选框不可用，那么可能是设备不支持或者显卡驱动的问题），则在下一次打开文档时就可以选中"显示取样环"复选框，如图 3-98 所示。

图3-98

举一反三：从优秀作品中提取颜色

配色在一个设计作品中的地位非常重要，这项技能是靠长期的经验积累，以及敏锐的视觉感知得到的。但是对于很多新手来说，自己搭配出的颜色总是不尽如人意，这时可以通过借鉴优秀设计作品的色彩进行色彩搭配。

步骤 01 打开一张图片，在这张图片中粉色系的色彩搭配很漂亮，可以从中拾取颜色进行借鉴。单击工具箱中的"吸管工具"按钮，在需要拾取颜色的位置单击，如图 3-99 所示。然后打开"色板"面板，将刚刚设置的前景色存储在该面板中，如图 3-100 所示。

步骤 02 继续在画面中单击进行颜色的拾取，并将其存储到"色板"面板中，如图 3-101 所示。颜色存储完成后就可以进行应用了，效果如图 3-102 所示。

图 3-99

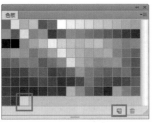

图 3-100

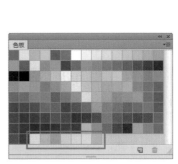

图 3-101

图 3-102

3.3.5 "颜色"面板

执行"窗口>颜色"命令，打开"颜色"面板。"颜色"面板中显示了当前设置的前景色和背景色，可以根据自己的需在该面板中设置相应的前景色和背景色。

在"颜色"面板中单击"前景色"/"背景色"按钮，接着设置颜色即可；还可在下方的色域中单击选择一种色相，然后在所选颜色的基础上拖动滑块或输入参数进行颜色的设置，如图 3-103 所示。在面板菜单中可以看到多种"颜色"面板的显示方式，如图 3-103 所示。如果执行"建立 Web 安全曲线"命令，设置的颜色能够在不同的显示设备和操作系统上表现基本一致，适用于网页设计，如图 3-104 所示。

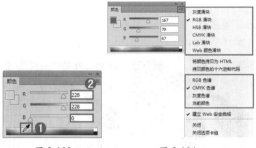

图 3-103　　　　图 3-104

练习实例：填充合适的前景色制作运动广告

文件路径	资源包\第3章\练习实例：填充合适的前景色制作运动广告
难易指数	★★★★★
技术掌握	填充前景色

案例效果

案例效果如图 3-105 所示。

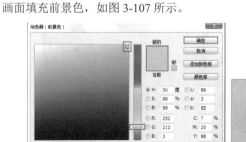

图 3-105

操作步骤

步骤 01 执行"文件 > 新建"命令，新建一个 A4 大小的空白文档。单击工具箱中的"前景色"按钮，打开"拾色器"对话框。在中间的颜色带上选择黄色，接着在左侧的色域中单击中黄色，单击"确定"按钮完成设置，如图 3-106 所示。 *扫一扫，看视频* 此时前景色被设置为中黄色，按下快捷键 Alt+Delete 为当前画面填充前景色，如图 3-107 所示。

图 3-106　　　　图 3-107

步骤 02 执行"文件 > 置入"命令，置入素材 1.jpg。接着将置入对象调整到合适的大小、位置，按 Enter 键完成置入操作。然后选中该图层，执行"图层 > 栅格化 > 智能对象"命令，将该图层栅格化，如图 3-108 所示。

图 3-108

步骤 03 选择工具箱中的"多边形套索工具"，在画布左边缘单击确定起点，移动到右侧边缘单击，接着向下移动一些，再次在右侧边缘单击，回到左侧边缘单击，最后回到起点处单击，绘制出一个平行四边形选区，如图 3-109 所示。继续使用"多边形套索工具"，在选项栏中单击"添加到选区"按钮 ，在画布上绘制另外一个平行四边形选区，以及底部的选区，如图 3-110 所示。

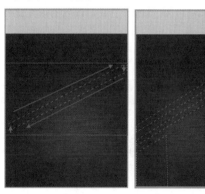

图 3-109　　　　图 3-110

步骤 04 在"图层"面板中单击"创建新图层"按钮，创建新图层，如图 3-111 所示。选中新建的图层，按快捷键 Alt+Delete 填充之前设置好的前景色，随后按快捷键 Ctrl+D 取消选择，如图 3-112 所示。

图 3-111　　　　图 3-112

步骤05 执行"文件 > 置入"命令，置入人像素材 2.jpg，按 Enter键确定置入操作。然后执行"图层>栅格化>智能对象"命令，将该图层栅格化，如图 3-113 所示。单击工具箱中的"多边形套索工具"按钮，在画布左上角上绘制一个三角形选区，如图 3-114 所示。

步骤06 新建图层，为选区填充黄色，如图 3-115 所示。最后置入前景素材"3.png"，执行"图层>栅格化>智能对象"命令，最终效果如图 3-116 所示。

图 3-113　　　　图 3-114

图 3-115　　　　图 3-116

3.4　填充与描边

　　有了选区后，不仅可以删除画面中选区内的部分，还可以对选区内部进行填充，在 Photoshop 中有多种填充方式，可以填充不同的内容。需要注意的是，没有选区也是可以进行填充的。除了填充，在包含选区的情况下还可以对选区边缘进行描边。

[重点] 3.4.1　快速填充前景色/背景色

　　由于前景色或背景色的填充比较常用，通常都使用快捷键进行操作。选择一个图层或者绘制一个选区，如图 3-117 所示。设置合适的前景色，并使用前景色填充快捷键 Alt+Delete 进行填充，效果如图 3-118 所示；设置合适的背景色，并使用背景色填充快捷键 Ctrl+Delete 进行填充，效果如图 3-119 所示。

 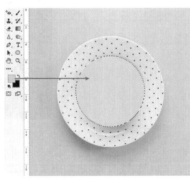 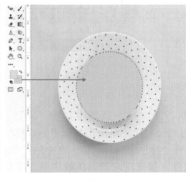

图 3-117　　　　　　　图 3-118　　　　　　　图 3-119

练习实例：使用"矩形选框工具"制作照片拼图

文件路径	资源包\第3章\练习实例，使用矩形选框工具制作照片拼图
难易指数	★★★★★
技术掌握	"矩形选框工具"、颜色填充

案例效果

　　案例效果如图 3-120 所示。

图 3-120

操作步骤

步骤01 新建一个"宽度"为3 716像素、"高度"为2 306像素的新文档。使用快捷键Ctrl+R打开标尺，在标尺上按下鼠标左键并向画面中拖动，创建出多条参考线，如图3-121所示。单击工具箱中的"矩形选框工具"按钮，参照参考线的位置绘制一个矩形选区，如图3-122所示。

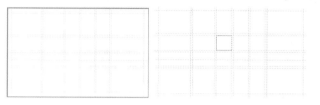

图 3-121　　　　　　图 3-122

步骤02 新建图层，设置前景色为浅绿色，使用快捷键Alt+Delete进行填充，如图3-123所示。使用同样的方法制作另外几个浅绿色矩形，如图3-124所示。

图 3-123　　　　　　图 3-124

步骤03 再次新建一个图层，以同样的方式，使用"矩形选框工具"绘制其他的矩形选区，并为其填充合适的颜色，如图3-125所示。执行"文件>置入"命令，置入素材1.jpg，调整到合适的大小后按Enter键确定置入，然后将该图层栅格化。使用"矩形选框工具"参照参考线的位置绘制一个矩形选区，如图3-126所示。

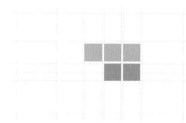

图 3-125　　　　　　图 3-126

步骤04 按下快捷键Ctrl+Shift+I将选区反选，如图3-127所示。选择该图层，按Delete键删除选区中的像素，然后按快捷键Ctrl+D取消选区，如图3-128所示。

图 3-127　　　　　　图 3-128

步骤05 继续置入素材2.jpg，调整到合适大小后按Enter键确定置入操作，然后将该图层栅格化，如图3-129所示。

图 3-129

步骤06 单击工具箱中的"矩形选框工具"按钮，在其选项栏中单击"添加到选区"按钮，然后参照参考线的位置绘制矩形选区，如图3-130所示。继续进行选区的绘制，如图3-131所示。

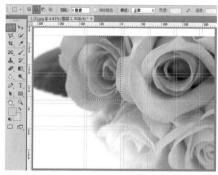

图 3-130　　　　　　图 3-131

步骤07 使用快捷键Ctrl+Shift+I将选区反选，如图3-132所示。按Delete键删除选区中的像素，然后使用快捷键Ctrl+D取消选区，如图3-133所示。

图 3-132　　　　　　图 3-133

步骤08 以同样的方式继续置入素材3.jpg，放置在画面的右侧，效果如图3-134所示。

图 3-134

步骤 09 单击工具箱中的"横排文字工具"按钮，在其选项栏中设置合适的字体、字号，单击"右对齐"按钮，并设置文本颜色为白色。在画布上单击并输入文字，然后单击选项栏右侧的 ✔ 按钮，完成文字的输入，如图 3-135 所示。以同样的方式依次输入其他文字，最终效果如图 3-136 所示。

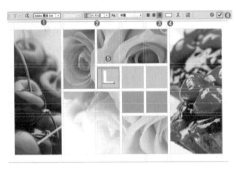

图 3-135

图 3-136

【重点】3.4.2 动手练：使用"填充"命令

扫一扫，看视频

"填充"是指使画面整体或者部分区域被覆盖上颜色或者某种图案，如图 3-137 和图 3-138 所示。在 Photoshop 中有多种填充的方式，例如使用"填充"命令或"油漆桶工具"等。

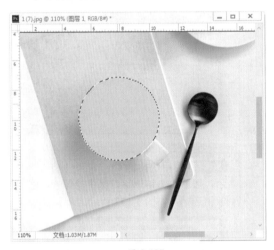

图 3-137

图 3-138

使用"填充"命令可以为整个图层或选区内的部分填充颜色、图案、历史记录等，在填充的过程中还可以使填充的内容与原始内容产生混合效果。

执行"编辑 > 填充"命令（快捷键 Shift+F5），打开"填充"对话框，如图 3-139 所示。在这里首先需要设置填充的"内容"，接着进行"混合"的设置，设置完成后单击"确定"按钮进行填充。需要注意的是，对文字图层、智能对象等特殊图层以及被隐藏的图层不能使用"填充"命令。

图 3-139

中文版Photoshop CS6从入门到精通（微课视频 全彩版）

- **内容**：用来设置填充的内容，包含"前景色、背景色、颜色、内容识别、图案、历史记录、黑色、50%灰色"和"白色"。

- **模式**：用来设置填充内容的混合模式。混合模式就是此处的填充内容与原始图层中的内容的色彩叠加方式，其效果与"图层"混合模式相同，具体模式将在第9章中讲解。如图3-140所示为"变暗"模式效果，如图3-141所示为"叠加"模式效果。

图 3-140　　　　　　　图 3-141

- **不透明度**：用来设置填充内容的不透明度。数值为100%时为完全不透明，如图3-142所示；数值为50%时为半透明，如图3-143所示；数值为0%时为完全透明，如图3-144所示。

图 3-142　　　　　图 3-143　　　　　图 3-144

- **保留透明区域**：选中该复选框以后，只填充图层中包含像素的区域，而透明区域不会被填充。

1. 填充颜色

填充颜色是指以纯色进行填充。在"填充"对话框的"内容"下拉列表中提供了"前景色""背景色"和"颜色"3个选项用于填充颜色，如图3-145所示。其中"前景色"和"背景色"两个选项很好理解，就是将前景色或背景色进行填充。当设置"内容"为"颜色"时，弹出"拾色器"对话框，设置合适的颜色，单击"确定"按钮，完成填充操作，如图3-146所示。填充效果如图3-147所示。

 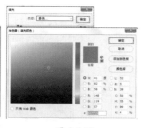

图 3-145　　　　　　　　图 3-146

图 3-147

2. 填充内容识别

"内容识别"是一种非常智能的填充方式，能够通过感知该选区周围的内容进行填充，填充的结果自然、真实。"内容识别"更像是一款去除瑕疵的工具。首先在需要填充的位置绘制一个选区（这个选区不用非常精确），如图3-148所示。打开"填充"对话框，设置"内容"为"内容识别"，选中"颜色适应"复选框，让选区边缘的颜色融合得更加自然。设置完成后单击"确定"按钮，如图3-149所示。选区中的内容被自动去除，填充为周围相似的内容，效果如图3-150所示。

图 3-148　　　　　　图 3-149　　　　　　图 3-150

3. 填充图案

选区中不仅可以填充纯色，还能够填充图案。选择需要填充的图层或选区，打开"填充"对话框，设置"内容"为"图案"，然后单击"自定图案"右侧的·按钮，在弹出的下拉面板中选择某一图案，单击"确定"按钮，如图3-151所示。填充效果如图3-152所示。

图 3-151　　　　　　　　图3-152

4.填充历史记录

设置"内容"为"历史记录"选项，即可填充"历史记录"面板中所标记的状态。

5.填充黑色/50%灰色/白色

当设置"内容"为"黑色"时，即可将选区填充为黑色，如图3-153所示；当设置"内容"为"50%灰色"时，即可将选区填充为灰色，如图3-154所示；当设置"内容"为

"白色"时，即可将选区填充为白色，如图3-155所示。

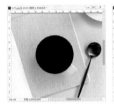 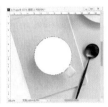

图3-153 　　　　图3-154 　　　　图3-155

3.4.3　动手练：油漆桶工具

"油漆桶工具" 主要用于填充前景色或图案。如果创建了选区，填充的区域为当前选区；如果没有创建选区，填充的就是与鼠标单击处颜色相近的区域。

1.使用"油漆桶工具"填充前景色

右键单击工具箱中的"渐变工具组"按钮，在弹出的工具组中选择"油漆桶工具" 。在选项栏中设置填充模式为"前景"，"容差"为120，其他参数使用默认值即可，如图3-156所示。更改前景色，然后在需要填充的位置单击，即可填充颜色，如图3-157所示。由此可见，使用"油漆桶工具"进行填充无需先绘制选区，而是通过"容差"数值控制填充区域的大小。容差值越大，填充范围越大；容差值越小，填充范围也就越小。如果是空白图层，则会完全填充到整个图层中。

图3-158 　　　　图3-159

- 消除锯齿：平滑填充选区的边缘。
- 连续的：选中该复选框后，只填充图像中处于连续范围内的区域；取消选中该复选框后，可以填充图像中的所有相似像素。
- 所有图层：选中该复选框后，可以对所有可见图层中的合并颜色数据填充像素；取消选中该复选框后，仅填充当前选择的图层。

2.使用"油漆桶工具"填充图案

选择"油漆桶工具"，在选项栏中设置填充模式为"图案"，单击图案后侧的 按钮，在弹出的下拉面板中选择某一图案，如图3-160所示。在画面中单击进行填充，效果如图3-161所示。

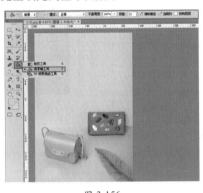 

图3-156 　　　　图3-157

- 模式：用来设置填充内容的混合模式。
- 不透明度：用来设置填充内容的不透明度。
- 容差：用来定义必须填充的像素的颜色的相似程度与选取颜色的差值，例如将"容差"调到32，会以单击处颜色为基准，把颜色范围上下浮动32以内的颜色都填充。设置较低的"容差"值会填充颜色范围内与鼠标单击处像素非常相似的像素；设置较高的"容差"值会填充更大范围的像素。如图3-158和图3-159所示为"容差"为5与20的对比效果。

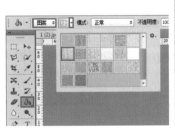 

图3-160 　　　　图3-161

练习实例：使用"油漆桶工具"为背景填充图案

文件路径	资源包\第4章\练习实例：使用"油漆桶工具"为背景填充图案
难易指数	★★★★★
技术掌握	"油漆桶工具"

案例效果

案例效果如图 3-162 所示。

图 3-162

操作步骤

步骤 01 执行"文件 > 打开"命令，打开素材 1.jpg，如图 3-163 所示。

扫一扫，看视频

图 3-163

步骤 02 执行"编辑 > 预设 > 预设管理器"命令，在弹出的"预设管理器"对话框中设置"预设类型"为"图案"；单击"载入"按钮，在弹出的"载入"对话框中找到素材位置，选中素材 2.pat，单击"载入"按钮，如图 3-164 所示。在"预设管理器"对话框中单击"完成"按钮，如图 3-165 所示。

图 3-164

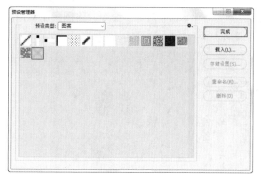

图 3-165

步骤 03 选择工具箱中的"油漆桶工具"，在选项栏中设置填充模式为"图案"，选择刚刚载入的图案，设置"模式"为"正常"，"不透明度"为 100%，"容差"为 20，如图 3-166 所示。然后在素材图层中的绿色背景上单击，此时绿色背景上出现了新置入的黄色图案，如图 3-167 所示。

图 3-166

图 3-167

步骤04 执行"文件>置入"命令，置入素材3.png。将置入对象调整到合适的大小、位置，然后按Enter键完成置入操作。执行"图层>栅格化>智能对象"命令，将图层栅格化。案例完成效果如图3-168所示。

图3-168

3.4.4 定义图案预设

虽然在Photoshop中可以载入外挂的图片库素材，但有可能载入的图案并不一定适合。这时可以"自己动手，丰衣足食"，将图片或图片的局部定义为一个可以随时使用的"图案"。

打开一幅图像，如果想要将图像中的某一局部作为图案，那么可以框选出这部分，如图3-169所示。执行"编辑>定义图案"命令，在弹出的"图案名称"对话框中设置一个合适的名称，单击"确定"按钮完成图案的定义，如图3-170所示。选择工具箱中的"油漆桶工具"，在选项栏中设置填充模式为"图案"，然后在图案下拉面板的底部选择刚刚定义的图案，单击即可以该图案进行填充，效果如图3-171所示。

图3-169

图3-170

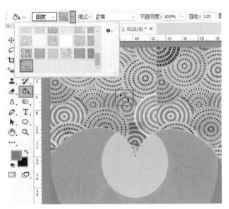

图3-171

提示：定义的图案在Photoshop中是通用的。

按快捷键Shift+F5打开"填充"对话框，设置"内容"为"图案"，在"自定图案"下拉列表中可以看到刚刚定义的图案，如图3-172所示。

图3-172

举一反三：制作服装面料图案

步骤01 首先准备好一个图案，如图3-173所示。执行"编辑>定义图案"命令，在弹出的"图案名称"对话框中设置一个合适的名称，然后单击"确定"按钮完成定义，如图3-174所示。

图3-173   图3-174

步骤02 单击工具箱中的"油漆桶工具"按钮，在选项栏中设置填充模式为"图案"，然后在图案下拉面板的底部选择刚刚定义的图案，单击进行填充，效果如图3-175所示。可以继续定义图案并进行填充，效果如图3-176所示。

图 3-175

图 3-176

举一反三：使用图案制作微质感纹理

"微质感"纹理是一种常用的取代单一颜色的填充方式，与单一颜色相比，其细节更丰富。"微质感"纹理应用非常广泛，主要用于制作背景。

步骤 01 新建一个 5×5 像素，"背景内容"为"透明"的新文件，如图 3-177 所示。按住 Alt 键的同时向前滚动鼠标中轮将画布放大；将前景色设置为黑色；选择"铅笔工具" ，设置笔尖大小为 1 像素，然后在画面中以对角线的方式绘制一条直线，如图 3-178 所示。

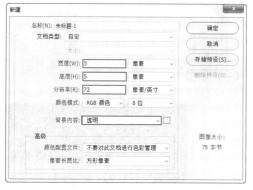

图 3-177

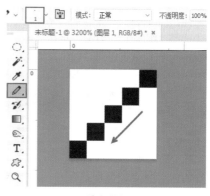

图 3-178

步骤 02 执行"编辑 > 定义图案"命令，在弹出的"图案名称"对话框中设置合适的名称，单击"确定"按钮，如图 3-179 所示。新建一个空白文档，调出"填充"对话框，设置"内容"为"图案"，"自定图案"为刚刚定义的图案，单击"确定"按钮，如图 3-180 所示。画面效果如图 3-181 所示。

图 3-179

图 3-180

图 3-181

3.4.5 "图案"的存储与载入

定义的图案能够存储为 .PAT 格式的独立文件，方便存储、传输和调用。

步骤 01 在工具箱中选择"油漆桶工具"，在其选项栏中打开"图案"下拉面板。因为"存储图案"命令存储的图案是整个面板中的图案，我们可以先将不需要的图案删除。在不需要的图案上右击，执行"删除图案"命令即可将图案删除，如图 3-182 所示。

步骤 02 单击面板右上角的 ✿ 按钮，在弹出的菜单中选择"存储图案"命令，如图 3-183 所示。在弹出的"另存为"窗口中选择一个合适的位置，然后设置合适的文件名称，在"格式"下拉列表中选择"图案（*.PAT）"，单击"确定"按钮，如图 3-184 所示。此时，就可以在存储位置看到该文件了，如图 3-185 所示。

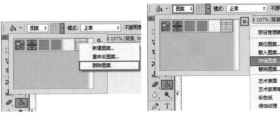

图 3-182　　　　　　　图 3-183

图 3-184　　　　　　　图 3-185

步骤 03 若要载入图案库，可以打开"图案"下拉面板，单击 ✿ 按钮并执行"载入图案"命令，如图 3-186 所示。在弹出的"载入"对话框中找到图案库的位置，选择图案库，然后单击"载入"按钮完成载入，如图 3-187 所示。

图 3-186　　　　　　　图 3-187

{重点} 3.4.6　动手练：渐变工具

扫一扫，看视频

"渐变"是指由多种颜色过渡而产生的一种效果。渐变是设计制图中很常用的一种填充方式，使用渐变不仅能够制作出缤纷多彩的颜色（如图 3-188 所示作品中的背景），还能够使"单一颜色"产生不那么单调的感觉（如图 3-189 所示的背景虽然看起来是蓝色的，但是仔细观察能够发现其实是不同亮度的蓝色的渐变）。除此之外，渐变还能够制作出带有立体感效果的作品。如图 3-190 所示的按钮，其凸起效果也是靠渐变完成的。"渐变工具"  可以在整个文档或选区内填充渐变色，并且可以创建多种颜色间的混合效果。

图 3-188　　　　　　　图 3-189

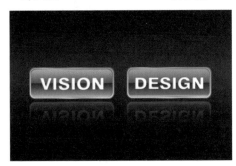

图 3-190

1. "渐变工具"的使用方法

步骤 01 选择工具箱中的"渐变工具" ，在其选项栏中单击渐变颜色条右侧的 ⌄ 按钮，在弹出的下拉面板中有一些预设的渐变颜色，单击即可选中。选择后，渐变色条变为选择的颜色，用来预览。在不考虑选项栏中其他选项的情况下，此时就可以进行填充了。选择一个图层或者绘制一个选区，按住鼠标左键拖曳，如图 3-191 所示。松开鼠标完成填充操作，效果如图 3-192 所示。

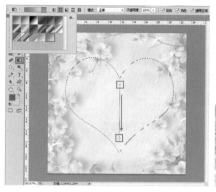

图 3-191   图 3-192

步骤 02 ▶ 选择好渐变颜色后，需要设置渐变类型。选项栏中的 5 个按钮就是用来设置渐变类型的，如图 3-193 所示。单击"线性渐变"按钮 ，可以以直线方式创建从起点到终点的渐变；单击"径向渐变"按钮 ，可以以圆形方式创建从起点到终点的渐变；单击"角度渐变"按钮 ，可以创建围绕起点逆时针扫描方式的渐变；单击"对称渐变"按钮 ，可以使用均衡的线性渐变在起点的任意一侧创建渐变；单击"菱形渐变"按钮 ，可以以菱形方式从起点向外产生渐变，终点定义为菱形的一个角。

图 3-193

步骤 03 ▶ 选项栏中的"模式"是用来设置应用渐变时的混合模式；"不透明度"用来设置渐变色的不透明度。选择一个带有像素的图层，然后在选项栏中设置"模式"和"不透明度"，然后拖曳进行填充，就可以看到相应的效果。如图 3-194 所示为设置"模式"为"正片叠底"的效果，如图 3-195 所示为设置"不透明度"为 50% 的效果。

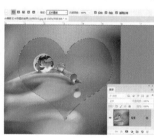 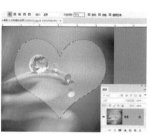

图 3-194   图 3-195

步骤 04 ▶ "反向"复选框用于转换渐变中的颜色顺序，以得到反方向的渐变效果，如图 3-196 和图 3-197 所示分别是正常渐变和反向渐变效果。选中"仿色"复选框时，可以使渐变效果更加平滑。此复选框主要用于防止打印时出现条带化现象，但在计算机屏幕上并不能明显地体现出来。

图 3-196   图 3-197

2. 编辑合适的渐变颜色

预设中的渐变颜色是远远不够用的，大多数时候我们都需要通过"渐变编辑器"对话框自定义渐变颜色。

步骤 01 ▶ 单击选项栏中的渐变颜色条 ，弹出"渐变编辑器"对话框，如图 3-198 所示。在该对话框的上半部分可以看到很多"预设"效果，单击即可选择某一种渐变效果，如图 3-199 所示。

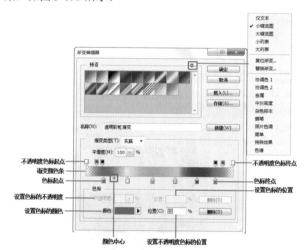

图 3-198

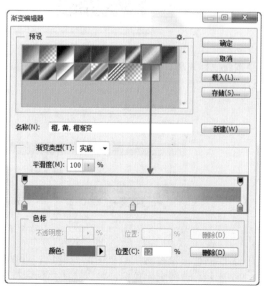

图 3-199

提示：预设渐变的使用方法。

先设置合适的前景色与背景色，然后打开"渐变编辑器"对话框，单击"预设"渐变中第一种渐变颜色，即可快速编辑一种由前景色到背景色的渐变颜色，如图 3-200 所示。单击第二种渐变颜色，即可快速编辑由前景色到透明的渐变颜色，如图 3-201 所示。单击 ✿ 按钮，在弹出菜单的底部有多种预设渐变，如图 3-202 所示。

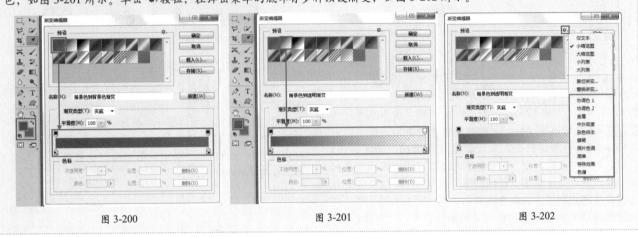

| 图 3-200 | 图 3-201 | 图 3-202 |

步骤 02 如果没有适合的渐变效果，可以在下方渐变颜色条中编辑合适的渐变效果。双击渐变颜色条底部的色标 ⚪，在弹出的"拾色器（色标颜色）"对话框中设置颜色，如图 3-203 所示。如果色标不够，可以在渐变颜色条下方单击，添加更多的色标，如图 3-204 所示。

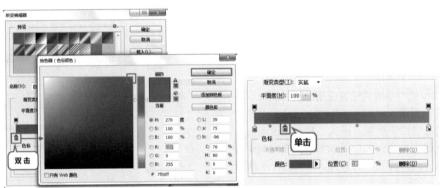

| 图 3-203 | 图 3-204 |

步骤 03 按住色标并左右拖动可以改变调色色标的位置，如图 3-205 所示。拖曳"颜色中心"滑块 ◇，可以调整两种颜色的过渡效果，如图 3-206 所示。

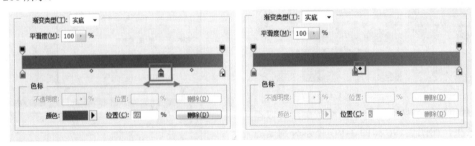

| 图 3-205 | 图 3-206 |

步骤 04 若要制作出带有透明效果的渐变颜色，可以单击渐变颜色条上的色标，然后在"不透明度"数值框内设置参数，如图 3-207 所示。若要删除色标，可以选中色标后按住鼠标左键将其向渐变颜色条外侧拖曳，松开鼠标即可删除色标，如图 3-208 所示。

中文版Photoshop CS6从入门到精通（微课视频 全彩版）

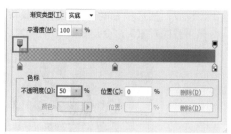

图 3-207

图 3-208

步骤 05 渐变分为杂色渐变与实色渐变两种，在此之前我们所编辑的渐变颜色都为实色渐变；在"渐变编辑器"对话框中设置"渐变类型"为"杂色"，可以得到由大量色彩构成的渐变，如图 3-209 所示。

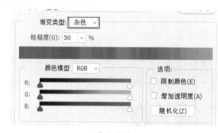

图 3-209

- 粗糙度：用来设置渐变的平滑程度，数值越高颜色层次越丰富，颜色之间的过渡效果越鲜明。如图 3-210 所示为不同参数值的对比效果。

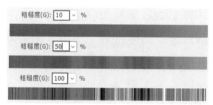

图 3-210

- 颜色模型：在下拉列表中选择一种颜色模型用来设置渐变，包括 RGB、HSB 和 LAB。接着拖曳滑块，可以调整渐变颜色，如图 3-211 所示。

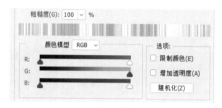

图 3-211

- 限制颜色：将颜色限制在可以打印的范围内，以免颜色过于饱和。
- 增加透明度：可以向渐变中添加透明度像素，如图 3-212 所示。

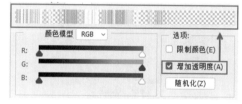

图 3-212

- 随机化：单击该按钮，可以产生一种新的渐变颜色。

练习实例：使用"渐变工具"制作果汁广告

文件路径	资源包\第4章\练习实例：使用"渐变工具"制作果汁广告
难易指数	★★★★★
技术掌握	"渐变工具"

案例效果

案例效果如图 3-213 所示。

图 3-213

操作步骤

步骤 01 新建一个"宽度"为 30 厘米、"高度"为 21 厘米的空白文档。单击工具箱中的"渐变工具"按钮，在选项栏上单击渐变颜色条，打开"渐变编辑器"对话框，在渐变颜色条下方双击左侧色标，在弹出的"拾色器（色标颜色）"对话框中设置颜色为黄色，如图 3-214 所示。接着拖动右侧的色标，设置颜色为白色，单击"确定"按钮完成设置，如图 3-215 所示。

扫一扫，看视频

图 3-214 图 3-215

步骤02 在选项栏中单击"径向渐变"按钮，在画布右下角按住鼠标左键向左上角拖动，如图3-216所示。松开鼠标，背景被填充为黄色系渐变，如图3-217所示。

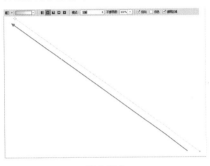

图 3-216 图 3-217

步骤03 执行"文件 > 置入"命令，置入素材1.jpg，接着将置入对象调整到合适的大小、位置，按Enter键完成置入操作。执行"图层 > 栅格化 > 智能对象"命令，将该图层栅格化，如图3-218所示。

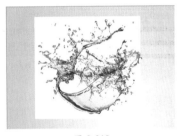

图 3-218

步骤04 在"图层"面板中选中新置入的素材图层，设置"混合模式"为"线性加深"，如图3-219所示。效果如图3-220所示。

图 3-219 图 3-220

步骤05 继续置入素材3.png，将置入对象调整到合适的大

小、位置，然后按Enter键完成置入操作。执行"图层 > 栅格化 > 智能对象"命令，效果如图3-221所示。

图 3-221

步骤06 单击工具箱中的"横排文字工具"按钮，在选项栏中设置合适的字体、字号，设置"文本颜色"为绿色，在画布右下角处单击输入文字，然后按快捷键Ctrl+Enter完成文字的输入，如图3-222所示。以同样的方式输入另一段文字，最终效果如图3-223所示。

图 3-222 图 3-223

3.4.7 动手练：创建纯色/渐变/图案填充图层

填充图层是一种比较特殊的图层，可以使用纯色、渐变或图案填充图层。与普通图层相同，填充图层也可以设置混合模式、不透明度、图层样式以及编辑蒙版等。执行"图层 > 新建填充图层"命令，在子菜单中可以看到纯色、渐变、图案3个命令。

1.创建纯色填充图层

执行"图层 > 新建填充图层 > 纯色"命令，打开"新建图层"对话框。在该对话框中可以设置填充图层的名称、颜色、混合模式和不透明度，如图3-224所示。在"新建图层"对话框中设置好相关选项后，单击"确定"按钮，打开"拾色器（纯色）"对话框，如图3-225所示。在该对话框拾取一种颜色，单击"确定"按钮，即可创建一个纯色填充图层，如图3-226所示。

图 3-224

中文版Photoshop CS6从入门到精通（微课视频 全彩版）

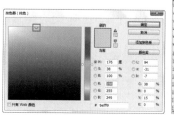

图 3-225　　　　　　　　　　图 3-226

创建出了新的填充图层后，双击该图层的缩览图，还能够对填充内容进行编辑，如图 3-227 和图 3-228 所示。

图 3-227　　　　　　　　　　图 3-228

2. 创建渐变填充图层

执行"图层 > 新建填充图层 > 渐变"命令，在弹出的"新建图层"对话框中设置合适的名称、颜色、混合模式和不透明度，然后单击"确定"按钮，如图 3-229 所示。在弹出的"渐变填充"对话框中单击渐变颜色条，在弹出的"渐变编辑器"对话框中编辑一种合适的渐变颜色，然后单击"确定"按钮。继续在"渐变填充"对话框中设置渐变颜色的样式、角度、缩放等参数，最后单击"确定"按钮，如图 3-230 所示。至此渐变填充图层新建完成，效果如图 3-231 所示。

图 3-229

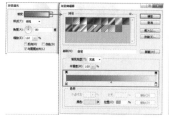

图 3-230　　　　　　　　　　图 3-231

3. 创建图案填充图层

执行"图层 > 新建填充图层 > 图案"命令，在弹出的"新建图层"对话框中单击"确定"按钮，如图 3-232 所示。在弹出的"图案填充"对话框中单击图案右侧的下拉按钮，

在弹出的下拉面板中选择一个合适的图案，接着对图案的缩放、与图层链接等参数进行设置，然后单击"确定"按钮，如图 3-233 所示。至此图案填充图层新建完成，效果如图 3-234 所示。

图 3-232

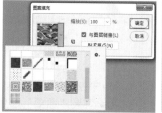
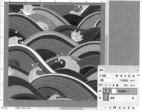

图 3-233　　　　　　　　　　图 3-234

【重点】3.4.8　动手练：描边

"描边"是指为图层边缘或选区边缘添加一圈彩色边线。执行"编辑 > 描边"命令，可以在选区、路径或图层周围创建彩色的边框效果。"描边"操作通常用于"突出"画面中某些元素，如图 3-235 所示，或者使某些元素与背景中的内容"隔离"开，如图 3-236 所示。

扫一扫，看视频

图 3-235

图 3-236

步骤 01 首先绘制选区，如图 3-237 所示。执行"编辑 > 描边"命令，打开"描边"对话框，如图 3-238 所示。

图 3-237　　　　　　　　图 3-238

提示：描边的小技巧。

在有选区的状态下，使用"描边"命令可以沿选区边缘进行描边；在没有选区状态下，使用"描边"命令可以沿画面边缘进行描边。

步骤 02 设置描边选项。"宽度"选项用来控制描边的粗细，如图 3-239 所示为"宽度"为 10 像素的效果。"颜色"选项用来设置描边的颜色。单击"颜色"色块，在弹出的"拾色器（描边颜色）"对话框中设置合适的颜色，单击"确定"按钮，如图 3-240 所示。描边效果如图 3-241 所示。

图 3-239　　　　　图 3-240　　　　　图 3-241

步骤 03 "位置"选项组用于设置描边位于选区的位置，包括"内部""居中"和"居外"3 个选项，如图 3-242 所示为不同位置的效果。

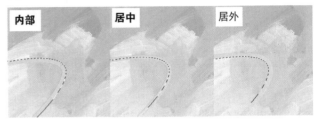

图 3-242

步骤 04 "混合"选项组用来设置描边颜色的"混合模式"和"不透明度"。选择一个带有像素的图层，打开"描边"对话框，设置"模式"和"不透明度"，如图 3-243 所示。单击"确定"按钮，此时描边效果如图 3-244 所示。如果选中"保留透明区域"复选框，则只对包含像素的区域进行描边。

图 3-243　　　　　　　　图 3-244

练习实例：使用填充与描边制作剪贴画人像

文件路径	资源包\第4章\练习实例：使用填充与描边制作剪贴画人像
难易指数	★★★★★
技术掌握	"吸管工具"、填充、描边

案例效果

案例效果如图 3-245 所示。

图 3-245

操作步骤

扫一扫，看视频

步骤 01 执行"文件 > 新建"命令，新建一个 A4 大小的文件。设置前景色为淡粉色，按下快捷键 Alt+Delete 填充前景色，如图 3-246 所示。执行"文件 > 置入"命令，置入素材 1.jpg。将置入对象调整到合适的大小、位置，按 Enter 键完成置入操作。执行"图层 > 栅格化 > 智能对象"命令，将该图层栅格化，如图 3-247 所示。

图 3-246　　　　　　　　图 3-247

步骤 02 新建图层。单击工具箱中的"多边形套索工具"按钮，在画面上沿着人像绘制一个大致的选区，如图 3-248 所示。然后单击工具箱中的"吸管工具"按钮，在文字上单击吸取颜色作为前景色，如图 3-249 所示。

Ctrl+D 取消选择。最终效果如图 3-253 所示。

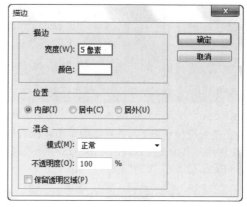

图 3-252

图 3-248　　　　　　图 3-249

步骤 03 按下快捷键 Alt+Delete 填充颜色，如图 3-250 所示。然后将该图层移动至人物所在图层的下方，如图 3-251 所示。

图 3-250　　　　　　图 3-251

步骤 04 保留之前绘制的选区，执行"编辑 > 描边"命令，在弹出的对话框中设置"宽度"为 5 像素，"颜色"为白色，单击"确定"按钮完成设置，如图 3-252 所示。按下快捷键

图 3-253

3.5　选区的编辑

　　"选区"创建完成后，可以对其进行一定的编辑操作，如缩放选区、旋转选区、调整选区边缘、创建边界选区、平滑选区、扩展与收缩选区、羽化选区、扩大选取、选取相似等，熟练掌握这些操作可以快速选择我们所需要的部分。

【重点】3.5.1　变换选区：缩放、旋转、扭曲、透视、变形

　　"选区"也可以像图像一样进行"变换"，但选的变换不能使用"自由变换"命令，而要使用"变换选区"命令。如果在包含选区的情况下使用"自由变换"命令，那么变换的将是选区中的图像内容部分，而不是选区部分。

步骤 01 首先绘制一个选区，如图 3-254 所示。执行"选择 > 变换选区"命令调出定界框，如图 3-255 所示。拖曳控制点即可对选区进行变形，如图 3-256 所示。

图 3-254　　　　　　图 3-255　　　　　　图 3-256

步骤02 在选区变换状态下，在画布中单击鼠标右键，还可以在菜单中选择其他变换方式，如图 3-257 所示。变换完成之后，按 Enter 键即可，如图 3-258 所示。

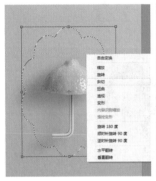 

图 3-257　　　　　　　　　图 3-258

 提示：变换选区的其他方法。

在选择选框工具的状态下，在选区内单击鼠标右键并执行"变换选区"命令，即可调出变换选区定界框，如图 3-259 所示。

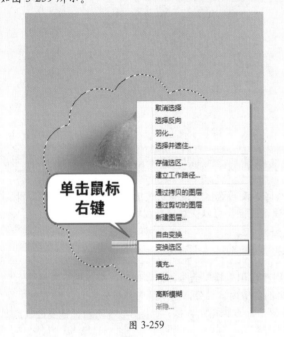

图 3-259

举一反三：变换选区制作投影

步骤01 首先获取需要添加投影图形的选区，如图 3-260 所示。接着在图形下方新建一个图层，如图 3-261 所示。

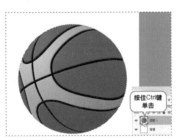 

图 3-260　　　　　　　　　图 3-261

步骤02 执行"选择 > 变换选区"命令调出定界框，然后拖曳控制点对选区进行变形，如图 3-262 所示。变换完成后按 Enter 键确定变换操作。然后为选区填充颜色，适当降低"不透明度"，然后使用快捷键 Ctrl+D 取消选区的选择。可以对阴影图层进行一定的"模糊"处理，使阴影更真实，效果如图 3-263 所示。

图 3-262　　　　　　　　　图 3-263

【重点】3.5.2　调整边缘：细化选区

扫一扫，看视频

"调整边缘"命令既可以对已有选区进行进一步编辑，又可以重新创建选区。该命令可以对选区进行边缘检测，调整选区的平滑度、羽化、对比度以及边缘位置。由于"调整边缘"命令可以智能地细化选区，所以常用于长发、动物或细密的植物的抠图，如图 3-264 和图 3-265 所示。

图 3-264　　　　　　　　　图 3-265

步骤01 首先使用"快速选择工具"创建选区，如图 3-266 所示。然后执行"选择 > 调整边缘"命令或者单击选项栏中的"调整边缘…"按钮，打开"调整边缘"对话框，如图3-267所示。

图3-266　　　　　　　　　　图3-267

步骤 02 单击"视图"选项右侧的下拉按钮，在弹出的下拉列表中有7种视图模式，如图3-268所示。其效果如图3-269所示。

 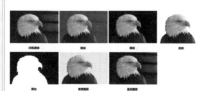

图3-268　　　　　　　　图3-269

步骤 03 利用"边缘检测"选项组中的选项能轻松抠出细密的毛发。选中"智能半径"复选框，能够自动调整界区域中发现的硬边缘和柔化边缘的半径。"半径"选项用于确定发生边缘调整的选区边界的大小。对于锐边，可以使用较小的半径；对于较柔和的边缘，可以使用较大的半径。设置"半径"为55像素，通过预览可以看到选区边缘的效果，如图3-270所示。

图3-270

步骤 04 "调整边缘"选项组主要用来对选区进行平滑、羽化和扩展等处理。在此设置"平滑"为10，"羽化"为3像素，"对比度"为24%，"移动边缘"为-46%，如图3-271

所示。

图3-271

- 平滑：减少选区边界中的不规则区域，以创建较平滑的轮廓。
- 羽化：模糊选区与周围像素之间的过渡效果。
- 对比度：锐化选区边缘并消除模糊的不协调感。在通常情况下，配合"智能半径"复选框调整出来的选区效果会更好。
- 移动边缘：当设置为负值时，可以向内收缩选区边界；当设置为正值时，可以向外扩展选区边界。

步骤 05 "输出"选项组主要用来消除选区边缘的杂色以及设置选区的输出方式，如图3-272所示。

图3-272

- 净化颜色：将彩色杂边替换为附近完全选中的像素颜色。颜色替换的强度与选区边缘的羽化程度是成正比的。
- 数量：更改净化彩色杂边的替换程度。
- 输出到：设置选区的输出方式。

步骤 06 设置完成后单击"确定"按钮，即可得到细化的选区。接着使用快捷键Ctrl+J将选区中的像素复制到独立图层，然后为其更换背景，效果如图3-273所示。

图3-273

练习实例：使用"调整边缘"命令为长发模特换背景

文件路径	资源包\第3章\练习实例：使用"调整边缘"为长发模特换背景
难易指数	★★★★★
技术掌握	"调整边缘"命令、"快速选择工具"

案例效果

案例处理前后的对比效果如图 3-274 和图 3-275 所示。

图 3-274

图 3 275

操作步骤

步骤 01 打开背景素材 1.jpg，如图 3-276 所示。执行"文件 > 置入"命令，将人像素材 2.jpg 置入到文件中，调整到合适大小、位置后按 Enter 键完成置入操作，然后将其栅格化，如图 3-277 所示。

扫一扫，看视频

图 3-276

图 3-277

步骤 02 单击工具箱中的"快速选择工具"，在人像区域按住鼠标左键拖动，制作出人物部分的大致选区；单击选项栏中的"调整边缘"按钮，如图 3-278 所示。

图 3-278

步骤 03 为了便于观察，首先在"调整边缘"对话框中设置

"视图模式"为"黑底"，如图 3-279 所示。此时在画面中可以看到选区以内的部分显示，选区以外的部分被黑色遮挡，如图 3-280 所示。

图 3-279　　　　　　　图 3-280

步骤 04 单击对话框左侧的"调整半径工具"按钮，将笔尖调大些，然后在人物后侧紫色背景位置以单击的方式进行涂抹。随着涂抹可以看到紫色的背景逐步变为了灰色，如图 3-281 所示。接着在"调整边缘"对话框中设置"对比度"为 35%，此时可以看到头发边缘的选区逐步变得较为精确，如图 3-282 所示。

图 3-281　　　　　　　图 3-282

步骤 05 单击对话框右下角的"确定"按钮得到选区，如图 3-283 所示。对当前选区使用快捷键 Ctrl+Shift+I 将其反向选择，得到背景部分选区，如图 3-284 所示。

图 3-283　　　　　　　图 3-284

步骤 06 选中人像图层，按下 Delete 键将背景部分删除，如图 3-285 所示。使用快捷键 Ctrl+D 取消选区的选择。最后执行"文件 > 置入"命令，置入素材 3.png，最终效果如图 3-286 所示。

中文版Photoshop CS6从入门到精通（微课视频 全彩版）

图 3-285

图 3-286

{重点} 3.5.3 创建边界选区

"边界"命令作用于已有的选区，可以将选区的边界向内或向外进行扩展，扩展后的选区边界将与原来的选区边界形成新的选区。首先创建一个选区，如图 3-287 所示。执行"选择 > 修改 > 边界"命令，在弹出的"边界选区"对话框中设置"宽度"（数值越大，新选区越宽），设置完成后单击"确定"按钮，如图 3-288 所示。边界选区效果如图 3-289 所示。

图 3-287　　　　　图 3-288　　　　　图 3-289

{重点} 3.5.4 平滑选区

使用"平滑"命令可以将参差不齐的选区边缘平滑化。首先绘制一个选区，如图 3-290 所示。执行"选择 > 修改 > 平滑"命令，在弹出的"平滑选区"对话框中设置取样半径（数值越大，选区越平滑），设置完成后单击"确定"按钮，如图 3-291 所示。此时选区效果如图 3-292 所示。

图 3-290　　　　　图 3-291　　　　　图 3-292

举一反三："优化"随手绘制的选区

首先使用"多边形套索工具"沿着对象边缘绘制选区。接着执行"选择>修改>平滑"命令，在弹出的"平滑选区"对话框中设置合适的"取样半径"，设置完成后单击"确定"

按钮，如图 3-293 所示。选区效果如图 3-294 所示。此时就可以将选中的对象进行应用了，效果如图 3-295 所示。

图 3-293　　　　　图 3-294

图 3-295

{重点} 3.5.5 扩展选区

"扩展"命令可以将选区向外延展，以得到较大的选区。首先绘制一个选区，如图 3-296 所示。执行"选择 > 修改 > 扩展"命令，打开"扩展选区"对话框，通过设置"扩展量"控制选区向外扩展的距离（数值越大，距离越远），然后单击"确定"按钮，如图 3-297 所示。扩展选区效果如图 3-298 所示。

图 3-296　　　　　图 3-297　　　　　图 3-298

练习实例：扩展选区制作不规则图形的底色

文件路径	资源包\第3章\练习实例：扩展选区制作不规则图形的底色
难易指数	★★★★★
技术掌握	扩展选区

扫一扫，看视频

案例效果

案例效果如图 3-299 所示。

图 3-299

操作步骤

步骤01 执行"文件>打开"命令，打开素材 1.jpg，如图 3-300 所示。执行"文件>置入"命令，置入素材 2.png，并将其栅格化，如图 3-301 所示。

图 3-300　　　　　　　图 3-301

步骤02 按住 Ctrl 键的同时单击图层 1 缩览图（如图 3-302 所示），载入图层选区，如图 3-303 所示。

图 3-302　　　　　　　图 3-303

步骤03 执行"选择>修改>扩展"命令，在弹出的"扩展选区"对话框中设置"扩展量"为 40 像素，单击"确定"按钮完成设置，如图 3-304 所示。此时得到一个稍大一些的选区，如图 3-305 所示。

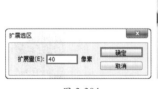 

图 3-304　　　　　　　图 3-305

步骤04 新建一个图层，设置前景色为白色，按下快捷键 Alt+Delete 为选区填充颜色，按快捷键 Ctrl+D 取消选择，效果如图 3-306 所示。最后在"图层"面板中将该图层移动到背景图层的上方，如图 3-307 所示。

图 3-306　　　　　　　图 3-307

【重点】3.5.6　收缩选区

"收缩"命令可以将选区向内收缩，使选区范围变小。首先绘制一个选区，如图 3-308 所示。执行"选择>修改>收缩"命令，在弹出的"收缩选区"对话框中，通过设置"收缩量"控制选区的收缩大小（数值越大，收缩范围越大），然后单击"确定"按钮，如图 3-309 所示。选区效果如图 3-310 所示。

图 3-308　　　　　图 3-309　　　　　图 3-310

【重点】举一反三：去除抠图之后的像素残留

在抠图的时候会留下一些残存的像素，这时可以通过"收缩"命令将残存像素删除。

步骤01 白色浴缸边缘留有其他颜色的像素，如图 3-311 所示。先获取图像的选区，如图 3-312 所示。

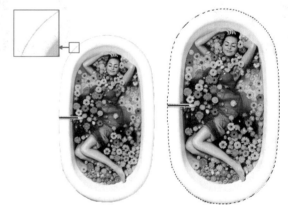

图 3-311　　　　　　　图 3-312

步骤02 执行"选择>修改>收缩"命令，在弹出的"收缩选区"对话框中设置合适的"收缩量"，然后单击"确定"按钮，如图 3-313 所示。此时选区效果如图 3-314 所示。

中文版Photoshop CS6从入门到精通（微课视频 全彩版）

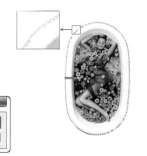

收缩选区

收缩量(C): 8 像素

确定
取消

图 3-313　　　　　　　图 3-314

步骤 03 使用快捷键 Ctrl+Shift+I 将选区反选，如图 3-315 所示。按 Delete 键删除选区的像素，然后使用快捷键 Ctrl+D 取消选区的选择，效果如图 3-316 所示。

图 3-315　　　　　　　图 3-316

练习实例：羽化选区制作可爱儿童照

文件路径	资源包\第3章\练习实例：羽化选区制作可爱儿童照
难易指数	★★★★★
技术掌握	"套索工具"、羽化选区、选择反向选区

案例效果

案例效果如图 3-321 所示。

图 3-321

操作步骤

步骤 01 执行"文件 > 打开"命令，打开素材 1.jpg，如图 3-322 所示。执行"文件 > 置入"命令，置入素材 2.jpg，按 Enter 键确定置入操作。将该图层栅格化，如图 3-323 所示。

扫一扫，看视频

图 3-322　　　　　　　图 3-323

3.5.7　羽化选区

"羽化"命令可以将边缘较"硬"的选区变为边缘比较"柔和"的选区。羽化半径越大，选区边缘越柔。"羽化"命令是通过建立选区和选区周围像素之间的转换边界来模糊边缘，使用这种模糊方式将丢失选区边缘的一些细节。

首先绘制一个选区，如图 3-317 所示。执行"选择 > 修改 > 羽化"命令（快捷键 Shift+F6）打开"羽化选区"对话框，在该对话框中"羽化半径"选项用来设置边缘模糊的强度（数值越高，边缘模糊范围越大），参数设置完成后单击"确定"按钮，如图 3-318 所示。此时选区效果如图 3-319 所示。按 Delete 键删除选区中的像素，可以查看羽化效果，如图 3-320 所示。

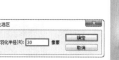

羽化选区

羽化半径(R): 30 像素

确定
取消

图 3-317　　　　图 3-318　　　　图 3-319　　　　图 3-320

步骤 02 单击工具箱中的"套索工具"按钮，在画布上围绕婴儿绘制一个选区，如图 3-324 所示。执行"选择 > 修改 > 羽化"命令，在弹出的对话框中设置"羽化半径"为 50 像素，单击"确定"按钮，如图 3-325 所示。此时选区的外形发生了变化，如图 3-326 所示。

羽化选区

羽化半径(R): 50 像素

确定
取消

图 3-324　　　　图 3-325　　　　图 3-326

步骤 03 使用快捷键 Ctrl+Shift+I 将选区反选，然后按下 Delete 键删除这部分内容，如图 3-327 所示。最后置入前景素材 3.png，调整到合适位置后按 Enter 键完成置入。最终效果如图 3-328 所示。

图 3-327　　　　　　　图 3-328

3.5.8 扩大选取

"扩大选取"命令基于"魔棒工具" ✦ 选项栏中指定的"容差"数值来决定选区的扩展范围。

首先绘制选区，如图3-329所示。选择工具箱中的"魔棒工具"，在选项栏中设置"容差"，其数值越大，所选取的范围越广，如图3-330所示。设置完成后执行"选择>扩大选取"命令（没有参数设置对话框），Photoshop会查找并选择那些与当前选区中像素色调相近的像素，从而扩大选择区域，如图3-331所示。如图3-332所示为将"容差"设置为5像素后的选取效果。

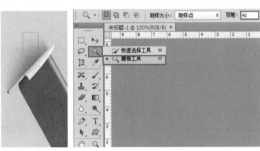

图3-329　　　　　图3-330

图3-331　　　　　图3-332

3.5.9 选取相似

"选取相似"也是基于"魔棒工具"选项栏中指定的"容差"数值来决定选区的扩展范围的。首先绘制一个选区，如图3-333所示。执行"选择>选取相似"命令后，Photoshop同样会查找并选择那些与当前选区中像素色调相近的像素，从而扩大选择区域，如图3-334所示。

图3-333　　　　　图3-334

> **提示："选取相似"与"扩大选取"的区别。**
>
> "扩大选取"和"选取相似"这两个命令的最大共同点就是它们都是扩大选择区域。但是"扩大选取"命令只针对当前图像中连续的区域，非连续的区域不会被选择；而"选取相似"命令针对的是整幅图像，意思就是说该命令可以选择整幅图像中处于"容差"范围内的所有像素。如图3-335所示为选区的位置，如图3-336所示为使用"扩大选取"命令得到的选区；如图3-337所示为使用"选取相似"命令得到的选区。
>
>
>
> 图3-335　　　图3-336　　　图3-337

综合实例：使用"套索工具"与"多边形套索工具"制作手写感文字标志

文件路径	资源包\第3章\综合实例：使用套索与多边形套索制作手写感文字标志
难易指数	★★★★★
技术掌握	"套索工具"、"多边形套索工具"、"矩形选框工具"、前景色填充

案例效果

案例效果如图3-338所示。

图3-338

操作步骤

扫一扫，看视频

步骤01 打开背景素材1.jpg，如图3-339所示。执行"文件>置入"命令，将素材2.png置入到文件中；将置入对象调整到合适的大小、位置，按Enter键完成置入操作，如图3-340所示。

图3-339　　　　　图3-340

步骤 02 使用"多边形套索工具"绘制字母 H 选区。新建图层，单击工具箱中的"多边形套索工具"按钮，然后在画面中单击，接着在下一个位置单击，继续通过单击的方式进行绘制，如图 3-341 所示。继续单击，完成字母 H 的绘制，如图 3-342 所示。

图 3-341　　　　　　　　图 3-342

步骤 03 将前景色设置为黑色，然后使用快捷键 Alt+Delete 键将选区填充为黑色（无需取消选区），如图 3-343 所示。新建图层，将前景色设置为黄色，使用快捷键 Alt+Delete 进行填充，使用"移动工具"将黄色字母向左移动。此时文字呈现出立体的效果，如图 3-344 所示。

图 3-343　　　　　　　　图 3-344

步骤 04 新建图层，单击工具箱中的"矩形选框工具"按钮，在选项栏中单击"添加到选区"按钮，在字母上绘制 4 个矩形选区，如图 3-345 所示。设置前景色为深灰色，使用快捷键 Alt+Delete 键填充前景色，如图 3-346 所示。

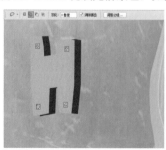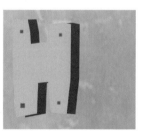

图 3-345　　　　　　　　图 3-346

步骤 05 下面开始制作字母上的"光泽"。新建图层，单击工具箱中的"套索工具"按钮，在字母左侧绘制一个细长的选区，如图 3-347 所示。设置前景色为浅黄色，使用快捷键 Alt+Delete 进行填充，如图 3-348 所示。使用同样的方法绘制另外两处的光泽，如图 3-349 所示。

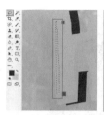

图 3-347　　　　图 3-348　　　　图 3-349

步骤 06 用同样的方式制作其他立体效果的字母，如图 3-350 所示。

图 3-350

步骤 07 新建图层，单击工具箱中的"套索工具"按钮，按照文字的外形绘制稍大一些的文字轮廓选区，如图 3-351 所示。设置前景色为深棕色，按快捷键 Alt+Delete 为选区填充颜色，如图 3-352 所示。在"图层"面板中将该图层移动至全部文字图层的下方，效果如图 3-353 所示。

图 3-351　　　　图 3-352　　　　图 3-353

步骤 08 在保留棕色图形选区的状态下，执行"选择 > 修改 > 扩展"命令，在弹出的对话框中设置"扩展量"为 38 像素，单击"确定"按钮，如图 3-354 所示。这样在画布上会出现一个比之前的图形大的轮廓选区，如图 3-355 所示。

图 3-354　　　　　　　　图 3-355

步骤 09 在底部新建一个图层，设置前景色为更深的棕色，使用快捷键 Alt+Delete 填充前景色，如图 3-356 所示。最后置入素材 3.png，将置入对象调整到合适的大小、位置，按 Enter 键完成置入操作。最终效果如图 3-357 所示。

图 3-356

图 3-357

Chapter 4
第4章

绘画与图像修饰

本章内容简介：

本章内容主要分为两大部分：数字绘画与图像修饰。数字绘画主要使用到"画笔工具""橡皮擦工具"以及"画笔"面板等工具。而图像修饰涉及的工具较多，"仿制图章工具""修补工具""污点修复画笔工具""修复画笔工具"等主要用于去除画面中的瑕疵，而"模糊工具""锐化工具""涂抹工具""加深工具""减淡工具""海绵工具"则用于图像局部的模糊、锐化、加深、减淡等美化操作。

重点知识掌握：

- 熟练掌握"画笔工具"和"橡皮擦工具"的使用方法；
- 掌握"画笔"面板的使用方法；
- 熟练掌握"仿制图章工具""修补工具""污点修复画笔工具""修复画笔工具"的使用方法；
- 熟练掌握对画面局部进行模糊、锐化、加深、减淡的方法。

通过本章学习，我能做什么？

通过本章的学习，我们应该掌握使用 Photoshop 进行数字绘画的方法。但会用画笔工具并不代表就能够画出精美绝伦的"鼠绘"作品，想要画好画，最重要的不是工具，而是绘画功底。虽然没有绘画基础，我们也可以尝试使用 Photoshop 绘制一些简单有趣的画作，说不定就突然发掘出了自己的绘画天分！此外，我们还应掌握"去除"照片中不应入镜的杂物和人物的方法，能够去除人物面部的斑斑痘痘、皱纹、眼袋、杂乱发丝以及服装上多余的褶皱等，还可以对照片局部的明暗以及虚实程度进行调整，以实现突出强化主体物，弱化环境背景的目的。

4.1 绘画工具

数字绘画是 Photoshop 的重要功能之一，在数字绘画的世界中无须使用不同的画布、不同的颜料就可以绘制出油画、水彩画、铅笔画、钢笔画等。只要有强大的绘画功底，这些统统可以在 Photoshop 中模拟出来！Photoshop 提供了非常强大的绘制工具以及方便的擦除工具，这些工具除了在数字绘画中能够使用到，在修图或者平面设计、服装设计等方面也一样经常使用，如图 4-1 ～图 4-4 所示为使用绘画工具制作出的作品。

图 4-1

图 4-2

图 4-3

图 4-4

{重点} 4.1.1 动手练：画笔工具

扫一扫，看视频

当我们想要在画面中画点什么的时候，首先肯定想到的就是要找一支"画笔"。到 Photoshop 的工具箱中看一下，果然有一个毛笔形状的图标 ✎——"画笔工具"。"画笔工具"是以"前景色"作为"颜料"在画面中进行绘制的。绘制的方法也很简单，如果在画面中单击，能够绘制出一个圆点（因为默认情况下的画笔工具笔尖为圆形），如图 4-5 所示。在画面中按住鼠标左键并拖动，即可轻松绘制出线条，如图 4-6 所示。

图 4-5

图 4-6

此时绘制出的线条并没有什么特别的，想要绘制出"不一样"的笔触，可以通过选项栏进行设置。在"画笔工具"选项栏中可以看到很多选项设置，单击 ● 按钮可以打开"画笔预设选取器"，在"画笔预设选取器"中可以看到多个不同类型的画笔笔尖，如图 4-7 所示。单击笔尖图标即可选中，接着可以在画面中尝试绘制，观察效果，如图 4-8 所示。

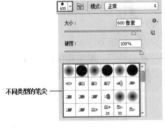

图 4-7

图 4-8

- 大小：通过设置数值或者移动滑块可以调整画笔笔尖的大小。在英文输入法状态下，可以按 [键和] 键来快速减小或增大画笔笔尖的大小，如图 4-9 为"大小"为 100 像素的笔尖大小，如图 4-10 所示为"大小"为 300 像素的笔尖大小。

图 4-9　　　　　　　　　　　　　　图 4-10

- 硬度：当使用圆形的画笔时，硬度数值可以调整。数值越大画笔边缘越清晰；数值越小画笔边缘越模糊，如图 4-11 所示为不同"硬度"画笔的对比效果。

图 4-11

- 模式：设置绘画颜色与下面现有像素的混合方法，如图 4-12 和图 4-13 所示。

图 4-12　　　　　　　　　　　　　　图 4-13

- "画笔"面板：单击该按钮即可打开"画笔"面板，关于"画笔"面板的使用方法将在 4.2 小节中进行讲解。
- 不透明度：设置画笔绘制出来的颜色的不透明度。数值越大，笔迹的不透明度越高，如图 4-14 所示；数值越小，笔迹的不透明度越低，如图 4-15 所示。

图 4-14　　　　　　　　　　　　　　图 4-15

- 流量：设置将光标移到某个区域上方时应用颜色的速率。在某个区域上方进行绘画时，如果一直按住鼠标左键，颜色量将根据流动速率增大，直至达到"不透明"设置。

- 激活该按钮以后，可以启用喷枪功能，Photoshop 会根据鼠标左键的单击方式来确定画笔笔迹的填充数量。例如，关闭喷枪功能时，每单击一次会绘制一个笔迹，如图 4-16 所示，而启用喷枪功能以后，按住鼠标左键不放，即可持续绘制笔迹，如图 4-17 所示。

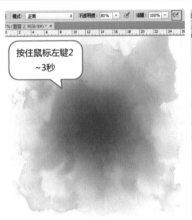 

图 4-16   图 4-17

- ：在使用带有压感的手绘板时，启用该项则可以对"不透明度"使用"压力"。在关闭时，由"画笔预设"控制压力。

- ：在使用带有压感的手绘板时，启用该项则可以对"大小"使用"压力"。在关闭时，由"画笔预设"控制压力。

举一反三：使用硬毛刷画笔绘制可爱毛球

步骤 01 本案例主要通过巧妙利用画笔笔刷以及深浅不同的颜色，绘制出"蓬松柔软"的可爱毛球。新建一个图层，单击工具箱中的"画笔工具"，在"画笔预设选取器"中选择"圆扇形细硬笔尖"，设置其"大小"为 60 像素，如图 4-18 所示。接着设置"前景颜色"为深绿色，在画布上绘制出毛球的外轮廓，如图 4-19 所示。更改前景色为稍浅一些的绿色，用同样的方式继续在上面绘制，如图 4-20 所示。

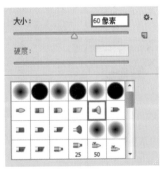  

图 4-18   图 4-19   图 4-20

步骤02 接着设置"前景颜色"为更浅一些的绿色，继续在毛球的轮廓内绘制，如图 4-21 所示。继续使用"画笔工具"，设置"前景色"为更浅一些的黄绿色，在毛球表面绘制，使毛球更加丰满，如图 4-22 所示。可以置入卡通的五官素材，使毛球更有趣，效果如图 4-23 所示。

图 4-21

图 4-22

图 4-23

举一反三：使用画笔工具为画面增添朦胧感

"画笔工具"的操作非常灵活，经常可以用来进行润色、修饰画面细节，还可以用来为画面添加暗角效果。

步骤01 打开一张素材图片，可以通过"画笔工具"进行润色。首先按下键盘上的 I 键，切换到"吸管工具"，在浅色花朵的位置单击拾取颜色。选择工具箱中的"画笔工具"，接着在选项栏中设置较大的笔尖大小，设置"硬度"为 0。这样设置的画笔笔尖的边缘为柔角，绘制出的效果才能柔和自然。为了让绘制出的效果更加朦胧，可以适当降低"不透明度"的数值，如图 4-24 和图 4-25 所示。

图 4-24

图 4-25

步骤02 接着在画面中按住鼠标左键拖曳进行绘制，先绘制画面中的四个角点，然后利用柔角画笔的虚边在画面边缘进行绘制，效果如图 4-26 所示。最后可以为画面添加一些艺术字元素作为装饰，完成效果如图 4-27 所示。

图 4-26

图 4-27

练习实例：使用画笔工具绘制阴影增强画面真实感

文件路径	资源包\第4章\练习实例：使用画笔工具绘制阴影增强画面真实感
难易指数	⭐⭐⭐⭐⭐
技术掌握	画笔工具

案例效果

案例处理前后的对比效果如图4-28和图4-29所示。

图 4-28　　　　　　　　　图 4-29

操作步骤

扫一扫，看视频

步骤01 执行"文件>打开"命令，打开素材1.jpg，如图4-30所示。接着执行"文件>置入"命令，置入汽车素材2.png，调整到合适位置、大小，按一下 Enter 键确定置入操作。然后执行"图层>栅格化>智能对象"命令，将该图层栅格化，如图4-31所示。此时的汽车虽然被"摆"在了画面中，但是地面上并没有出现汽车的阴影，所以显得比较"假"。

图 4-30　　　　　　　　　图 4-31

步骤02 接下来为汽车添加阴影。单击工具箱中的"画笔工具"，在选项栏中设置一种圆形柔角画笔，设置其大小为100像素，"硬度"为0%，"模式"为"正常"，"不透明度"为100%，在汽车的图层下面新建一个图层，设置"前景色"为黑色，在汽车的下面按住鼠标左键拖曳绘制，如图4-32所示。用同样的方式绘制汽车前侧的阴影，如图4-33所示。

图 4-32

图 4-33

> **提示：设置画笔属性的快捷方法。**
>
> 选择"画笔工具"以后，在画布中单击鼠标右键，也可以打开"画笔预设选取器"。

步骤03 继续绘制阴影，选择"画笔工具"，在选项栏上设置画笔大小为250像素，硬度为0%，"不透明度"为30%，如图4-34所示。

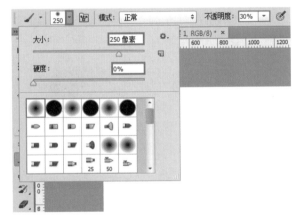

图 4-34

步骤04 接着在左下角的位置涂抹进行绘制，使底部的地面变暗一些，最终效果如图4-35所示。

图 4-35

中文版Photoshop CS6从入门到精通（微课视频 全彩版）

4.1.2　铅笔工具

　　"铅笔工具"位于"画笔工具组"中。在工具箱中右键单击"画笔工具"，在弹出的工具列表中可看到"铅笔工具" ，如图4-36所示。"铅笔工具"主要用于绘制硬边的线条（并不常用）。"铅笔工具"的使用方法与"画笔工具"非常相似，都是可以在选项栏中打开"画笔预设选取器"，接着选择一个笔尖样式并设置画笔大小（对于"铅笔工具"，硬度为0%或者100%都是一样的效果），然后可以在选项栏中设置模式和不透明度，接着在画面中按住鼠标左键进行拖动绘制即可。如图4-37所示为铅笔工具绘制出的笔触。无论使用哪种笔尖，绘制出的线条边缘都非常硬，很有风格。"铅笔工具"常用于制作像素画、像素风格图标等。

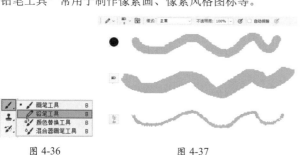

图4-36　　　　　　图4-37

提示：铅笔工具的"自动抹除"功能。

　　在选项栏中勾选"自动抹除"选项后，如果将光标中心放置在包含前景色的区域上，可以将该区域涂抹成背景色；如果将光标中心放置在不包含前景色的区域上，则可以将该区域涂抹成前景色。注意，"自动抹除"选项只适用于原始图像，也就是只能在原始图像上才能绘制出设置的前景色和背景色。如果是在新建的图层中进行涂抹，则"自动抹除"选项不起作用。

举一反三：像素画

　　从"80后"玩游戏的"红白机"，到早期的黑白屏幕的手机，再到如今的计算机，"像素画"一直没有离开我们的视野。如今，"像素画"更多的是作为一种绘画风格，更强调清晰的轮廓、明快的色彩，造型比较卡通，得到很多朋友的喜爱，如图4-38和图4-39所示。

图4-38　　　　　　图4-39

步骤01 想要绘制像素画非常简单，只需要使用"铅笔工具"就可以实现。首先新建一个非常小的尺寸的文档，例如这里创建了一个长宽均为20像素的文件，然后将背景图层隐藏。同时按住Alt键和滚动鼠标中轮将画布放大，放大后可以看到画布上的像素网格，通过像素网格可以进行绘制，如图4-40所示。设置一个合适的前景色，新建一个图层。接着选择"铅笔工具"，设置"大小"为1像素。然后在画面中按住Shift键绘制一段直线，如图4-41所示。

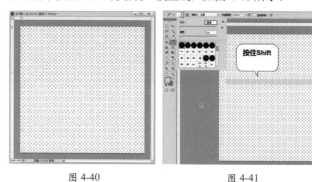

图4-40　　　　　　图4-41

步骤02 继续进行绘制，在绘制时要考虑所绘制图形的位置，此时绘制出的内容均为一个一个的小方块，如图4-42和图4-43所示。接着可以在绘制的图形的基础上进行装饰，完成效果如图4-44所示。

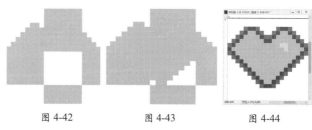

图4-42　　　　　　图4-43　　　　　　图4-44

4.1.3　动手练：颜色替换工具

步骤01 "颜色替换工具"位于"画笔工具组"中，右键单击工具箱中"画笔工具"，在弹出的工具列表中可看到"颜色替换工具" 。"颜色替换工具"能够以涂抹的形式更改画面中的部分颜色。更改颜色之前首先需要设置合适的前景色，例如想要将图像中的黄色部分更改为粉红色，那么就需要将前景色设置为目标颜色，如图4-45所示。在不考虑选项栏中其他参数的情况下，按住鼠标左键拖曳进行涂抹，能够看到光标经过的位置颜色发生了变化，效果如图4-46所示。

扫一扫，看视频

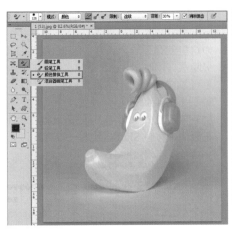
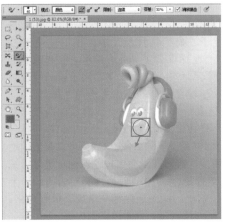

图 4-45　　　　　　　　　　　　　　图 4-46

步骤02 在选项栏中的"模式"列表下选择前景色与原始图像相混合的模式。其中包括"色相""饱和度""颜色"和"明度"。如果选择"颜色"模式时，可以同时替换涂抹部分的色相、饱和度和明度，如图 4-47 所示。如图 4-48 所示为选择其他 3 种模式的对比效果。

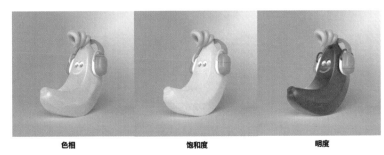

色相　　　　　　　　　饱和度　　　　　　　　　明度

图 4-47　　　　　　　　　　　　　　　图 4-48

步骤03 接下来需要从 中选择合适的取样方式。单击"取样：连续"按钮 ，在画面中涂抹时可以随时对颜色进行取样。也就是光标移动到哪，就可以更改与光标十字星处⊙颜色接近的区域（这种方式便于对照片中的局部颜色进行替换，也是最常用的一种方式），如图 4-49 所示。单击"取样：一次"按钮 ，在画面中涂抹时只替换包含第一次单击的颜色区域中的目标颜色，如图 4-50 所示。单击"取样：背景色板"按钮 ，在画面中涂抹时只替换包含当前背景色的区域，如图 4-51 所示。

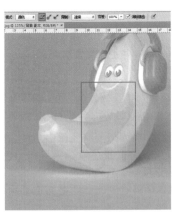

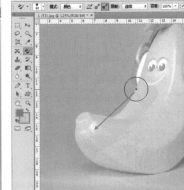

图 4-49　　　　　　　　　　图 4-50　　　　　　　　　　图 4-51

步骤04 下面需要在选项栏中的"限制"列表中进行选择。选择"不连续"选项时，可以替换出现在光标下任何位置的样本颜色，如图 4-52 所示。选择"连续"选项时，只替换与光标下的颜色接近的颜色，如图 4-53 所示。选择"查找边缘"选项时，可以替换包含样本颜色的连接区域，同时保留形状边缘的锐化程度，如图 4-54 所示。

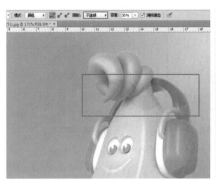

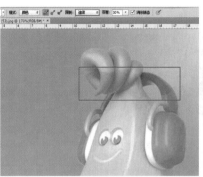

图 4-52　　　　　　　　　　　图 4-53　　　　　　　　　　　图 4-54

步骤05 选项栏中的"容差"数值对替换效果影响非常大，"容差值"控制着可替换的颜色区域的大小，容差值越大，可替换的颜色范围越大，如图 4-55 所示。由于要替换的部分的颜色差异不是很大，所以在这里我们将容差值设置为 30%，设置完成后在画面中按住鼠标左键并拖动，可以看到画面中的颜色发生变化，效果如图 4-56 所示。容差值的设置没有固定数值，同样的数值对于不同的图片产生的效果也不相同，所以可以将数值设置成中位数，然后多次尝试并修改，得到合适效果。

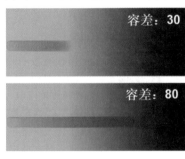

图 4-55　　　　　　　　　　　　图 4-56

 提示：方便好用的"取样：连续"方式。

当"颜色替换工具"的取样方式设置为"取样：连续"使用 ✎ 时，替换颜色非常方便。但需要注意光标中央十字星 ⊞ 的位置是取样的位置，所以在涂抹过程中要注意光标十字星的位置不要碰触到不想替换的区域，而光标圆圈部分覆盖到其他区域也没有关系，如图 4-57 所示。

图4-57

练习实例：使用颜色替换工具更改局部颜色

文件路径	资源包\第4章\练习实例：使用颜色替换工具更改局部颜色
难易指数	★★★★★
技术掌握	颜色替换工具

案例效果

案例效果前后对比如图 4-58 和图 4-59 所示。

图 4-58　　　　　　　图 4-59

操作步骤

步骤01 执行"文件 > 打开"命令，打开素材 1.jpg，如图 4-60 所示。本例将使用"颜色替换工具"对画面中的局部颜色进行更改。设置前景色为橙色。选择工具箱中的"颜色替换工具"，在选项栏上设置画笔"大小"为 90 像素，"模式"为"颜色"，单击"连续：取样"按钮，设置"限制"为"连续"，设置"容差"为 30%。移动光标至画面中的橘子上按住鼠标左键拖曳，此时橘子变为了橙色，如图 4-61 所示。

扫一扫，看视频

图 4-60　　　　　　　　　图 4-61

步骤 02 继续进行涂抹，效果如图 4-62 所示。用同样的方式继续绘制另一个橘子，最终效果如图 4-63 所示。

图 4-62　　　　　　　　　图 4-63

4.1.4　混合器画笔工具：照片变绘画

　　"混合器画笔工具"位于"画笔工具组"中。"混合器画笔工具"可以像传统绘画过程中混合颜料一样混合像素。使用"混合器画笔工具"可以轻松模拟真实的绘画效果，并且可以混合画布颜色和使用不同的绘画湿度。

　　打开一张图片，如图 4-64 所示。右键单击"画笔工具"组，在弹出的工具列表中选择"混合器画笔工具"。接着在选项栏中先设置合适的笔尖大小，单击"预设"按钮，在下拉列表中有 12 种预设方式，随便选择一种，然后在画面中按住鼠标左键涂抹。如图 4-65 所示为"非常潮湿，深混合"效果。

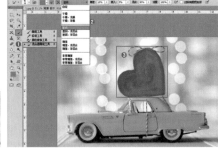

图 4-64　　　　　　　　　图 4-65

- 自动载入：启用"自动载入"选项能够以前景色进行混合。
- 清理：启用"清理"选项可以清理油彩。
- 潮湿：控制画笔从画布拾取的油彩量。较高的设置会产生较长的绘画条痕，如图 4-66 所示为不同参数的对比效果。
- 载入：指定储槽中载入的油彩量。载入速率较低时，

绘画描边干燥的速度会更快。

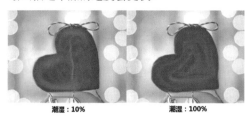

潮湿：10%　　　　　　　潮湿：100%

图 4-66

- 混合：控制画布油彩量与储槽油彩量的比例。当混合比例为 100% 时，所有油彩将从画布中拾取；当混合比例为 0% 时，所有油彩都来自储槽。
- 流量：控制混合画笔的流量大小。
- 对所有图层取样：拾取所有可见图层中的画布颜色。

【重点】4.1.5　橡皮擦工具

扫一扫，看视频

　　既然 Photoshop 中有"画笔"可以绘画，那么有没有橡皮能擦除绘画呢？当然有！Photoshop 中有 3 种可供"擦除"的工具："橡皮擦工具""魔术橡皮擦"和"背景橡皮擦"。"橡皮擦工具"是最基础也最常用的擦除工具。选择该工具，直接在画面中按住鼠标左键并拖动就可以擦除对象。而"魔术橡皮擦"和"背景橡皮擦"则是基于画面中颜色的差异，擦除特定区域范围内的图像。这两个工具常用于"抠图"，将在后面的章节讲解。

　　"橡皮擦工具"位于橡皮擦工具组中，在工具箱中"橡皮擦工具组"上单击鼠标右键，然后在弹出的工具列表中选择"橡皮擦工具"。接着选择一个普通图层，在画面中按住鼠标左键拖曳，光标经过的位置像素被擦除了，如图 4-67 所示。若选择了"背景"图层，使用"橡皮擦工具"进行擦除，则擦除的像素将变成背景色，如图 4-68 所示。

图 4-67　　　　　　　　　图 4-68

- 模式：选择橡皮擦的种类。选择"画笔"选项时，可以创建柔边擦除效果；选择"铅笔"选项时，可以创建硬边擦除效果；选择"块"选项时，擦除的效果为块状，如图 4-69 所示。
- 不透明度：用来设置"橡皮擦工具"的擦除强度。设置为 100% 时，可以完全擦除像素。当设置"模式"为"块"时，该选项将不可用。如图 4-70 所示为设置不同"不透明度"数值的对比效果。

- 流量：用来设置"橡皮擦工具"的涂抹速度。如图 4-71 所示为设置不同"流量"的对比效果。

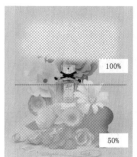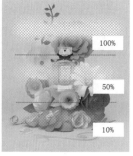

图 4-70　　　　　　图 4-71

- 抹到历史记录：勾选该选项以后，"橡皮擦工具"的作用相当于"历史记录画笔工具"。

练习实例：使用橡皮擦工具擦除多余部分制作炫光人像

文件路径	资源包\第4章\练习实例：使用橡皮擦工具擦除多余部分制作炫光人像
难易指数	★★★★★
技术掌握	橡皮擦工具

案例效果

案例效果前后对比如图 4-72 和图 4-73 所示。

图 4-72　　　　　　图 4-73

操作步骤

步骤 01 执行"文件 > 打开"命令，打开素材 1.jpg，如图 4-74 所示。执行"文件 > 置入"命令置入素材 2.jpg，接着将置入对象调整到合适的大小、位置，然后按 Enter 键完成置入操作，接着执行"图层 > 栅格化 > 智能对象"命令，将该图层栅格化，如图 4-75 所示。

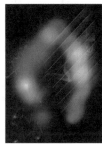

图 4-74　　　　　　图 4-75

步骤 02 选中新置入的素材图层，单击工具箱中的"橡皮擦工

具"，在选项栏中设置一种柔边圆笔尖，设置其大小为 200 像素，"硬度"为 0%，然后在人物背景处按住鼠标左键拖曳进行擦除。此人像的黑色背景逐渐被擦除，显现出底部的背景图，如图 4-76 所示。继续擦除背景，效果如图 4-77 所示。

扫一扫，看视频

图 4-76　　　　　　图 4-77

步骤 03 置入素材 3.jpg，并执行"图层 > 栅格化 > 智能对象"命令，将其栅格化，如图 4-78 所示。

图 4-78

步骤 04 在图层面板中选择新置入的素材图层，设置"混合模式"为"滤色"，如图 4-79 所示。最终效果如图 4-80 所示。

图 4-79　　　　　　　图 4-80

图 4-82

接着选择"橡皮擦工具",为了让合成效果自然,适当的将笔尖调大一些,"硬度"一定要设置为 0%,这样才能让擦除的过渡效果自然,还可以适当降低"不透明度"。接着在风景素材边缘按住鼠标左键拖曳进行擦除。如果拿捏不准位置,可以先在图层面板中适当降低不透明度,在擦除完成后再调整为正常即可,效果如图 4-83 所示。

举一反三:巧用橡皮擦融合两张图像

对于一些不需要十分精确抠图的对象,使用"橡皮擦工具"擦除多余像素进行合成。首先打开素材,接着根据图片的大小将画板进行适当放大,如图 4-81 所示。接着置入另外一张风景素材,别忘记栅格化图层,如图 4-82 所示。

图 4-83

图 4-81

4.2 "画笔"面板:笔尖形状设置

画笔除了可以绘制出单色的线条外,还可以绘制出虚线、同时具有多种颜色的线条、带有图案叠加效果的线条、分散的笔触、透明度不均的笔触,如图 4-84 所示。想要绘制出这些效果都需要借助"画笔"面板。"画笔"面板并不是只针对"画笔"工具属性的设置,而是针对大部分以画笔模式进行工作的工具。例如画笔工具、铅笔工具、仿制图章工具、历史记录画笔工具、橡皮擦工具、加深工具、模糊工具等。如图 4-85 和图 4-86 所示为使用到画板并配合"画笔"面板制作的作品。

图 4-84　　　　　图 4-85　　　　　图 4-86

【重点】4.2.1　认识"画笔"面板

扫一扫,看微课视频

在前面的小节中,学习了"画笔工具""铅笔工具""颜色替换工具""混合器画笔工具"以及"橡皮擦工具",这些工具的使用方法都比较相似,都是直接在画面中按住鼠标左键并拖动光标。除了这些工具外,"加深工具""减淡工具""模糊工具"等多种工具的操作方式也类似"画笔工具"的涂抹绘制过程。而涉及"绘制"就需要考虑绘制出的笔触形态。

在选项栏中可以单击打开"画笔预设选取器",在"画笔预设选取器"中能设置笔尖样式、画笔大小、角度以及硬度。但是各种绘制类工具的笔触形态属性可不仅仅是这些。执行"窗口>画笔"命令(快捷键 F5),打开"画笔"面板,在这里可以看到非常多的参数设置,最底部显示着当前笔尖样式的预览效果。此时默认显示的是"画笔笔尖形状"页面,如图 4-87 所示。

在面板左侧列表还可以启用画笔的各种属性,例如形状动态、散布、纹理、双重画笔、颜色动态、传递、画笔笔势等。想要启用某种属性，需要单击这些选项名称前方的方框，使之呈现出启用状态✅。接着单击选项的名称，即可进入该选项设置页面，如图4-88所示。

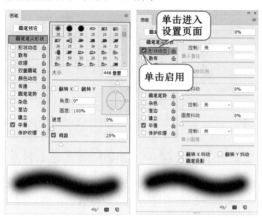

图4-87　　　　　图4-88

提示：为什么"画笔"面板不可用？

有的时候打开了"画笔"面板，却发现面板上的参数都是"灰色的"，无法进行调整。这可能是因为当前所使用的工具无法通过"画笔"面板进行参数设置。而"画笔"面板又无法单独对画面进行操作，它必须通过使用"画笔工具"等绘制工具才能够实施操作。所以要想使用"画笔"面板，首先需要选择"画笔工具"或者其他绘制工具。

- 画笔预设：单击面板左上角的"画笔预设"按钮，可以打开"画笔预设"面板。
- 启用/关闭选项：处于勾选状态的选项代表启用状态；处于未勾选状态的选项代表关闭状态。
- 锁定/未锁定：🔒图标代表该选项处于锁定状态；🔓图标代表该选项处于未锁定状态。锁定与解锁操作可以相互切换。
- 面板菜单：单击▼≣图标，可以打开"画笔"面板的菜单。
- ✍切换实时笔尖预览：使用毛刷笔尖时，如图4-89所示，可以在画布中实时显示笔尖的样式，如图4-90所示。

图4-89

图4-90

- 打开预设管理器▦：可用于打开"预设管理器"对话框。
- 创建新画笔▤：可用于将当前设置的画笔保存为一个新的预设画笔。

提示："画笔"面板用处多。

"画笔工具""铅笔工具""颜色替换工具""混合器画笔工具""橡皮擦工具""加深工具""减淡工具""模糊工具"等多种工具都可以通过"画笔"面板进行参数设置。

[重点] 4.2.2　笔尖形状设置

执行"窗口>画笔"命令（快捷键F5），打开"画笔"面板。默认情况下"画笔"面板显示着"画笔笔尖形状"设置页面，这里可以对画笔的形状、大小、硬度等常用参数进行设置，除此之外还可以对画笔的角度、圆度以及间距进行设置。这些参数选项非常简单，随意调整数值，就可以在底部看到当前画笔的预览效果，如图4-91所示。通过设置当前页面的参数可以制作出如图4-92和图4-93所示的各种效果。

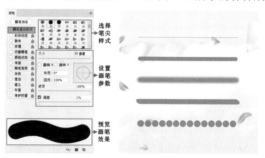

图4-91　　　　　图4-92

图4-93

- 大小 ⌇ᵃˣ ⊘ ¹⁴⁵│：控制画笔的大小，可以直接输入像素值，也可以通过拖动大小滑块来设置画笔大小。调整不同的画笔大小，绘制效果如图4-94所示。

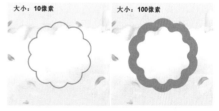

图4-94

- 翻转 X/Y □翻转 X □翻转 Y：将画笔笔尖在其 X 轴或 Y 轴上进行翻转，如图 4-95 所示为无翻转、翻转 X、翻转 Y 的画笔预览效果。使用圆形画笔时更改翻转看不到效果。为了效果明显，例图中选择了一种"草叶"形状的笔尖。

图 4-95

- 角度 角度：0°：指定笔尖的长轴在水平方向旋转的角度，如图 4-96 所示为不同角度的效果。

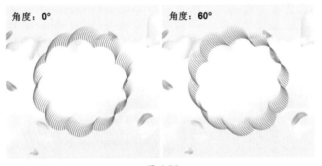

图 4-96

- 圆度 圆度：100%：设置画笔短轴和长轴之间的比率。可以简单地理解为画笔的"压扁"程度，"圆度"值为 100% 时，画笔未被"压扁"；当"圆度"值介于 0% ~ 100% 之间的"圆度"值，画笔呈现出"压扁"状态，如图 4-97 所示。

图 4-97

- 硬度：100%：硬度数值只在使用圆形画笔时可用，用来控制画笔硬度中心的大小。数值越小，画笔的柔和度越高，如图 4-98 所示。

图 4-98

- 间距 间距：150%：控制描边中两个画笔笔迹之间的距离。数值越高，笔迹之间的间距越大，如图 4-99 所示。

图 4-99

举一反三：调整间距制作斑点相框

使用"画笔工具"直接绘制即可绘制出连续的直线，而通过在"画笔"面板中增大"间距"数值，则可以绘制出"虚线"效果。

步骤 01 首先打开图片，从画面中吸取一个颜色作为前景色。接着使用快捷键 F5 调出"画笔"面板，接着向右拖曳"间距"滑块增加间距数值，增大"间距"的数值。接着按住 Shift 键拖曳绘制直线，如图 4-100 和图 4-101 所示。

图 4-100　　　　　　图 4-101

步骤 02 再次从画面中吸取另外一个对比比较明显的颜色作为前景色。然后把光标放在圆点中间的缝隙处，按住鼠标左键并按住 Shift 键拖曳绘制直线，如图 4-102 和图 4-103 所示。

图 4-102　　　　　　图 4-103

步骤 03 接着可以选择斑点图层，复制一份并将其移动到画面的下方，然后添加艺术字装饰。完成效果如图 4-104 所示。

图 4-104

中文版Photoshop CS6从入门到精通（微课视频 全彩版）

举一反三：橡皮擦+调整画笔间距=邮票

"橡皮擦工具"也可以通过"画笔"面板进行笔尖的设置。在这个案例中可以利用"橡皮擦工具"，通过调整画笔间距进行擦除，制作出邮票边缘的锯齿效果。

选择邮票图层，单击"橡皮擦工具"，按F5键调出"画笔"面板，选择一个硬角的画笔，设置合适的笔尖大小，然后增加"间距"数值，如图4-105和图4-106所示。接着按住Shift键拖曳进行擦除，如图4-107所示。继续进行擦除，完成效果如图4-108所示。

图 4-105　　　　　　图 4-106

图 4-107　　　　　　图 4-108

〖重点〗 4.2.3 形状动态

执行"窗口>画笔"命令，打开"画笔"面板。在左侧列表中单击"形状动态"前端的方框，使之变为启用状态☑，接着单击"形状动态"，进入"形状动态"设置页面，如图4-109所示。"形状动态"页面用于设置绘制出带有大小不同、角度不同、圆度不同笔触效果的线条。在"形状动态"页面中可以看到"大小抖动""角度抖动""圆度抖动"选项组，此处的"抖动"就是指某项参数在一定范围内随机变换。数值越大，变化范围也就越大。如图4-110所示为通过当前页面设置可以制作出的效果。

图 4-109　　　　　　图 4-110

- **大小抖动**：指定描边中画笔笔迹大小的改变方式。数值越高，图像轮廓越不规则，如图4-111和图4-112所示。

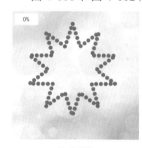
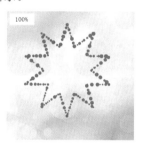

图 4-111　　　　　　图 4-112

- **控制：钢笔斜度**："控制"下拉列表中可以设置"大小抖动"的方式。其中，"关"选项表示不控制画笔笔迹的大小变换；"渐隐"选项是按照指定数量的步长在初始直径和最小直径之间渐隐画笔笔迹的大小，使笔迹产生逐渐淡出的效果；如果计算机配置有绘图板，可以选择"钢笔压力""钢笔斜度""光笔轮"或"旋转"选项，然后根据钢笔的压力、斜度、钢笔位置或旋转角度来改变初始直径和最小直径之间的画笔笔迹大小，效果如图4-113和图4-114所示。

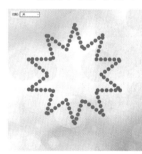
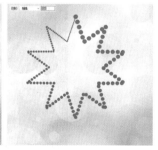

图 4-113　　　　　　图 4-114

- **最小直径**：当启用"大小抖动"选项以后，通过该选项可以设置画笔笔迹缩放的最小缩放百分比。数值越高，笔尖的直径变化越小，如图4-115和图4-116所示。

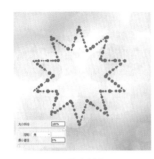

图 4-115　　　　　图 4-116

- 倾斜缩放比例：当"大小抖动"设置为"钢笔斜度"选项时，该选项用来设置在旋转前应用于画笔高度的比例因子。

- 角度抖动/控制：用来设置画笔笔迹的角度。如果要设置"角度抖动"的方式，可以在下面的"控制"下拉列表中进行选择。如图 4-117 和图 4-118 所示为不同参数的效果。

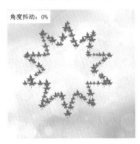
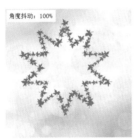

图 4-117　　　　　图 4-118

- 圆度抖动/控制/最小圆度：用来设置画笔笔迹的圆度在描边中的变化方式。如果要设置"圆度抖动"的方式，可以在下面的"控制"下拉列表中进行选择。另外，"最小圆度"选项可以用来设置画笔笔迹的最小圆度，如图 4-119 和图 4-120 所示。

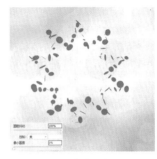
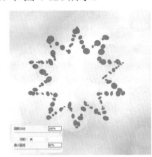

图 4-119　　　　　图 4-120

- 翻转 X/Y 抖动□ 翻转 X 抖动　□ 翻转 Y 抖动：将画笔笔尖在其 X 轴或 Y 轴上进行翻转。

- 画笔投影□ 画笔投影：用绘图板绘图时，勾选该选项，可以根据画笔的压力改变笔触的效果。

✎ 读书笔记

练习实例：使用形状动态与散布制作绚丽光斑

文件路径	资源包\第4章\练习实例：使用形状动态与散布制作绚画光斑
难易指数	★★★★★
技术掌握	画笔工具、画笔面板

案例效果

案例效果如图 4-121 所示。

图 4-121

操作步骤

步骤01 执行"文件>打开"命令，打开素材 1.jpg，如图 4-122

扫一扫，看视频

所示。执行"编辑>预设>预设管理器"命令，在弹出的对话框中设置"预设类型"为"画笔"，然后单击"载入"按钮，在弹出的对话框中找到素材位置，选择素材 2.abr，单击"载入"按钮，载入画笔。然后在预设管理器对话框中单击"完成"按钮，完成操作，如图 4-123 所示。

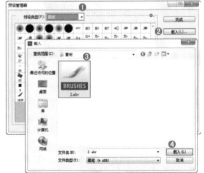

图 4-122　　　　　图 4-123

步骤02 单击工具箱中的"画笔工具"，执行"窗口>画笔"命令，打开"画笔"面板，单击"画笔笔尖形状"，选择载入的"星形笔尖"，设置"大小"为50像素，"间距"为100%，如图4-124所示。接着勾选"形状动态"，设置"大小抖动"为60%，如图4-125所示。

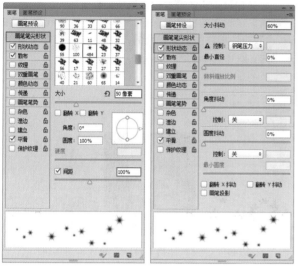

图 4-124　　　　　　　　图 4-125

步骤03 勾选"散布"，设置"散布"为200%，如图4-126所示。新建一个图层，将前景色设置为白色，然后在画面上按住鼠标左键并拖动。此时画面中出现了大量的不规则分布的光斑，如图4-127所示。

图 4-126　　　　　　　　图 4-127

步骤04 再次新建一个图层，继续在画笔面板上设置稍小一些的画笔，在画面上绘制，如图4-128所示。用同样的方式继续新建一个图层，绘制稍大一些的星形光斑，最终效果如图4-129所示。

图 4-128　　　　　　　　图 4-129

练习实例：设置形状动态绘制天使翅膀

文件路径	资源包\第4章\练习实例：设置形状动态绘制天使翅膀
难易指数	★★★★★
技术掌握	画笔工具、画笔面板

案例效果

案例处理前后对比效果如图4-130和图4-131所示。

图 4-130　　　　　　　　图 4-131

操作步骤

步骤01 执行"文件>打开"命令，打开素材1.jpg，如图4-132所示。单击工具箱中的"画笔工具"，执行"窗口>画笔"命令，在弹出的"画笔"面板中选择一个柔边圆笔尖，设置"大小"为15像素，"硬度"为0%，"间距"为100%，如图4-133所示。

图 4-132　　　　　　　　图 4-133

步骤02 勾选"形状动态"，设置"大小抖动"为100%，如图4-134所示。新建图层，设置"前景色"为白色，接着在画面上按住鼠标左键并拖动，绘制翅膀形状，如图4-135所示。

图 4-134　　　　　　　　　图 4-135

步骤 03 新建图层，接着在画面中单击鼠标右键，在弹出的对话框中将画笔大小调小一些，如图 4-136 所示。在蝴蝶翅膀的内部绘制翅膀细节图案，如图 4-137 所示。

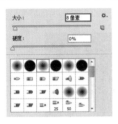

图 4-136　　　　　　　　　图 4-137

步骤 04 再次新建一个图层，在"画笔"面板中取消勾选"形状动态"，然后设置画笔，"大小"为 30 像素，间距为 1%，如图 4-138 所示。设置前景色为白色，在选项栏中设置"不透明度"为 20%。接着在翅膀边缘的位置上绘制白色光晕，最终效果如图 4-139 所示。

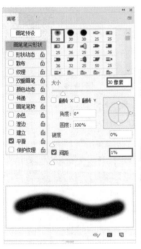

图 4-138　　　　　　　　　图 4-139

[重点] 4.2.4　散布

执行"窗口>画笔"命令，打开"画笔"面板。在左侧列表中单击"形状动态"前端的方框，使之变为启用状态☑，

接着勾选"散布"，并进入"散布"设置页面，如图 4-140 所示。"散布"页面用于设置描边中笔迹的数目和位置，使画笔笔迹沿着绘制的线条扩散。在"散布"页面中可以对散布的方式、数量和散布的随机性进行调整。数值越大，变化范围也就越大。在制作随机性很强的光斑、星光或树叶纷飞的效果时，"散布"选项是必须设置的，如图 4-141 和图 4-142 所示是设置"散布"选项制作的效果。

图 4-140　　　　　图 4-141　　　　　图 4-142

- 散布 / 两轴 / 控制 ⎯⎯：指定画笔笔迹在描边中的分散程度，该值越高，分散的范围越广。当勾选"两轴"选项时，画笔笔迹将以中心点为基准，向两侧分散。如果要设置画笔笔迹的分散方式，可以在下面的"控制"下拉列表中进行选择。如图 4-143 和图 4-144 所示为不同参数的对比效果。

图 4-143　　　　　　　　图 4-144

- 数量 ⎯⎯：指定在每个间距间隔应用的画笔笔迹数量。数值越高，笔迹重复的数量越大，如图 4-145 和图 4-146 所示。

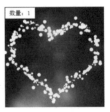

图 4-145　　　　　　　　图 4-146

- 数量抖动 / 控制 数量抖动 ⎯⎯：指定画笔笔迹的数量如何针对各种间距间隔产生变化，如图 4-147 和图 4-148 所示为不同参数的对比效果。如果要设置"数量抖动"的方式，可以在下面的"控制"下拉列表中进行选择。

中文版Photoshop CS6从入门到精通（微课视频 全彩版）

图 4-147

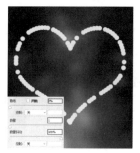
图 4-148

4.2.5 纹理

执行"窗口>画笔"命令，打开"画笔"面板。在左侧列表中单击"纹理"前端的方框，使之变为启用状态☑，接着单击"纹理"处，进入"纹理"设置页面，如图4-149所示。"纹理"页面用于设置画笔笔触的纹理，使之可以绘制出带有纹理的笔触效果。在"纹理"页面中可以对图案的大小、亮度、对比度、混合模式等选项进行设置。如图4-150所示为添加了不同纹理的笔触效果。

图 4-149

图 4-150

- 设置纹理/反相■反相：单击图案略览图右侧的倒三角按钮，可以在弹出的"图案"拾色器中选择一个按钮，并将其设置为纹理，如图4-151所示。绘制出的笔触就会带有纹理，如图4-152所示。如果勾选"反相"选项，可以基于图案中的色调来反转纹理中的亮点和暗点，如图4-153所示。

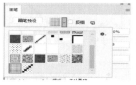
图 4-151

图 4-152

图 4-153

- 缩放 缩放 62% ：设置图案的缩放比例。数值越小，纹理越多越密集，如图4-154和图4-155所示为不同

参数的对比效果。

图 4-154

图 4-155

- 为每个笔尖设置纹理☑为每个笔尖设置纹理：将选定的纹理单独应用于画笔描边中的每个画笔笔迹，而不是作为整体应用于画笔描边。如果关闭"为每个笔尖设置纹理"选项，下面的"深度抖动"选项将不可用。

- 模式 模式：：设置用于组合画笔和图案的混合模式。如图4-156和图4-157所示分别是"正片叠底"和"减去"模式。

图 4-156

图 4-157

- 深度 模式：：设置油彩渗入纹理的深度。数值越大，渗入的深度越大，如图4-158和图4-159所示。

图 4-158

图 4-159

- 最小深度：当"深度抖动"下面的"控制"选项设置为"渐隐""钢笔压力""钢笔斜度"或"光笔轮"选项，并且勾选了"为每个笔尖设置纹理"选项时，"最小深度"选项用来设置油彩可渗入纹理的最小深度。

- 深度抖动/控制 深度抖动 41% ：当勾选"为每个笔尖设置纹理"选项时，"深度抖动"选项用来设置深度的改变方式，如图4-160所示。然后要指定如何控制画笔笔迹的深度变化，这可以从下面的"控制"下拉列表中进行选择，如图4-161所示。

图 4-160　　　　　　　　　图 4-161

4.2.6　双重画笔

　　执行"窗口>画笔"命令，打开"画笔"面板，如图 4-162 所示。在左侧列表中单击"双重画笔"前端的方框，使之变为启用状态，接着单击"双重画笔"，进入"双重画笔"设置页面。在"双重画笔"设置页面中，可设置绘制的线条呈现出两种画笔混合的效果。在对"双重画笔"设置前，需要先设置"画笔笔尖形状"，即主画笔参数属性，再启用"双重画笔"选项。在最顶部的"模式"是指选择从主画笔和双重画笔组合画笔笔迹时要使用的混合模式。然后从"双重画笔"选项中选择另外一个笔尖（即双重画笔）。其参数非常简单，大多与其他选项中的参数相同。如图 4-163 所示为不同双重画笔的效果。

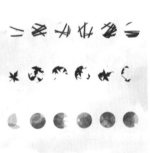

图 4-162　　　　　　　　　图 4-163

〔重点〕4.2.7　颜色动态

　　执行"窗口>画笔"命令，打开"画笔"面板。在左侧列表中单击"颜色动态"前方的方框，使之变为启用状态，接着单击"颜色动态"处，进入"颜色动态"设置页面，如图 4-164 所示。"颜色动态"页面用于设置绘制出颜色变化的效果，在设置颜色动态之前，需要设置合适的前景色与背景色，然后在"颜色动态"设置页面进行其他参数选项的设置。在之前做过的"举一反三"案例中，如果勾选"颜色动态"选项可以绘制出颜色随机性很强的波点效果，如图 4-165 所示。

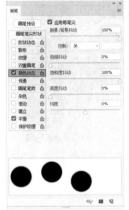

图 4-164　　　　　　　　　图 4-165

- **应用每笔尖** ☑ 应用每笔尖：勾选该选项后，每个笔触都会带有颜色，如果要设置"颜色动态"那么必须勾选该选项。

- **前景/背景抖动/控制**：用来指定前景色和背景色之间的油彩变化方式。数值越小，变化后的颜色越接近前景色；数值越大，变化后的颜色越接近背景色，如图 4-166 和图 4-167 所示。如果要指定如何控制画笔笔迹的颜色变化，可以在下面的"控制"下拉列表中进行选择。

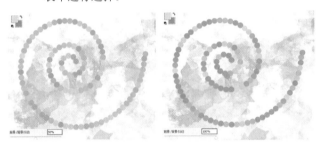

图 4-166　　　　　　　　　图 4-167

- **色相抖动** 色相抖动 0%：设置颜色变化范围。数值越小，颜色越接近前景色；数值越高，色相变化越丰富，如图 4-168 和图 4-169 所示。

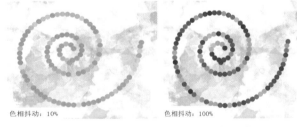

色相抖动 10%　　　　　　　色相抖动 100%

图 4-168　　　　　　　　　图 4-169

- **饱和度抖动** 饱和度抖动 48%：设置颜色的饱和度变化范围。数值越小，色彩的饱和度变化越小；数值越高，色彩的饱和度变化越大，如图 4-170 和图 4-171 所示。

饱和度抖动: 10%　　　　　　　饱和度抖动: 100%

图 4-170　　　　　　　　　图 4-171

- 亮度抖动 **亮度抖动** `49%` ：设置颜色亮度的随机性。数值越大随机性越强，如图 4-172 和图 4-173 所示。

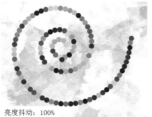

亮度抖动: 10%　　　　　　　亮度抖动: 100%

图 4-172　　　　　　　　　图 4-173

- 纯度 **纯度** `+100%` ：用来设置颜色的纯度。数值越小，笔迹的颜色越接近于黑白色，如图 4-174 所示；数值越高，颜色饱和度越高，如图 4-175 所示。

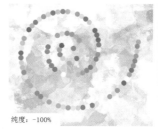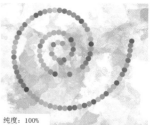

纯度：-100%　　　　　　　纯度：100%

图 4-174　　　　　　　　　图 4-175

✎ *读书笔记*

练习实例：使用颜色动态制作缤纷花朵

文件路径	资源包\第4章\练习实例：使用颜色动态制作缤纷花朵
难易指数	★★★★★
技术掌握	画笔工具、载入画笔、画笔面板

案例效果

案例效果如图 4-176 所示。

图 4-176

操作步骤

步骤 01 执行"文件 > 打开"命令，打开素材 1.jpg，如图 4-177 所示。单击工具箱中的"画笔工具"，设置前景色为黄色，背景色为白色，如图 4-178 所示。

扫一扫，看视频

图 4-177

图 4-178

步骤 02 在选项栏中打开"画笔预设选取器"，单击右上角的菜单按钮 ❋，接着执行"特殊效果画笔"命令，如图 4-179 所示。在弹出的对话框中单击"追加"按钮，即可载入"特殊效果画笔"，如图 4-180 所示。

图 4-179　　　　　　　　　　　　图 4-180

步骤 03 执行"窗口 > 画笔"命令，打开"画笔"面板。单击"画笔笔尖形状"按钮，选择"杜鹃花串"画笔，设置"大小"为 150 像素，"间距"为 100%，如图 4-181 所示。勾选"形状动态"，设置"大小抖动"为 100%，"角度抖动"为 100%，如图 4-182 所示。勾选"散布"选项，设置"散布"为 1000%，如图 4-183 所示。

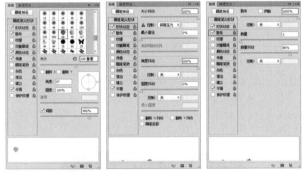

图 4-181　　　　　　图 4-182　　　　　　图 4-183

步骤 04 继续勾选"颜色动态"，设置"前景 / 背景抖动"为 100%，如图 4-184 所示。接着勾选"传递"，设置"不透明度抖动"为 80%，如图 4-185 所示。

图 4-184　　　　　　　　　　图 4-185

步骤 05 新建一个图层，在画面上按住鼠标左键拖动，绘制大小不同颜色不同的花朵，如图 4-186 所示。接着适当将笔尖调大，绘制一些稍大的花朵，最终效果如图 4-187 所示。

图 4-186　　　　　　　　　　图 4-187

〔重点〕4.2.8　传递

执行"窗口 > 画笔"命令，打开"画笔"面板。在左侧列表中单击"传递"前端的方框，使之变为启用状态☑，接着单击"传递"处，进入"传递"设置页面，如图 4-188 所示。"传递"页面用于设置笔触的不透明度、流量、湿度、混合等数值，以控制油彩在描边路线中的变化方式。"传递"页面常用于光效的制作，在绘制光效的时候，光斑通常带有一定的透明度，所以需要勾选"传递"进行参数的设置，以增加光斑的透明度的变化。效果如图 4-189 所示。

图 4-188　　　　　　　　　　图 4-189

- **不透明度抖动 / 控制**：指定画笔描边中油彩不透明度的变化方式，最高值是选项栏中指定的不透明度值，如图 4-190 所示。如果要指定如何控制画笔笔迹的不透明度变化，可以从下面的"控制"下拉列表中进行选择，如图 4-191 所示。

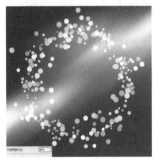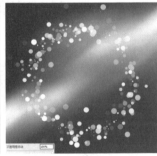

图 4-190　　　　　　　　　　图 4-191

- **流量抖动 / 控制**：用来设置画笔笔迹中油彩流量的变化程度。如果要指定如何控制画笔笔迹的流量变化，可以从下面的"控制"下拉列表中进行选择。

- **湿度抖动 / 控制**：用来控制画笔笔迹中油彩湿度的变化程度。如果要指定如何控制画笔笔迹的湿度变化，可以从下面的"控制"下拉列表中进行选择。

- **混合抖动 / 控制**：用来控制画笔笔迹中油彩混合的变化程度。如果要指定如何控制画笔笔迹的混合变化，可以从下面的"控制"下拉列表中进行选择。

中文版Photoshop CS6从入门到精通（微课视频 全彩版）

4.2.9 画笔笔势

执行"窗口>画笔"命令，打开"画笔"面板。在左侧列表中单击"画笔笔势"前端的方框，使之变为启用状态✅，单击"画笔笔势"处，进入"画笔笔势"设置页面，如图 4-192 所示。"画笔笔势"页面用于设置毛刷画笔笔尖、侵蚀画笔笔尖的角度。如图 4-193 所示为毛刷画笔。

| 图 4-192 | 图 4-193 |

选择一个毛刷画笔，在窗口的左上角有笔刷的缩览图，如图 4-194 所示，接着在"画笔"面板中"画笔笔势"设置页面进行参数的设置，如图 4-195 所示。设置完成后按住鼠标左键拖曳进行绘制，效果如图 4-196 所示。

| 图 4-194 | 图 4-195 |

图 4-196

- 倾斜 X/ 倾斜 Y：使笔尖沿 X 轴或 Y 轴倾斜。
- 旋转 ：设置笔尖旋转效果。
- 压力 ：压力数值越高，绘制速度越快，线条效果越粗犷。

4.2.10 其他选项

执行"窗口>画笔"命令，打开"画笔"面板。"画笔"面板中还有"杂色""湿边""建立""平滑"和"保护纹理"这 5 个选项，这些选项不能调整参数，如果要启用其中某个选项，将其勾选即可，如图 4-197 所示。

图 4-197

- 杂色：为个别画笔笔尖增加额外的随机性，如图 4-198 和图 4-199 所示分别是关闭与开启"杂色"选项时的笔迹效果。当使用柔边画笔时，该选项最有效。

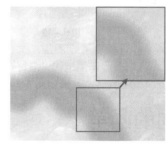
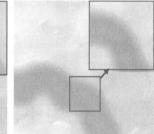

| 图 4-198 | 图 4-199 |

- 湿边：在沿画笔描边的边缘增大油彩量，从而创建出水彩效果，如图 4-200 和图 4-201 所示分别是关闭与开启"湿边"选项时的笔迹效果。

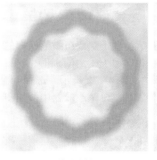
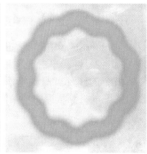

| 图 4-200 | 图 4-201 |

- 建立：模拟传统的喷枪技术，根据鼠标按键的单击程度确定画笔线条的填充数量。
- 平滑：在画笔描边中生成更加平滑的曲线。当使用压感笔进行快速绘画时，该选项最有效。
- 保护纹理：将相同图案和缩放比例应用于具有纹理的所有画笔预设。勾选该选项后，在使用多个纹理画笔绘画时，可以模拟出一致的画布纹理。

举一反三：使用画笔工具制作卡通蛇

步骤01 先设置合适的前景色与背景色，接着选择画笔工具。打开"画笔"面板，选择一个圆形笔尖，然后调整一定的"间距"参数，设置笔触的间距。因为希望颜色变化丰富些，所以勾选"颜色动态"，切换到参数设置页面，然后勾选"应用每笔尖"选项，接着设置"前景 / 背景抖动""饱和度抖动"选项，如图 4-202 所示。设置完成后新建图层，然后按住鼠标左键拖曳进行绘制，效果如图 4-203 所示。

所示。

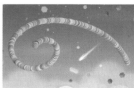

图 4-204　　　　　　　　图 4-205

步骤03 接着可以绘制一些白色和黑色的圆点，作为卡通蛇的眼睛，如图 4-206 所示。使用同样的方式，调整不同前景色与背景色绘制其他卡通蛇，效果如图 4-207 所示。

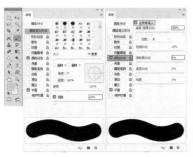

图 4-202　　　　　　　　图 4-203

步骤02 为了让图形更有立体感，可以选择该图层，执行"图层 > 图层样式 > 斜面和浮雕"命令，在弹出的"图层样式"对话框中进行设置，如图 4-204 所示。效果如图 4-205

图 4-206　　　　　　　　图 4-207

4.3　使用不同的画笔

在"画笔预设选取器"中可以看到有多种可供选择的画笔笔尖类型，我们可以使用的画笔只有这些吗？并不是。Photoshop 还内置了多种类的画笔可供挑选，但其默认为隐藏状态，需要载入才能使用。除了内置的画笔，还可以在网络上搜索下载有趣的"画笔库"，并通过"预设管理器"载入到 Photoshop 中使用。除此之外，还可以将图像"定义"为画笔，帮助我们绘制出奇妙的效果。

4.3.1　动手练：使用其他内置的笔尖

在 Photoshop 中有一些画笔类型是隐藏在画笔库内的，在"画笔预设选取器"中可以将其进行载入，然后使用。首先选择"画笔工具"，单击选项栏中 后的倒三角按钮，打开"画笔预设选取器"。接着单击右上角的 按钮，显示菜单命令，在菜单命令的底部就是画笔库，如图 4-208 所示。选择一个画笔库，在弹出的对话框中单击"追加"按钮，如图 4-209 所示，随即就可以将画板库中的画笔添加到画笔选取器中，如图 4-210 所示。

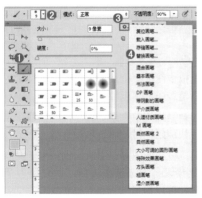

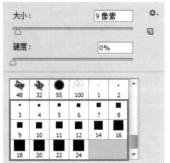

图 4-208　　　　　　　　图 4-209　　　　　　　　图 4-210

[重点] 4.3.2　动手练：自己定义一个"画笔"

Photoshop允许用户将图片或者图片中的部分内容"定义"为画笔笔尖，方便我们在使用画笔工具、橡皮擦工具、加深工具、减淡工具等工具时使用。

步骤01 定义画笔的方式非常简单，选择要定义成笔尖的图像，如图4-211所示。执行"编辑>定义画笔预设"菜单命令，接着在弹出的"画笔名称"对话框中设置画笔名称，并单击"确定"按钮，完成画笔的定义，如图4-212所示。在预览图中能够看到定义的画笔笔尖只保留了图像的明度信息，而没有色彩信息。这是因为画笔工具是以当前的"前景色"进行绘制的，所以定义画笔的图像色彩就没有必要存在了。

图4-211　　　　　　图4-212

步骤02 定义好笔尖以后，在"画笔预设选取器"中可以看到新定义的画笔，如图4-213所示。选择自定义的笔尖后，就可以像使用系统预设的笔尖一样进行绘制了。通过绘制能够看到，原始用于定义画笔的图像中黑色的部分为不透明的部分，白色部分为透明部分，而灰色则为半透明，如图4-214所示。

图4-213　　　　　　　图4-214

4.3.3　使用外挂画笔资源

网络上有很多笔刷资源，例如羽毛笔刷、睫毛笔刷、头发笔刷等。在网络上下载笔刷后，通过"预设管理器"可以将外挂笔刷载入到Photoshop中进行绘制。

步骤01 执行"编辑>预设>预设管理器"命令，打开"预设管理器"对话框。接着设置"预设类型"为"画笔"，单击"载入"按钮，如图4-215所示。在弹出的"载入"对话框中找到外挂画笔的位置，单击选择外挂画笔（格式为.abr），接着单击"载入"按钮，如图4-216所示。随即可以在"预设管理器"中看到载入的画笔，单击"完成"按钮，如图4-217所示。

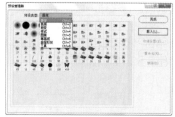 

图4-215　　　　　　　　图4-216

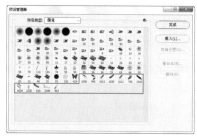

图4-217

步骤02 接着选择"画笔工具"，在"画笔预设选取器"的底部可以看到刚刚载入的画笔，如图4-218所示。接着就可以选择载入的画笔进行绘制。效果如图4-219所示。

图4-218　　　　　　　图4-219

 提示："预设管理器"都能管理什么？

执行"编辑>预设>预设管理器"菜单命令，打开"预设管理器"。在"预设类型"中提供了8种预设的库可供选择，其中包括画笔、色板、渐变、样式、图案、等高线、自定形状和工具，如图4-220所示。通过"预设管理器"可以载入不同类型的"库"，载入方法都是相同的。

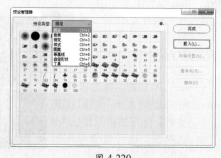

图4-220

第4章　绘画与图像修饰

141

4.3.4　将画笔存储为方便传输的画笔库文件

　　我们可以将一些常用的笔刷进行存储，以便于以后调用，或者传输到其他设备上使用。通过"预设管理器"可以将画笔进行存储。首先执行"编辑＞预设＞预设管理器"命令，打开"预设管理器"对话框。接着设置"预设类型"为"画笔"，单击需要存储的画笔，然后单击"存储设置"按钮，如图 4-221 所示。接着会弹出"另存为"对话框，在该对话框中选择一个合适的位置，然后设置文件名称，单击"保存"按钮完成存储操作，如图 4-222 所示。最后在存储位置即可看见外挂笔刷，如图 4-223 所示。

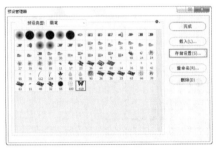

图 4-221

图 4-222

图 4-223

4.4　瑕疵修复

　　"修图"一直是 Photoshop 最为人所熟知的强项之一。通过其强大的功能，Photoshop 可以轻松去除人物面部的斑斑点点、环境中的杂乱物体，甚至想要"偷天换日"也不在话下。更重要的是这些工具的使用方法非常简单！只需要我们熟练掌握，并且多练习就可以实现这些神奇的效果啦，修图效果如图 4-224 和图 4-225 所示。下面就来学习一下这些功能吧！

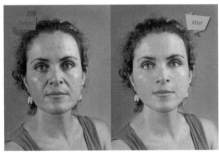

图 4-224

图 4-225

[重点] 4.4.1　动手练：仿制图章工具

扫一扫，看视频

　　"仿制图章工具" 🔖 可以将图像的一部分通过涂抹的方式，"复制"到图像中的另一个位置上。"仿制图章工具"常用来去除水印、消除人物脸部斑点和皱纹、去除背景部分不相干的杂物、填补图片空缺等。

　　步骤 01 打开一张需要修复的图片，我们可以尝试通过"仿制图章工具"将图 4-226 中的热气球去除。在工具箱中单击"仿制图章工具" 🔖，接着设置合适的笔尖大小，然后在需要修复位置的附近按住 Alt 键单击，进行像素样本的拾取，如图 4-227 所示。

图 4-226

图 4-227

- **对齐**：勾选该选项以后，可以连续对像素进行取样，即使释放鼠标以后，也不会丢失当前的取样点。
- **样本**：从指定的图层中进行数据取样。

步骤 02 在热气球上单击，可以看到刚刚拾取的像素覆盖住了热气球，如图 4-228 所示。因为要考虑到图像周围的环境，所以要根据实际情况随时拾取像素，并进行覆盖，使效果更加自然。最终效果如图 4-229 所示。

图 4-228　　　　　　　　图 4-229

提示：使用"仿制图章工具"进行操作会遇到的问题。

在使用仿制图章工具时，经常会出现绘制出了重叠的效果，如图 4-230 所示。造成这种情况可能是由于取样的位置太接近需要修补的区域，此时可以重新取样并进行覆盖操作。

图 4-230

步骤 03 通过"仿制源"面板可以调整取样对象的大小、角度等参数。执行"窗口 > 仿制源"命令，打开"仿制源"面板。在该面板中可以设置复制对象的大小、位置、旋转角度等选项。单击"仿制源"的图章按钮，然后设置合适的高度与宽度，如图 4-231 所示。按住 Alt 键在热气球上单击进行拾取，如图 4-232 所示。接着将光标移动到画面中的其他位置，按住鼠标左键拖曳进行涂抹，随即可以绘制出被放大的内容，效果如图 4-233 所示。

图 4-231　　　　　　　　图 4-232

图 4-233

- **仿制源**：激活"仿制源"按钮以后，按住 Alt 键的同时使用图章工具或图像修复工具在图像中单击，可以设置取样点。单击下一个"仿制源"按钮，还可以继续取样。
- **位移**：指定 X 轴和 Y 轴的像素位移，可以在相对于取样点位置的精确位置进行仿制。
- **W/H**：输入 W（宽度）或 H（高度）值，可以缩放所仿制的源。
- **旋转**：在文本输入框中输入旋转角度，可以旋转仿制的源。
- **翻转**：单击"水平翻转"按钮，可以水平翻转仿制源；单击"垂直翻转"按钮，可垂直翻转仿制源。
- **"复位变换"按钮**：将 W、H、角度值和翻转方向恢复到默认的状态。
- **帧位移 / 锁定帧**：在"帧位移"中输入帧数，可以使用与初始取样的帧相关的特定帧进行仿制。输入正值时，要使用的帧在初始取样的帧之后；输入负值时，要使用的帧在初始取样的帧之前。如果勾选"锁定帧"，则总是使用初始取样的相同帧进行仿制。
- **显示叠加**：勾选"显示叠加"选项，并设置了叠加方式以后，可以在使用图章工具或修复工具时，更好地查看叠加以及下面的图像。"不透明度"用来设置叠加图像的不透明度；"自动隐藏"选项可以在应用绘画描边时隐藏叠加；"已剪切"选项可将叠加剪切到画笔大小；如果要设置叠加的外观，可以从下面的叠加下拉列表中进行选择；"反相"选项可反相叠加中的颜色。

读书笔记

练习实例：使用仿制图章工具净化照片背景

文件路径	资源包\第4章\练习实例：使用仿制图章净化照片背景
难易指数	★★★★★
技术掌握	仿制图章工具

案例效果

案例处理前后对比效果如图 4-234 和图 4-235 所示。

图 4-234　　　　图 4-235

操作步骤

步骤01 执行"文件>打开"命令，打开素材 1.jpg。由于图像素材的后面背景建筑不美观，所以我们要将建筑背景抹除，如图 4-236 所示。单击工具箱中"仿制图章工具"按钮，在选项栏中选择一种柔边圆笔尖形状，设置其大小为 80 像素，硬度为 0%，"模式"为"正常"，"不透明度"为 100%。在天空位置按住 Alt 键单击进行取样，如图 4-237 所示。

扫一扫，看视频

图 4-236　　　　　　　　图 4-237

步骤02 接着在人物右侧背景楼房上按住鼠标左键并拖动，遮盖远处的建筑，如图 4-238 所示。继续进行涂抹，效果如图 4-239 所示。

图 4-238　　　　　　　　图 4-239

步骤03 使用同样的方法处理人物左侧背景，案例完成效果如图 4-240 所示。

图 4-240

举一反三："克隆"出多个蝴蝶

执行"窗口>仿制源"命令，打开"仿制源"面板。单击仿制源按钮，单击"水平翻转"按钮，然后设置合适的大小、旋转角度，如图 4-241 所示。接着选择"仿制图章工具"，在蝴蝶上方按住 Alt 键单击进行拾取，如图 4-242 所示。接着在画面中其他花朵上方按住鼠标左键涂抹，绘制出另外一个稍小一些的蝴蝶，效果如图 4-243 所示。

图 4-241　　　　图 4-242　　　　图 4-243

4.4.2　动手练：图案图章工具

用鼠标右键单击"仿制图章工具组"，在工具列表中选择"图案图章工具"，该工具可以使用"图案"进行绘画。在选项栏中设置合适的笔尖大小，选择一个合适的图案，如图 4-244 所示。接着在画面中按住鼠标左键涂抹，随即可以看到绘制效果，如图 4-245 所示。

 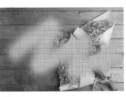

图 4-244　　　　　　　　图 4-245

- 对齐：勾选该选项以后，可以保持图案与原始起点的连续性，即使多次单击鼠标也不例外，如图 4-246 所示；关闭选择时，则每次单击鼠标都重新应用图案，如图 4-247 所示。

中文版Photoshop CS6从入门到精通（微课视频　全彩版）

图 4-246

图 4-247

选"印象派效果"选项时的效果。

图 4-248   图 4-249

- 印象派效果：勾选该项以后，可以模拟出印象派效果的图案，如图 4-248 和图 4-249 所示分别是关闭和勾

练习实例：使用图案图章工具制作服装印花

文件路径	资源包\第4章\练习实例：使用图案图章工具制作服装印花
难易指数	★★★★★
技术掌握	图案图章工具

案例效果

案例处理前后对比效果如图 4-250 和图 4-251 所示。

图 4-250

图 4-251

操作步骤

步骤 01 执行"文件>打开"命令，打开素材 1.jpg，如图 4-252 所示。本案例需要使用"图案图章工具"在左侧女孩的服装上添加漂亮的图案。执行"编辑>预设>预设管理器"命令，扫一扫，看视频 在弹出的对话框中设置"预设类型"为"图案"，单击"载入"按钮，在弹出的"载入"对话框中找到素材位置，选中素材 2.pat，单击"载入"按钮完成载入，如图 4-253 所示。

图 4-252   图 4-253

步骤 02 然后单击"完成"按钮，完成载入图案，如图 4-254

所示。选择工具箱中的"图案图章工具"，在选项栏上设置画笔大小为 60 像素，"硬度"为 40%，"模式"为"正片叠底"（如果不设置混合模式，图案会完全覆盖在服装上而无法透出原始服装的褶皱，这样会显得非常"假"），"不透明度"为 100%，接着在图案列表中选择新载入的粉色图案，如图 4-255 所示。

图 4-254

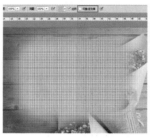

图 4-255

步骤 03 按住鼠标左键在画面中左侧女孩的白衣服上拖动。此时衣服上会出现图案，如图 4-256 所示。接着继续在女孩衣服上绘制，直至将图案布满衣服上。最终效果如图 4-257 所示。

图 4-256

图 4-257

【重点】 4.4.3 污点修复画笔工具

使用"污点修复画笔工具" 可以消除图像中的小面积的瑕疵，或者去除画面中看起来比较"特殊的"对象。例如去除人物面部的斑点、皱纹、凌乱发丝，或者去除画面中细小的杂物等。"污点修复画笔工具"不需要设置取样点，因为它 扫一扫，看视频 可以自动从所修饰区域的周围进行取样。

步骤 01 打开素材文件，如图 4-258 所示。在"修补工具组"上单击鼠标右键，在工具列表中选择"污点修复画笔工具" 。在选项栏中设置合适的笔尖大小，设置"模式"

为"正常","类型"为"内容识别",然后在需要去除的位置按住鼠标左键拖曳，如图 4-259 所示。

图 4-258

图 4-259

步骤 02松开鼠标后可以看到涂抹位置的皱纹消失了，如图 4-260 所示。用同样的方法，可以继续为人像去除皱纹以及去除周围凌乱的发丝，完成效果如图 4-261 所示。

图 4-260 　　　　　　　　图 4-261

- 模式：用来设置修复图像时使用的混合模式。除"正常""正片叠底"等常用模式以外，还有一个"替换"模式，这个模式可以保留画笔描边的边缘处的杂色、胶片颗粒和纹理。

- 类型：用来设置修复的方法。选择"近似匹配"选项时，可以使用选区边缘周围的像素来查找要用作选定区域修补的图像区域；选择"创建纹理"选项时，可以使用选区中的所有像素创建一个用于修复该区域的纹理；选择"内容识别"选项时，可以使用选区周围的像素进行修复。

练习实例：使用污点修复画笔工具为女孩去斑

文件路径	资源包\第4章\练习实例：使用污点修复画笔为女孩去斑
难易指数	★★★★★
技术掌握	污点修复画笔工具

案例效果

案例处理前后对比效果如图 4-262 和图 4-263 所示。

图 4-262 　　　　　　　　图 4-263

操作步骤

步骤 01执行"文件>打开"命令，打开素材 1.jpg，如图 4-264 所示。由于女孩面部有一些斑点。可以使用"污点修复画笔工具"将斑点去除掉。如图 4-265 所示为细节图。

扫一扫，看视频

步骤 02选择工具箱中的"污点修复画笔工具"，在选项栏上设置"画笔大小"为 10 像素，"模式"为"正常"，在类型中选择"内容识别"，如图 4-266 所示。然后将光标移动到女孩的脸上，在女孩脸上的斑点处单击，去除斑点，效果如图 4-267 所示。

图 4-264 　　　　　　　　图 4-265

图 4-266 　　　　　　　　图 4-267

继续使用"污点修复画笔工具",依次单击去除斑点。最终效果如图 4-268 所示。

图 4-268

4.4.4 动手练:修复画笔工具

"修复画笔工具" 也可以用图像中的像素作为样本进行绘制,以修复画面中的瑕疵。

拍摄照片时,难免会有一些小的缺陷,例如照片中会有其他人入镜。通过"修复画笔工具"可以进行修复。在"修补工具组"上单击鼠标右键,在弹出的工具列表中选择"修复画笔工具" ,接着设置合适的笔尖大小,在选项栏中设置"源"为"取样",接着在没有瑕疵的位置按住 Alt 键单击取样,如图 4-269 所示。接着在缺陷位置单击或按住鼠标左键拖曳进行涂抹,松开鼠标,画面中多余的内容会被去除,效果如图 4-270 所示。

- 源:设置用于修复像素的源。选择"取样"选项时,

可以使用当前图像的像素来修复图像;选择"图案"选项时,可以使用某个图案作为取样点。

图 4-269 图 4-270

- 对齐:勾选该选项以后,可以连续对像素进行取样,即使释放鼠标也不会丢失当前的取样点;关闭"对齐"选项以后,则会在每次停止并重新开始绘制时使用初始取样点中的样本像素。

- 样本:用来设置在指定的图层中进行数据取样。选择"当前和下方图层",可从当前图层以及下方的可见图层中取样;选择"当前图层"是仅从当前图层中进行取样;选择"所有图层"可以从可见图层中取样。

 提示:"仿制图章工具"与"修复画笔工具"的区别。

与"仿制图章工具"不同的是,"修复画笔工具"可将样本像素的纹理、光照、透明度和阴影与所修复的像素进行匹配,从而使修复后的像素不留痕迹地融入图像的其他部分。

练习实例:修复画笔工具去除画面多余内容

文件路径	资源包\第4章\练习实例:修复画笔工具去除画面多余内容
难易指数	★★★★★
技术掌握	修复画笔工具

案例效果

案例处理前后对比效果如图 4-271 和图 4-272 所示

图 4-271 图 4-272

操作步骤

步骤01 执行"文件 > 打开"命令,打开素材 1.jpg,如图 4-273

所示。本案例将使用"修复画笔工具"对画面右下角的文字部分进行去除。选择工具箱中的"修复画笔工具",接着在选项栏中设置笔尖为 70 像素,"模式"为"正常","源"为"取样",接着按住 Alt 键的同时在文字下方的区域单击,进行取样,如图 4-274 所示。

图 4-273 图 4-274

步骤02 然后将光标移动到画面中的文字上，按住鼠标左键并拖动涂抹。涂抹过的区域被覆盖上了取样的内容，松开光标后，文字部分被去除掉了，如图 4-275 所示。继续进行涂抹，直至文字全部被覆盖。案例完成效果如图 4-276 所示。

图 4-275　　　　　　　　　图 4-276

到目标区域，如图 4-282 所示。

图 4-280

【重点】 4.4.5　动手练：修补工具

扫一扫，看视频

"修补工具" ◎ 可以利用画面中的部分内容作为样本，修复所选图像区域中不理想的部分。"修补工具"通常用来去除画面中的部分内容。

步骤01 在"修补工具组"上单击鼠标右键，在工具列表中选择"修补工具" ◎。修补工具的操作是在选区的基础上，所以在选项栏中有一些关于选区运算的操作按钮。在选项栏中设置修补模式为"内容识别"，其他参数保持默认。将光标移动至缺陷的位置，按住鼠标左键拖曳沿着缺陷边缘进行绘制，如图 4-277 所示。松开鼠标得到一个选区，将光标放置在选区内，向其他位置拖曳，拖曳的位置是将选区中像素进行替代的位置，如图 4-278 所示。移动到目标位置后松开鼠标，稍等片刻就可以查看到修补效果，如图 4-279 所示。

图 4-277　　　　图 4-278　　　　图 4-279

- 适应：用来设置修补区域的精确程度，有"非常严格""严格""中""松散"和"非常松散"5 个选项。

步骤02 在选项栏中将"修补"设置为"正常"时，可以选择图案进行修补。设置"修补"为"正常"，单击图案后侧的倒三角按钮，在下拉面板中选择一个图案，单击"使用图案"按钮，随即选区中就将以图案进行修补，如图 4-280 所示。

- 源：选择"源"选项时，将选区拖动到要修补的区域以后，松开鼠标左键就会用当前选区中的图像修补原来选中的内容，如图 4-281 所示。

- 目标：选择"目标"选项时，则会将选中的图像复制

图 4-281　　　　　　　　　图 4-282

- 透明：勾选该选项以后，可以使修补的图像与原始图像产生透明的叠加效果，该选项适用于修补具有清晰分明的纯色背景或渐变背景。

练习实例：使用修补工具去除背景中的杂物

文件路径	资源包\第4章\练习实例：使用修补工具去除背景中的杂物
难易指数	★★★★★
技术掌握	修补工具

案例效果

案例处理前后对比效果如图 4-283 和图 4-284 所示。

图 4-283　　　　　　　　　图 4-284

操作步骤

扫一扫，看视频

步骤01 执行"文件>打开"命令，打开素材 1.jpg，如图 4-285 所示。本案例需要去除画面右侧的杂草。选择工具箱中的"修补工具"，在选项栏设置"修补"为"内容识别"，"适应"为中，然后沿着杂草绘制选区，如图 4-286 所示。

图 4-285   图 4-286

步骤02 接着将光标移动到选区内，按住鼠标左键向左移动，如图 4-287 所示。松开光标后杂草被去除掉了，接着按下快捷键 Ctrl+D，最终效果如图 4-288 所示。

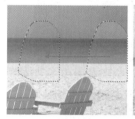

图 4-287   图 4-288

举一反三：去水印

画面右下角位置有文字水印，选择工具箱中的"修补工具" ，在选项栏中设置"修补"为"内容识别"，然后按住鼠标左键在文字位置绘制选区。然后按住鼠标左键向上拖曳选区，松开鼠标完成修复工作，如图 4-289 所示。最后使用快捷键 Ctrl+D 取消选区的选择，效果如图 4-290 所示。

图 4-289   图 4-290

也可以使用"仿制图章工具" 去水印。选择工具箱中的"仿制图章工具"，在选项栏中设置合适的笔尖大小，接

着在文字上方按住 Alt 键单击拾取，如图 4-291 所示。接着在文字上按住鼠标左键涂抹，以拾取的像素覆盖住文字，如图 4-292 所示。

图 4-291   图 4-292

4.4.6 动手练：内容感知移动工具

使用"内容感知移动工具" 可以移动选区中的对象，被移动的对象将会自动将影像与四周的影物融合在一块，而对原始的区域则会进行智能填充。在需要改变画面中某一对象的位置时，可以尝试使用该工具。

扫一扫，看视频

步骤01 打开图像，在"修补工具组"上单击鼠标右键，在工具列表中选择"内容感知移动工具" ，接着在选项栏中设置"模式"为"移动"，然后使用该工具在需要移动的对象上方按住鼠标左键拖曳绘制选区，如图 4-293 所示。接着将光标移动至选区内部，按住鼠标左键向目标位置拖曳，松开鼠标即可移动该对象，并带有一个定界框，如图 4-294 所示。最后按 Enter 键确定移动操作，然后使用快捷键 Ctrl+D 取消选区的选择，移动效果如图 4-295 所示。

图 4-293   图 4-294   图 4-295

步骤02 如果在选项栏中设置"模式"为"扩展"，则会将选区中的内容复制一份，并融入于画面中。效果如图 4-296 所示。

图 4-296

练习实例：使用内容感知移动工具移动人物位置

文件路径	资源包\第4章\练习实例：使用内容感知移动工具移动人物位置
难易指数	⭐⭐⭐⭐⭐
技术掌握	内容感知移动工具

案例效果

案例处理前后对比效果如图 4-297 和图 4-298 所示。

图 4-297　　　　图 4-298

操作步骤

步骤01 执行"文件>打开"命令，打开素材 1.jpg。本案例需要使用"内容感知移动工具"将左边的小女孩移动到画面左侧。选择工具箱中的"内容感知移动工具"，在选项栏上设置"模式"为"移动"，然后在画面上沿着左侧小女孩的边缘按住鼠标左键绘制选区，如图 4-299 所示。然后按住绘制的选区，向左移动至合适的位置。松开光标后人物从原位置消失，移动到了画面左侧，如图 4-300 所示。

扫一扫，看视频

图 4-299　　　　　　　　图 4-300

步骤02 按下快捷 Ctrl+D 取消选择。最终效果如图 4-301 所示。

图 4-301

4.4.7　动手练：红眼工具

"红眼"是指在暗光时拍摄人物、动物，瞳孔会放大让更多的光线通过，当闪光灯照射到人眼、动物眼的时候，瞳孔会出现变红的现象。使用"红眼工具"可以去除"红眼"现象。打开带有"红眼"问题的图片，在"修补工具组"上单击鼠标右键，在工具列表中选择"红眼工具" ，然后使用选项栏中的默认值即可，接着将光标移动至眼睛上单击，即可去除"红眼"，如图 4-302 所示。在另外一个眼睛上单击，完成去红眼的操作，效果如图 4-303 所示。

图 4-302

图 4-303

- 瞳孔大小：用来设置瞳孔的大小，即眼睛暗色中心的大小。
- 变暗量：用来设置瞳孔的暗度。

 提示：红眼工具的使用误区。

红眼工具只能够去除"红眼"，而由于闪光灯闪烁产生的白色光点是无法使用该工具去除的。

中文版Photoshop CS6从入门到精通（微课视频 全彩版）

4.5 历史记录画笔工具组

"历史记录画笔工具组"中有两个工具"历史记录画笔工具"和"历史记录艺术画笔工具"，这两个工具是以"历史记录"面板中"标记"的步骤作为"源"，然后再在画面中绘制。绘制出的部分会呈现出标记的历史记录的状态。"历史记录画笔"会完全真实地呈现历史效果，而"历史记录艺术画笔"则会将历史效果进行一定的"艺术化"，从而呈现出一种非常有趣的艺术绘画效果。

4.5.1 动手练：历史记录画笔工具

"画笔工具"是以"前景色"为"颜料"，在画面中绘制。而"历史记录画笔工具"则是以"历史记录"为"颜料"，在画面中绘画。被绘制的区域就会回到历史操作的状态下。那么以哪一步历史记录进行绘制呢？这就需要执行"窗口>历史记录"命令，打开"历史记录"面板，在想要作为绘制内容的步骤前单击，使之出现即可完成历史记录的设定，如图4-304所示。然后选择工具箱中的"历史记录画笔工具"，适当调整画笔大小，在画面中进行适当涂抹（绘制方法与"画笔工具"相同），被涂抹的区域将还原为被标记的历史记录效果，如图4-305所示。

扫一扫，看视频

图 4-304

图 4-305

4.5.2 历史记录艺术画笔工具

"历史记录艺术画笔工具"可以将标记的历史记录状态或快照用作源数据，然后以一定的"艺术效果"对图像进行修改。"历史记录艺术画笔工具"常用于为图像创建不同的颜色和艺术风格时使用。在工具箱中选择"历史记录艺术画笔工具"，在选项栏中先对笔尖大小、样式、不透明度进行设置。接着单击"样式"按钮，在下拉列表中选择一个样式。"区域"用来设置绘画描边所覆盖的区域，数值越高，覆盖的区域越大，描边的数量也越多。"容差"限定可应用绘画描边的区域，如图4-306所示。设置完毕后在画面中进行涂抹，效果如图4-307所示。

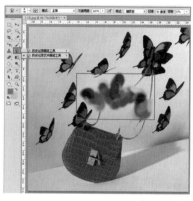

图 4-306　　　　　　　　图 4-307

- 样式：选择一个选项来控制绘画描边的形状，包括"绷紧短""绷紧中"和"绷紧长"等，如图4-308所示。如图4-309和图4-310所示分别是"松散长"和"绷紧卷曲"效果。

图 4-308　　　　　　图 4-309　　　　　　图 4-310

4.6 图像的简单修饰

在 Photoshop 中可用于图像局部润饰的工具有："模糊工具"、"锐化工具"和"涂抹工具"，这些工具从名称上就能看出来对应的功能，可以对图像进行模糊、锐化和涂抹处理；"减淡工具"、"加深工具"和"海绵工具"可以对图像局部的明暗、饱和度等进行处理。这些工具位于工具箱的两个工具组中，如图4-311所示。这些工具的使用方法都非常简单，都是在画面中按住鼠标左键并拖动（就像使用"画笔工具"一样）即可。想要对工具的强度等参数进行设置，需要在选项栏中调整。这些工具能制作出的效果如图4-312所示。

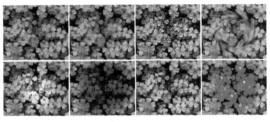

图 4-311   图 4-312

扫一扫，看视频

　　"模糊工具"可以轻松对画面局部进行模糊处理，其使用方法非常简单，单击工具箱中的"模糊工具" ，接着在选项栏中可以设置工具的"模式"和"强度"，如图4-313所示。"模式"包括"正常""变暗""变亮""色相""饱和度""颜色"和"明度"。如果仅需要使画面局部模糊一些，那么选择"正常"即可。选项栏中的"强度"选项是比较重要的选项，该选项用来设置"模糊工具"的模糊强度。如图4-314所示为不同参数下在画面中涂抹一次的效果。

图4-314

　　除了设置强度外，如果想要使画面变得更模糊，也可以多次在某个区域中涂抹以加强效果，如图4-315所示。

图4-313

图 4-315

练习实例：使用模糊工具虚化背景

文件路径	资源包\第4章\练习实例：使用模糊工具虚化背景
难易指数	★★★★★
技术掌握	模糊工具

案例效果

　　案例处理效果前后对比如图4-316和图4-317所示。

图 4-316　　　　　　图 4-317

操作步骤

执行"文件>打开"命令，打开素材1.jpg。由于画面中的环境部分较为突出，可以对环境部分进行模糊，使主体人物凸显出来。单击工具箱中的"模糊工具"，在选项栏中设置"画笔大小"为200像素，"强度"为50%，如图4-318所示。接着在画面上将光标移动到画面的石头上按住鼠标左键

　　拖动。涂抹过的区域明显变模糊了，如图4-319所示。

图 4-318　　　　　　图 4-319

步骤02继续进行模糊处理，如图4-320所示。涂抹过程中需要注意，越远处的背景越需要多次涂抹，才能变得更加模糊，也更符合"近实远虚"的规律，完成效果如图4-321所示。

图 4-320　　　　　　图 4-321

举一反三：用模糊工具打造柔和肌肤

光滑柔和的皮肤质感是大部分人像修图需要实现的效果。除了运用复杂的磨皮技法，"模糊工具"也能够进行进行简单的"磨皮"处理，特别适合新手操作。在图4-322中，人物额头和面部有密集的雀斑，而且颜色比较淡，通过"模糊工具"将其进行模糊可以使斑点模糊，并且使肌肤变得柔和。选择工具箱中的"模糊工具"，在选项栏中选择一个柔角画笔，这样涂抹的效果是边缘会比较柔和、自然，然后设置合适的画笔笔尖，"强度"为50%，在皮肤的位置按住鼠标左键涂抹，随着涂抹可以发现像素变得柔和，雀斑颜色也变浅了，如图4-323所示。继续涂抹，完成效果如图4-324所示。

图 4-322　　　　图 4-323　　　　图 4-324

练习实例：使用锐化工具使主体物变清晰

文件路径	资源包\第4章\练习实例：使用锐化工具使主体物变清晰
难易指数	★★★★★
技术掌握	锐化工具

案例效果

案例处理前后对比效果如图4-327和图4-328所示。

图 4-327　　　　　　图 4-328

操作步骤

执行"文件>打开"命令，打开素材1.jpg，由于素材中的动物图像不是很清晰，可以使用"锐化工具"将动物的纹理变得清晰。单击工具箱中的"锐化工具"，在选项栏上设置"画笔大小"为90像素，"模式"为正常，"强度"为50%，取消"对所有图层取样"，勾选"保护细节"，接着按住鼠标左键在大象鼻子上拖动，随着拖动光标，对应位置的像素变得清晰，如图4-329所示。接着继续按住光标在动物的身上拖动，最终效果如图4-330所示。

【重点】4.6.2　动手练：锐化工具

"锐化工具"可以通过增强图像中相邻像素之间的颜色对比，来提高图像的清晰度。"锐化工具"与"模糊工具"的大部分选项相同，操作方法也相同。右键单击该工具组，在工具列表中选择"锐化工具"。在选项栏中设置"模式"与"强度"，勾选"保护细节选项"后，在进行锐化处理时，将对图像的细节进行保护。接着在画面中按住鼠标左键涂抹锐化。涂抹的次数越多，锐化效果越强烈，如图4-325所示。值得注意的是如果反复涂抹锐化过度，会产生噪点和晕影，如图4-326所示。

扫一扫，看视频

图 4-325　　　　　图 4-326

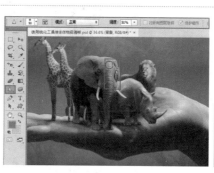

扫一扫，看视频

图 4-329　　　　　　图 4-330

4.6.3　动手练：涂抹工具

"涂抹工具"可以模拟手指划过湿油漆时所产生的效果。选择工具箱中的"涂抹工具"，其选项栏与"模糊工具"选项栏相似，设置合适的"模式"和"强度"，接着在需要变形的位置按住鼠标左键拖曳进行涂抹，光标经过的位置，图像发生了变形，如图4-331所示。如图4-332和图4-333所示为不同"强度"的对比效果。若在选项栏中勾选"手指绘图"选项，可以使用前景颜色进行涂抹绘制。

扫一扫，看视频

图 4-331　　　　　　　　图 4-332　　　　　　　图 4-333

强度：100%　　　　　　强度：60%

扫一扫，看视频

　　"减淡工具" ![icon] 可以对图像"高光""中间调""阴影"分别进行减淡处理。选择工具箱中的"减淡工具"，在选项栏中单击"范围"后倒三角按钮可以选择需要减淡处理的范围，有"高光""中间调""阴影"3 个选项。因为需要调整人物肤色，所以设置"范围"为"中间调"。接着设置"曝光度"，该参数是用来设置减淡的强度。如果勾选"保护色调"可以保护图像的色调不受影响，如图 4-334 所示。设置完成后，调整合适的笔尖，在人物皮肤的位置按住鼠标左键进行涂抹，光标经过的位置亮度会有所提高。若在某个区域上方绘制的次数越多，该区域就会变得越亮，如图 4-335 所示。如图 4-336 所示为设置不同"曝光度"进行涂抹的对比效果。

图 4-334　　　　　　　　　　　　　图 4-335

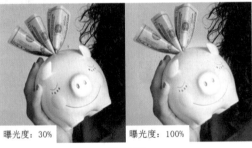

曝光度：30%　　　　　　曝光度：100%

图 4-336

　　提示：如何区分"中间调""高光"和"阴影"？

　　"中间调""高光"和"阴影"在后面的学习中还会经常用到。要区分"中间调""高光"和"阴影"也很简单，画面中颜色明度高的地方为"高光"，画面中颜色明度低的地方为"阴影"，其他位置为"中间调"，如图 4-337 所示。

图 4-337

中文版Photoshop CS6从入门到精通（微课视频 全彩版）

练习实例：使用减淡工具减淡肤色

文件路径	资源包\第4章\练习实例：使用减淡工具减淡肤色
难易指数	★★★★★
技术掌握	减淡工具

案例效果

案例处理前后对比效果如图 4-338 和图 4-339 所示。

图 4-338

图 4-339

操作步骤

步骤01 执行"文件>打开"命令，打开素材 1.jpg。单击工具箱中的"减淡工具"，在选项栏上设置"大小"为 100 像素，"范围"为中间调，"曝光度"为 50%，取消勾选"保护色调"，如图 4-340 所示。接着将光标移动至脸部，按住鼠标左键在脸上拖动，将皮肤颜色提亮，如图 4-341 所示。

扫一扫，看视频

图 4-340

图 4-341

步骤02 用同样的方法对脸部其他区域进行亮度提升，最终效果如图 4-342 所示。

图 4-342

举一反三：使眼睛更有神采

眼睛有眼白与眼球部分，通常眼白与眼球的明度对比增

大，人物会显得比较有神采。首先打开图片，选择"减淡工具"，因为眼白为画面中的高光部分，所以在选项栏中设置"范围"为"高光"。因为曝光度越高效果越明显，但也是越容易"曝光"，所以参数无须设置过高。在这里设置"曝光度"为 30%，接着设置合适笔尖大小。然后在眼白的位置按住鼠标左键进行涂抹以提高亮度，如图 4-343 所示。接着可以对黑眼球处进行处理，设置"范围"为中间调，适当增大曝光度，然后在黑眼球的边缘部分涂抹，提亮黑眼球上的反光感，完成效果如图 4-344 所示。

图 4-343

图 4-344

举一反三：制作纯白背景

如果要将图 4-345 更改为白色背景，首先要观察图片，在这张图片中可以看到主体对象边缘为白色，其他位置为浅灰色，所以我们就可以使用"减淡工具"把灰色的背景经过"减淡"处理使其变为白色即可。选择"减淡工具"，设置一个稍大一些的笔尖，设置"硬度"为 0%，这样涂抹的效果过渡自然。因为灰色在画面中为"高光"区域，所以设置"范围"为"高光"。为了快速使灰色背景变为白色背景，可以设置"曝光度"为 100%，设置完成后在灰色背景上按住鼠标左键涂抹，如图 4-346 所示。继续进行涂抹，完成效果如图 4-347 所示。

图 4-345

图 4-346

图 4-347

[重点] 4.6.5 动手练：加深工具

与"减淡工具"相反，"加深工具" 可以对图像进行加深处理。使用"加深工具"，在画面中按住鼠标左键并拖动，光标移动过的区域颜色会加深。

扫一扫，看视频

右键单击该工具组，在工具列表中选择"加深工具"（"加深工具"的选项栏与"减淡工具"的选项栏完全相同，因此这里不再讲解），如图 4-348 所示。设置完成后在画面中按住鼠标左键涂抹，加深效果如图 4-349 所示。

图 4-348

图 4-349

练习实例：使用加深工具加深背景

文件路径	资源包\第4章\练习实例：使用加深工具加深背景
难易指数	★★★★★
技术掌握	加深工具

案例效果

案例处理前后对比效果如图 4-350 和图 4-351 所示。

图 4-350

图 4-351

操作步骤

步骤01 执行"文件>打开"命令，打开素材 1.jpg。本案例需要对画面背景进行加深处理，使主体人物更加突出。选择工具箱中的"加深工具"，在选项栏中设置"画笔大小"为 180 像素，"硬度"为 18%，"范围"为"中间调"，"曝光度"为 50%，取消勾选"保护色调"，如图 4-352 所示。移动光标至画面的背景上按住鼠标拖动，将背景颜色加深，如图 4-353 所示。

扫一扫，看视频

图 4-352

图 4-353

步骤02 由于背景中有两块比较亮的部分，通过刚才的设置无法将这部分调暗，所以需要在选项栏中设置"范围"为"高光"，"曝光度"为 50，取消勾选"保护色调"，如图 4-354 所示。移动光标至画面的背景处偏亮部分进行涂抹，降低此处的亮度，最终效果如图 4-355 所示。

图 4-354

图 4-355

举一反三：制作纯黑背景

在图 4-356 中人物背景并不是纯黑色，可以通过使用"加深工具"在灰色的背景上涂抹，将灰色通过"加深"的方法使其变为黑色。选择工具箱中的"加深工具" ，设置合适的笔尖大小，因为深灰色在画面中为暗部，所以在选项栏中设置"范围"为"阴影"。因为灰色不需要考虑色相问题，所以直接设置"曝光度"为 100%。取消勾选"保护色调"，这样能够快速地进行去色。设置完成后在画面中背景位置按住鼠标左键涂抹，进行加深，效果如图 4-357 所示。

图 4-356

图 4-357

中文版Photoshop CS6从入门到精通（微课视频 全彩版）

"海绵工具" ■ 可以增加或降低彩色图像中布局内容的饱和度。如果是灰度图像，使用该工具则可以用于增加或降低对比度。

右键单击该工具组，在工具列表中选择"海绵工具" ■。在选项栏中单击"模式"后倒三角按钮，有"降低饱和度"与"饱和"两个模式，当要降低颜色饱和度时选择"降低饱和度"选项，当需要提高颜色饱和度时选择"饱和"选项。设置"流量"，流量数值越大，加色或去色的效果越明显。当设置为"降低饱和度"模式时，在画面中按住鼠标左键进行涂抹，被涂抹的位置颜色就会降低，如图 4-358 所示。如图 4-359 所示为"饱和"模式的效果。

图 4-358　　　　　　　图 4-359

若勾选"自然饱和度"选项，可以在增加饱和度的同时防止颜色过度饱和而产生溢色现象。如果要将颜色变为黑白，那么需要取消勾选该选项。如图 4-360 所示为勾选与未勾选"自然饱和度"进行去色的对比效果。

扫一扫，看视频

图 4-360

✎ 读书笔记

练习实例：使用海绵工具进行局部去色

文件路径	资源包\第4章\练习实例：使用海绵工具进行局部去色
难易指数	★★★★★
技术掌握	海绵工具

案例效果

案例处理前后对比效果如图 4-361 和图 4-362 所示。

图 4-361

图4-362

操作步骤

步骤 01 执行"文件 > 打开"命令，打开素材 1.jpg。选择工具箱中的"海绵工具"，在选项栏上设置"画笔大小"为 160 像素，"硬度"为 53%，"模式"为"降低饱和度"，如图 4-363 所示。接着在画面上按住鼠标左键拖动，光标经过的位置颜色变为了灰色，如图 4-364 所示。

图 4-363　　　　　　　图 4-364

步骤 02 继续在画面上拖动，将画面中嘴唇以外的部分都变成黑白的，如图 4-365 所示。接着单击鼠标右键，在弹出的对话框中设置"画笔大小"为 30 像素，如图 4-366 所示。

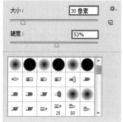

图 4-365　　　　　　　　图 4-366

步骤 03 继续沿着嘴唇外边缘涂抹，去除边缘皮肤的颜色饱

和度，如图 4-367 所示。继续进行涂抹，最终效果如图 4-368 所示。

图 4-367　　　　　　　　图 4-368

综合实例：使用绘制工具制作清凉海报

文件路径	资源包\第4章\综合实例：使用绘制工具制作清凉海报
难易指数	★★★★★
技术掌握	画笔工具、橡皮擦工具、画笔面板

案例效果

案例最终效果如图 4-369 所示。

图 4-369

操作步骤

步骤 01 执行"文件 > 新建"命令，创建一个 A4 尺寸的新文档。执行"文件 > 置入"命令，置入素材文件 1.jpg，将其放置在画面顶部。选中该图层，执行"图层 > 栅格化 > 智能对象"命令，如图 4-370 所示。置入海水素材文件 2.jpg，执行"图层 > 栅格化 > 智能对象"命令，调整大小及位置，如图 4-371 所示。

扫一扫，看视频

图 4-370　　　　　　　　图 4-371

步骤 02 首先编辑海水部分。单击工具箱中的"橡皮擦工具"，在选项栏中设置一种柔角画笔，擦除上侧的海水画面，如图 4-372 所示。设置前景色为深蓝色，单击工具箱中的"画笔工具"，在选项栏中设置一种柔角画笔，设置画笔不透明度为 50%，在画面底部海水的周边进行涂抹，加深周边海水颜色效果，如图 4-373 所示。

图 4-372　　　　　　　　图 4-373

步骤 03 设置前景色为淡一点的蓝色，使用圆角画笔在海水中心位置进行涂抹，如图 4-374 所示。在选项栏中适当降低画笔的不透明度，继续在海水平面上进行涂抹，如图 4-375 所示。

图 4-374　　　　　　　　图 4-375

步骤 04 设置前景色为白色，单击工具箱中的"画笔工具"，

中文版Photoshop CS6从入门到精通（微课视频 全彩版）

执行"窗口>画笔"命令，打开"画笔"面板。选择一种圆形画笔，设置画笔大小为25像素，硬度为100%，增大画笔间距，如图4-376所示。在左侧列表中勾选"形状动态"，设置"大小抖动"为100%，如图4-377所示。勾选"散布"选项，设置散布数值为1000%，如图4-378所示。

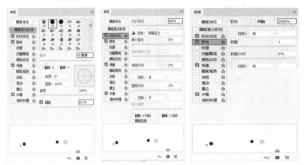

图4-376　　　　图4-377　　　　图4-378

步骤05 勾选"传递"选项，设置"不透明度抖动"为100%，如图4-379所示。然后在画面中按住鼠标左键并拖动，绘制气泡，如图4-380所示。

图4-379　　　　　　　图4-380

步骤06 下面开始制作文字部分。单击工具箱中的"横排文字工具"，在选项栏中设置合适的字体及大小，输入红色字母E，如图4-381所示。按快捷键Ctrl+T自由变换，适当调整文字角度，按Enter键结束操作，如图4-382所示。

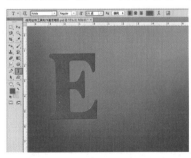 

图4-381　　　　　　　图4-382

步骤07 选择文字图层，执行"图层>图层样式>描边"命令，在弹出的对话框中设置"大小"为15像素，"位置"

为"外部"，"颜色"为白色，如图4-383所示。在左侧样式列表中勾选"内发光"选项，设置"混合模式"为"正常"，"不透明度"为100%，颜色为深一点的红色，"大小"为33像素，如图4-384所示。

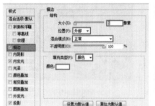 

图4-383　　　　　　　图4-384

步骤08 勾选"投影"选项，设置"混合模式"为"正常"，颜色为灰色，"不透明度"为100%，"角度"为120度，"距离"为12像素，如图4-385所示。单击"确定"按钮完成操作，此时文字效果如图4-386所示。

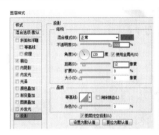 

图4-385　　　　　　　图4-386

步骤09 为文字添加光泽感。按住Ctrl键单击文字图层的缩略图，载入文字图层选区。新建图层，设置前景色为白色，使用快捷键Alt+Delete为选区填充白色，如图4-387所示。在图层面板上设置图层"不透明度"为50%，如图4-388所示。单击"橡皮擦工具"，使用硬角边的橡皮擦在文字左侧进行涂抹，隐藏多余的部分，如图4-389所示。

图4-387　　　　图4-388　　　　图4-389

步骤10 新建图层，使用圆角边画笔单击绘制一个白色圆点，如图4-390所示。使用自由变换快捷键Ctrl+T调整圆点形状，如图4-391所示。将调整过的圆点调整角度，放置在文字左侧，如图4-392所示。

图4-390　　　图4-391　　　图4-392

步骤11 多次复制光斑，放置在字母的不同位置，如图4-393

所示。用同样方法制作其他文字及其光泽，如图 4-394 所示。

图 4-393　　　　　　　　　　　　　　　图 4-394

步骤 12▶ 置入前景素材 3.png，调整大小及位置，执行"图层 > 栅格化 > 智能对象"命令，如图 4-395 所示。设置前景色为白色，使用"画笔工具"，在"画笔预设选取器"中选择一种合适的画笔，如图 4-396 所示。新建图层，在画面四周进行涂抹，为了绘制比较自然的效果，可以切换多种画笔类型，制作效果丰富的外框，最终效果如图 4-397 所示。

图 4-395　　　　　　　　　　图 4-396　　　　　　　　　　图 4-397

✎ *读书笔记*

Chapter
5

第 5 章

调色

本章内容简介：

调色是数码照片编辑和修改中非常重要的功能，图像的色彩在很大程度上能够决定图像的"好坏"，与图像主题相匹配的色彩才能够正确传达图像的内涵。对于设计作品也是一样，正确地使用色彩对设计作品而言也是非常重要的。不同的颜色往往带有不同的情感倾向，对于观者心理产生的影响也不相同。在 Photoshop 中我们不仅要学习如何使画面的色彩"正确"，还要通过调色技术的使用，制作各种各样风格化的色彩。

重点知识掌握：

- · 熟练掌握"调色"命令与调整图层的方法；
- · 能够准确分析图像色彩方面存在的问题并进行校正；
- · 熟练调整图像明暗和对比度；
- · 熟练掌握图像色彩倾向的调整；
- · 综合运用多种调色命令进行风格化色彩的制作。

通过本章学习，我能做什么？

通过本章的学习，我们将学会十几种调色命令的使用方法。通过这些调色命令的使用，可以校正图像的曝光问题以及偏色问题，如图像偏暗、偏亮，对比度过低或过高，暗部过暗导致细节缺失，画面颜色暗淡（天不蓝、草不绿），人物皮肤偏黄、偏黑，图像整体偏蓝、偏绿、偏红等。还可以综合运用多种调色命令以及混合模式等功能制作出一些风格化的色彩，如小清新色调、复古色调、高彩色调、电影色、胶片色、反转片色、LOMO 色等。调色命令的数量虽然有限，但是通过这些命令制作出的效果却是"无限的"。还等什么？一起来试一下吧！

对于摄影爱好者来说，调色是数码照片后期处理的"重头戏"。一张照片的颜色能够在很大程度上影响观者的心里感受。比如同样一张食物的照片（见图5-1），哪张看起来更美味一些？美食照片通常饱和度高一些的看起来会更美味。的确，"色彩"能够美化照片，同时色彩也具有强大的"欺骗性"。同样一张"行囊"的照片（见图5-2），以不同的颜色进行展示给人的感觉也不同，是轻松愉快的郊游，或者是充满悬疑与未知的探险。

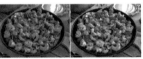

图 5-1　　　　　　　　　图 5-2

调色技术不仅在摄影后期占有重要地位，在平面设计中也是不可忽视的一个重要组成部分。平面设计作品中经常用到各种各样的图片元素，而图片元素的色调与画面是否匹配也会影响到设计作品的成败。调色不仅要使元素变"漂亮"，更重要的是通过色彩的调整使元素"融合"到画面中。通过图5-3和图5-4可以看到部分元素与画面整体"格格不入"，而经过了颜色的调整，则会使元素不再显得突兀，画面整体气氛更统一。

图 5-3　　　　　　　　　图 5-4

色彩的力量无比强大，想要"掌控"这个神奇的力量，Photoshop这一工具必不可少。Photoshop的调色功能非常强大，不仅可以对错误的颜色（即色彩方面不正确的问题，如曝光过度、亮度不足、画面偏灰、色调偏色等）进行校正，如图5-5所示，更能够通过调色功能的使用增强画面视觉效果，丰富画面情感，打造出风格化的色彩，如图5-6所示。

图 5-5　　　　　　　　　图 5-6

5.1.1　调色关键词

在进行调色的过程中，我们经常会听到一些关键词，例如"色调""色阶""曝光度""对比度""明度""纯度""饱和度""色相""颜色模式""直方图"等，这些词大部分都与"色彩"的基本属性有关。下面就来简单了解一下"色彩"。

在视觉的世界里，"色彩"被分为两类：无彩色和有彩色，如图5-7所示。无彩色为黑、白、灰，有彩色则是除黑、白、灰以外的其他颜色。如图5-8所示，每种有彩色都有三大属性：色相、明度、纯度（饱和度），无彩色只具有明度这一个属性。

图 5-7　　　　　　　　　图 5-8

1.色温（色性）

颜色除了色相、明度、纯度这3大属性外，还具有"温度"。色彩的"温度"也被称为色温或色性，指色彩的冷暖倾向。越倾向于蓝色的颜色或画面为冷色调，如图5-9所示，越倾向于橘色的为暖色调，如图5-10所示。

图 5-9　　　　　　　　　图 5-10

2.色调

"色调"也是我们经常提到的一个词语，指的是画面整体的颜色倾向。如图5-11所示为青绿色调图像，如图5-12所示为紫色调图像。

图 5-11　　　　　　　　　图 5-12

3.影调

对摄影作品而言，"影调"，又称为照片的基调或调子，指画面的明暗层次、虚实对比和色彩的色相明暗等之间的关系。由于影调的亮暗和反差的不同，通常以"亮暗"将图像分为"亮调""暗调"和"中间调"。也可以以"反差"将图像分为"硬调""软调"和"中间调"等多种形式。如图5-13所示为亮调图像，如图5-14所示为暗调图像。

图 5-13　　　　　　　　　图 5-14

4.颜色模式

"颜色模式"是指千千万万的颜色表现为数字形式的模型。简单来说，可以将图像的"颜色模式"理解为记录颜色的方式。在 Photoshop 中有多种"颜色模式"。执行"图像 > 模式"命令，可以将当前的图像更改为其他颜色模式：RGB颜色模式、CMYK 颜色模式、HSB 颜色模式、Lab 颜色模式、位图模式、灰度模式、索引颜色模式、双色调模式和多通道模式，如图 5-15 所示。设置颜色时，在拾色器窗口中可以选择不同的颜色模式进行颜色的设置，如图 5-16 所示。

 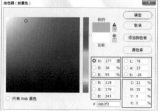

图 5-15　　　　　　　　　图 5-16

虽然图像可以有多种颜色模式，但并不是所有的颜色模式都经常使用。通常情况下，制作用于显示在电子设备上的图像文档时使用 RGB 颜色模式。涉及需要印刷的产品时需要使用 CMYK 颜色模式。而 Lab 颜色模式是色域最宽的色彩模式，也是最接近真实世界颜色的一种色彩模式，通常使用在将 RGB 颜色模式转换为 CMYK 颜色模式过程中，可以先将 RGB 图像转换为 Lab 颜色模式，然后再转换为 CMYK 颜色模式。

 提示：认识一下各种颜色模式。

位图模式：使用黑色、白色两种颜色值中的一个来表示图像中的像素。将一幅彩色图像转换为位图模式时，需要先将其转换为灰度模式，删除像素中的色相和饱和度信息之后才能执行"图像 > 模式 > 位图"命令，将其转换为位图。

灰度模式：灰度模式是用单一色调来表现图像，将彩色图像转换为灰度模式后会扔掉图像的颜色信息。

双色调模式：双色调模式不是指由两种颜色构成图像的颜色模式，而是通过 1~4 种自定义油墨创建的单色调、双色调、三色调和四色调的灰度图像。想要将图像转换为双色调模式，首先需要先将图像转换为灰度模式。

索引颜色模式：索引颜色模式是位图像的一种编码方法，可以通过限制图像中的颜色总数来实现有损压缩。索引颜色模式的位图较其他模式的位图占用更少的空间，所以索引颜色模式位图广泛用于网络图形、游戏制作中，常见的格式有 GIF、PNG-8 等。

RGB 颜色模式：RGB 颜色模式是进行图像处理时最常使用到的一种模式，RGB 模式是一种"加光"模式。RGB 分别代表 Red（红色）、Green（绿色）、Blue（蓝）。RGB 颜色模式下的图像只有在发光体上才能显示出来，例如显示器、电视等，该模式所包括的颜色信息（色域）有 1670 多万种，是一种真色彩颜色模式。

CMYK 颜色模式：CMYK 颜色模式是一种印刷模式，也叫"减光"模式，该模式下的图像只有在印刷品上才可以观察到。CMY 是 3 种印刷油墨名称的首字母，C 代表 Cyan（青色）、M 代表 Magenta（洋红）、Y 代表 Yellow（黄色），而 K 代表 Black（黑色）。CMYK 颜色模式包含的颜色总数比 RGB 模式少很多，所以在显示器上观察到的图像要比印刷出来的图像亮丽一些。

Lab 颜色模式：Lab 颜色模式是由 L（照度）和有关色彩的 a、b 这 3 个要素组成。L 表示 Luminosity（照度），相当于亮度；a 表示从红色到绿色的范围；b 表示从黄色到蓝色的范围。

多通道模式：多通道模式图像在每个通道中都包含 256 个灰阶，对于特殊打印时非常有用。将一张 RGB 颜色模式的图像转换为多通道模式的图像后，之前的红、绿、蓝 3 个通道将变成青色、洋红、黄色 3 个通道。多通道模式图像可以存储为 PSD、PSB、EPS 和 RAW 格式的文件。

5. 直方图

"直方图"是用图形来表示图像的每个亮度级别的像素数量。在直方图中横向代表亮度，左侧为暗部区域，中部为中间调区域，右侧为高光区域。纵向代表像素数量，纵向越高表示分布在这个亮度级别的像素越多，如图 5-17 所示。

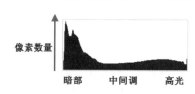

图 5-17

那么直方图究竟是用来做什么的呢？直方图常用于观测当前画面是否存在曝光过度或曝光不足的情况。虽然我们在为数码照片进行调色时，经常是通过"观察"去判定画面是否偏亮、偏暗。但很多时候由于显示器问题或者个人的经验不足，经常会出现"误判"。而"直方图"却总是准确直接地告诉我们，图像是否曝光"正确"或曝光问题主要出在了哪里。首先打开一张照片，如图 5-18 所示。执行"窗口 > 直方图"菜单命令，打开"直方图"面板，设置"通道"为 RGB。我们来观看一下当前图像的直方图，如图 5-19 所示。画面在直方图中显示着偏暗的部分较多，而亮部区域较少。与之相对的观察画面效果也是如此，画面整体更倾向于中、暗调。

如果大部分较高的竖线集中在直方图右侧，左侧几乎没有竖线。则表示当前图像亮部较多，暗调几乎没有。该图像可能存在曝光过度的情况，如图 5-20 所示。如果大部分较高的竖线集中在直方图左侧，图像更有可能是曝光不足的暗调效果，如图 5-21 所示。

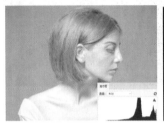 

图 5-20　　　　　　　　　　图 5-21

通过这样的分析我们能够发现图像存在的问题，接下来就可以在后面的操作中对图像问题进行调整。一张曝光正确的照片通常应当是大部分色阶集中在中间调区域，亮部区域和暗部区域也应有适当的色阶。但是需要注意的是：我们并不是一味追求"正确"的曝光。很多时候画面的主题才是控制图像是何种影调的决定因素。

 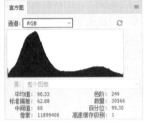

图 5-18　　　　　　　　　　图 5-19

5.1.2　如何调色

在 Photoshop 的"图像"菜单中包含多种可以用于调色的命令，其中大部分位于"图像 > 调整"子菜单中，还有 3 个自动调色命令位于"图像"菜单下，这些命令可以直接作用于所选图层，如图 5-22 所示。执行"图层 > 新建调整图层"命令，如图 5-23 所示。在子菜单中可以看到与"图像 > 调整"子菜单中相同的命令，这些命令起到的调色效果是相同的，但是其使用方式略有不同，后面将进行详细讲解。

以下几点即可。

1.校正画面整体的颜色错误

处理一张照片时，通过对图像整体的观察，最先考虑到的就是图像整体的颜色有没有"错误"。比如偏色（画面过于偏向暖色调/冷色调，偏紫色、偏绿色等）、画面太亮（曝光过度）、太暗（曝光不足）、偏灰（对比度低，整体看起来灰蒙蒙的）、明暗反差过大等。如果出现这些问题，首先要对以上问题进行处理，使图像变为一张曝光正确、色彩正常的图像，如图 5-24 和图 5-25 所示。

图 5-24　　　　　　　　　　图 5-25

如果在对新闻图片进行处理时，可能无须对画面进行美化，需要最大程度地保留画面真实度，那么图像的调色可能就到这里结束了。如果想要进一步美化图像，接下来再进行别的处理。

图 5-22　　　　　　　　　　图 5-23

从上面的这些调色命令的名称上来看，大致能猜到这些命令的作用。所谓的"调色"是通过调整图像的明暗（亮度）、对比度、曝光度、饱和度、色相、色调等几大方面来进行调整，从而实现图像整体颜色的改变。但如此多的调色命令，在真正调色时要从何处入手呢？很简单，只要把握住

2.细节美化

通过第一步整体的处理，我们已经得到了一张"正常"的图像。虽然这些图像是基本"正确"的，但是仍然可能存在一些不尽如人意的细节。比如想要重点突出的部分比较暗，如图 5-26 所示，照片背景颜色不美观，如图 5-27 所示。

图 5-26

图 5-27

图 5-30

我们常想要制作同款产品的不同颜色的效果图，如图 5-28 所示，或改变头发、嘴唇、瞳孔的颜色，如图 5-29 所示。对这些"细节"进行处理也是非常必要的。因为画面的重点常常就集中在一个很小的部分上。使用"调整图层"非常适合处理画面的细节。

图 5-28

图 5-29

3.帮助元素融入画面

在制作一些平面设计作品或者创意合成作品时，经常需要在原有的画面中添加一些其他元素，例如在版面中添加主体人像，为人物添加装饰物，为海报中的产品周围添加一些陪衬元素，为整个画面更换一个新背景等。当后添加的元素出现在画面中时，可能会感觉合成得很"假"，或颜色看起来很奇怪。除去元素内容、虚实程度、大小比例、透视角度等问题，最大的可能性就是新元素与原始图像的"颜色"不统一。例如环境中的元素均为偏冷的色调，而人物则偏暖，如图 5-30 所示。这时就需要对色调倾向不同的内容进行调色操作了。

例如新换的背景颜色过于浓艳，与主体人像风格不一致时，也需要进行饱和度以及颜色倾向的调整，如图 5-31 所示。

图 5-31

4.强化气氛，辅助主题表现

通过前面几个步骤，画面整体、细节以及新增的元素的颜色都被处理"正确"了。但是单纯"正确"的颜色是不够的，很多时候我们想要使自己的作品脱颖而出，需要的是超越其他作品的"视觉感受"。所以，我们需要对图像的颜色进行进一步的调整，而这里的调整考虑的是与图像主题相契合，如图 5-32 和图 5-33 所示为表现不同主题的不同色调作品。

图 5-32　　　　　　　　图 5-33

5.1.3　调色必备——"信息"面板

"信息"面板看似与调色操作没有关系，但是在"信息"面板中可以显示画面中取样点的颜色数值，通过数值的比对，能够分析出画面的偏色问题。执行"窗口 > 信息"菜单命令，打开"信息"面板。

右键单击工具箱中吸管工具组，在工具列表中选择"颜色取样器工具" ，在画面中本应是黑、白、灰的颜色处单击设置取样点。在"信息"面板中可以看到当前取样点的颜色数值。也可以在此单击创建更多的取样点（最多可以创建 10 个取样点），以判断画面是否存在偏色问题。因为无彩色的 R、G、B 数值应该相同或接近相同的，而某个数字偏大或偏小，则很容易判定图像的偏色问题。

例如我们在本该是白色的瓷瓶上单击取样，如图 5-34 所示。在"信息"面板中可以看到 RGB 的数值分别是 201、189、185，如图 5-35 所示。既然本色是白色/淡灰色的对象，那么在不偏色的情况下，呈现出的 RGB 数值应该是一致的，而此时看到的数值中 R（红）明显偏大，所以可以判断，画面存在偏红的问题。

图 5-34　　　　　　　　图 5-35

 提示："信息"面板功能多。

在"信息"面板中还可以快速准确地查看诸如光标所处的坐标、颜色信息、选区大小、定界框的大小和文档大小等信息。

{重点} 5.1.4　动手练：使用调色命令调色

步骤01 调色命令的种类虽然很多，但是其使用方法都比较相似。首先选中需要操作的图层，如图5-36所示。选择"图像>调整"命令，在子菜单中可以看到很多调色命令，例如"色相/饱和度"等，如图5-37所示。

扫一扫，看视频

图 5-36　　　　　　　　图 5-37

步骤02 大部分调色命令都会弹出参数设置对话框，在此对话框中可以进行参数选项的设置（反相、去色、色调均化命令没有参数调整对话框）。如图5-38所示为"色相/饱和度"对话框，在此对话框中可以看到很多滑块，尝试拖动滑块的位置，画面颜色产生了变化，如图5-39所示。

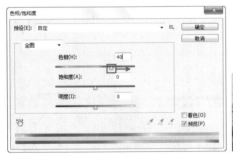

图 5-38　　　　　　　　图 5-39

步骤03 很多调整命令中都有"预设"，所谓的"预设"就是软件内置的一些设置好的参数效果。可以通过在预设列表中选择某一种预设，快速为图像施加效果。例如在"色相/饱和度"对话框中单击"预设"后倒三角按钮，在预设列表中选择某一项，即可观察到效果，如图5-40和图5-41所示。

图 5-40

图 5-41

步骤04 很多调色命令都有"通道"列表或"颜色"列表可供选择，例如默认情况下显示的是 RGB，此时调整的是整个画面的效果。如果单击列表会看到红、绿、蓝，选择某一项，即可针对这种颜色进行调整，如图5-42和图5-43所示。

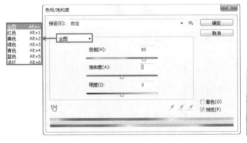

图 5-42　　　　　　　　图 5-43

提示：快速还原默认参数。

使用图像调整命令时，如果在修改参数之后，还想将参数还原成默认数值，可以按住 Alt 键，对话框中的"取消"按钮会变为"复位"按钮，单击该"复位"按钮即可还原原始参数，如图5-44所示。

图5-44

中文版Photoshop CS6从入门到精通（微课视频　全彩版）

{重点} 5.1.5 动手练：使用调整图层调色

扫一扫，看视频

前面提到了"调整命令"与"调整图层"能够起到的调色效果是相同的，但是"调整命令"是直接作用于原图层的，而"调整图层"则是将调色操作以"图层"的形式，存在于图层面板中。既然具有"图层"的属性，那么调整图层就具有以下特点：可以随时隐藏或显示调色效果，可以通过蒙版控制调色影响的范围，可以创建剪贴蒙版，可以调整透明度以减弱调色效果，可以随时调整图层所处的位置，可以随时更改调色的参数。相对来说，使用调整图层进行调色，可以操作的余地更大一些。

步骤01 选中一个需要调整的图层，如图 5-45 所示。接着执行"图层>新建调整图层"命令，在子菜单中可以看到很多命令，执行其中某一项，如图 5-46 所示。

图 5-45

图 5-46

提示：使用"调整"面板。

执行"窗口>调整"命令，打开"调整"面板，在"调整"面板中排列的图标，与"图层>新建调整图层"菜单中的命令是相同的。可以在这里单击调整面板中的按钮创建调整图层，如图 5-47 所示。

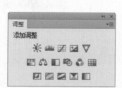
图5-47

另外，在"图层"面板底部单击"创建新的填充或调整图层"按钮 ●.，然后在弹出的菜单中选择相应的调整命令。

步骤02 弹出一个新建图层的对话框，在此处可以设置调整图层的名称，单击"确定"即可，如图 5-48 所示。接着在图层面板中可以看到新建的调整图层，如图 5-49 所示。

图 5-48

图 5-49

步骤03 与此同时"属性"面板中会显示当前调整图层的参数设置（如果没有出现"属性"面板，可以双击该调整图层的缩览图，即可重新弹出"属性"面板），随意调整参数，如图 5-50 所示。此时画面颜色发生了变化，如图 5-51 所示。

图 5-50   图 5-51

步骤04 在"图层"面板中能够看到每个调整图层都自动带有一个"图层蒙版"。在调整图层蒙版中可以使用黑、白色来控制受影响的区域。白色为受影响，黑色为不受影响，灰色为受到部分影响。例如想要使刚才创建的"色彩平衡"调整图层只对画面中的下半部分起作用，那么则需要在蒙版中使用黑色画笔涂抹不想要受调色命令影响的上半部分。单击选中"色彩平衡"调整图层的蒙版，然后设置前景色为黑色，单击"画笔工具"，设置合适的大小，在天空的区域涂抹黑色，如图 5-52 所示。被涂抹的区域变为了调色之前的效果，如图 5-53 所示。（关于图层蒙版的原理以及相关知识，请参阅本书 7.3 小节。）

图 5-52   图 5-53

提示：其他可以用于调色的功能。

在 Photoshop 中进行调色时，不仅可以使用调色命令或者调整图层，还有很多可以辅助调色的功能，例如通过对纯色图层设置图层"混合模式"或"不透明度"改变画面颜色，或者使用画笔工具、颜色替换画笔、加深工具、减淡工具、海绵工具等对画面局部颜色进行更改。

第 5 章 调色

5.2 自动调色命令

在"图像"菜单下有3个用于自动调整图像颜色问题的命令："自动对比度""自动色调"和"自动颜色"，如图 5-54 所示。这 3 个命令无须进行参数设置，执行命令后，Photoshop 会自动计算图像颜色和明暗中存在的问题并进行校正，适合于处理一些数码照片常见的偏色或者偏灰、偏暗、偏亮等问题。

图 5-54

5.2.1 自动对比度

"自动对比度"命令常用于校正图像对比度过低的问题。打开一张对比度偏低的图像，画面看起来有些"灰"，如图 5-55 所示。执行"图像 > 自动对比度"命令，偏灰的图像会被自动提高对比度，效果如图 5-56 所示。

图 5-55　　　　图 5-56

5.2.2 自动色调

"自动色调"命令常用于校正图像常见的偏色问题。打开一张略微有些偏色的图像，画面看起来有些偏黄，如图 5-57 所示。执行"图像 > 自动色调"命令，过多的黄色成分被去除了，效果如图 5-58 所示。

图 5-57　　　　图 5-58

5.2.3 自动颜色

"自动颜色"主要用于校正图像中颜色的偏差，例如图 5-59 所示的图像中，灰白色的背景偏向于红色，执行"图像 > 自动颜色"命令，可以快速减少画面中的红色，效果如图 5-60 所示。

图 5-59　　　　图 5-60

5.3 调整图像的明暗

在"图像 > 调整"菜单中有很多种调色命令，其中一部分调色命令主要针对图像的明暗进行调整。提高图像的明度可以使画面变亮，降低图像的明度可以使画面变暗；增强亮部区域的明亮程度并降低画面暗部区域的亮度则可以增强画面对比度，反之则会降低画面对比度，如图 5-61 和图 5-62 所示。

图 5-61　　　　图 5-62

【重点】5.3.1 亮度 / 对比度

扫一扫，看视频

"亮度 / 对比度"命令常用于使图像变得更亮、更暗一些，校正"偏灰"（对比度过低）的图像，增强对比度使图像更"抢眼"或弱化对比度使图像柔和，如图 5-63 和图 5-64 所示。

图 5-63　　　　图 5-64

打开一张图像，如图 5-65 所示。执行"图像 > 调整 >

亮度／对比度"命令，打开"亮度／对比度"对话框，如图 5-66 所示。执行"图层 > 新建调整图层 > 亮度／对比度"命令，可创建一个"亮度／对比度"调整图层。

图 5-65　　　　　　　　　图 5-66

- 亮度：用来设置图像的整体亮度。数值由小到大变化，为负值时，表示降低图像的亮度；为正值时，表示提高图像的亮度，如图5-67所示。

图 5-67

- 对比度：用于设置图像亮度对比的强烈程度。数值由小到大变化，为负值时，图像对比度减弱；为正值时，图像对比度会增强，如图5-68所示。

图 5-68

- 预览：勾选该选项后，在"亮度/对比度"对话框中调节参数时，可以在文档窗口中观察到图像的亮度变化。
- 使用旧版：勾选该选项后，可以得到与Photoshop CS3以前的版本相同的调整结果。
- 自动：单击"自动"按钮，Photoshop会自动根据画面进行调整。

【重点】5.3.2　动手练：色阶

"色阶"命令主要用于调整画面的明暗程度以及增强或降低对比度。"色阶"命令的优势在于可以单独对画面的阴影、中间调、高光以及亮部、暗部区域进行调整。而且可以对各个颜色通道进行调整，以实现色彩调整的目的，如图 5-69 和图 5-70 所示。

扫一扫，看视频

图 5-69　　　　　　　　图 5-70

执行"图像 > 调整 > 色阶"菜单命令（快捷键 Ctrl+L），可打开"色阶"对话框，如图 5-71 所示。执行"图层 > 新建调整图层 > 色阶"命令，可创建一个"色阶"调整图层，如图 5-72 所示。

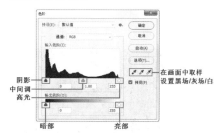 

图 5-71　　　　　　　　图 5-72

步骤 01 打开一张图像，如图 5-73 所示。执行"图像 > 调整 > 色阶"菜单命令，在打开的"色阶"对话框中"输入色阶"下可以通过拖曳滑块来调整图像的阴影、中间调和高光，同时也可以直接在对应的输入框中输入数值。向右移动"阴影"滑块，画面暗部区域会变暗，如图 5-74 和图 5-75 所示。

图 5-73　　　　　图 5-74　　　　　图 5-75

步骤 02 尝试向左移动"高光"滑块，画面亮部区域变亮，如图 5-76 和图 5-77 所示。

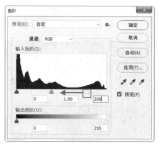 

图 5-76　　　　　　　　图 5-77

步骤 03 向左移动"中间调"滑块，画面中间调区域会变亮，受其影响，画面大部分区域会变亮，如图 5-78 和图 5-79 所示。

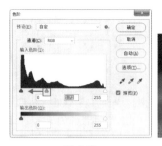

图 5-78 　　　　　　　　　　　图 5-79

步骤 04 向右移动"中间调"滑块，画面中间调区域会变暗，受其影响，画面大部分区域会变暗，如图 5-80 和图 5-81 所示。

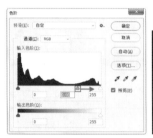

图 5-80 　　　　　　　　　　　图 5-81

步骤 05 在"输出色阶"中可以设置图像的亮度范围，从而降低对比度。向右移动"暗部"滑块，画面暗部区域会变亮，画面会产生"变灰"的效果，如图 5-82 和图 5-83 所示。

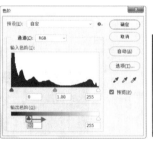

图 5-82 　　　　　　　　　　　图 5-83

步骤 06 向左移动"亮部"滑块，画面亮部区域会变暗，画面同样会产生"变灰"的效果，如图 5-84 和图 5-85 所示。

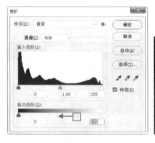

图 5-84 　　　　　　　　　　　图 5-85

步骤 07 选择"在图像中取样以设置黑场"按钮 ，在图像中单击取样，可以将单击点处的像素调整为黑色，同时图像中比该单击点暗的像素也会变成黑色，如图 5-86 和图 5-87 所示。

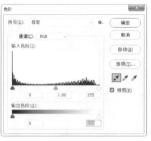

图 5-86 　　　　　　　　　　　图 5-87

步骤 08 选择"在图像中取样以设置灰场"按钮 ，在图像中单击取样，可以根据单击点像素的亮度来调整其他中间调的平均亮度，如图 5-88 和图 5-89 所示。

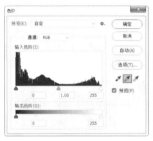

图 5-88 　　　　　　　　　　　图 5-89

步骤 09 选择"在图像中取样以设置白场"按钮 ，在图像中单击取样，可以将单击点处的像素调整为白色，同时图像中比该单击点亮的像素也会变成白色，如图 5-90 和图 5-91 所示。

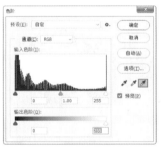

图 5-90 　　　　　　　　　　　图 5-91

步骤 10 如果想要使用"色阶"命令对画面颜色进行调整，则可以在"通道"列表中选择某个"通道"，然后对该通道进行明暗调整，使某个通道变亮，如图 5-92 所示，画面则会更倾向于该颜色，效果如图 5-93 所示。而使某个通道变暗，则会减少画面中该颜色的成分，而使画面倾向于该通道的补色。

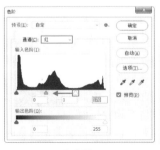

图 5-92 　　　　　　　　　　　图 5-93

中文版Photoshop CS6从入门到精通（微课视频 全彩版）

举一反三：巧用"在画面中取样设置黑场 / 白场"

在进行通道抠图时，首先需要复制一个主体物与背景黑白反差较大的通道，如图5-94所示。接下来就需要强化通道的黑白反差，而"在画面中取样设置黑场 / 白场"按钮正好能够派上用场。这里需要将背景变为黑色，主体物变为白色，使用"在画面中取样设置黑场"按钮单击背景部分，使用"在画面中取样设置白场"按钮单击主体物部分，如图5-95所示。

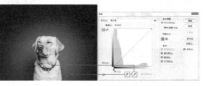

图5-94　　　　　　　　图5-95

此时通道变为黑白反差非常大的效果，如图5-96所示。但是主体物中仍有部分区域为黑色，使用白色画笔进行涂抹即可，如图5-97所示。最后可以载入该通道选区，并为原图层添加蒙版，抠图完成，如图5-98所示。关于"通道抠图"的具体内容将在第6章中讲解。

图5-96　　　　图5-97　　　　图5-98

[重点] 5.3.3　动手练：曲线

"曲线"命令既可用于对画面的明暗和对比度进行调整，又常用于校正画面偏色问题以及调整出独特的色调效果，如图5-99和图5-100所示。

扫一扫，看视频

图5-99　　　　　　　图5-100

执行"曲线>调整>曲线"菜单命令（快捷键Ctrl+ M），打开"曲线"对话框，如图5-101所示。在"曲线"对话框中左侧为曲线调整区域，在这里可以通过改变曲线的形态，调整画面的明暗程度。曲线段上部分控制画面的亮部区域；曲线中间段的部分控制画面中间调区域；曲线下半部分控制画面暗部区域。

在曲线上单击即可创建一个点，然后通过按住并拖动曲线点的位置调整曲线形态。将曲线上的点向左上移动则会使图像变亮，将曲线点向右下移动可以使图像变暗。

执行"图层>新建调整图层>曲线"命令，创建一个"曲线"调整图层，同样能够进行相同效果的调整，

如图5-102所示。

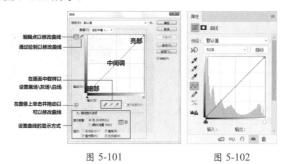

图5-101　　　　　　　图5-102

1. 使用"预设"的曲线效果

在"曲线"对话框中"预设"下拉列表中共有9种曲线预设效果。如图5-103和图5-104所示分别为原图与九种预设效果。

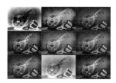

图5-103　　　　　　　图5-104

2. 提亮画面

预设并不一定适合所有情况，所以大部分时候都需要我们自己对曲线进行调整。例如想让画面整体变亮一些，可以选择在曲线的中间调区域按住鼠标左键，并向左上拖动，如图5-105所示，此时画面就会变亮，如图5-106所示。因为通常情况下，中间调区域控制的范围较大，所以想要对画面整体进行调整时，大多会选择在曲线中间段部分进行调整。

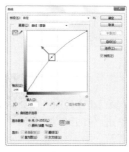

图5-105　　　　　　　图5-106

3. 压暗画面

想要使画面整体变暗一些，可以在曲线上中间调的区域上按住鼠标左键并向右下移动曲线，如图5-107所示，效果如图5-108所示。

4. 调整图像对比度

想要增强画面对比度，则需要使画面亮部变得更亮，而暗部变得更暗。那么则需要将曲线调整为S形，在曲线上半段添加点向左上移动，在曲线下半段添加点向右下移动，如

图 5-109 所示。反之想要使图像对比度降低，则需要将曲线调整为 Z 形，如图 5-110 所示。

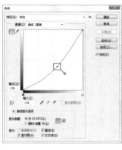
图 5-107

图 5-108

5. 调整图像的颜色

使用曲线可以校正偏色情况，也可以使画面产生各种各样的颜色倾向。例如，图 5-111 所示的画面倾向于红色，那么在调色处理时，就需要减少画面中的红色。所以可以在"曲线"对话框的"通道"列表中选择"红"，然后调整曲线形态，将

曲线向右下调整。此时画面中的红色成分减少，画面颜色恢复正常，如图 5-112 所示。当然如果想要为图像进行色调的改变，则可以调整单独通道的明暗来使画面颜色改变。

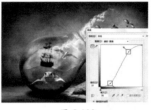
图 5-109

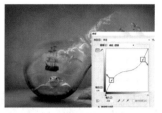
图 5-110

图 5-111

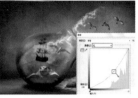
图 5-112

练习实例：使用曲线一步打造清新色调

文件路径	资源包\第5章\练习实例：使用曲线一步打造清新色调
难易指数	★★★★★
技术掌握	曲线

案例效果

案例处理前后对比效果如图 5-113 和图 5-114 所示。

图 5-113

图 5-114

操作步骤

扫一扫，看视频

步骤 01 执行"文件 > 打开"命令，在"打开"对话框中选择背景素材 1.jpg，单击"打开"按钮，则打开背景素材如图 5-115 所示。

图 5-115

步骤 02 下面就对这张照片进行调色。执行"图层 > 新建调整图层 > 曲线"命令，在弹出的"属性"面板中单击 RGB 倒三角按钮，在下拉列表中选择"绿"。在曲线上选择底部的控制点，按住鼠标左键向上拖曳。改变"绿"曲线可以增

加画面的绿色，使画面具有轻快感，如图 5-116 所示。效果如图 5-117 所示。

图 5-116

图 5-117

步骤 03 继续单击 RGB 倒三角按钮，在下拉列表中选择"蓝"，在曲线上选择底部的控制点，沿着轴向按住鼠标左键向上拖曳，改变"蓝"曲线可以增加画面的蓝色，使画面产生夏日的清新感，如图 5-118 所示。效果如图 5-119 所示。

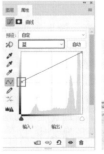
图 5-118

图 5-119

练习实例：使用曲线打造朦胧暖调

文件路径	资源包\第5章\练习实例：使用曲线打造朦胧暖调
难易指数	⭐⭐⭐⭐⭐
技术掌握	曲线、镜头光晕

案例效果

案例处理前后对比效果如图 5-120 和图 5-121 所示。

图 5-120

图 5-121

操作步骤

扫一扫，看视频

步骤 01 执行"文件 > 打开"命令，在"打开"对话框中选择背景素材 1.jpg，单击"打开"按钮，则打开素材，如图 5-122 所示。

图 5-122

步骤 02 首先为画面增添一些"朦胧感"。在"图层"面板中选择该背景图层，右键单击，在弹出的快捷菜单中执行"复

制图层"命令。接着对复制的图层执行"滤镜 > 模糊 > 高斯模糊"命令，在弹出的"高斯模糊"对话框中设置"半径"为 50 像素，单击确定按钮完成设置，如图 5-123 所示。效果如图 5-124 所示。

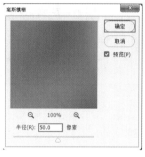
图 5-123

图 5-124

步骤 03 在图层面板中选择模糊的图层，单击图层面板底部的"添加图层蒙版"按钮。选择图层的蒙版，接着单击工具箱中的"画笔工具"，设置画笔合适的"大小"，"硬度"为 0%，"不透明度"为 50%。在图层蒙版中对人物部分和背景区域简单涂抹，图层蒙版如图 5-125 所示。显露出底部清晰的人物和部分背景，如图 5-126 所示。

图 5-125

图 5-126

步骤 04 接着我们要制作画面的暖色调。执行"图层 > 新建

调整图层 > 曲线"命令，在弹出的"属性"面板中 RGB 曲线上半部分单击添加控制点，并按住鼠标左键向上拖曳。继续在曲线下半部分单击添加控制点，并按住鼠标左键向上拖曳，通过改变曲线形状提高画面的亮度，如图 5-127 所示。单击 RGB 后面的倒三角按钮，在下拉列表中选择"红"，调整"红"通道的曲线形态，使画面暗部区域偏红，如图 5-128 所示。继续设置通道为"蓝"，在曲线上单击添加两个控制点，并按住鼠标左键向下拖曳，通过调整减少画面中的蓝色，如图 5-129 所示。效果如图 5-130 所示。

图 5-127

图 5-128

图 5-129

图 5-130

第 5 章 调色

步骤 05 接着制作镜头光晕。新建图层，设置"前景色"为黑色，使用快捷键 Alt+Delete 填充黑色，如图 5-131 所示。执行"滤镜>渲染>镜头光晕"命令，在弹出的"镜头光晕"对话框中拖曳光晕中的十字标，对光晕的方向进行改变，设置"亮度"为 100%，选择"50-300 毫米变焦"，单击"确定"按钮完成设置，如图 5-132 所示。效果如图 5-133 所示。

图 5-131　　　　　图 5-132　　　　　图 5-133

步骤 06 在图层面板中设置该图层"混合模式"为"滤色"，如图 5-134 所示。效果如图 5-135 所示。

图 5-134　　　　　图 5-135

步骤 07 为了强化光晕效果，可以在图层面板中选择该光晕图层，右键单击，在弹出的快捷菜单中执行"复制图层"命

令，叠加增强效果，如图 5-136 所示。使用同样的方法再叠加一层，效果如图 5-137 所示。

图 5-136　　　　　图 5-137

步骤 08 使用"横排文字工具"添加艺术字，如图 5-138 所示。最后制作照片框，单击"圆角矩形工具"，在"选项栏"中设置"绘制模式"为"路径"，"半径"为 50 像素，在画面中按住鼠标左键拖曳绘制圆角矩形路径，然后使用快捷键 Ctrl+Enter 将路径转化为选区，接着使用快捷键 Ctrl+Shift+I 将选区反选，设置"前景色"为白色，使用 Alt+Delete 填充选区，按 Enter 键完成制作，取消选区，最终效果如图 5-139 所示。

图 5-138　　　　　图 5-139

练习实例：使用曲线柔化皮肤

文件路径	资源包\第5章\练习实例：使用曲线柔化皮肤
难易指数	★★★★☆
技术掌握	黑白、曲线

案例效果

案例处理前后对比效果如图 5-140 和图 5-141 所示。

图 5-140　　　　　图 5-141

操作步骤

步骤 01 执行"文件 > 打开"菜单命令或按 Ctrl+O 快捷键，打开素材 1.jpg，如图 5-142 所示。本案例利用"曲线"调

扫一扫，看视频

整图层对皮肤进行磨皮。对人像素材进行处理时，如果将人像照片放大观察，经常可以看到皮肤细节存在的一些问题，例如有斑点细纹，毛孔比较明显，皮肤表面明暗不均匀等。除此之外还存在面部立体感不足的问题。例如本案例中的一些问题，如图 5-143 和图 5-144 所示。

 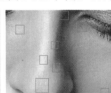 

图 5-142　　　　图 5-143　　　　图 5-144

步骤 02 斑点细纹问题可以利用"污点修复画笔工具""仿制图章工具"等进行去除，而本案例中的毛孔、明暗不均匀以及立体感不足的情况都可以利用曲线进行调整。毛孔明显可以通过将每个毛孔的暗部提亮，使之与亮部明暗接近即可。皮肤明暗不均匀，可以利用曲线将偏暗的局部提亮一些。要想增强面部立体感则需要强化五官和面颊处的暗部，提亮亮部即可。以上的操作都是基于对皮肤的明暗进行调整，减少了皮肤细节处的明暗反差，

肌肤就会变得柔和很多，如图 5-145 所示为明暗不均匀的皮肤效果的校正。

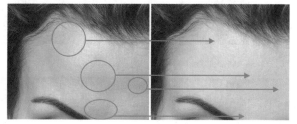

图 5-145

步骤 03 打开人像照片，如果不仔细观察的话可能很难看到皮肤上细小的明暗和瑕疵。这就为使用"曲线"调整图层进行调整的过程中造成了很大的麻烦，不能明确地看到瑕疵在哪里，就无法进行修饰。由于曲线操作主要针对明暗进行调整，所以为了能更加方便地修饰操作，在进行皮肤调整之前可以创建用于辅助的观察图层，使画面在黑白状态下，能够更清晰地看出画面的明暗。而有些细小的明暗可能很难分辨，所以可以适当增强画面的对比度，以便观察到明暗细节，如图 5-146 所示。皮肤细节处理的变化效果非常微妙，需要放大进行仔细查看。

图 5-146

步骤 04 在使用"曲线"柔化皮肤之前要建立两个观察图层，方便我们在使用"曲线"调整时观察。执行"图层 > 新建调整图层 > 黑白"命令，在弹出的"属性"面板中设置"红色"为40，"黄色"为60，"绿色"为40，"青色"为60，"蓝色"为20，"洋红"为80，如图 5-147 所示，继续执行"图层 > 新建调整图层 > 曲线"命令，在弹出的"属性"面板中单击曲线创建控制点，拖动控制点向下，如图 5-148 所示。

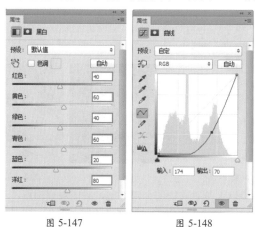

图 5-147　　　　　　图 5-148

步骤 05 用于观察的图层创建完成，观察图层如图 5-149 所示。效果如图 5-150 所示。

　→ 观察图层　

图 5-149　　　　　　图 5-150

步骤 06 在观察图层上可以看到人物面部黑白阴影分布不均，下面要使用曲线调整使人物皮肤黑白明确，皮肤柔和。首先，对整体进行调整，执行"图层 > 新建调整图层 > 曲线"命令，在弹出的"属性"面板中单击曲线创建控制点，拖动控制点向上，如图 5-151 所示。设置"前景色"为黑色，单击该调整图层的"图层蒙版缩略图"并使用快捷键 Alt+Delete 为其填充黑色，如图 5-152 所示。

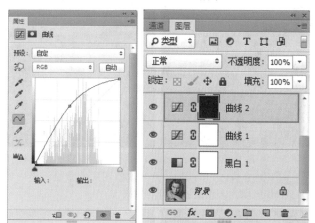

图 5-151　　　　　　图 5-152

步骤 07 接着单击工具箱中的"画笔工具"，在选项栏中单击"画笔预设"下拉按钮，在"画笔预设"面板中设置画笔"大小"为 20 像素，"硬度"为 0%，"不透明度"为 20%。然后放大额头处，可以看到额头处有明显的明暗不均匀处，如图 5-153 所示。可以使用设置好的半透明画笔在额头处偏暗的地方涂抹，被涂抹的区域中偏暗的部分被提亮，使得这部分区域的明暗均匀，如图 5-154 所示。

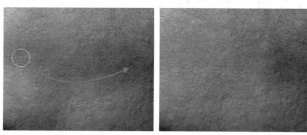

图 5-153　　　　　　图 5-154

175

步骤 08 隐藏两个观察图层，看一下彩色图片的对比效果，如图 5-155 和图 5-156 所示。

图 5-155　　　　　　　　图 5-156

步骤 09 继续按照之前的操作，仔细观察皮肤上的明暗不均匀的地方，进行细致地涂抹。涂抹过程中需要根据要涂抹区域的大小调整画笔的大小。另外，为了便于观察还需要随时调整观察图层的参数。如图 5-157 和图 5-158 所示为在观察图层状态下的对比效果。

图 5-157　　　　　　　　图 5-158

步骤 10 如图 5-159 所示为该曲线调整图层的蒙版效果，如图 5-160 所示为人像皮肤部分的效果。

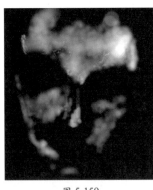

图 5-159　　　　　　　　图 5-160

步骤 11 接下来用同样的方法继续对面颊右侧进行处理。执行"图层 > 新建调整图层 > 曲线"命令，创建一个曲线调整图层，调整曲线形态，效果如图 5-161 所示，并使用半透明较小的画笔在蒙版中面颊右侧以及额头处的偏暗的部分进行涂抹，如图 5-162 所示。对比效果如图 5-163 所示。

步骤 12 同样对人像额头处进行处理，如图 5-164 和图 5-165 所示为额头处的对比效果。

图 5-161　　　图 5-162　　　　图 5-163

图 5-164　　　　　　　　图 5-165

步骤 13 最后，在人物脸部两侧添加阴影，使人物更有立体感。执行"图层 > 新建调整图层 > 曲线"命令，在弹出的"属性"面板中单击曲线创建控制点，拖动控制点向下，将画面压暗，如图 5-166 所示。同样先为"图层蒙版"填充为黑色，如图 5-167 所示。

图 5-166　　　　　　　　图 5-167

步骤 14 接着使用同样的方法用白色半透明的圆形柔角"画笔工具"对人物脸部两侧边缘进行涂抹，显示曲线效果，如图 5-168 所示。如图 5-169 所示为蒙版效果，如图 5-170 所示为在观察图层下的画面效果，可以看到面颊两侧变暗了，人物面部显得更加立体了一些。

图 5-168　　　图 5-169　　　图 5-170

步骤 15 以上是对人物的全部调整，关闭观察图层，观察最终效果，如图 5-171 所示。人物皮肤变得柔和，而且面部立体感也有所增强，效果如图 5-172 所示。

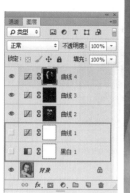

图 5-171

图 5-172

图 5-173

图 5-174

图 5-175

步骤16 对比效果如图 5-173 所示。细节对比效果如图 5-174、图 5-175、图 5-176 和图 5-177 所示。由于人物皮肤质感精修的效果非常微妙，印刷效果可能不明显，请大家在资源包中打开素材以及源文件，对比观察效果。

图 5-176

图 5-177

【重点】5.3.4 曝光度

"曝光度"命令主要用来校正图像曝光过度、对比度过低或过高的情况。如图 5-178 所示为不同曝光程度的图像。

扫一扫，看视频

图 5-178

打开一张图像，如图 5-179 所示。执行"图像>调整>曝光度"菜单命令，打开"曝光度"对话框，如图 5-180 所示（或执行"图层>新建调整图层>曝光度"命令，创建一个"曝光度"调整图层，如图 5-181 所示）。在这里可以对曝光度数值进行设置来使图像变亮或者变暗。例如适当增大"曝光度"数值，可以使原本偏暗的图像变亮一些，如图 5-182 所示。

图 5-179

图 5-180

图 5-181

图 5-182

- 预设：Photoshop 预设了 4 种曝光效果，分别是"减 1.0""减 2.0""加 1.0"和"加 2.0"。
- 曝光度：向左拖曳滑块，可以降低曝光效果；向右拖曳滑块，可以增强曝光效果。如图 5-183 所示为不同参数的对比效果。

曝光度：-2　　　　　　　　　曝光度：0　　　　　　　　　曝光度：1

图 5-183

- 位移：该选项主要对阴影和中间调起作用。减小数值可以使其阴影和中间调区域变暗，但对高光基本不会产生影响。如图 5-184 所示为不同参数的对比效果。

位移：-0.2　　　　　　　　　位移：0　　　　　　　　　位移：0.2

图 5-184

- 灰度系数校正：使用一种乘方函数来调整图像灰度系数。滑块向左调整增大数值，滑块向右调整减小数值。如图 5-185 所示为不同参数的对比效果。

灰度系数校正：3　　　　　　　　灰度系数校正：1　　　　　　　　灰度系数校正：0.3

图 5-185

[重点] 5.3.5　阴影 / 高光

　　"阴影 / 高光"命令可以单独对画面中的阴影区域以及高光区域的明暗进行调整。"阴影 / 高光"命令常用于恢复由于图像过暗造成的暗部细节缺失，以及图像过亮导致的亮部细节不明确等问题，如图 5-186 和图 5-187 所示。

扫一扫，看视频

图 5-186

图 5-187

步骤 01 打开一张图像，如图 5-188 所示。

图 5-188

步骤 02 执行"图像 > 调整 > 阴影 / 高光"菜单命令，打开"阴影 / 高光"对话框，默认情况下只显示"阴影"和"高光"两个数值，如图 5-189 所示。增大阴影数值可以使画面暗部区域变亮，如图 5-190 所示。

图 5-189　　　　　　　　图 5-190

步骤 03 而增大"高光"数值则可以使画面亮部区域变暗，如图 5-191 和图 5-192 所示。

图 5-191　　　　　　　　图 5-192

步骤 04 "阴影 / 高光"可设置的参数并不只是这两个，勾选"显示更多选项"以后，可以显示"阴影 / 高光"的完整选项，如图 5-193 所示。阴影选项组与高光选项组的参数是相同的。

图 5-193

* 数量：数量选项用来控制阴影 / 高光区域的亮度。阴影的"数值"越大，阴影区域就越亮。高光的"数值"越大，高光区域就越暗，如图 5-194 所示。

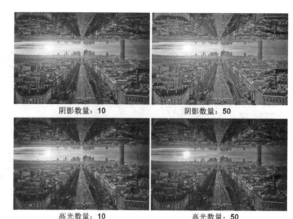

阴影数量：10　　　　　阴影数量：50

高光数量：10　　　　　高光数量：50

图 5-194

* 色调宽度：色调宽度选项用来控制色调的修改范围，值越小，修改的范围越小。
* 半径：半径用于控制每个像素周围的局部相邻像素的范围大小。相邻像素用于确定像素是在阴影还是在高光中。数值越小，范围越小。
* 颜色校正：用于控制画面颜色感的强弱，数值越小，画面饱和度越低；数值越大，饱和度越高，如图 5-195 所示。

颜色：-100　　　颜色：0　　　颜色：+100

图 5-195

* 中间调对比度：用来调整中间调的对比度，数值越大，中间调的对比度越强，如图 5-196 所示。

中间调：-100　　　中间调：0　　　中间调：+100

图 5-196

* 修剪黑色：该选项可以将阴影区域变为纯黑色，数值的大小用于控制变化为黑色阴影的范围。数值越大，变为黑色的区域越大，画面整体越暗。最大数值为 50%，过大的数值会使图像丧失过多细节，如图 5-197 所示。

修剪黑色：0.01%　　　修剪黑色：20%　　　修剪黑色：50%

图 5-197

- 修剪白色：该选项可以将高光区域变为纯白色，数值的大小用于控制变化为白色高光的范围。数值越大，变为白色的区域越大，画面整体越亮。最大数值为50%，过大的数值会使图像丧失过多细节，如图5-198所示。

修剪白色：0.01% 　　　　修剪白色：20% 　　　　修剪白色：50%

图 5-198

- 存储为默认值：如果要将对话框中的参数设置存储为默认值，可以单击该按钮。存储为默认值以后，再次打开"阴影/高光"对话框时，就会显示该参数。

5.4　调整图像的色彩

对图像"调色"，一方面是针对画面明暗的调整，另一方面是针对画面"色彩"的调整。在"图像>调整"命令中有十几种可以针对图像色彩进行调整的命令。通过使用这些命令既可以校正偏色的问题，又能够为画面打造出各具特色的色彩风格，如图5-199和图5-200所示。

图 5-199 　　　　　　图 5-200

> **提示：学习调色时要注意的问题。**
>
> 调色命令虽然很多，但并不是每一种都特别常用。或者说，并不是每一种都适合自己使用。其实在实际调色过程中，想要实现某种颜色效果，往往是既可以使用这种命令，又可以使用那种命令。这时千万不要纠结于书中或者教程中使用的某个特定命令。我们只需要选择自己习惯使用的命令就可以。

【重点】5.4.1　自然饱和度

扫一扫，看视频

"自然饱和度"可以增加或减少画面颜色的鲜艳程度。"自然饱和度"常用于使外景照片更加明艳动人，或者打造出复古怀旧的低彩效果，如图5-201和图5-202所示。在"色相/饱和度"命令中也可以增加或降低画面的饱和度，但是与之相比，"自然饱和度"的数值调整更加柔和，不会因为饱和度过高而产生纯色，也不会因饱和度过低而产生完全灰度的图像。所以"自然饱和度"非常适合用于数码照片的调色。

选择一个图层，如图5-203所示。执行"图像>调整>自然饱和度"菜单命令，打开"自然饱和度"对话框，在这里可以对"自然饱和度"以及"饱和度"数值进行调整，如图5-204所示。执行"图层>新建调整图层>自然饱和度"命令，可以创建一个"自然饱和度"调整图层，如图5-205所示。

图 5-201 　　　　　　图 5-202

图 5-203 　　　　　　图 5-204 　　　　　　图 5-205

中文版Photoshop CS6从入门到精通（微课视频 全彩版）

- 自然饱和度：向左拖曳滑块，可以降低颜色的饱和度；向右拖曳滑块，可以增加颜色的饱和度，如图5-206所示。

图 5-206

- 饱和度：向左拖曳滑块，可以增加所有颜色的饱和度；向右拖曳滑块，可以降低所有颜色的饱和度，如图5-207所示。

图 5-207

练习实例：制作梦幻效果海的女儿

文件路径	资源包\第5章\练习实例：制作梦幻效果海的女儿
难易指数	★★★★★
技术掌握	自然饱和度、曲线

案例效果

案例处理前后对比效果如图5-208和图5-209所示。

图 5-208

图 5-209

操作步骤

步骤01 执行"文件>打开"命令，打开人物素材1.jpg，如图5-210所示。单击图层面板下方的"新建图层"按钮。选中新建图层，单击工具箱中的"画笔工具"，设置前景色为白色。在选项栏中选择圆形柔角画笔，设置合适的画笔大小，在图层四周涂抹，如图5-211所示。

扫一扫，看视频

图 5-210

图 5-211

步骤02 执行"图层>新建调整图层>自然饱和度"命令，新建"自然饱和度1"调整图层，降低画面饱和度。设置"自然饱和度"数值为-50，如图5-212所示。单击工具箱中的"横排文字工具"，在选项栏中设置手写感的字体，在画面左下角输入文字，画面效果如图5-213所示。

图 5-212

图 5-213

步骤03 继续执行"图层>新建调整图层>曲线"命令，新建"曲线1"调整图层。选择"红"通道，调整曲线，如图5-214所示，使红色调在画面中减少，如图5-215所示。

图 5-214

图 5-215

步骤04 继续选择"绿"通道，按住鼠标左键拖动曲线，如图5-216所示。减少画面中的绿色成分，调整完成后画面效果如图5-217所示。

图 5-216

图 5-217

步骤05 选中"蓝"通道，使用同样的方法调整曲线，如图5-218所示。使画面暗部区域蓝色成分增加，调整完成后，画面倾向于偏冷的唯美青紫色，更有梦幻感，画面最终效果如图5-219所示。

图 5-218

图 5-219

> **提示**：曲线的使用方法。
>
> 我们在调整曲线中某一通道时，向曲线上方拖动曲线，可以增加该颜色在画面中的成分，降低其互补色的成分；反之，向曲线下方拖动时，则降低该颜色在画面中的成分，增加其互补色的成分。

〔重点〕5.4.2 色相/饱和度

用"色相/饱和度"命令可以对图像整体或者局部的色相、饱和度以及明度进行调整，还可以对图像中的各个颜色（红、黄、绿、青、蓝、洋红）的色相、饱和度、明度分别进行调整。"色相/饱和度"命令常用于更改画面局部的颜色，或用于增强画面饱和度。

打开一张图像，如图5-220所示。执行"图像>调整>色相/饱和度"菜单命令（快捷键Ctrl+U），打开"色相/饱和度"对话框。默认情况下，可以对整个图像的色相、饱和度、明度进行调整，例如调整色相滑块，如图5-221所示（执行"图层>新建调整图层>色相/饱和度"命令，可以创建"色相/饱和度"调整图层，如图5-222所示）。画面的颜色发生了变化，如图5-223所示。

图 5-220　　　　　图 5-221

图 5-222　　　　　图 5-223

- 预设：在"预设"下拉列表中提供了8种色相/饱和度预设，如图5-224所示。

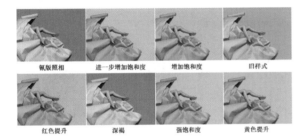

氙版照相　进一步增加饱和度　增加饱和度　旧样式

红色提升　深褐　强饱和度　黄色提升

图 5-224

- ⌈全图　⌋通道下拉列表：在通道下拉列表中可以选择红色、黄色、绿色、青色、蓝色和洋红通道进行调整。如果想要调整画面某一种颜色的色相、饱和度、明度，可以在通道列表中选择某一个颜色，然后进行调整，如图5-225所示。效果如图5-226所示。

图 5-225　　　　　图 5-226

- 色相：调整滑块可以更改画面各个部分或者某种颜色的色相。例如将粉色更改为黄绿色，将青色更改为紫色，如图5-227所示。

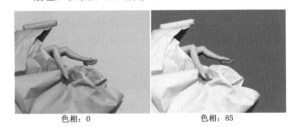

色相：0　　　　　色相：85

图 5-227

- 饱和度：调整饱和度数值可以增强或减弱画面整体或某种颜色的鲜艳程度。数值越大，颜色越艳丽，如图5-228所示。

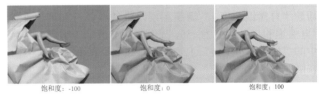

饱和度：-100　　　饱和度：0　　　饱和度：100

图 5-228

- 明度：调整明度数值可以使画面整体或某种颜色的明亮程度增加。数值越大越接近白色，数值越小越接近黑色，如图5-229所示。

明度：-100　　　　　明度：0　　　　　明度：100

图 5-229

- 在图像上单击并拖动可修改饱和度🤚：使用该工具在图像上单击设置取样点，如图 5-230 所示。然后将光标向左拖曳可以降低图像的饱和度，向右拖曳可以增加图像的饱和度，如图 5-231 所示。
- 着色：勾选该项以后，图像会整体偏向于单一的红色调，如图 5-232 所示。还可以通过拖曳 3 个滑块来调节图像的色调，如图 5-233 所示。

图 5-230　　　　　　　　图 5-231

图 5-232　　　　　　　　图 5-233

举一反三：使用色相/饱和度制作七色花

当有一朵单颜色的花朵时，可以尝试利用"色相/饱和度"对画面中的部分区域进行调色，以实现制作出多种颜色花瓣的效果。首先制作出花瓣的选区，如图 5-234 所示。执行"图层 > 新建调整图层 > 色相 / 饱和度"命令，接着设置色相和饱和度的数值，如图 5-235 所示，即可在画面中观察到效果，只有选区中的花瓣颜色发生改变，如图 5-236 所示。

图 5-234　　　　　图 5-235　　　　　图 5-236

用同样的方法可以制作出其他花瓣的选区，并依次进行调色，如图 5-237~ 图 5-239 所示。

图 5-237　　　　　图 5-238　　　　　图 5-239

〔重点〕5.4.3　色彩平衡

"色彩平衡"命令是根据颜色的补色原理，控制图像颜色的分布。根据颜色之间的互补关系，要减少某个颜色就增加这种颜色的补色。所以可以利用"色彩平衡"命令进行偏色问题的校正，如图 5-240 和图 5-241 所示。

扫一扫，看视频

图 5-240　　　　　　　　图 5-241

打开一张图像，如图 5-242 所示。执行"图像 > 调整 > 色彩平衡"菜单命令（快捷键 Ctrl+B），打开"色彩平衡"对话框。首先设置"色调平衡"，选择需要处理的部分是阴影区域，或是中间调区域，还是高光区域。接着可以在上方调整各个色彩的滑块，如图 5-243 所示。执行"图层 > 新建调整图层 > 色彩平衡"命令，可以创建一个"色彩平衡"调整图层，如图 5-244 所示。

图 5-242

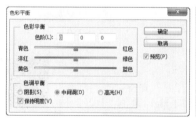

图 5-243　　　　　　　　图 5-244

- 色彩平衡：用于调整"青色 - 红色"、"洋红 - 绿色"以及"黄色 - 蓝色"在图像中所占的比例，可以手动输入，也可以拖曳滑块来进行调整。比如，向左拖曳"青色 - 红色"滑块，可以在图像中增加青色，同时减少其补色红色，如图 5-245 所示。向右拖曳"青色 - 红色"滑块，可以在图像中增加红色，同时减少其补色青色，如图 5-246 所示。

图 5-245　　　　　图 5-246

- 色调平衡：选择调整色彩平衡的方式，包含"阴影""中间调"和"高光"3个选项，如图5-247所示分别是向"阴影""中间调"和"高光"添加蓝色以后的效果。

阴影　　　　中间调　　　　高光

图 5-247

- 保持明度：勾选"保持明度"选项，可以保持图像的色调不变，以防止亮度值随着颜色的改变而改变，如图5-248所示为对比效果。

启用"保持明度"　　　不启用"保持明度"

图 5-248

练习实例：使用色彩平衡制作唯美少女外景照片

文件路径	资源包\第5章\练习实例，使用色彩平衡制作唯美少女外景照片
难易指数	★★★★★
技术掌握	色彩平衡、混合模式

案例效果

案例处理前后对比效果如图5-249和图5-250所示。

图 5-249　　　　　图 5-250

操作步骤

步骤 01　执行"文件>打开"命令，在"打开"对话框中选择背景素材1.jpg，单击"打开"按钮，打开背景素材，如图5-251所示。

扫一扫，看视频

图 5-251

步骤 02　首先调整画面的色彩，使其呈现出需要的唯美感。执行"图层>新建调整图层>色彩平衡"命令，在弹出的"属性"面板中设置"色调"为"阴影"，设置数值为0，50和0，如图5-252所示。接着设置"色调"为"中间调"，设置数值为-17，+31和0，如图5-253所示。效果如图5-254所示。

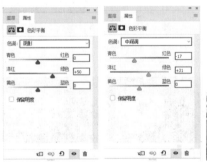

图 5-252　　　　图 5-253　　　　图 5-254

步骤 03　然后在画面中顶部添加光感，新建图层。单击工具箱中的"画笔工具"，在选项栏中设置画笔"大小"为1 500像素，"硬度"为0%，"不透明度"为80%。设置"前景色"为黄色，接着在画面中顶部按住鼠标左键并拖曳涂抹，如图5-255所示。在图层面板中设置该图层的"混合模式"为"滤色"，如图5-256所示。效果如图5-257所示。

中文版Photoshop CS6从入门到精通（微课视频 全彩版）

图 5-255	图 5-256	图 5-257

步骤 04 最后添加光效素材，执行"文件 > 置入"命令，在弹出的"置入"对话框中选择素材 2.jpg，单击"置入"按钮，并放到适当位置，按 Enter 键完成置入。接着执行"图层 > 栅格化 > 智能对象"命令，将该图层栅格化为普通图层，如图 5-258 所示。在图层面板中设置"混合模式"为"滤色"，如图 5-259 所示。效果如图 5-260 所示。

图 5-258	图 5-259	图 5-260

[重点] 5.4.4 黑白

"黑白"命令可以去除画面中的色彩，将图像转换为黑白效果，在转换为黑白效果后还可以对画面中每种颜色的明暗程度进行调整。"黑白"命令常用于将彩色图像转换为黑白效果时，也可以使用"黑白"命令制作单色图像，如图 5-261 所示。

图 5-261

打开一张图像，如图 5-262 所示。执行"图像 > 调整 > 黑白"菜单命令（快捷键 Alt+Shift+Ctrl+B），打开"黑白"对话框，在这里可以对各个颜色的数值进行调整，以设置各个颜色转换为灰度后的明暗程度，如图 5-263 所示。执行"图层 > 新建调整图层 > 黑白"命令，创建一个"黑白"调整图层，如图 5-264 所示。画面效果如图 5-265 所示。

图 5-262	图 5-263	图 5-264	图 5-265

- 预设：在"预设"下拉列表中提供了多种预设的黑白效果，可以直接选择相应的预设来创建黑白图像。

扫一扫，看视频

- 颜色：这 6 个选项用来调整图像中特定颜色的灰色调。例如，减小青色数值，会使包含青色的区域变深；增大青色数值，会使包含青色的区域变浅，如图 5-266 所示。

青色：-200	青色：300

图 5-266

- 色调：想要创建单色图像，可以勾选"色调"选项。接着单击右侧色块设置颜色，或者调整"色相"和"饱和度"数值来设置着色后的图像颜色，如图 5-267 所示。效果如图 5-268 所示。

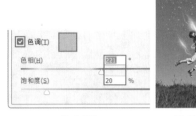

图 5-267　　　　　　图 5-268

5.4.5　动手练：照片滤镜

"照片滤镜"命令与摄影师经常使用的"彩色滤镜"效果非常相似，可以为图像"蒙"上某种颜色，以使图像产生明显的颜色倾向。"照片滤镜"命令常用于制作冷调或暖调的图像。

扫一扫，看视频

步骤 01 打开一张图像，如图 5-269 所示。执行"图像 > 调整 > 照片滤镜"菜单命令，打开"照片滤镜"对话框。在"滤镜"下拉列表中可以选择一种预设的效果应用到图像中，例如选择"冷却滤镜"，如图 5-270 所示，此时图像变为冷调，如图 5-271 所示。执行"图层 > 新建调整图层 > 照片滤镜"命令，可以创建一个"照片滤镜"调整图层，如图 5-272 所示。

图 5-269　　图 5-270　　图 5-271　　图 5-272

步骤 02 如果列表中没有适合的颜色，也可以直接勾选"颜色"选项，自行设置合适的颜色，如图 5-273 所示。效果如图 5-274 所示。

图 5-273　　　　　　图 5-274

步骤 03 设置"浓度"数值可以调整滤镜颜色应用到图像中的颜色百分比。数值越高，应用到图像中的颜色浓度就越大；数值越小，应用到图像中的颜色浓度就越低，如图 5-275 所示为不同浓度的对比效果。

浓度：20%　　　浓度：40%　　　浓度：80%

图 5-275

5.4.6　通道混合器

扫一扫，看视频

使用"通道混合器"命令可以将图像中的颜色通道相互混合，能够对目标颜色通道进行调整和修复。常用于偏色图像的校正。

打开一张图像，如图 5-276 所示。执行"图像 > 调整 > 通道混合器"菜单命令，打开"通道混合器"对话框，首先在"输出通道"列表中选择需要处理的通道，然后调整各个颜色滑块，如图 5-277 所示（执行"图层 > 新建调整图层 > 通道混合器"命令，可以创建"通道混合器"调整图层，如图 5-278 所示）。

图 5-276　　　　　图 5-277　　　　　图 5-278

- 预设：Photoshop 提供了 6 种制作黑白图像的预设效果。

- 输出通道：在下拉列表中可以选择一种通道来对图像的色调进行调整。

- 源通道：用来设置源通道在输出通道中所占的百分比。例如设置"输出通道"为"红"，增大红色数值，如图 5-279 所示，画面中红色的成分增加，如图 5-280 所示。

图 5-279　　　　　　图 5-280

- 总计：显示源通道的计数值。如果计数值大于 100%，则有可能会丢失一些阴影和高光细节。

- 常数：用来设置输出通道的灰度值。负值可以在通道中增加黑色，正值可以在通道中增加白色，如图 5-281 所示。

红通道常数：-60　　红通道常数：0　　红通道常数：50

图 5-281

- **单色**：勾选该选项以后，图像将变成黑白效果。可以通过调整各个通道的数值，调整画面的黑白关系，如图5-282和图5-283所示。

图 5-282　　　　　　　　　图 5-283

5.4.7　动手练：颜色查找

不同的数字图像输入或输出设备都有自己特定的色彩空间，这就导致了色彩在不同的设备之间传输时可能会出现不匹配的现象。"颜色查找"命令可以使画面颜色在不同的设备之间精确传递和再现。

扫一扫，看视频

选中一张图像，如图5-284所示。执行"图像 > 调整 > 颜色查找"命令，打开"颜色查找"对话框。在弹出的对话框中可以从以下方式中选择用于颜色查找的方式：3DLUT文件、摘要、设备链接，并在每种方式的下拉列表中选择合适的类型，如图5-285所示。

图 5-284　　　　　　　　　　　图 5-285

选择完成后，可以看到图像整体颜色发生了风格化的效果，画面效果如图5-286所示。执行"图层 > 新建调整图层 > 颜色查找"命令，可以创建"颜色查找"调整图层，如图5-287所示。

图 5-286　　　　　　　　　　图 5-287

5.4.8　反相

"反相"命令可以将图像中的颜色转换为它的补色，呈现出负片效果，即红变绿、黄变蓝、黑变白。

执行"图像 > 调整 > 反相"命令（快捷键

扫一扫，看视频

Ctrl+I），即可得到反相效果，对比效果如图5-288和图5-289所示。"反相"命令是一个可以逆向操作的命令。执行"图层 > 新建调整图层 > 反相"命令，创建一个"反相"调整图层，该调整图层没有参数可供设置。

图 5-288　　　　　　　　　图 5-289

举一反三：快速得到反向的蒙版

图层蒙版中是以黑白关系控制图像的显示与隐藏，黑色为隐藏，白色为显示。如果想要快速使隐藏的部分显示，使显示的部分隐藏，则可以对图层蒙版的黑白关系进行反向。选中图层的蒙版，如图5-290所示。执行"图像 > 调整 > 反相"命令，蒙版中黑白颠倒。原本隐藏的部分显示了出来，原本显示的部分被隐藏了，如图5-291所示。

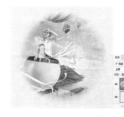 

图 5-290　　　　　　　　　图 5-291

5.4.9　色调分离

"色调分离"命令可以通过为图像设定色调数目来减少图像的色彩数量。图像中多余的颜色会映射到最接近的匹配级别。选择一个图层，如图5-292所示。执行"图像 > 调整 > 色调分离"命令，打开"色调分离"对话框，如图5-293所示。在"色调分离"对话框中可以进行"色阶"数量的设置，设置的"色阶"值越小，分离的色调越多；"色阶"值越大，保留的图像细节就越多，如图5-294所示。执行"图层 > 新建调整图层 > 色调分离"命令，可以创建一个"色调分离"调整图层，如图5-295所示。

扫一扫，看视频

图 5-292

图 5-293　　　　　　图 5-294　　　　　图 5-295

5.4.10　阈值

扫一扫，看视频

　　"阈值"命令可以将图像转换为只有黑白两色的效果。选择一个图层，如图 5-296 所示。执行"图像 > 调整 > 阈值"命令，打开"阈值"对话框，如图 5-297 所示。执行"图层 > 新建调整图层 > 阈值"命令，创建"阈值"调整图层，如图 5-298 所示。"阈值色阶"数值可以指定一个色阶作为阈值，高于当前色阶的像素都将变为白色，低于当前色阶的像素都将变为黑色，效果如图 5-299 所示。

图 5-296

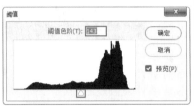
图 5-297

图 5-298　　　　图 5-299

练习实例：使用阈值制作涂鸦墙

文件路径	资源包\第5章\练习实例：使用阈值制作涂鸦墙
难易指数	⭐⭐⭐⭐⭐
技术掌握	阈值、混合模式

案例效果

　　案例处理前后对比效果如图 5-300 和图 5-301 所示。

图 5-300

图 5-301

操作步骤

扫一扫，看视频

步骤 01 执行"文件 > 打开"命令，在"打开"对话框中选择背景素材 1.jpg，单击"打开"按钮，打开背景素材，如图 5-302 所示。

图 5-302

步骤 02 首先使用"阈值"制作出人物轮廓效果。执行"图层 > 新建调整图层 > 阈值"命令，在弹出的"属性"面板中设置"阈值色阶"为 108，如图 5-303 所示。

图 5-303

步骤 03 设置完成后单击"确定"，效果如图 5-304 所示。

图 5-304

步骤 04 在画面中添加文字，使用"横排文字工具"在画面中左下角添加合适的文字，如图 5-305 所示。

图 5-305

步骤05 为人物和文字赋予水彩效果。执行"文件>置入"命令置入素材2.jpg，按Enter键完成置入。在图层面板中设置"混合模式"为"滤色"，如图5-306所示。此时画面中白色部分没有任何内容，而人物上的黑色部分和文字部分表面呈现出水彩效果，如图5-307所示。

步骤06 最后为背景添加墙面的纹理。置入素材3.jpg，在图层面板中设置"混合模式"为"正片叠底"，如图5-308所示。最终效果如图5-309所示。

图 5-306　　　　图 5-307

图 5-308　　　　图 5-309

【重点】5.4.11　动手练：渐变映射

"渐变映射"是先将图像转换为灰度图像，然后设置一个渐变，将渐变中的颜色按照图像的灰度范围一一映射到图像中。使图像中只保留渐变中存在的颜色。选择一个图层，如图5-310所示。执行"图像>调整>渐变映射"菜单命令，打开"渐变映射"对话框。单击"灰度映射所用的渐变"倒三角按钮打开"渐变编辑器"对话框，在该对话框中可以选择或重新编辑一种渐变应用到图像上，如图5-311所示，画面效果如图5-312所示。执行"图层>新建调整图层>渐变映射"命令，可以创建一个"渐变映射"调整图层，如图5-313所示。

图 5-310　　　　图 5-311　　　　图 5-312　　　　图 5-313

- 仿色：勾选该选项以后，Photoshop会添加一些随机的杂色来平滑渐变效果。
- 反向：勾选该选项以后，可以反转渐变的填充方向，映射出的渐变效果也会发生变化。

练习实例：使用渐变映射打造复古电影色调

文件路径	资源包\第5章\练习实例：使用渐变映射打造复古电影色调
难易指数	★★★★★
技术掌握	渐变映射、横排文字工具

案例效果

案例处理前后对比效果如图5-314和图5-315所示。

图 5-314　　　　图 5-315

操作步骤

步骤01 执行"文件>打开"命令，在"打开"对话框中选择背景素材1.jpg，单击"打开"按钮，打开背景素材，如图5-316所示。

扫一扫，看视频

图 5-316

步骤02 执行"图层>新建调整图层>渐变映射"命令，在弹出的"属性"面板中单击"渐变色条"的下拉按钮，选择蓝色到红色到黄色渐变，如图5-317所示。此时画面变为蓝、红、黄三色效果，如图5-318所示。

图5-317 图5-318

步骤03 设置该调整图层的"不透明度"为40%，如图5-319所示。此时画面中的蓝、红、黄三色被弱化，画面颜色看起来也"柔和"了一些，如图5-320所示。

图5-319 图5-320

步骤04 制作电影画面中常见的"遮幅"。单击工具箱中的"矩形选框工具"，在选项栏中选择"添加到选区"，然后在画面的顶部和底部绘制两个矩形选区，然后将"前景色"设置为黑色，使用快捷键Alt+Delete填充选区，如图5-321所示。

图5-321

步骤05 接着选择工具箱中的"横排文字工具"，在选项栏中设置合适的字体、字号，在画面底部单击输入文字，如图5-322所示。选择文字图层，执行"图层>图层样式>投影"命令，在弹出的"图层样式"对话框中设置"混合模式"为"正片叠底"，"投影颜色"为黑色，"不透明度"为75%，"角度"为30度，"距离"为5像素，"扩展"为0%，"大小"为0像素，单击确定按钮完成设置，如图5-323所示。效果如图5-324所示。

图5-322 图5-323

图5-324

读书笔记

[重点] 5.4.12 可选颜色

"可选颜色"命令可以为图像中各个颜色通道增加或减少某种印刷色的成分含量。使用"可选颜色"命令可以非常方便地对画面中某种颜色的色彩倾向进行更改。

选择一个图层，如图5-325所示。执行"图像>调整>可选颜色"菜单命令，打开"可选颜色"对话框，首先选择需要处理的"颜色"，然后调整下方的色彩滑块。此处对"红色"进行调整，减少其中青色的成分（相当于增多青色的补色：红色），增多其中黄色的成分，如图5-326所示。所以画面中包含红色的部分（如皮肤部分）被添加了红色和黄色，显得非常"暖"，如图5-327所示。执行"图层>新建调整图层>可选颜色"命令，创建一个"可选颜色"调整图层，如图5-328所示。

图 5-325

图 5-327

图 5-328

- **颜色**：在下拉列表中选择要修改的颜色，然后调整下面的颜色，可以调整该颜色中青色、洋红、黄色和黑色所占的百分比。
- **方法**：选择"相对"方式，可以根据颜色总量的百分比来修改青色、洋红、黄色和黑色的数量；选择"绝对"方式，可以采用绝对值来调整颜色。

练习实例：夏季变秋季

文件路径	资源包\第5章\练习实例：夏季变秋季
难易指数	☆☆☆☆☆
技术掌握	曲线、可选颜色、自然饱和度

案例效果

案例处理前后对比效果如图 5-329 和图 5-330 所示。

图 5-329

图 5-330

操作步骤

步骤01 执行"文件 > 打开"命令，在"打开"对话框中选择背景素材 1.jpg，单击"打开"按钮，打开素材，如图 5-331 所示。

扫一扫，看视频

图 5-331

步骤02 首先要提高画面的对比度。执行"图层 > 新建调整图层 > 曲线"命令，在曲线上添加两个控制点，调整曲线控制点的位置，使曲线呈现 S 形状，如图 5-332 所示。效果如图 5-333 所示。

图 5-332

图 5-333

步骤03 接下来把绿色的草调整为秋季的颜色。执行"图层 > 新建调整图层 > 可选颜色"命令，在弹出的"属性"面板中设置"颜色"为黄色，调整"青色"为 -70%、"洋红"为 +30%、"黄色"为 -20%、"黑色"为 +10%，如图 5-334 所示。设置"颜色"为绿色，调整"青色"为 -70%、"洋红"为 +50%、"黄色"为 -66%、"黑色"为 +20%，如图 5-335 所示。此时草地变为黄色，如图 5-336 所示（由于草地部分主要由黄色和绿色构成，所以主要针对这两个通道设置参数）。

图 5-334　　　　图 5-335　　　　图 5-336

步骤04 最后适当增强画面颜色感。执行"图层 > 新建调整图层 > 自然饱和度"命令，在弹出的"属性"面板中设置"自然饱和度"为60，如图 5-337 所示。效果如图 5-338 所示。

图 5-337

图 5-338

练习实例：使用"可选颜色"制作小清新色调

文件路径	资源包\第5章\练习实例：使用"可选颜色"制作小清新色调
难易指数	★★★★★
技术掌握	可选颜色

案例效果

案例处理前后对比效果如图5-339和图5-340所示。

图5-339　　　　　　图5-340

操作步骤

步骤01 执行"文件>打开"命令，打开素材1.jpg，如图5-341所示。执行"图层>新建调整图层>可选颜色"命令，随即弹出"属性"面板，如图5-342所示。

扫一扫，看视频

图5-341　　　　　　图5-342

步骤02 在这里设置"颜色"为红色，继续设置"黄色"数值为100，如图5-343所示。使画面中皮肤的部分更倾向于黄色，画面效果如图5-344所示。

图5-343　　　　　　图5-344

步骤03 单击"颜色"下拉按钮，在下拉列表中选择"黄色"，并设置"黄色"数值为-100，如图5-345所示。减少画面中的黄色成分，植物部分中的黄色成分减少，变为了青色，画面效果如图5-346所示。

图5-345　　　　　　图5-346

步骤04 继续设置"颜色"为"绿色"，调整"青色"数值为100，"黄色"数值为-100，如图5-347所示。使植物更倾向于青色，画面效果如图5-348所示。

图5-347　　　　　　图5-348

步骤05 设置"颜色"为"中性色"，调整"黄色"数值为-50，如图5-349所示。画面整体呈现出一种蓝紫色调，画面效果如图5-350所示。

图5-349　　　　　　图5-350

步骤06 设置颜色为"黑色",调整"黄色"数值为-30,如图 5-351 所示。使画面的暗部区域更倾向于紫色,画面效果如图 5-352 所示,本案例中调色的部分就操作完成了。

图 5-351　　　　　　　图 5-352

步骤07 新建图层并填充为黑色。执行"滤镜 > 渲染 > 镜头光晕"命令,在"镜头光晕"对话框中将光晕调整到右侧,设置"亮度"为 165%,设置"镜头类型"为"50-300 毫米变焦",如图 5-353 所示。参数设置完成后单击"确定"按钮,画面效果如图 5-354 所示。

图 5-353　　　　　　　图 5-354

步骤08 设置该图层的"混合模式"为"滤色",如图 5-355 所示。画面效果如图 5-356 所示,本案例制作完成。

图 5-355　　　　　　　图 5-356

练习实例:复古色调婚纱照

文件路径	资源包\第5章\练习实例:复古色调婚纱照
难易指数	★★★★★
技术掌握	曲线、色彩平衡、选取颜色

案例效果

案例处理前后对比效果如图 5-357 和图 5-358 所示。

图 5-357　　　　　　　图 5-358

操作步骤

步骤01 执行"文件 > 打开"命令,在"打开"对话框中选择背景素材 1.jpg,单击"打开"按钮,打开背景素材,如图 5-359 所示。

扫一扫,看视频

图 5-359

步骤02 本案例想要制作的是偏暖的复古色调。首先对画面整体色彩进行调整,执行"图层 > 新建调整图层 > 色彩平衡"命令,在弹出的"属性"面板中设置"色调"为"中间调","青色"为 +30,"洋红"为 0,"黄色"为 -30,如图 5-360 所示。效果如图 5-361 所示。

图 5-360　　　　　　　图 5-361

步骤 03 执行"图层 > 新建调整图层 > 曲线"命令，在弹出的"属性"面板中选择 RGB，调整曲线形态，将画面压暗，如图 5-362 所示。接着单击 RGB 下拉按钮，在下拉列表中选择"绿"，调整曲线，使画面亮部的绿色增加，暗部的绿色减少，如图 5-363 所示。单击 RGB 下拉按钮并在下拉列表中选择"蓝"，调整曲线，如图 5-364 所示。效果如图 5-365 所示。

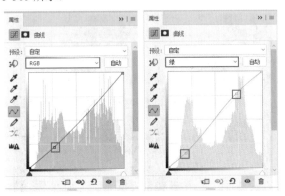

图 5-362　　　　　　图 5-363

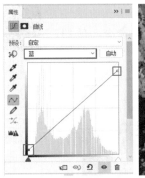

图 5-364　　　　　　图 5-365

步骤 04 下面针对画面的暗部进行调整。执行"图层 > 新建调整图层 > 选取颜色"命令，在弹出的"属性"面板中设置"颜色"为"中性色"，调整"青色"为 -20%、"洋红"为 -20%、"黄色"为 -20%、"黑色"为 0%，如图 5-366 所示。设置更改"颜色"为"黑色"，调整"青色"为 +10%、"洋红"为 0%、"黄色"为 -25%、"黑色"为 +30%，如图 5-367 所示。此时画面中紫色成分增多，画面暗部也变暗了一些。效果如图 5-368 所示。

图 5-366　　　　　图 5-367　　　　　图 5-368

5.4.13　动手练：使用 HDR 色调

扫一扫，看视频

"HDR 色调"命令常用于处理风景照片，可以使画面增强亮部和暗部的细节和颜色感，使图像更具有视觉冲击力。

步骤 01 选择一个图层，如图 5-369 所示。执行"图像 > 调整 >HDR 色调"菜单命令，打开"HDR 色调"对话框，如图 5-370 所示。默认的参数增强了图像的细节感和颜色感，效果如图 5-371 所示。

图 5-369　　　　图 5-370　　　　图 5-371

步骤 02 在"预设"下拉列表中可以看到多种"预设"效果，如图 5-372 所示，单击即可快速为图像赋予该效果。如图 5-373 所示为不同的预设效果。

图 5-372　　　　　　图 5-373

步骤 03 虽然预设效果有很多种，但是实际使用的时候会发现预设效果与我们实际想要的效果还是有一定距离的，所以可以选择一个与预期较接近的"预设"，然后适当修改下方的参数，以制作出合适的效果。

- 半径：边缘光是指图像中颜色交界处产生的发光效果。半径数值用于控制发光区域的宽度，如图 5-374 所示。

边缘光半径：20　　　　边缘光半径：80

图 5-374

- 强度：强度数值用于控制发光区域的明亮程度，如图 5-375 所示。

边缘光强度：20　　　　边缘光强度：80

图 5-375

- **灰度系数**：用于控制图像的明暗对比。向左移动滑块，数值变大，对比度增强；向右移动滑块，数值变小，对比度减弱，如图 5-376 所示。

灰度系数：2　　　　　　　灰度系数：0.2

图 5-376

- **曝光度**：用于控制图像明暗。数值越小，画面越暗；数值越大，画面越亮，如图 5-377 所示。

曝光度：-3　　　曝光度：0　　　曝光度：2

图 5-377

- **细节**：增强或减弱像素对比度以实现柔化图像或锐化图像。数值越小，画面越柔和；数值越大，画面越锐利，如图 5-378 所示。

细节：-100%　　　细节：0%　　　细节：300%

图 5-378

- **阴影**：设置阴影区域的明暗。数值越小，阴影区域越暗；数值越大，阴影区域越亮，如图 5-379 所示。

阴影：-100%　　　　　　阴影：0%

图 5-379

- **高光**：设置高光区域的明暗。数值越小，高光区域越暗；数值越大，高光区域越亮，如图 5-380 所示。

高光：-60%　　　　　　高光：60%

图 5-380

- **自然饱和度**：控制图像中色彩的饱和程度，增大数值可使画面颜色感增强，但不会产生灰度图像和溢色。
- **饱和度**：可用于增强或减弱图像颜色的饱和程度，数值越大颜色纯度越高，数值为 -100% 时为灰度图像。
- **色调曲线和直方图**：展开该选项组，可以进行"色调曲线"形态的调整，此选项与"曲线"命令的使用方法基本相同。

5.4.14　变化

"变化"命令提供了多种可供挑选的效果，可以通过简单的单击即可调整图像的色彩、饱和度和明度，同时还可以预览调色的整个过程，是一个非常简单直观的调色命令。

选择一个图层，如图 5-381 所示。接着执行"图像 > 调整 > 变化"命令，在打开的"变化"对话框中有"加深绿色""加深黄色""加深青色""加深红色""加深蓝色"和"加深洋红"6 个用于调色的选项，单击其中任意一个选项，随即会在"当前挑选"选项显示效果，如图 5-382 所示。单击次数越多颜色变化越明显。

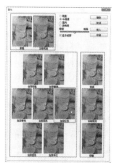

图 5-381　　　　　　　图 5-382

5.4.15　去色

"去色"命令无须设置任何参数，可以直接将图像中的颜色去掉，使其成为灰度图像。打开一张图像，如图 5-383 所示，然后执行"图像 > 调整 > 去色"菜单命令（快捷键 Shift+Ctrl+U），可以将其调整为灰度效果，如图 5-384 所示。

图 5-383　　　　　　　图 5-384

5.4.16 动手练：匹配颜色

"匹配颜色"命令可以将图像 1 中的色彩关系映射到图像 2 中，使图像 2 产生与之相同的色彩。使用"匹配颜色"命令可以便捷地更改图像颜色，可以在不同的图像文件中进行"匹配"，也可以匹配同一个文档中不同图层之间的颜色。

步骤 01 首先打开需要处理的图像，图像 1 为青色调，如图 5-385 所示。将用于匹配的"源"图片置入，图像 2 为紫色调，如图 5-386 所示。

扫一扫，看视频

图 5-385　　　　　图 5-386

步骤 02 选择图像 1 所在的图层，隐藏其他图层，如图 5-387 所示。执行"图像 > 调整 > 匹配颜色"命令，弹出"匹配颜色"对话框，设置"源"为当前的文档，然后选择紫色调的图像 2 所在图层，如图 5-388 所示。此时图像 1 变为了紫色调，如图 5-389 所示。

图 5-387　　　图 5-388　　　　图 5-389

步骤 03 在"图像选项"中还可以进行"明亮度""颜色强度""渐隐"的设置，设置完成后单击"确定"按钮，如图 5-390 所示。效果如图 5-391 所示。

图 5-390　　　　　图 5-391

- 明亮度："明亮度"选项用来调整图像匹配的明亮程度。
- 颜色强度："颜色强度"选项相当于图像的饱和度，用来调整图像色彩的饱和度。数值越低，画面越接近单色效果。
- 渐隐："渐隐"选项决定了有多少源图像的颜色匹配到目标图像的颜色中。数值越大，匹配程度越低，越接近图像原始效果。

- 中和："中和"选项主要用来中和匹配后与匹配前的图像效果，常用于去除图像中的偏色现象。
- 使用源选区计算颜色：可以使用源图像中的选区图像的颜色来计算匹配颜色。
- 使用目标选区计算调整：可以使用目标图像中的选区图像的颜色来计算匹配颜色（注意，这种情况必须选择源图像为目标图像）。

[重点] 5.4.17 动手练：替换颜色

扫一扫，看视频

"替换颜色"命令可以修改图像中选定颜色的色相、饱和度和明度，从而将选定的颜色替换为其他颜色。如果要更改画面中某个区域的颜色，以常规的方法是先得到选区，然后填充其他颜色。而使用"替换颜色"命令可以免去很多麻烦，可以通过在画面中单击拾取的方式，直接对图像中指定颜色进行色相、饱和度以及明度的修改即可实现颜色的更改。

步骤 01 选择一个需要调整的图层。执行"对象 > 调整 > 替换颜色"命令，打开"替换颜色"对话框。首先需要在画面中取样，以设置需要替换的颜色。默认情况下选择的是"吸管工具" 🖋，将光标移动到需要替换颜色的位置单击拾取颜色，此时缩略图中白色的区域代表被选中（也就是会被替换的部分）。在拾取需要替换的颜色时，可以配合容差值进行调整，如图 5-392 所示。如果有未选中的位置，可以使用"添加到取样"工具 🖋 在未选中的位置单击，如图 5-393 所示。

图 5-392　　　　　图 5-393

步骤 02 接着更改"色相""饱和度"和"明度"选项以调整替换的颜色，"结果"色块显示出替换后的颜色效果，如图 5-394 所示。设置完成后单击"确定"按钮。

图 5-394

- 本地化颜色簇：该选项主要用来同时在图像上选择多种颜色。
- 🖋 🖋 🖋：这 3 个工具用于在画面设置选中被替换的区域。使用"吸管工具" 🖋 在图像上单击，可以选中单

中文版Photoshop CS6从入门到精通（微课视频　全彩版）

击点处的颜色，同时在"选区"缩略图中也会显示出选中的颜色区域（白色代表选中的颜色，黑色代表未选中的颜色）。使用"添加到取样" 在图像上单击，可以将单击点处的颜色添加到选中的颜色中。使用"从取样中减去" 在图像上单击，可以将单击点处的颜色从选定的颜色中减去。

- 颜色容差：该选项用来控制选中颜色的范围。数值越大，选中的颜色范围越广。如图5-395所示为"颜色容差"为20的效果，如图5-396所示为"颜色容差"为80的效果。

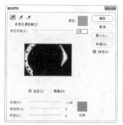 

图5-395　　　　　图5-396

- 选区/图像：选择"选区"方式，可以以蒙版方式进行显示，其中白色表示选中的颜色，黑色表示未选中的颜色，灰色表示只选中了部分颜色；选择"图像"方式，则只显示图像。
- 色相/饱和度/明度：用于设置替换后颜色的参数。

5.4.18　色调均化

"色调均化"命令可以将图像中全部像素的亮度值进行重新分布，使图像中最亮的像素变成白色，最暗的像素变成黑色，中间的像素均匀分布在整个灰度范围内。

扫一扫，看视频

1. 均化整个图像的色调

选择需要处理的图层，如图5-397所示。执行"图像 > 调整 > 色调均化"，使图像均匀地呈现出所有范围的亮度级，如图5-398所示。

图5-397　　　　　图5-398

2. 均化选区中的色调

如果图像中存在选区，如图5-399所示。执行"色调均化"命令时会弹出一个对话框，用于设置色调均化的选项。如图5-400所示。

图5-399　　　　　图5-400

如果想要只处理选区中的部分，则选择"仅色调均化所选区域"，如图5-401所示。如果选择"基于所选区域色调均化整个图像"，则可以按照选区内的像素明暗，均化整个图像，如图5-402所示。

图5-401　　　　　图5-402

综合实例：外景人像写真调色

文件路径	资源包\第5章\综合实例：外景人像写真调色
难易指数	★★★★★
技术掌握	色彩平衡、曲线、色相/饱和度、自然饱和度

案例效果

案例处理前后对比效果如图5-403和图5-404所示。

图5-403　　　　　图5-404

操作步骤

扫一扫，看视频

步骤01 执行"文件 > 打开"命令，在"打开"对话框中选择背景素材1.jpg，单击"打开"按钮，如图5-405所示。

图5-405

步骤02 在画面中可以看到背景的颜色与人物主体色彩过于相近，使主体人物显得很不突出。所以要对背景的草地进行调整，使其色彩鲜明。执行"图层 > 新建调整图层 > 色彩平衡"命令，在弹出的"属性"面板中设置"色调"为"中间调"，调整"青色"为84，"洋红"为-10，"黄色"为-71，如图5-406所示。此时画面整体都倾向于绿色，效果如图5-407所示。

图 5-406　　　　　　　　图 5-407

步骤03 在画面中可以看到草地变得更葱绿，但同时也改变了人物的色彩。下面我们就对人物位置的调色效果进行去除。在图层面板中单击色彩平衡图层蒙版缩览图（也称缩略图），单击工具箱中的"画笔工具"，在选项栏中设置合适的画笔大小，"硬度"为0%，设置"前景色"为黑色，接着在图层蒙版中对人物部分进行涂抹，"图层蒙版缩览图"效果如图5-408所示。可以看到在背景颜色不变的情况下，只有人物的调色效果被去除了，效果如图5-409所示。

图 5-408　　　　　　　　图 5-409

步骤04 执行"图层 > 新建调整图层 > 曲线"命令，在弹出的"属性"面板中调整曲线形态，如图5-410所示。增强画面对比度，如图5-411所示。

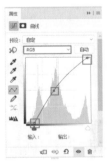 

图 5-410　　　　　　　　图 5-411

步骤05 此时可以看到画面顶部以及人物五官有些过于偏暗。需要在蒙版中还原这部分的明暗效果。在图层面板中单击曲线图层蒙版缩览图，单击工具箱中的"画笔工具"，使用黑色画笔涂抹图层蒙版中顶部和人物偏暗的部分，图层蒙版效果如图5-412所示。此时画面颜色如图5-413所示。

图 5-412　　　　　　　　图 5-413

步骤06 接着我们要增强人物面部的对比度。执行"图层 > 新建调整图层 > 亮度 / 对比度"命令，在弹出的"属性"面板中设置"亮度"为0，"对比度"为53，如图5-414所示。效果如图5-415所示。

图 5-414　　　　　　　　图 5-415

步骤07 在图层面板中选择"亮度 / 对比度"图层蒙版缩览图，设置"前景色"为黑色，使用快捷键Alt+Delete填充图层蒙版。接着使用白色画笔涂抹蒙版中皮肤的部分。图层蒙版效果如图5-416所示。此时只有皮肤部分的对比度被增强了，如图5-417所示。

图 5-416　　　　　　　　图 5-417

步骤08 调整人物皮肤的颜色。执行"图层 > 新建调整图层 > 色相 / 饱和度"命令，在弹出的"属性"面板中单击下拉按钮选择红色，设置"明度"为30，如图5-418所示。皮肤部分变亮，效果如图5-419所示。

图 5-418　　　　　　　　图 5-419

步骤09 接着在"色相 / 饱和度"图层蒙版中使用黑色画笔涂抹皮肤以外的部分，图层蒙版效果如图5-420所示。还原头发以及其他部分的颜色，如图 5-421 所示。

图 5-420　　　　　　　　图 5-421

步骤 10 下面减少皮肤中的颜色感。执行"图层 > 新建调整图层 > 自然饱和度"命令，在弹出的"属性"面板中设置"饱和度"为 -9，如图 5-422 所示。效果如图 5-423 所示。

图 5-422　　　　　　　　图 5-423

步骤 11 在"自然饱和度"图层蒙版中使用黑色画笔涂抹皮肤以外的部分，图层蒙版效果如图 5-424 所示。画面效果如图 5-425 所示。

图 5-424　　　　　　　　图 5-425

步骤 12 调整人物头发的颜色。执行"图层 > 新建调整图层 > 色相 / 饱和度"命令，在弹出的"属性"面板中，全图的"色相"设置为 -7，如图 5-426 所示。效果如图 5-427 所示。

图 5-426　　　　　　　　图 5-427

步骤 13 在"色相 / 饱和度"图层蒙版中使用黑色画笔涂抹头发以外的部分，图层蒙版效果如图 5-428 所示。效果如图 5-429 所示。

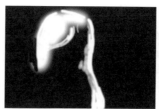

图 5-428　　　　　　　　图 5-429

步骤 14 对画面中人物的眼睛和头顶部分进行提亮。新建图层，单击工具箱中的"画笔工具"，使用白色画笔绘制头顶和眼睛部分，如图 5-430 所示。在图层面板中设置"混合模式"为"柔光"，如图 5-431 所示。效果如图 5-432 所示。

图 5-430　　　　图 5-431　　　　图 5-432

步骤 15 增强图像的锐利感。使用快捷键 Ctrl+Alt+Shift+E 盖印当前画面效果。对得到的图层执行"滤镜 > 其他 > 高反差保留"命令，在弹出的"高反差保留"对话框中设置"半径"为 4，如图 5-433 所示。单击"确定"按钮完成设置，效果如图 5-434 所示。

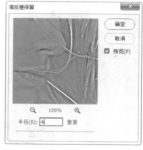

图 5-433　　　　　　　　图 5-434

步骤 16 在图层面板中设置该图层的"混合模式"为"柔光"，如图 5-435 所示。效果如图 5-436 所示。

图 5-435　　　　　　　　图 5-436

步骤 17 制作左上角的光感。单击工具箱中的"渐变工具"，在选项栏中单击"渐变色条"，在"渐变编辑器"中编辑一个黄色到透明的渐变，设置"渐变方式"为"线性渐变"。新建图层，接着在画面中按住鼠标左键拖曳填充渐变，效果如图 5-437 所示。在图层面板中设置该图层"混合模式"为"滤色","不透明度"为 76%,如图 5-438 所示。效果如图 5-439 所示。

图 5-437　　　　图 5-438　　　　图 5-439

步骤 18 最后制作右下角的压暗效果。单击工具箱中的"画笔工具",选择一个圆形柔角画笔,降低画笔不透明度,设置前景色为墨绿色。新建图层,在画面右侧按住鼠标左键绘制,如图 5-440 所示。接着设置该图层"混合模式"为"叠加",如图 5-441 所示。效果如图 5-442 所示。

图 5-440　　　　图 5-441　　　　图 5-442

综合实例:打造清新淡雅色调

文件路径	资源包\第5章\综合实例:打造清新淡雅色调
难易指数	★★★★★
技术掌握	混合模式、自然饱和度、曲线、可选颜色、色彩平衡

案例效果

案例处理前后对比效果如图 5-443 和图 5-444 所示。

图 5-443　　　　　　图 5-444

操作步骤

步骤 01 执行"文件 > 新建"命令,新建一个文档。设置前景色为浅米色,使用快捷键 Alt+Delete 进行填充,如图 5-445 所示。执行"文件 > 置入"命令,置入人物素材 1.jpg。执行"图层 > 栅格化 > 智能对象"命令,将人物图层栅格化为普通图层,如图 5-446 所示。

扫一扫,看视频

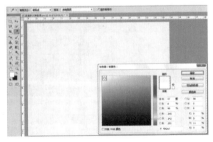

图 5-445　　　　　　图 5-446

步骤 02 将"人像"图层复制一层,得到"人像 副本"图层。选择"人像 副本"图层,执行"图像 > 调整 > 去色"命令,

得到一个灰色图层,效果如图 5-447 所示。设置该图层的"混合模式"为"柔光","不透明度"为 50%,如图 5-448 所示。画面效果如图 5-449 所示。

图 5-447　　　　图 5-448　　　　图 5-449

步骤 03 新建调整图层,增加画面饱和度。执行"图层 > 新建调整图层 > 自然饱和度"命令,新建一个"自然饱和度"调整图层,在"属性"面板中设置"自然饱和度"为 100,如图 5-450 所示。画面效果如图 5-451 所示。

图 5-450　　　　　　图 5-451

步骤 04 再次新建一个"自然饱和度"调整图层,在"属性"面板中设置"自然饱和度"为 70,如图 5-452 所示。画面效果如图 5-453 所示。

图 5-452　　　　　　图 5-453

步骤 05 此时的画面有些偏暗,接下来将画面调亮些。执行"图层 > 新建调整图层 > 曲线"命令,新建一个"曲线"调

整图层，在"属性"面板中调整曲线形状，如图 5-454 所示。画面效果如图 5-455 所示。

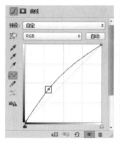

图 5-454　　　　　　　　图 5-455

步骤 06 接下来将左侧暗部调亮。新建一个"曲线"调整图层，调整曲线形状，如图 5-456 所示。继续调整"绿"通道曲线形状，如图 5-457 所示。此时画面效果如图 5-458 所示。

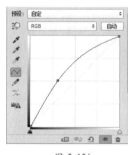
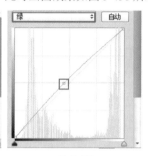

图 5-456　　　　　　　　图 5-457

图 5-458

步骤 07 此时的画面暗部被调亮了，但是亮部却太亮了。下面使用"蒙版"还原亮部细节。单击调整图层蒙版缩览图，编辑一个黑白色系的渐变，在蒙版中进行填充，如图 5-459 所示。效果如图 5-460 所示。

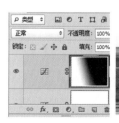

图 5-459　　　　　　　　图 5-460

步骤 08 人物的皮肤颜色还有些偏黄，需要调整。执行"图层 > 新建调整图层 > 可选颜色"命令。在"属性"面板中，设置"颜色"为黄色，设置"黄色"数值为 -62，"黑色"为 -20，参数设置如图 5-461 所示。皮肤偏向于粉嫩的颜色，画面效果如图 5-462 所示。

图 5-461　　　　　　　　图 5-462

步骤 09 此时人物的皮肤颜色变得白皙了，但是画面整体效果有些太亮。使用画笔工具，在蒙版中人物皮肤以外的部分，使用黑色进行涂抹。还原画面原有效果，如图 5-463 所示，画面效果如图 5-464 所示。

图 5-463　　　　　　　　图 5-464

步骤 10 执行"文件 > 置入"命令，置入天空素材 2.jpg，执行"图层 > 栅格化 > 智能对象"命令，如图 5-465 所示。设置该图层的"混合模式"为"正片叠底"，如图 5-466 所示。

图 5-465　　　　　　　　图 5-466

步骤 11 正片叠底效果如图 5-467 所示。单击添加"图层蒙版"按钮，为该图层添加图层蒙版，并使用黑色柔角画笔在蒙版中进行涂抹，隐藏遮挡住人物和椅子的部分，如图 5-468 所示。

图 5-467   图 5-468

步骤 12 执行"图层 > 新建调整图层 > 色彩平衡"命令，在"属性"面板中，设置"色调"为"阴影"，调整"黄色 - 蓝色"数值为 50，取消勾选"保留明度"，参数设置如图 5-469 所示。画面效果如图 5-470 所示。

图 5-469   图 5-470

步骤 13 新建图层组，将"背景"图层以外的图层移动至该图层组中。单击工具箱中形状工具组中的"圆角矩形工具"，在选项栏中设置绘制模式为"路径"，设置合适的"半径"数值，在画布中按住鼠标左键并拖动，绘制一个圆角矩形路径，如图 5-471 所示。使用快捷键 Ctrl+Enter 得到选区，如图 5-472 所示。

图 5-471   图 5-472

步骤 14 选择图层组，单击图层面板底部的"添加图层蒙版"按钮，如图 5-473 所示。基于选区为图层组添加图层蒙版，使选区以外的部分被隐藏，形成相框效果，如图 5-474 所示。

图 5-473   图 5-474

步骤 15 选中该图层组，执行"图层 > 图层样式 > 内发光"命令，在"内发光"对话框中设置"混合模式"为"滤色"，"不透明度"为 75%，"颜色"为白色，"方法"为"柔和"，"源"为"边缘"，"大小"为 87 像素，"范围"为 50%，参数设置如图 5-475 所示。在左侧样式列表中勾选"投影"，设置"投影"的"混合模式"为"正片叠底"，设置合适的投影颜色，"不透明度"为 75%，"角度"为 120 度，"距离"为 8 像素，"大小"为 7 像素。参数设置如图 5-476 所示。设置完成后，单击"确定"按钮，画面效果如图 5-477 所示。

步骤 16 执行"文件 > 置入嵌入的智能对象"命令，置入前景装饰素材 3.png，执行"图层 > 栅格化 > 智能对象"命令，完成本案例的制作。效果如图 5-478 所示。

图 5-475   图 5-476

图 5-477   图 5-478

Chapter 6
第6章

实用抠图技法

本章内容简介：

抠图是设计作品制作中的常用操作。本章将详细讲解几种比较常见的抠图技法，包括基于颜色差异进行抠图、使用钢笔工具进行精确抠图、使用通道抠出特殊对象等。不同的抠图技法适用于不同的图像，所以在进行实际抠图操作前，首先要判断使用哪种抠图方式更适合。

重点知识掌握：

- 掌握"快速选择工具""魔棒工具""磁性套索工具""魔术橡皮擦工具"的使用方法；
- 熟练掌握使用"钢笔工具"绘制路径并抠图；
- 熟练掌握通道抠图技法。

通过本章学习，我能做什么？

通过本章的学习，我们可以掌握多种抠图方式。通过这些抠图技法，我们能够完成绝大部分的图像抠图操作。使用"快速选择工具""魔棒工具""磁性套索工具""魔术橡皮擦工具""背景橡皮擦工具"以及"色彩范围"命令能够抠出具有明显颜色差异的图像，而主体物与背景颜色差异不明显的图像可以使用"钢笔工具"抠出。除此之外，类似长发、长毛动物、透明物体、云雾、玻璃等特殊图像，可以通过"通道抠图"抠出。

6.1 基于颜色差异抠图

大部分的"合成"作品以及平面设计作品都需要很多元素，这些元素有些可以利用 Photoshop 提供的相应功能创建出来，而有的元素则需要从其他图像中"提取"。这个提取的过程就需要用到"抠图"。"抠图"是数码图像处理中的常用术语，指的是将图像中主体物以外的部分去除，或者从图像中分离出部分元素。如图 6-1 所示为抠图合成的过程。

图 6-1

在 Photoshop 中抠图的方式有多种，如基于颜色的差异获得图像的选区、使用钢笔工具进行精确抠图、通过通道抠图等。本节主要讲解基于颜色的差异进行抠图，Photoshop 提供了多种通过识别颜色的差异创建选区的工具，如"快速选择工具""魔棒工具""磁性套索工具""魔术橡皮擦工具""背景橡皮擦工具"以及"色彩范围"命令等。这些工具分别位于工具箱的不同工具组中以及"选择"菜单中，如图 6-2 和图 6-3 所示。

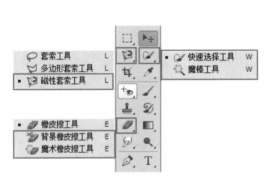

图 6-2   图 6-3

"快速选择工具""魔棒工具""磁性套索工具"以及"色彩范围"命令主要用于创建主体物或背景部分的选区，抠出具有明显颜色差异的图像，例如，获取了主体物的选区（如图 6-4 所示），就可以将选区中的内容复制为独立图层，如图 6-5 所示。或者将选区反向选择，得到主体物以外的选区，删除背景，如图 6-6 所示。这两种方式都可以实现抠图操作。而"魔术橡皮擦工具"和"背景橡皮擦工具"则用于擦除背景部分。

图 6-4   图 6-5   图 6-6

"快速选择工具" ▣能够自动查找颜色接近的区域，并创建出这部分区域的选区。单击工具箱中的"快速选择工具" ▣，将光标定位在要创建选区的位置，然后在选项栏中设置合适的绘制模式以及画笔大小，在画面中按住鼠标左键拖动，即可自动创建与光标移动过的位置颜色相似的选区，如图 6-7 和图 6-8 所示。

扫一扫，看视频

图 6-7　　　　　　　　　　　图 6-8

如果当前画面中已有选区，想要创建新的选区，可以在选项栏中单击"新选区"按钮▣，然后在画面中按住鼠标左键拖动，如图 6-9 所示。如果第一次绘制的选区不够，可以单击选项栏中的"添加到选区"按钮▣，即可在原有选区的基础上添加新创建的选区，如图 6-10 所示。如果绘制的选区有多余的部分，可以单击"从选区减去"按钮▣，接着在多余的选区部分涂抹，即可在原有选区的基础上减去当前新绘制的选区，如图 6-11 所示。

图 6-9　　　　　　　　　　图 6-10　　　　　　　　　　图 6-11

- 对所有图层取样：如果选中该复选框，在创建选区时会根据所有图层显示的效果建立选取范围，而不仅是只针对当前图层。如果只想针对当前图层创建选区，需要取消选中该复选框。
- 自动增强：降低选取范围边界的粗糙度与区块感。

练习实例：使用"快速选择工具"为饮品照片更换背景

文件路径	资源包\第6章\练习实例：使用快速选择为饮品照片更换背景
难易指数	★★★★★
技术掌握	快速选择工具

案例效果

案例处理前后的效果对比如图 6-12 和图 6-13 所示。

图 6-12　　　　　　　　图 6-13

操作步骤

步骤01 打开背景素材 1.jpg，如图 6-14 所示。执行"文件 > 置入"命令，置入素材 2.jpg，按 Enter 键完成置入操作，然后将该图层栅格化，如图 6-15 所示。

扫一扫，看视频

步骤02 在工具箱中选择"快速选择工具"，在其选项栏中单击"添加到选区"按钮，然后将光标移动到杯子上，在杯子上按住鼠标左键拖动，得到杯子的选区，如图 6-16 所示。按 Ctrl+Shift+I 组合键将选区反选，按 Delete 键删除选区中的像素，然后按 Ctrl+D 组合键取消选择，如图 6-17 所示。

步骤03 最后置入前景素材 3.png，并将置入对象调整到合适的大小、位置，然后按 Enter 键完成入操作。最终效果如图 6-18 所示。

图 6-14   图 6-15   图 6-16   图 6-17   图 6-18

6.1.2   魔棒工具：获取容差范围内颜色的选区

扫一扫，看视频

"魔棒工具" 用于获取与取样点颜色相似部分的选区。使用 "魔棒工具" 在画面中单击，光标所处的位置就是 "取样点"，而颜色是否 "相似" 则是由 "容差" 数值控制的，容差数值越大，可被选择的范围越大。

"魔棒工具" 与 "快速选择工具" 位于同一个工具组中。打开该工具组，从中选择 "魔棒工具"；在其选项栏中设置 "容差" 数值，并指定 "选区绘制模式"（ ）以及是否 "连续" 等选项。然后，在画面中单击，如图 6-19 所示，随即便可得到与光标单击位置颜色相近区域的选区，如图 6-20 所示。

图 6-19   图 6-20

如果想要选中的是画面中的橙色区域，而此时得到的选区并没有覆盖全部的橙色部分，则需要适当增大 "容差" 数值，然后重新制作选区，如图 6-21 所示。反之，如果此时得到的选区覆盖到了该颜色以外的颜色，则需要考虑是否要减小 "容差" 数值，如图 6-22 所示。

图 6-21   图 6-22

如果想要得到画面中多种颜色的选区，则需要在选项栏中单击 "添加到选区" 按钮，然后依次单击需要取样的颜色，便能够得到这几种颜色选区相加的结果，如图 6-23 和图 6-24 所示。

图 6-23   图 6-24

- 取样大小：用来设置 "魔棒工具" 的取样范围。选择 "取样点"，可以只对光标所在位置的像素进行取样。选择 "3×3 平均"，可以对光标所在位置 3 个像素区域内的平均颜色进行取样，其他的以此类推。

- 容差：决定所选像素之间的相似性或差异性，其取值范围为 0~255。数值越低，对像素相似程度的要求越高，所选的颜色范围就越小；数值越高，对像素相似程度的要求越低，所选的颜色范围就越广，选区也就越大。如图 6-25 所示为不同 "容差" 值时的选区效果。

- 消除锯齿：默认情况下，"消除锯齿" 复选框始终处于选中状态。选中此复选框，可以消除选区边缘的锯齿。

| 容差：30 | 容差130 |

图 6-25

- 连续：当选中该复选框时，只选择颜色连接的区域；当取消选中该复选框时，可以选择与所选像素颜色接近的所有区域，当然也包含没有连接的区域。其效果对比如图6-26所示。

- 对所有图层取样：如果文档中包含多个图层，当选中该复选框时，可以选择所有可见图层上颜色相近的区域；当取消选中该复选框时，仅选择当前图层上颜色相近的区域。

| 选中"连续"复选框 | 取消选中"连续"复选框 |

图 6-26

练习实例：使用"魔棒工具"去除背景制作数码产品广告

文件路径	资源包\第6章\练习实例：使用"魔棒工具"去除背景制作数码产品广告
难易指数	★★★★★
技术掌握	"魔棒工具"

案例效果

案例处理前后的效果对比如图6-27和图6-28所示。

| 图 6-27 | 图 6-28 |

操作步骤

步骤 01 打开背景素材1.jpg，如图6-29所示。执行"文件 > 置入嵌入式的智能对象"命令，置入素材2.jpg，并摆放到合适位置，按Enter键完成置入，然后将该图层栅格化，如图6-30所示。

扫一扫，看视频

具箱中的"魔棒工具"按钮，在其选项栏中单击"添加到选区"按钮，设置"容差"为40像素，选中"消除锯齿"和"连续"复选框，然后在蓝色背景上单击，如图6-31所示。继续使用"魔棒工具"在背景处其他没有被选中的部分单击，直至背景被全部选中，如图6-32所示。

| 图 6-31 | 图 6-32 |

步骤 03 得到背景选区后，按Delete键删除背景部分，然后按Ctrl+D组合键取消选区，如图6-33所示。最后置入前景装饰素材，将其调整到合适位置后，按Enter键完成置入。最终效果如图6-34所示。

| 图 6-29 | 图 6-30 |

步骤 02 在"图层"面板中选择新置入的素材图层。单击工

| 图 6-33 | 图 6-34 |

重点 6.1.3 磁性套索工具：自动查找颜色差异边缘绘制选区

扫一扫，看视频

“磁性套索工具”能够自动识别颜色差别，并自动描绘出具有颜色差异的边界，以得到某个对象的选区。“磁性套索工具”常用于快速选择与背景对比强烈且边缘复杂的对象。

“磁性套索工具”工具位于套索工具组中。打开该工具组，从中选择“磁性套索工具”，然后将光标定位到需要制作选区的对象的边缘处，单击确定起点，如图 6-35 所示。沿对象边界移动光标，对象边缘处会自动创建出选区的边线，如图 6-36 所示。继续移动光标到起点处单击，得到闭合的选区，如图 6-37 所示。

图 6-35

图 6-36

图 6-37

- 宽度：“宽度”值决定了以光标中心为基准，光标周围有多少个像素能够被“磁性套索工具”检测到。如果对象的边缘比较清晰，可以设置较大的值；如果对象的边缘比较模糊，可以设置较小的值。
- 对比度：主要用来设置“磁性套索工具”感应图像边缘的灵敏度。如果对象的边缘比较清晰，可以将该值设置得高一些；如果对象的边缘比较模糊，可以将该值设置得低一些。
- 频率：在使用“磁性套索工具”勾画选区时，Photoshop 会生成很多锚点。“频率”选项就是用来设置锚点的数量的。数值越高，生成的锚点越多，捕捉到的边缘越准确，但是可能会造成选区不够平滑，如图 6-38 所示为设置不同参数值时的对比效果。

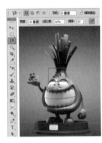

频率：20　　**频率：100**

图 6-38

- 钢笔压力：如果计算机配有数位板和压感笔，可以单击该按钮，Photoshop 会根据压感笔的压力自动调节“磁性套索工具”的检测范围。

练习实例：使用“磁性套索工具”制作唯美人像合成

文件路径	资源包\第6章\练习实例：使用“磁性套索工具”制作唯美人像合成
难易指数	★★★★★
技术掌握	磁性套索工具

案例效果

案例处理前后的效果对比如图 6-39 和图 6-40 所示。

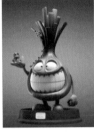

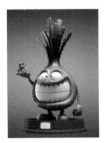

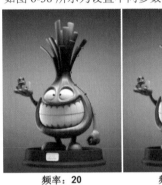

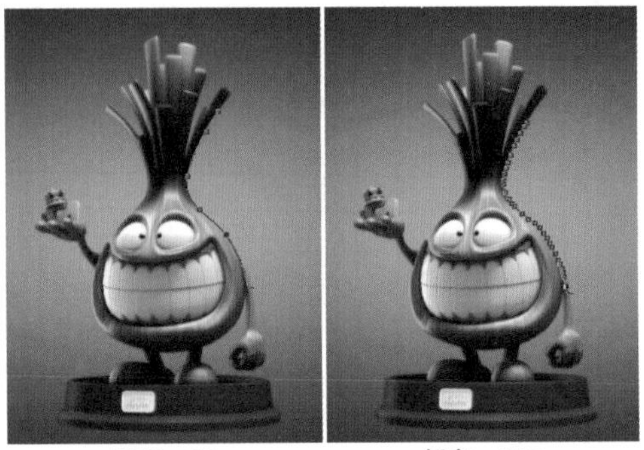

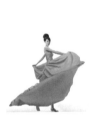

图 6-39

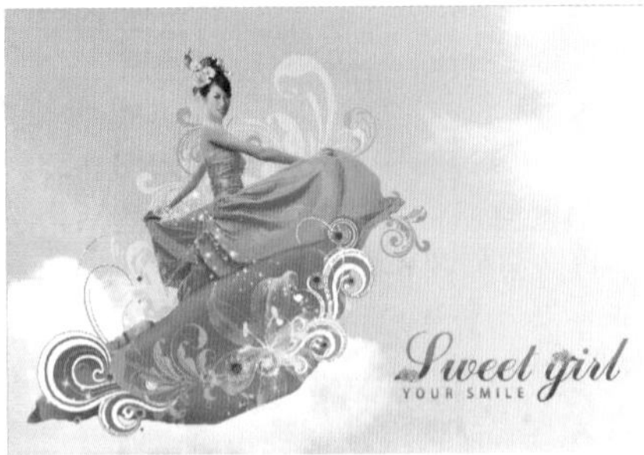

图 6-40

操作步骤

扫一扫，看视频

步骤 01 打开背景素材 1.jpg，如图 6-41 所示。执行“文件 > 置入”命令，置入素材 2.jpg，并摆放到合适的位置，按 Enter 键完成置入。然后在该图层上单击鼠标右键，在弹出的快捷菜单中选择“栅格化 > 智能对象”命令，效果如图 6-42 所示。

图 6-41

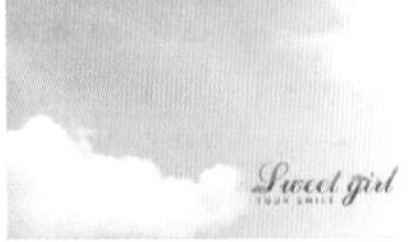

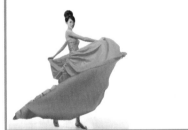

图 6-42

步骤 02 单击工具箱中的“磁性套索工具”，在人物手臂边缘单击确定起点，然后沿着人像边缘移动光标，此时人像边缘处会出现很多锚点，如图 6-43 所示。继续沿着人物边缘移动光标，如图 6-44 所示。移动到起始锚点处单击，即可得到人物的选区，如图 6-45 所示。

图 6-43　　　　　　图 6-44　　　　　　图 6-45

步骤 03 单击鼠标右键，在弹出的快捷菜单中选择"选择反向"命令，效果如图 6-46 所示。按 Delete 键删除选区中的像素，然后按 Ctrl+D 快捷键取消选区的选择，如图 6-47 所示。

图 6-46　　　　　　　　　　图 6-47

步骤 04 使用同样的方法将胳膊位置的白色像素删除，效果如图 6-48 所示。继续执行"文件>置入"命令，置入素材 3.png。接着将置入对象调整到合适的大小、位置，然后按 Enter 键完成置入。最终效果如图 6-49 所示。

图 6-48　　　　　　　　　图 6-49

【重点】6.1.4 魔术橡皮擦工具：擦除颜色相似区域

"魔术橡皮擦工具"可以快速擦除画面中相同的颜色，其使用方法与"魔棒工具"非常相似。"魔术橡皮擦工具"位于橡皮擦工具组中。打开该工具组，从中选择"魔术橡皮擦工具" ；在其选项栏中设置"容差"数值以及是否"连续"。然后在画面中单击，即可擦除与单击点颜色相似的区域，如图 6-50 和图 6-51 所示。

扫一扫，看视频

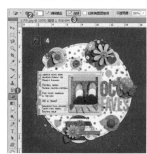 

图 6-50　　　　　　　　　图 6-51

- 容差：此处的"容差"与"魔棒工具"选项栏中的"容差"功能相同，都是用来限制所选像素之间的相似性或差异性。在此主要用来设置擦除的颜色范围。"容差"值越小，擦除的范围相对越小；"容差"值越大，擦除的范围相对越大。如图 6-52 所示为设置不同参数值时的对比效果。

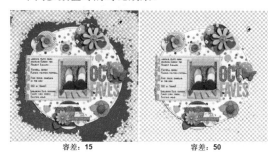

容差：15　　　　　　　　　容差：50

图 6-52

- 消除锯齿：可以使擦除区域的边缘变得平滑。如图 6-53 所示为选中和取消选中"消除锯齿"复选框的对比效果。

启用"消除锯齿"　　　　　未启用"消除锯齿"

图 6-53

- 连续：选中该复选框时，只擦除与单击点像素相连接的区域。取消选中该复选框时，可以擦除图像中所有与单击点像素相近似的像素区域。其对比效果如图 6-54 所示。

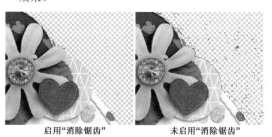

启用"连续"　　　　　　　未启用"连续"

图 6-54

- 不透明度：用来设置擦除的强度。数值越大，擦除的像素越多；数值越小，擦除的像素越少，被擦除的部分变为半透明。数值为 100% 时，将完全擦除像素。

练习实例：使用"魔术橡皮擦工具"去除人像背景

文件路径	资源包\第6章\练习实例：使用"魔术橡皮擦工具"去除人像背景
难易指数	★★★★★
技术掌握	魔术橡皮擦工具

案例效果

案例处理前后的效果对比如图 6-55 和图 6-56 所示。

图 6-55   图 6-56

操作步骤

步骤 01 执行"文件 > 打开"命令，打开素材 1.jpg，如图 6-57 所示。执行"文件 > 置入"命令，置入素材 2.jpg，然后将置入对象调整到合适的大小、位置，按 Enter 键完成置入操作。接着将该图层栅格化，如图 6-58 所示。

步骤 02 选择人像素材图层，选择工具箱中的"魔术橡皮擦工具"，在其选项栏中设置"容差"为 20，取消选中"消除锯齿"和"连续"复选框，然后在头像上方的背景上单击，此时人像图层的部分背景被去掉了，如图 6-59 所示。继续在剩余的背景上多次单击，直到将所有的背景删除，如图 6-60 所示。

步骤 03 最后置入前景素材 3.png，并将其栅格化。最终效果如图 6-61 所示。

扫一扫，看视频

图 6-57   图 6-58   图 6-59   图 6-60   图 6-61

6.1.5　背景橡皮擦工具：智能擦除背景像素

"背景橡皮擦工具"是一种基于色彩差异的智能化擦除工具，它可以自动采集画笔中心的色样，同时删除在画笔内出现的这种颜色，使擦除区域成为透明区域。

"背景橡皮擦工具"位于橡皮擦工具组中。打开该工具组，从中选择"背景橡皮擦工具"。将光标移动到画面中，光标呈现出中心带有"+"号的圆形效果，其中圆形表示当前工具的作用范围，而圆形中心的"+"号则表示在擦除过程中自动采集颜色的位置，如图 6-62 所示。在涂抹过程中会自动擦除圆形画笔范围内出现的相近颜色的区域，如图 6-63 所示。

扫一扫，看视频

图 6-62

图 6-63

- 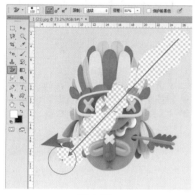   取样：用来设置取样的方式，不同的取样方式会直接影响到画面的擦除效果。激活"取样：连续"按钮 ，在拖动鼠标时可以连续对颜色进行取样，凡是出现在光标中心十字线以内的图像都将被擦除，如图 6-64 所示。激活"取样：一次"按钮 ，只擦除包含第 1 次单击处颜色的图像，如图 6-65 所示。激活"取样：背景色板"按钮 ，只擦除包含背景色的图像，如图 6-66 所示。

图 6-64　　　　　　　　　　　　　　图 6-65　　　　　　　　　　　　　　图 6-66

提示：如何选择合适的"取样方式"？

- 连续取样：这种取样方式会随画笔的圆形中心的"+"号位置的改变而更换取样颜色，所以适合在背景颜色差异较大时使用。
- 一次取样：这种取样方式适合背景为单色或颜色变化不大的情况。因为这种取样方式只会识别画笔圆形中心的"+"号第一次在画面中单击的位置，所以在擦除过程中不必特别留意"+"号的位置。
- 背景色板取样：由于这种取样方式可以随时更改背景色板的颜色，从而方便地擦除不同的颜色，所以非常适合当背景颜色变化较大，而又不想使用擦除程度较大的"连续取样"方式的情况下。

- 限制：设置擦除图像时的限制模式。选择"不连续"选项时，可以擦除出现在光标下任何位置的样本颜色；选择"连续"选项时，只擦除包含样本颜色并且相互连接的区域；选择"查找边缘"选项时，可以擦除包含样本颜色的连接区域，同时更好地保留形状边缘的锐化程度，如图 6-67 所示。

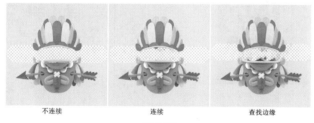

图 6-67

- 容差：用来设置颜色的容差范围。低容差仅限于擦除与样本颜色非常相似的区域，高容差可擦除范围更广的颜色，如图 6-68 所示。

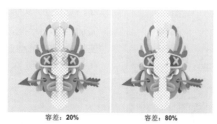

图 6-68

- 保护前景色：选中该复选框后，可以防止擦除与前景色匹配的区域。

举一反三：使用"背景橡皮擦工具"去除图像背景

步骤 01 打开一张颜色艳丽的照片，从中可以看到背景与主体物颜色差别较大。选择工具箱中的"背景橡皮擦工具"，在其选项栏中设置"大小"为170像素，单击"取样：连续"按钮，设置"限制"为"连续"，"容差"为50%，如图6-69所示。然后在画布上将光标移动到红色雪糕的背景上，按住鼠标左键沿着雪糕边缘拖动（注意，光标的十字中心点不能接触到雪糕），被擦除的区域变为透明，如图6-70所示。

图 6-69　　　　　　　　图 6-70

步骤 02 依次将背景全部擦除，如图6-71所示。执行"文件>置入"命令，置入背景素材"2.jpg"，按 Enter 键完成置入操作。接着将该图层移动到雪糕图层的下方，效果如图6-72所示。

图 6-71　　　　　　　　图 6-72

✎ *读书笔记*

练习实例：使用"背景橡皮擦工具"抠图合成人像海报

文件路径	资源包\第6章\练习实例：使用"背景橡皮擦工具"抠图合成人像海报
难易指数	★★★★★
技术掌握	背景橡皮擦工具

案例效果

案例处理前后的效果对比如图6-73、图6-74所示。

图 6-73　　　　　　　　图 6-74

操作步骤

步骤 01 执行"文件>打开"命令，或按 Ctrl+O 组合键，在弹出的"打开"对话框中选择素材1.jpg，单击"打开"按钮，如图6-75所示。执行"文件>置入"命令，置入素材2.jpg，并将其调整到合适的大小、位置，按 Enter 键完成置入操作，然后将该图层栅格化，如图6-76所示。

扫一扫，看视频

步骤 02 选择人物图层，单击工具箱中的"背景橡皮擦工具"，在其选项栏中单击"画笔预设"下拉按钮，在弹出的"画笔预设选取器"中设置"大小"为100像素，"硬度"为0%，单击"取样：连续"按钮，设置"限制"为"连续"，"容差"为20%，如图6-77所示。接着在人物白色背景处按住鼠标左键涂抹进行擦除，此时光标中心十字线处颜色接近的图像都被擦除，如图6-78所示。

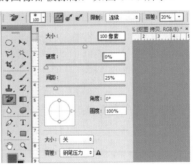 

图 6-77　　　　　　　　图 6-78

步骤 03 继续对画面进行涂抹，可以看到人物左侧背景被去除，如图6-79所示。接下来处理头发边缘。此时可以将笔尖适当调小一些，按住鼠标左键拖动光标在头发边缘处涂抹，如图6-80所示。

图 6-79　　　　　　　　图 6-80

图 6-75　　　　　　　　图 6-76

中文版Photoshop CS6从入门到精通（微课视频　全彩版）

步骤 04 人物头发边缘被抹除后，可以看到头发内部还有一些白色背景。在"背景橡皮擦工具"选项栏中设置"大小"为30像素，在白色背景区域涂抹，如图6-81所示。继续使用"背景橡皮擦工具"将画面右侧擦除干净，如图6-82所示。

步骤 05 此时在画面中可以看到，人物胳膊附近存在白色背景像素。在"背景橡皮擦工具"选项栏中设置"大小"为50像素，在人物胳膊处进行抹除，如图6-83所示。使用同样的方法，擦除其他部分的背景，效果如图6-84所示。

步骤 06 最后置入素材3.png，调整到合适的大小和位置，按Enter键完成置入。最终效果如图6-85所示。

图6-81　　　　　图6-82　　　　　图6-83　　　　　图6-84　　　　　图6-85

6.1.6 色彩范围：获取特定颜色选区

"色彩范围"命令可根据图像中某一种或多种颜色的范围创建选区。执行"选择>色彩范围"命令，在弹出的"色彩范围"对话框中可以进行颜色的选择、颜色容差的设置，还可使用"添加到取样"吸管、"从选区中减去"吸管对选中的区域进行调整。

步骤 01 打开一张图片，如图6-86所示。执行"选择>色彩范围"命令，弹出"色彩范围"对话框。在这里首先需要设置"选择"（取样方式）。打开该下拉列表，可以看到其中有多种颜色取样方式可供选择，如图6-87所示。

图6-86

扫一扫，看视频

图6-87

- **图像查看区域**：其中包含"选择范围"和"图像"两个单选按钮。当选中"选择范围"单选按钮时，预览区中的白色代表被选择的区域，黑色代表未选择的区域，灰色代表被部分选择的区域（即有羽化效果的区域）；当选中"图像"单选按钮时，预览区内会显示彩色图像。

- **选择**：用来设置创建选区的方式。选择"取样颜色"选项时，光标会变成 ✎ 形状，将其移至画布中的图像上，单击即可进行取样；选择"红色""黄色""绿色""青色"等选项时，可以选择图像中特定的颜色；选择"高光""中间调"和"阴影"选项时，可以选择图像中特定的色调；选择"肤色"时，会自动检测皮肤区域；选择"溢色"选项时，可以选择图像中出现的溢色。

- **检测人脸**：当"选择"设置为"肤色"时，选中"检测人脸"复选框，可以更加准确地查找皮肤部分的选区。

- **本地化颜色簇**：选中此复选框，拖动"范围"滑块可以控制要包含在蒙版中的颜色与取样点的最大和最小距离。

- **颜色容差**：用来控制颜色的选择范围。数值越高，包含的颜色越多；数值越低，包含的颜色越少。

- **范围**：当"选择"设置为"高光""中间调"和"阴影"时，可以通过调整"范围"数值，设置"高光""中间调"和"阴影"各个部分的大小。

步骤 02 如果选择"红色""黄色""绿色"等选项，在图像查看区域中可以看到，画面中包含这种颜色的区域会以白色（选区内部）显示，不包含这种颜色的区域以黑色（选区以外）显示。如果图像中仅部分包含这种颜色，则以灰色显示。例如，图像中粉色的背景部分包含红色，皮肤和服装上也是部分包含红色，所以这部分显示为明暗不同的灰色，如图6-88所示。也可以从"高光""中间调"和"阴影"中选择一种方式，如选择"阴影"在图像查看区域可以看到被选中的区域变为白色，其他区域为黑色，如图6-89所示。

图 6-88　　　　　　　图 6-89

步骤 03 如果其中的颜色选项无法满足我们的需求，则可以在"选择"下拉列表中选择"取样颜色"，光标会变成 🖊 形状，将其移至画布中的图像上，单击即可进行取样，如图 6-90 所示。在图像查看区域中可以看到与单击处颜色接近的区域变为白色，如图 6-91 所示。

图 6-90　　　　　　　图 6-91

步骤 04 此时如果发现单击后被选中的区域范围有些小，原本非常接近的颜色区域并没有在图像查看区域中变为白色，可以适当增大"颜色容差"数值，使选择范围变大，如图 6-92 所示。

图 6-92

步骤 05 虽然增大"颜色容差"可以增大被选中的范围，但还是会遗漏一些区域。此时可以单击"添加到取样"按钮 🖊，在画面中多次单击需要被选中的区域，如图 6-93 所示。也可以在图像查看区域中单击，使需要选中的区域变白，如图 6-94 所示。

图 6-93　　　　　　　图 6-94

- 🖊 🖊 🖊：在"选择"下拉列表中"取样颜色"选项时，可以对取样颜色进行添加或减去。使用"吸管工具" 🖊 可以直接在画面中单击进行取样。如果要添加取样颜色，可以单击"添加到取样"按钮 🖊，然后在预览图像上单击，以取样其他颜色。如果要减去多余的取样颜色，可以单击"从取样中减去"按钮 🖊，然后在预览图像上单击，以减去其他取样颜色。

- 反相：将选区进行反转，相当于创建选区后，执行了"选择 > 反选"命令。

步骤 06 为了便于观察选区效果，可以从"选区预览"下拉列表中选择文档窗口中选区的预览方式。选择"无"选项时，表示不在窗口中显示选区；选择"灰度"选项时，可以按照选区在灰度通道中的外观来显示选区；选择"黑色杂边"选项时，可以在未选择的区域上覆盖一层黑色；选择"白色杂边"选项时，可以在未选择的区域上覆盖一层白色；选择"快速蒙版"选项时，可以显示选区在快速蒙版状态下的效果，如图 6-95 所示。

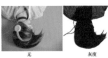

无　　　灰度　　　黑色杂边　　　白色杂边　　　快速蒙版

图 6-95

步骤 07 最后单击"确定"按钮，即可得到选区，如图 6-96 所示。单击"存储"按钮，可以将当前的设置状态保存为选区预设；单击"载入"按钮，可以载入存储的选区预设文件，如图 6-97 所示。

图 6-96　　　　　　　图 6-97

练习实例：使用"色彩范围"命令制作中国风招贴

文件路径	资源包\第6章\练习实例：使用"色彩范围"命令制作中国风招贴
难易指数	★★★★★
技术掌握	色彩范围、"色相/饱和度"命令

案例效果

案例效果如图 6-98 所示。

图 6-98

操作步骤

步骤 01 打开背景素材 1.jpg，如图 6-99 所示。执行"文件 > 置入"命令，置入素材 2.jpg，然后将其栅格化，如图 6-100 所示。

扫一扫，看视频

图 6-99　　　　　　　　图 6-100

步骤 02 在"图层"面板中选择置入的素材图层，执行"选择 > 色彩范围"命令，在弹出的对话框中设置"颜色容差"为 80，单击"添加到取样"按钮 ，然后在背景中单击。此时"选择范围"预览图中，背景区域大面积呈现白色，表明这部分区域被选中；但仍有部分灰色区域，如图 6-101 所示。单击"添加到取样"按钮 ，然后单击没有被选中的地方。当背景区域全部变为白色时，单击"确定"按钮完成设置，如图 6-102 所示。

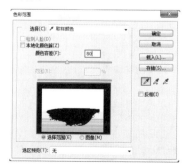

图 6-101

图 6-102

步骤 03 得到背景部分选区，如图 6-103 所示。按下 Delete 键删除选区中的像素，然后按 Ctrl+D 组合键取消选区，如图 6-104 所示。

图 6-103　　　　　　　　图 6-104

步骤 04 置入素材 3.jpg，并将其调整到合适的大小、位置，然后按 Enter 键完成置入，如图 6-105 所示。继续置入云朵素材 4.jpg，并将其栅格化，如图 6-106 所示。

图 6-105　　　　　　　　图 6-106

步骤 05 选择天空素材图层，执行"选择 > 色彩范围"命令，在弹出的对话框中设置"颜色容差"为 120，然后单击素材中的云朵部分。第一次单击画面时可能会有遗漏的部分，此时单击"添加到取样"按钮，然后单击没有被选区覆盖到的地方。单击"确定"按钮完成设置，如图 6-107 所示。随即得到云朵的选区，如图 6-108 所示。

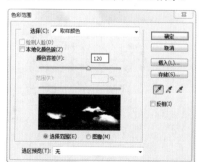 

图 6-107　　　　　　　　图 6-108

步骤06 选择该图层，单击"图层"面板底部的"添加图层蒙版"按钮，基于选区添加图层蒙版，如图 6-109 所示。此时画面效果如图 6-110 所示。

图 6-109

图 6-110

步骤07 由于此时云彩素材边缘还有蓝色痕迹，选中云彩图层，执行"图像 > 调整 > 色相 / 饱和度"命令，在弹出的对话框中设置"明度"为 88，单击"确定"按钮，如图 6-111 所示。最终效果如图 6-112 所示。

图 6-111

图 6-112

6.2 钢笔精确抠图

扫一扫，看视频

　　虽然前面讲到的几种基于颜色差异的抠图工具可以进行非常便捷的抠图操作，但还是有一些情况无法处理。例如，主体物与背景非常相似的图像、对象边缘模糊不清的图像、基于颜色抠图后对象边缘参差不齐的情况等，这些都无法利用前面学到的工具很好地完成抠图操作。这时就需要使用"钢笔工具"进行精确路径的绘制，然后将路径转换为选区，删除背景或者单独把主体物复制出来，就完成抠图了，如图 6-113 所示。

原图　　　　钢笔绘制路径　　　转换为选区　　　提取主体物　　　　合成

图 6-113

6.2.1 认识"钢笔工具"

　　"钢笔工具"是一种矢量工具，主要用于矢量绘图（关于矢量绘图的相关知识将在第 9 章进行讲解）。矢量绘图有 3 种不同的模式，其中"路径"模式允许我们使用"钢笔工具"绘制出矢量的路径。使用钢笔工具绘制的路径可控性极强，而且可以在绘制完毕后进行重复修改，所以非常适合绘制精细而复杂的路径。因此，"路径"可以转换为"选区"，有了选区就可以轻松完成抠图操作。因此，使用"钢笔工具"进行抠图是一种比较精确的抠图方法。

　　在使用"钢笔工具"抠图之前，先来认识几个概念。使用"钢笔工具"以"路径"模式绘制出的对象是"路径"。"路径"是由一些"锚点"连接而成的线段或者曲线。当调整"锚点"位置或弧度时，路径形态也会随之发生变化，如图 6-114 和图 6-115 所示。

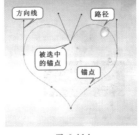

图 6-114

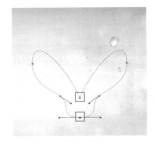

图 6-115

"锚点"可以决定路径的走向以及弧度。"锚点"有两种：尖角锚点和平滑的锚点。如图6-116所示平滑的锚点上会显示一条或两条"方向线"（有时也被称为"控制棒""控制柄"），"方向线"两端为"方向点"，"方向线"和"方向点"的位置共同决定了这个锚点的弧度，如图6-117和图6-118所示。

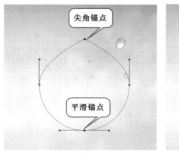  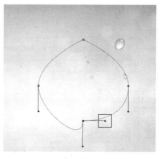

图6-116　　　　　　　　　　　图6-117　　　　　　　　　　　图6-118

在使用"钢笔工具"进行精确抠图的过程中，我们要用到钢笔工具组和选择工具组，包括"钢笔工具""自由钢笔工具""添加锚点工具""删除锚点工具""转换点工具"和"路径选择工具""直接选择工具"，如图6-119和图6-120所示。其中"钢笔工具"和"自由钢笔工具"用于绘制路径，而其他工具都是用于调整路径的形态。通常我们会使用"钢笔工具"尽可能准确地绘制出路径，然后使用其他工具进行细节形态的调整。

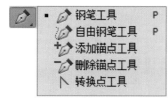 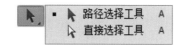

图6-119　　　　　　　　　　　　　　　图6-120

{重点} 6.2.2　动手练：使用"钢笔工具"绘制路径

1. 绘制直线 / 折线路径

单击工具箱中的"钢笔工具" ✎，在其选项栏中设置"绘制模式"为"路径"。在画面中单击，画面中出现一个锚点，这是路径的起点，如图6-121所示。接着在下一个位置单击，在两个锚点之间可以生成一段直线路径，如图6-122所示。继续以单击的方式进行绘制，可以绘制出折线路径，如图6-123所示。

  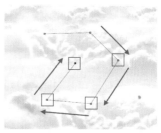

图6-121　　　　　　　　　　　图6-122　　　　　　　　　　　图6-123

提示：终止路径的绘制。

如果要终止路径的绘制，可以在使用"钢笔工具"的状态下按Esc键，或者单击工具箱中的其他任意一个工具，也可以终止路径的绘制。

2. 绘制曲线路径

曲线路径由平滑锚点组成。使用"钢笔工具"直接在画面中单击，创建出的是尖角锚点。想要绘制平滑的锚点，需要按住鼠标左键拖动，此时可以看到按下鼠标左键的位置生成了一个锚点，而拖曳的位置显示了方向线，如图6-124所示。此时可以按住鼠标左键，同时上、下、左、右拖曳方向线，调整方向线的角度，曲线的弧度也随之发生变化，如图6-125所示。

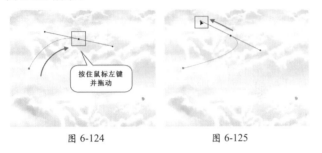

图6-124　　　　　　　　图6-125

3.绘制闭合路径

路径绘制完成后，将"钢笔工具"光标定位到路径的起点处，当它变为🖋️形状时（如图6-126所），单击即可闭合路径，如图6-127所示。

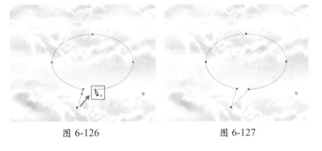

图6-126　　　　　　　　图6-127

提示：如何删除路径？

路径绘制完成后，如果需要删除路径，可以在使用"钢笔工具"的状态下单击鼠标右键，在弹出的快捷菜单中选择"删除路径"命令。

4.继续绘制未完成的路径

对于未闭合的路径，如要继续绘制，可以将"钢笔工具"光标移动到路径的一个端点处，当它变为🖋️形状时，单击该端点，如图6-128所示。接着将光标移动到其他位置进行绘制，可以看到在当前路径上向外产生了延伸的路径，如图6-129所示。

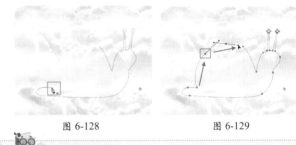

图6-128　　　　　　　　图6-129

提示：继续绘制路径时的注意事项。

需要注意的是，如果光标变为🖋️形状，那么此时绘制的是一条新的路径，而不是在之前路径的基础上继续绘制了。

6.2.3　编辑路径形态

1.选择路径、移动路径

选择工具箱中的"路径选择工具"▶，在需要选中的路径上单击，路径上出现锚点，表明该路径处于选中状态，如图6-130所示。按住鼠标左键拖动，即可移动该路径，如图6-131所示。

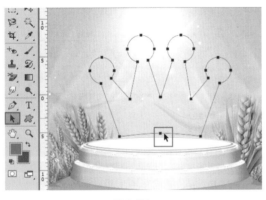
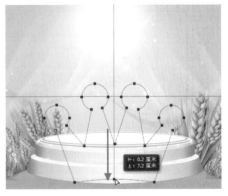

图6-130　　　　　　　　　　　　　　图6-131

2.选择锚点、移动锚点

右键单击工具箱中选择工具组，在弹出的选择工具列表中选择"直接选择工具"▷。使用"直接选择工具"可以选择路

中文版Photoshop CS6从入门到精通（微课视频 全彩版）

径上的锚点或者方向线，选中之后可以移动锚点、调整方向线。将光标移动到锚点位置，单击可以选中其中某一个锚点，如图 6-132 所示。框选可以选中多个锚点，如图 6-133 所示。按住鼠标左键拖动，可以移动锚点位置，如图 6-134 所示。在使用"钢笔工具"状态下，按住 Ctrl 键可以切换为"转换点工具"，松开 Ctrl 键会变回"钢笔工具"。

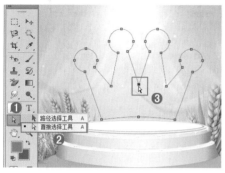  

图 6-132   图 6-133   图 6-134

 提示：快速切换"直接选择工具"。

在使用"钢笔工具"状态下，按住 Ctrl 键可以快速切换为"直接选择工具"。

3. 添加锚点

如果路径上的锚点较少，细节就无法精细地刻画。此时可以使用"添加锚点工具" 在路径上添加锚点。

右键单击工具箱中钢笔工具组，在弹出的工具列表中选择"添加锚点工具" 。将光标移动到路径上，当它变成 形状时单击，即可添加一个锚点，如图 6-135 所示。在使用"钢笔工具"状态下，将光标放在路径上，光标也会变成 形状，单击即可添加一个锚点，如图 6-136 所示。添加了锚点后，就可以使用"直接选择工具"调整锚点位置了，如图 6-137 所示。

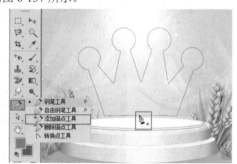

图 6-135

图6-136   图6-137

4. 删除锚点

要删除多余的锚点，可以使用钢笔工具组中的"删除锚点工具" 来完成。右键单击钢笔工具组，在弹出的工具列表中选择"删除锚点工具" ，将光标放在锚点上单击，即可删除锚点，如图 6-138 所示。在使用"钢笔工具"状态下，直接将光标移动到锚点上，当它变为 形状时，单击也可以删除锚点，如图 6-139 所示。

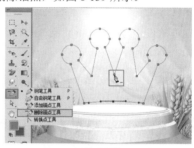

图 6-138   图 6-139

5. 转换锚点类型

"转换点工具" 可以将锚点在尖角锚点与平滑锚点之间进行转换。右键单击钢笔工具组，在弹出的工具列表中单击"转换点工具" ，在平滑锚点上单击，可以使平滑的锚点转换为尖角的锚点，如图 6-140 所示。在尖角的锚点上按住鼠标左键拖动，即可调整锚点的形状，使其变得平滑，如图 6-141 所示。在使用"钢笔工具"状态下，按住 Alt 键可以切换为"转换点工具"，松开 Alt 键会变回"钢笔工具"。

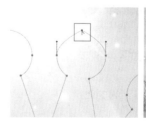 

图 6-140   图 6-141

【重点】6.2.4 将路径转换为选区

路径已经绘制完了，想要抠图，最重要的一个步骤就是将路径转换为选区。在使用"钢笔工具"状态下，在路径上单击鼠标右键，在弹出的快捷菜单中选择"建立选区"命令，如图 6-142 所示。在弹出的"建立选区"对话框中可以进行"羽化半径"的设置，如图 6-143 所示。

合键，可以迅速将路径转换为选区。

图 6-143

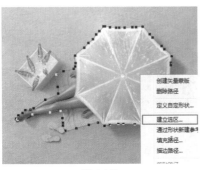

图 6-142

羽化半径: 0像素　　　羽化半径: 7像素　　　羽化半径: 50像素

图 6-144

"羽化半径"为 0 时，选区边缘清晰、明确；羽化半径越大，选区边缘越模糊，如图 6-144 所示。按 Ctrl+Enter 组

举一反三：使用"钢笔工具"为人像抠图

抠图需要使用的工具已经学习过了，下面梳理一下使用钢笔工具抠图的基本思路：首先使用"钢笔工具"绘制将抠图的主体物大致轮廓（注意，绘制模式必须设置为"路径"）如图 6-145 所示；接着使用"直接选择工具""转换点工具"等工具对路径形态进行进一步调整，如图 6-146 所示，路径准确后转换为选区（在无须设置羽化半径的情况下，可以按 Ctrl+Enter 组合键进行转换），如图 6-147 所示；得到选区后反向选择删除背景或者将主体物复制为独立图层，如图 6-148 所示；抠图完成后可以更换新背景，添加装饰元素，完成作品的制作，如图 6-149 所示。

图 6-145

图 6-146

图 6-147

图 6-148

图 6-149

1. 使用"钢笔工具"绘制人物大致轮廓

步骤 01 为了避免原图层被破坏，可以复制人像图层，并隐藏原图层。选择工具箱中的"钢笔工具"，在其选项栏中设置"绘制模式"为"路径"，将光标移至人物边缘，单击生成锚点，如图 6-150 所示。将光标移至下一个转折点处，单击生成锚点，如图 6-151 所示。

图 6-150　　　　　　　图 6-151

步骤 02 继续沿着人物边缘绘制路径，如图 6-152 所示。当绘制至起点处光标变为 _⌀ 形状的，单击闭合路径，如图 6-153 所示。

图 6-152　　　　　　　图 6-153

2. 调整锚点位置

步骤 01 在使用"钢笔工具"状态下，按住 Ctrl 键切换到"直接选择工具"。在锚点上按下鼠标左键，将锚点拖动至人物边缘，如图 6-154 所示。继续将临近的锚点移至人物边缘，如图 6-155 所示。

图 6-154　　　　　　　图 6-155

步骤 02 继续调整锚点位置。若遇到锚点数量不够的情况，可以添加锚点，再继续移动锚点位置，如图 6-156 所示。在

工具箱中选择"钢笔工具"，将光标移至路径处，当它变为 _⌀ 形状时，单击即可添加锚点，如图 6-157 所示。

图 6-156　　　　　　　图 6-157

步骤 03 若在调整过程中锚点过于密集，如图 6-158 所示，可以将"钢笔工具"光标移至需要删除的锚点的位置，当它变为 _⌀ 形状时，单击即可将锚点删除，如图 6-159 所示。

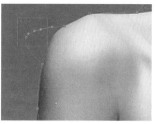

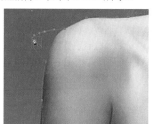

图 6-158　　　　　　　图 6-159

3. 将尖角锚点转换为平滑锚点

　　调整了锚点位置后，虽然锚点的位置贴合到人物边缘，但是本应是带有弧度的线条却呈现出尖角的效果，如图 6-160 所示。在工具箱中选择"转换点工具" ，在尖角锚点上按住鼠标左键拖动，使之产生弧度，如图 6-161 所示。接着在方向线上按住鼠标左键拖动，即可调整方向线角度，使之与人物形态相吻合，如图 6-162 所示。

图 6-160　　　　　图 6-161　　　　　图 6-162

4. 将路径转换为选区

　　路径调整完成，效果如图 6-163 所示。按 Ctrl+Enter 组合键，将路径转换为选区，如图 6-164 所示。按 Ctrl+Shift+I 组合键将选区反向选择，然后按 Delete 键，将选区中的内容删除，此时可以看到手臂处还有部分背景，如图 6-165 所示。同样使用钢笔工具绘制路径，转换为选区后删除，如图 6-166 所示。

图 6-163   图 6-164   图 6-165   图 6-166

5. 后期装饰

最后执行"文件 > 置入"命令，为人物添加新的背景和前景，并摆放在合适的位置，完成合成作品的制作，如图 6-167 和图 6-168 所示。

图 6-167   图 6-168

6.2.5 自由钢笔工具

"自由钢笔工具"也是一种绘制路径的工具，但并不适合绘制精确的路径。在使用"自由钢笔工具"状态下，在画面中按住鼠标左键随意拖动，光标经过的区域即可形成路径。

右键单击工具箱中钢笔工具组，在弹出的工具列表中选择"自由钢笔工具" ，在画面中按住鼠标左键拖动（如图 6-169 所示），即可自动添加锚点，绘制出路径，如图 6-170 所示。

在选项栏中单击 按钮，在弹出的下拉列表框中可以对磁性钢笔的"曲线拟合"数值进行设置。该数值用于控制绘制路径的精度。数值越大，路径越平滑，如图 6-171 所示；数值越小，路径越精确，如图 6-172 所示。

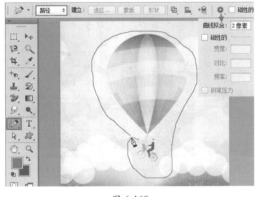

图 6-169   图 6-170   图 6-171   图 6-172

6.2.6 磁性钢笔工具

"磁性钢笔工具"能够自动捕捉颜色差异的边缘以快速绘制路径。其使用方法与"磁性套索"非常相似，但是"磁性钢笔工具"绘制出的是路径，如果效果不满意可以继续对路径进行调整，常用于抠图操作中。"磁性钢笔工具"并不是一个独立的工具，需要在使用"自由钢笔工具"状态下，在其选项栏中选中"磁性的"复选框，才会将其切换为"磁性钢笔工具" 。在画面中主体物边缘单击并沿轮廓拖动，可以看到磁性钢笔工具会自动捕捉颜色差异较大的区域来创建路径，如

图 6-173 所示。继续拖动鼠标完成路径的绘制，此时可能会出现绘制的路径与主体物形态不符合的情况，如图 6-174 所示。可以继续使用钢笔工具组以及"直接选择工具"对其进行调整，如图 6-175 所示。

图 6-173

图 6-174

图 6-175

练习实例：使用"自由钢笔工具"为人像更换背景

文件路径	资源包\第6章\练习实例：使用"自由钢笔工具"为人像更换背景
难易指数	★★★★★
技术掌握	自由钢笔工具

案例效果

案例效果如图 6-176 所示。

图 6-176

操作步骤

步骤 01 执行"文件 > 打开"命令，打开素材 1.jpg，如图 6-177 所示。执行"文件 > 置入"命令，置入素材 2.jpg，并将其栅格化，如图 6-178 所示。

扫一扫，看视频

步骤 02 选择人物图层，选择工具箱中的"自由钢笔工具"，在其选项栏中选中"磁性的"复选框。接着在人像的边缘上单击确定起点，然后沿着人像边缘拖动绘制路径，如图 6-179 所示。继续沿着人物边缘拖动光标，当拖动到起始锚点后单击闭合路径，如图 6-180 所示。

步骤 03 按 Ctrl+Enter 组合键得到路径的选区，然后按 Ctrl+Shift+I 组合键将选区反选，如图 6-181 所示。接着按 Delete 键删除选区中的像素，按 Ctrl+D 组合键取消选区，如图 6-182 所示。

步骤 04 执行"文件 > 置入"命令，置入素材 2.png，按 Enter 键完成置入。最终效果如图 6-183 所示。

图 6-177

图 6-178

图 6-179

图 6-180

图 6-181

图 6-182

图 6-183

6.3 通道抠图

扫一扫，看视频

"通道抠图"是一种比较专业的抠图技法，能够抠出其他抠图方式无法抠出的对象。对于带有毛发的小动物和人像、边缘复杂的植物、半透明的薄纱或云朵、光效等一些比较特殊的对象，可以尝试使用通道抠图，如图 6-184~ 图 6-189 所示。

图 6-184

图 6-185

图 6-186

图 6-187

图 6-188

图 6-189

【重点】6.3.1 通道与抠图

虽然通道抠图的功能非常强大，但并不难掌握，前提是要理解通道抠图的原理。首先，要明白以下几件事。

（1）通道与选区可以相互转化（通道中的白色为选区内部，黑色为选区外部，灰色可得到半透明的选区），如图 6-190 所示。

（2）通道是灰度图像，排除了色彩的影响，更容易进行明暗的调整。

（3）不同通道黑白内容不同，抠图之前找对通道很重要。

（4）不可直接在原通道上进行操作，必须复制通道。直接在原通道上进行操作，会改变图像颜色。

图 6-190

总结来说，通道抠图的主体思路就是在各个通道中进行对比，找到一个主体物与环境黑白反差最大的通道，复制并进行操作。然后进一步强化通道黑白反差，得到合适的黑白通道。最后将通道转换为选区，回到原图中，完成抠图，如图 6-191 所示。

原图　　　　　　复制主体物与环境反差大的通道　　　　强化通道黑白反差

载入通道选区　　　　　　回到原图层　　　　　　抠图完成

图 6-191

执行"窗口 > 通道"命令，打开"通道"面板。在"通道"面板中，最顶部的通道为复合通道，下方的为颜色通道，除此之外还可能包括 Alpha 通道和专色通道。通道的相关内容将在第 12 章进行详细讲解。

默认情况下，颜色通道和 Alpha 通道显示为灰度，如图 6-192 所示。我们可以尝试单击选中任何一个灰度的通道，画面即变为该通道的效果；单击"通道"面板底部的"将通道作为选区载入"按钮 ▦ ，即可载入通道的选区，如图 6-193 所示。通道中白色的部分为选区内部，黑色的部分为选区外部，灰色区域为羽化选区。

得到选区后，单击顶部的复合通道，回到原始效果，如图 6-194 所示。在"图层"面板中，将选区内的部分通过按 Delete 键删除，观察一下效果。可以看到有的部分被彻底删除，也有的部分变为半透明，如图 6-195 所示。

图 6-192

图 6-193

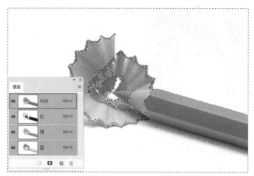

图 6-194

图 6-195

【重点】 6.3.3 动手练：使用通道进行抠图

本节以一幅长发美女的照片为例进行讲解，如图 6-196 所示。如果想要将人像从背景中分离出来，使用"钢笔工具"抠图可以提取身体部分，而头发边缘处无法处理，因为发丝边缘非常细密。此时可以尝试使用通道抠图。

步骤 01 首先复制"背景"图层，将其他图层隐藏，这样可以避免破坏原始图像。选择需要抠图的图层，执行"窗口 > 通道"命令，在弹出的"通道"面板中逐一观察并选择主体物与背景黑白对比最强烈的通道。经过观察，"蓝"通道中头发与背景之间的黑白对比较为明显，如图 6-197 所示。因此选择"蓝"通道，单击鼠标右键在弹出的快捷菜单中选择"复制通道"命令，创建出"蓝 拷贝"通道，如图 6-198 所示。

图 6-196

图 6-197

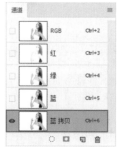

图 6-198

步骤02 利用调整命令来增强复制出的通道黑白对比，使选区与背景区分开来。单击选择"蓝 拷贝"通道，按Ctrl+M组合键，在弹出的"曲线"对话框中单击"在图像中取样以设置黑场"按钮，然后在人物皮肤上单击。此时皮肤部分连同比皮肤暗的区域全部变为黑色，如图6-199所示。单击"在图像中取样以设置白场"按钮，单击背景部分，背景变为全白，如图6-200所示。设置完成后，单击"确定"按钮。

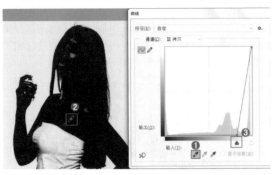

图 6-199   图 6-200

步骤03 将前景色设置为黑色，使用"画笔工具"将人物面部以及衣服部分涂抹成黑色，如图6-201所示。调整完毕后，选中该通道，单击"通道"面板下方的"将通道作为选区载入"按钮 ⊙ ，得到人物的选区，如图6-202所示。

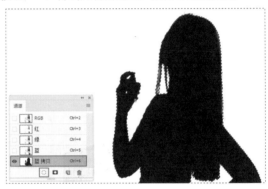

图 6-201   图 6-202

步骤04 单击RGB复合通道，如图6-203所示。回到"图层"面板，选中复制的图层，按Delete键删除背景。此时人像以外的部分被隐藏，如图6-204所示。最后为人像添加一个新的背景，如图6-205所示。

图 6-203   图 6-204   图 6-205

〔重点〕举一反三：通道抠图——动物皮毛

步骤01 执行"文件>打开"命令，打开素材1.jpg，如图6-206所示。为了避免破坏原图像，按Ctrl+J组合键复制"背景"图层，如图6-207所示。

步骤02 将"背景"图层隐藏，选择"图层1"。进入"通道"面板，观察每个通道前景色与背景色的对比效果，发现"绿"通道的对比较为明显，如图6-208所示。因此选择"绿"通道，将其拖动到"新建通道"按钮上，创建出"绿 拷贝"通道，如图6-209所示。

图 6-206

图 6-207

图 6-208

图 6-209

步骤 03 增强画面的黑白对比。按 Ctrl+M 组合键，在弹出的"曲线"对话框中单击"在画面中取样以设置白场"按钮，然后在小猫上单击，小猫变为了白色，如图 6-210 所示。单击"在画面中取样以设置黑场"按钮，在背景处单击，如图 6-211 所示。

图 6-210

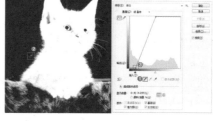
图 6-211

步骤 04 设置完成后单击"确定"按钮，画面效果如图 6-212 所示。接着使用白色的画笔将小猫五官和毛毯涂抹成白色，但是需要保留毯子边缘，如图 6-213 所示。

图 6-212

图 6-213

步骤 05 在工具箱中选择"减淡工具"，设置合适的笔尖大小，设置"范围"为"中间调"，"曝光度"为80%，然后在毛毯位置按住鼠标左键拖动进行涂抹，提高亮度，如图 6-214 所示。单击工具箱中的"加深工具"，在其选项栏中设置"范围"为"阴影"，"曝光度"为50%，然后在灰色的背景处涂抹，使其变为黑色，如图 6-215 所示。

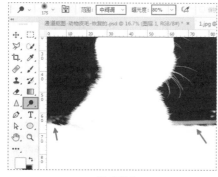
图 6-214

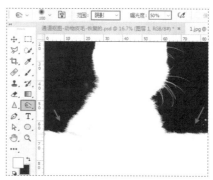
图 6-215

步骤06 在"绿 拷贝"通道中，按住 Ctrl 键的同时单击通道缩略图得到选区。回到"图层"面板中，选中复制的图层，单击"添加图层蒙版"按钮，基于选区添加图层蒙版，如图 6-216 所示。此时画面效果如图 6-217 所示。

步骤07 由于小猫的皮毛边缘还有黑色背景的颜色，所以需要进行一定的调色。执行"图层 > 新建调整图层 > 色相 / 饱和度"命令，在弹出的"属性"面板中设置"通道"为"全图"，"明度"为 80，单击"此调整剪切到此图层"按钮，如图 6-218 所示。效果如图 6-219 所示。

图 6-216

图 6-217

图 6-218

图 6-219

步骤08 选择调整图层的图层蒙版，将前景色设置为黑色，然后按 Alt+Delete 组合键进行填充。接着使用白色的柔角画笔在小猫边缘拖动进行涂抹，蒙版涂抹位置如图 6-220 所示。涂抹完成后，边缘处的皮毛变为了白色，如图 6-221 所示。

步骤09 执行"文件 > 置入"命令，置入素材 2.jpg，并将其移动到猫咪图层的下层。最终效果如图 6-222 所示。

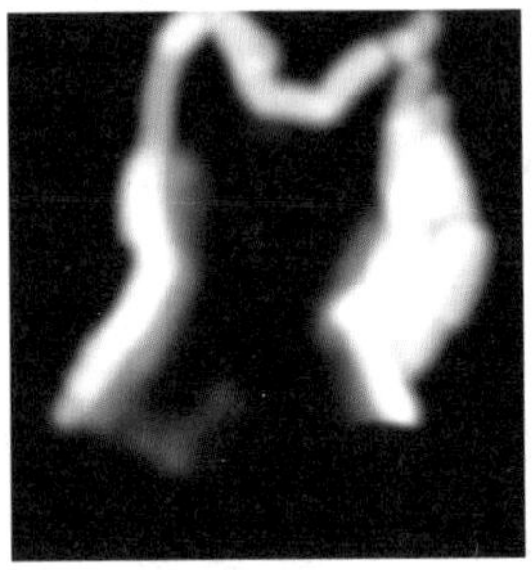

图 6-220

图 6-221

图 6-222

【重点】举一反三：通道抠图——透明物体

步骤01 执行"文件 > 打开"命令，打开素材 1.jpg，如图 6-223 所示。为了避免破坏原图像，按 Ctrl+J 组合键复制"背景"图层，如图 6-224 所示。

步骤02 进入"通道"面板，观察每个通道前景色与背景色的对比效果，发现"红"通道的对比较为明显，如图 6-225 所示。因此选择"红"通道，将其拖动到"新建通道"按钮上，创建出"红 拷贝"通道，如图 6-226 所示。

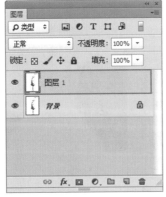

图 6-223

图 6-224

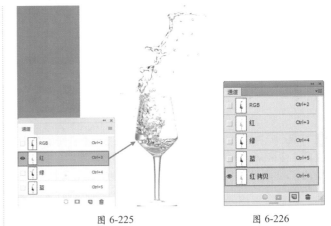

图 6-225

图 6-226

步骤03 使酒杯与其背景形成强烈的黑白对比，以便得到选区。按 Ctrl+M 组合键，打开"曲线"对话框，在阴影部分单击添加控制点，然后按住鼠标左键拖动，压暗画面的颜色，如图 6-227 所示。设置完成后单击"确定"按钮，画面效果如图 6-228 所示。

步骤04 按 Ctrl+I 组合键将颜色反相，如图 6-229 所示。单击"通道"面板下方的"将通道作为选区载入"按钮 ○ ，得到的选区如图 6-230 所示。

中文版Photoshop CS6从入门到精通（微课视频 全彩版）

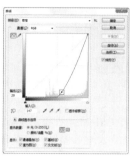
图 6-227

图 6-228

图 6-229

图 6-230

步骤05 回到"图层"面板，选中复制的图层，单击"添加图层蒙版"按钮，基于选区添加图层蒙版，如图 6-231 所示。此时酒杯以外的部分被隐藏，如图 6-232 所示。

图 6-231

图 6-232

步骤06 由于酒的颜色比较浅，选中复制的图层——图层1，多次按 Ctrl+J 组合键进行复制，如图 6-233 所示。此时画面效果如图 6-234 所示。

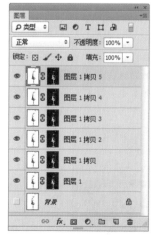
图 6-233

步骤07 执行"文件 > 置入"命令，置入背景素材 2.jpg，并将其移动到"图层 1"的下面。最终效果如图 6-235 所示。

图 6-234

图 6-235

【重点】举一反三：通道抠图——云雾

步骤01 具有一定透明属性的对象通常无法使用常规的方法进行提取。遇到这种情况时，可以在"通道"面板中查看一下各个通道中主体物与背景之间是否有明显的黑白差异，以判断是否可以利用通道抠图。执行"文件 > 打开"命令，打开素材 1.jpg，如图 6-236 所示。执行"文件 > 置入"命令，置入云朵素材 2.jpg，并将该图层栅格化，如图 6-237 所示。

图 6-236

图 6-237

步骤02 隐藏"背景"图层，只显示云朵所在的图层。如果想要抠出云朵，基于颜色进行抠图的工具会使云朵边缘非常"硬"，而云朵边缘需要很柔和，云朵本身也需要有一定的透明效果。因此对通道的处理，我们需要使天空部分为黑色，云朵部分为白色和灰色，云朵边缘需要保留灰色区域。打开"通道"面板，观察每个通道前景色与背景色的对比效果，发现"红"通道的对比较为明显，如图 6-238 所示。因此选择"红"通道,将其拖动到"新建通道"按钮上,创建出"红 拷贝"通道,如图 6-239 所示。

<table>
<tr><td>图 6-238</td><td>图 6-239</td></tr>
</table>

步骤 03 使云彩与其背景形成强烈的黑白对比,以便得到选区。选择"红 拷贝"通道,按 Ctrl+M 组合键,在弹出的"曲线"对象框中单击"在画面中取样以设置黑场"按钮,将光标移至画面中的灰色天空部分单击,此时云彩以外的部分将会变成黑色,如图 6-240 所示。单击"确定"按钮,完成设置。

步骤 04 单击"通道"面板下方的"将通道作为选区载入"按钮 ,得到的选区如图 6-241 所示。单击 RGB 复合通道,显示出完整的图像效果,如图 6-242 所示。

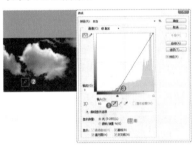

图 6-240   图 6-241

步骤 05 回到"图层"面板,选择天空图层,单击"添加图层蒙版"按钮,基于选区添加图层蒙版,如图 6-243 所示。此时画面效果如图 6-244 所示。接着显示"背景"图层,此时画面效果如图 6-245 所示。

图 6-242   图 6-243   图 6-244   图 6-245

步骤 06 最后对云朵进行调色。选择云朵所在的图层,执行"图层 > 新建调整图层 > 色相 / 饱和度"命令,在弹出的"属性"面板中设置"明度"为 100,单击"此调整剪切到此图层"按钮,如图 6-246 所示。此时,原本偏蓝的云朵变白了,如图 6-247 所示。

图 6-246   图 6-247

综合实例：使用抠图工具制作食品广告

文件路径	资源包\第6章\综合实例：使用抠图工具制作食品广告
难易指数	★★★★★
技术掌握	快速选择工具

案例效果

案例效果如图 6-248 所示。

图 6-248

操作步骤

步骤01　执行"文件>新建"命令，新建一个横向的 A4 大小的空白文档，如图 6-249 所示。执行"文件>置入"命令，置入素材"1.jpg"，并将其调整到合适的大小、位置，然后按 Enter 键完成置入，然后将该图层栅格化，如图 6-250 所示。

扫一扫，看视频

图 6-249

图 6-250

步骤02　继续置入素材 2.jpg，并且将其栅格化，如图 6-251 所示。单击工具箱中的"快速选择工具"，在其选项栏中单击"添加到选区"按钮，设置合适的笔尖大小，然后在蓝色背景上按住鼠标左键拖动，即可看到选区随着光标的移动不断扩大，如图 6-252 所示。

图 6-251

图 6-252

步骤03　继续按住鼠标左键拖动，得到蓝色背景的选区，如图 6-253 所示。按 Delete 键删除选区中的像素，然后按 Ctrl+D 组合键取消选区，如图 6-254 所示。

图 6-253　　　　　　　图 6-254

步骤04　使用"横排文字工具"在画面的左上角单击并输入文字，如图 6-255 所示。选择工具箱中的"直线工具"，在其选项栏中设置"绘制模式"为"形状"，"填充"为深黄色，"粗细"为 2 像素，然后在文字下方绘制一段直线，如图 6-256 所示。

图 6-255　　　　　　　　　　　　　　　　　　图 6-256

步骤 05　选择工具箱中的"矩形工具"，在其选项栏中设置"绘制模式"为"形状"，"填充"为黄色，然后在文字下方绘制一个矩形，如图 6-257 所示。继续使用"横排文字工具"输入画面中的其他文字，效果如图 6-258 所示。

图 6-257　　　　　　　　　　　　　　　　　　图 6-258

步骤 06　最后制作边框效果。新建图层，单击工具箱中的"圆角矩形工具"，将前景色设置为黄色，在其选项栏中设置"绘制模式"为"像素"，"半径"为 20 像素，然后在画面中按住鼠标左键拖动，绘制一个圆角矩形，如图 6-259 所示。接着，选择工具箱中的"矩形选框工具"，在黄色圆角矩形上绘制一个矩形选区，如图 6-260 所示。

步骤 07　按 Delete 键删除选区中的像素，然后按 Ctrl+D 组合键取消选区。最终效果如图 6-261 所示。

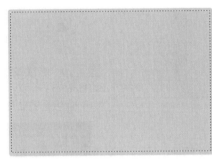

图 6-259　　　　　　　　图 6-260　　　　　　　　图 6-261

Chapter 7

第 7 章

蒙版与合成

本章内容简介：

"蒙版"原本是摄影术语，是指用于控制照片不同区域曝光的传统暗房技术。Photoshop 中的蒙版功能主要用于画面的修饰与"合成"。Photoshop 中共有 4 种蒙版：剪贴蒙版、图层蒙版、矢量蒙版和快速蒙版。这 4 种蒙版的原理与操作方式各不相同，本章将分别讲解它们在 Photoshop 中的使用方法。

重点知识掌握：

- 熟练掌握图层蒙版的使用方法；
- 熟练掌握剪贴蒙版的使用方法。

通过本章学习，我能做什么？

通过本章的学习，我们可以利用图层蒙版、剪贴蒙版等工具实现对图层部分元素的"隐藏"。这是平面设计以及创意合成中非常重要的一个步骤。在设计作品的制作过程中，经常需要对同一图层进行多次处理，也许版面中某个元素的变动，导致之前制作好的图层仍然需要调整。如果在之前的操作中直接对暂时不需要的局部图像进行了删除，一旦需要"找回"这部分内容时，将是非常麻烦的。而有了"蒙版"这一非破坏性的"隐藏"功能，就可以轻松实现非破坏性的编辑操作。

7.1 什么是"蒙版"

对于传统摄影爱好者来说，"蒙版"这个词语并不陌生。"蒙版"原本是摄影术语，是指用于控制照片不同区域曝光的传统暗房技术。Photoshop 中蒙版的功能主要用于画面的修饰与合成。什么是合成呢？"合成"这个词的含义是：由部分组成整体。在 Photoshop 的世界中，就是由原本不在一幅图像上的内容，通过一系列的手段进行组合拼接，使之出现在同一画面中，呈现出一幅新的图像，如图 7-1 所示。看起来是不是很神奇？其实在前面的学习中，已经进行过一些简单的"合成"了。比如利用抠图工具将人像从原来的照片中"抠"出来，并放到新的背景中，如图 7-2 所示。

图 7-1　　　　　　　　　　图 7-2

在"合成"的过程中，经常需要将图片的某些部分隐藏，以显示出特定内容。直接擦掉或者删除多余的部分是一种"破坏性"的操作，被删除的像素无法复原；而借助蒙版功能则能够轻松地隐藏或恢复显示部分区域。

Photoshop 中共有 4 种蒙版：剪贴蒙版、图层蒙版、矢量蒙版和快速蒙版。这 4 种蒙版的原理与操作方式各不相同，下面简单了解一下各种蒙版的特性。

- 剪贴蒙版：以下层图层的"形状"控制上层图层显示的"内容"。常用于合成中为某个图层赋予另外一个图层中的内容。
- 图层蒙版：通过"黑白"来控制图层内容的显示和隐藏。图层蒙版是经常使用的功能，常用于合成中图像某部分区域的隐藏。
- 矢量蒙版：以路径的形态控制图层内容的显示和隐藏。路径以内的部分被显示，路径以外的部分被隐藏。由于以矢量路径进行控制，所以可以实现蒙版的无损缩放。
- 快速蒙版：以"绘图"的方式创建各种随意的选区。与其说是蒙版的一种，不如称之为选区工具的一种。

7.2 剪贴蒙版

扫一扫，看视频

"剪贴蒙版"需要至少两个图层才能够使用。其原理是通过使用处于下方图层（基底图层）的形状，限制上方图层（内容图层）的显示内容。也就是说"基底图层"的形状决定了形状，而"内容图层"则控制显示的图案。如图 7-3 所示为一个剪贴蒙版组。

图 7-3

在剪贴蒙版组中，基底图层只能有一个，而内容图层则可以有多个。如果对基底图层的位置或大小进行调整，则会影响剪贴蒙版组的形态，如图 7-4 所示。而对内容图层进行增减或者编辑，则只会影响显示内容。如果内容图层小于基底图层，那么露出来的部分则显示为基底图层，如图 7-5 和图 7-6 所示。

剪贴蒙版常用于为图层内容表面添加特殊图案，以及调色中只对某个图层应用调整图层，如图7-7～图7-10所示。

图7-4

图7-5

图7-6

图7-7

图7-8

图7-9

图7-10

〔重点〕 7.2.1　动手练：创建剪贴蒙版

步骤01 想要创建剪贴蒙版，必须有两个或两个以上的图层，一个作为基底图层，其他的图层可作为内容图层。例如，打开一个包含多个图层的文档，如图7-11所示。接着在"图层"面板中用作"内容图层"的图层上单击鼠标右键，执行"创建剪贴蒙版"命令，如图7-12所示。

步骤02 内容图层前方出现了 ▼ 符号，表明此时已经为下方的图层创建了剪贴蒙版，如图7-13所示。此时内容图层只显示了下方文字图层中的部分，如图7-14所示。

图7-11

图7-12

图7-13

图7-14

步骤03 如果有多个内容图层，可以将这些内容图层全部放在基底图层的上方，然后在"图层"面板中将其选中，单击鼠标右键，执行"创建剪贴蒙版"命令，如图7-15所示。效果如图7-16所示。

步骤04 如果想要使剪贴蒙版组上出现图层样式，那么需要为"基底图层"添加图层样式，如图7-17和图7-18所示。否则，附着于内容图层的图层样式可能无法显示。

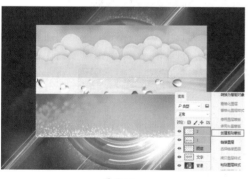
图7-15

图7-16

图7-17

图7-18

步骤05 当对内容图层的"不透明度"和"混合模式"进行调整时，只有与基底图层混合效果发生变化，不会影响到剪贴蒙版中的其他图层，如图7-19所示。当对基底图层的"不透明度"和"混合模式"进行调整时，整个剪贴蒙版中的所有图层都会以所设置的不透明度以及混合模式进行混合，如图7-20所示。

图 7-19　　　　　　　　　　　　　　　　　　　　　图 7-20

 提示：调整剪贴蒙版组中的图层顺序。

（1）剪贴蒙版组中的内容图层顺序可以随意调整，而如果基底图层调整了位置，原本剪贴蒙版组的效果会发生错误。

（2）内容图层一旦移动到基底图层的下方，就相当于释放剪贴蒙版。

（3）在已有剪贴蒙版的情况下，将一个图层拖动到基底图层上方，即可将其加入到剪贴蒙版组中。

举一反三：使用调整图层与剪贴蒙版进行调色

调整图层时，可以借助剪贴蒙版功能，使调色效果只针对一个图层起作用。例如，某文档包括两个图层，如图 7-21 所示。在此需要对图层 1 进行调色，创建一个"色相／饱和度"调整图层，参数设置如图 7-22 所示。此时画面整体颜色都产生了变化，如图 7-23 所示。

　　　　　　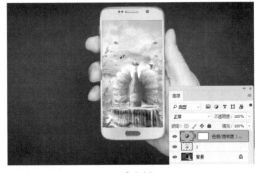

图 7-21　　　　　　　　　　　图 7-22　　　　　　　　　　图 7-23

由于调整图层只针对图层 1 进行调整，所以需要将该调整图层放在目标图层的上方，单击鼠标右键，执行"创建剪贴蒙版"命令，如图 7-24 所示。此时背景图层不受影响，如图 7-25 所示。

图 7-24　　　　　　　　　　　　　　　　　图 7-25

中文版Photoshop CS6从入门到精通（微课视频 全彩版）

练习实例：使用剪贴蒙版制作多彩拼贴标志

文件路径	资源包\第7章\练习实例：使用剪贴蒙版制作多彩拼贴标志
难易指数	★★★★★
技术掌握	创建剪切蒙版

案例效果

案例最终效果如图 7-26 所示。

图 7-26

操作步骤

步骤01 新建一个空白文档，使用快捷键 Ctrl+R 打开标尺，然后建立一些辅助线，如图 7-27 所示。单击工具箱中的"矩形工具"按钮，在选项栏中设置绘制模式为"形状"，"填充"为浅粉色，在画面上绘制一个矩形，接着在选项栏中设置运算模式为"合并形状"，如图 7-28 所示。

扫一扫，看视频

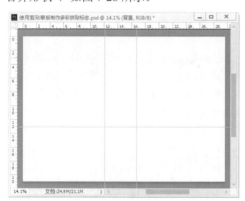

图 7-27

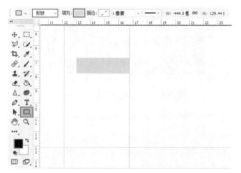

图 7-28

步骤02 继续在画面上绘制其他的矩形，如图 7-29 所示。绘制的这些图形位于同一图层中，如图 7-30 所示。

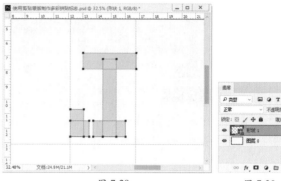

图 7-29　　　　　　图 7-30

步骤03 新建一个图层，设置前景色为粉红色。单击工具箱中的"矩形选框工具"按钮，绘制一个矩形选区。按快捷键 Alt+ Delete 键填充前景色，按快捷键 Ctrl+D 取消选区的选择，如图 7-31 所示。用同样的方式绘制其他颜色的矩形，如图 7-32 所示。

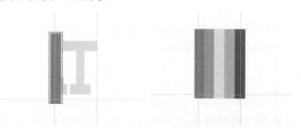

图 7-31　　　　　　图 7-32

步骤04 按住 Ctrl 键单击加选彩色矩形图层，使用自由变换快捷键 Ctrl+T 调出定界框，然后适当旋转，按 Enter 键确定变换操作，如图 7-33 所示。接着在加选图层的状态下，执行"图层 > 创建剪贴板蒙版"命令，超出底部图形的区域被隐藏效果如图 7-34 所示。

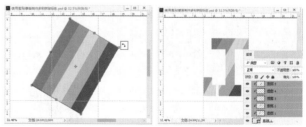

图 7-33　　　　　　图 7-34

步骤05 单击工具箱中的"横排文字工具"按钮，在选项栏中设置合适的字体、字号，设置文本颜色为深灰色，在画面上单击输入文字，如图 7-35 所示。以同样的方式输入其他文字，如图 7-36 所示。

步骤06 执行"文件 > 置入"命令，置入素材 1.jpg，将该图层作为背景图层放置在构成标志图层的下方，最终效果如图

7-37 所示。

图 7-35

图 7-36

图 7-37

[重点] 7.2.2 释放剪贴蒙版

如果想要去除剪贴蒙版，可以在剪贴蒙版组中最底部的内容图层上单击鼠标右键，在弹出的快捷菜单中选择"释放剪贴蒙版"命令（如图 7-38 所示），即可释放整个剪贴蒙版组，如图 7-39 所示。如果包含多个内容图层，想要释放某一个内容图层，可以在"图层"面板中拖曳该内容图层到基底图层的下方（如图 7-40 所示），就相当于释放剪贴蒙版操作，如图 7-41 所示。

图 7-38

图 7-39

图 7-40

图 7-41

练习实例：使用剪贴蒙版制作用户信息页面

文件路径	资源包\第7章\练习实例：使用剪贴蒙版制作用户信息页面
难易指数	★★★★★
技术掌握	剪贴蒙版、"圆角矩形工具""椭圆工具"

案例效果

案例最终效果如图 7-42 所示。

扫一扫，看视频

读书笔记

图 7-42

操作步骤

步骤01 执行"文件 > 新建"命令，在弹出的"新建"对话框中设置文件"宽度"为 1 500 像素、"高度"为 1 500 像素，"分辨率"为 72，"颜色模式"为 RGB 颜色，"背景内容"为白色，单击"确定"按钮。单击工具箱中的"渐变工具"按钮，在选项栏中单击渐变颜色条，在弹出的"渐变编辑器"对话框中编辑一种蓝色系渐变，单击"确定"按钮完成编辑，设置"渐变类型"为"线性渐变"，如图 7-43 所示。在画面中按住鼠标左键拖曳填充渐变颜色，如图 7-44 所示。

图 7-43　　　　　　　　图 7-44

步骤02 单击工具箱中的"圆角矩形工具"按钮，在选项栏中设置"绘制模式"为"形状"，"填充"为深青色，"半径"为 40 像素，在画面中按住鼠标左键拖曳绘制圆角矩形，如图 7-45 所示。

图 7-45

步骤03 执行"文件 > 置入"命令，在弹出的"置入"对话框中选择素材 1.jpg，单击"置入"按钮完成置入。将素材移动到画面上方位置，按 Enter 键完成操作，如图 7-46 所示。单击工具箱中的"矩形选框工具"按钮，在画面下半部分绘制矩形选区，新建图层，填充白色，如图 7-47 所示。继续新建图层，在下方绘制并填充另外 3 个矩形按钮的底色，如图 7-48 所示。

图 7-46　　　　　图 7-47　　　　　图 7-48

步骤04 在"图层"面板中选中这 3 个图层，单击鼠标右

键，执行"图层 > 创建剪贴蒙版"命令，如图 7-49 所示。超出底部圆角矩形的部分都被隐藏了，效果如图 7-50 所示。

 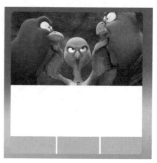

图 7-49　　　　　　　　图 7-50

步骤05 单击工具箱中的"椭圆工具"按钮，设置"绘制模式"为"形状"，"填充"为白色，在画面中按住 Shift 键及鼠标左键拖曳绘制正圆，如图 7-51 所示。执行"文件 > 置入"命令，在弹出的"置入"对话框中选择素材 2.jpg，单击"置入"按钮完成置入，并将其栅格化。按住 Shift 键将素材进行等比例缩放并移动到正圆位置，按 Enter 键完成操作，如图 7-52 所示。

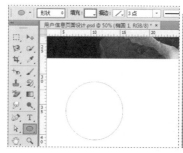 

图 7-51　　　　　　　　图 7-52

步骤06 执行"图层 > 创建剪贴蒙版"命令，超出圆形的部分被隐藏，如图 7-53 所示。

图 7-53

步骤07 单击工具箱中的"椭圆工具"按钮，在选项栏中设置"绘制模式"为"形状"，"填充"为无颜色，"描边"为灰色，"描边宽度"为 8 点，在画面中按住 Shift 键及鼠标左键并拖曳绘制正圆，如图 7-54 所示。单击工具箱中的"横排文字工具"按钮，在选项栏中设置合适的字体、字

号，设置"文本颜色"为蓝色，在画面中单击输入文字，如图 7-55 所示。

当前文档中并栅格化，摆放在画面底部，最终效果如图 7-56 所示。

图 7-54

图 7-55

图 7-56

步骤08 执行"文件 > 置入"命令，选择素材 3.png，置入到

练习实例：使用剪贴蒙版制作人像海报

文件路径	资源包\第7章\练习实例：使用剪贴蒙版制作人像海报
难易指数	★★★★★
技术掌握	创建剪切蒙版、图层蒙版

案例效果

案例最终效果如图 7-57 所示。

图 7-57

操作步骤

步骤01 执行"文件 > 打开"命令，打开素材 1.jpg，如图 7-58 所示。新建一个图层，设置前景色为黑色。单击工具箱中的多边形套索工具按钮，在画面上绘制一个四边形选区，按快捷键 Alt+Delete 填充前景色，按快捷键 Ctrl+D 取消选区的选择，如图 7-59 所示。

扫一扫，看视频

步骤02 用同样的方式绘制另两个四边形，如图 7-60 所示。继续新建图层，绘制另外几个四边形，如图 7-61 所示。

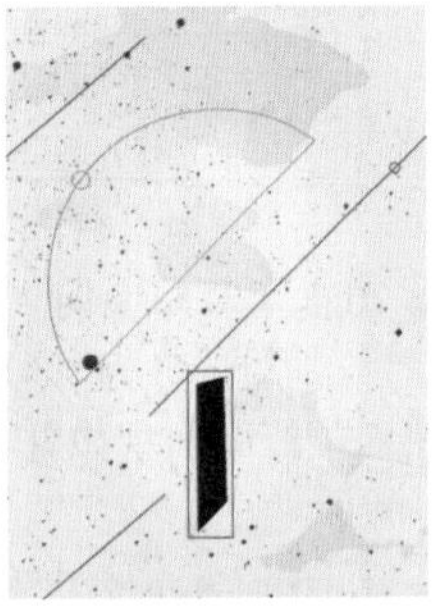

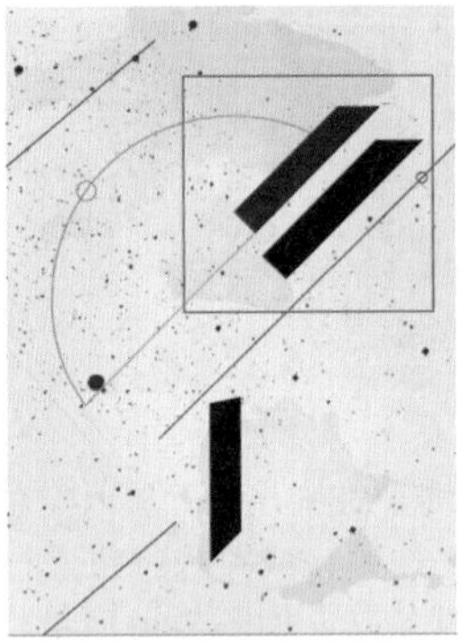

步骤03 执行"文件 > 置入"命令，置入素材 2.jpg，按 Enter 键确定置入操作，然将该图层栅格化，如图 7-62 所示。选择该图层，执行"图层 > 创建剪贴蒙版"命令，如图 7-63 所示。此时画面效果如图 7-64 所示。

图 7-58

图 7-59

图 7-60

图 7-61

图 7-62

图 7-63

图 7-64

中文版Photoshop CS6从入门到精通（微课视频 全彩版）

步骤04 新建一个图层，单击工具箱中的"椭圆选框工具"按钮，按快捷键 Shift+Alt 绘制一个正圆选区，然后将选区填充为黑色，如图 7-65 所示。继续绘制稍小些的圆形选区，按 Delete 键删除，得到圆环选区；按快捷键 Ctrl+D 取消选区的选择，如图 7-66 所示。

图 7-65　　　　　　　　图 7-66

步骤05 选择工具箱中的"多边形套索工具"，在圆环的右上角绘制一个四边形选区，然后按 Delete 键删除这部分内容，按快捷键 Ctrl+D 取消选区的选择，如图 7-67 所示。使用同样的方法删除圆环下方的部分，效果如图 7-68 所示。

图 7-67　　　　　　　　图 7-68

步骤06 再次置入素材 2.jpg，并将其栅格化，如图 7-69 所示。选择该图层，单击鼠标右键，执行"创建剪贴蒙版"命令，如图 7-70 所示。此时画面效果如图 7-71 所示。

图 7-69　　　　图 7-70　　　　图 7-71

步骤07 新建一个图层，在图形中间位置绘制一个正圆选区并填充为黑色，如图 7-72 所示。接着使用"多边形套索工具"在正圆下方绘制一个四边形选区，然后将其填充为黑色；按快捷键 Ctrl+D 取消选区的选择，如图 7-73 所示。

图 7-72　　　　　　　　图 7-73

步骤08 置入人像素材 3.png，并将该图层栅格化，如图 7-74 所示。选择人物图层，单击鼠标右键，执行"创建剪贴蒙版"命令，如图 7-75 所示。

图 7-74　　　　　　　　图 7-75

步骤09 选择人物图层，使用快捷键 Ctrl+J 复制图层，如图 7-76 所示。选中人像素材所在的图层，单击"图层"面板下方的"添加图层蒙版"按钮 ▢，如图 7-77 所示。选择图层蒙版，使用黑色的柔角画笔在人像脖子以下的位置来回涂抹将其隐藏，如图 7-78 所示。

图 7-76　　　　图 7-77　　　　图 7-78

步骤10 最后置入素材 4.png，最终效果如图 7-79 所示。

图 7-79

7.3 图层蒙版

"图层蒙版"是设计制图中一种很常用的工具,可以通过隐藏图层的局部内容,来对画面局部进行修饰或者制作合成作品。这种隐藏而非删除的编辑方式是一种非常方便的非破坏性编辑方式。如图7-80~图7-83所示为使用图层蒙版制作的作品。

图7-80　　　　　　　图7-81　　　　　　　图7-82　　　　　　　图7-83

与前面讲到的"剪贴蒙版"的原理不同,图层蒙版只应用于一个图层上。为某个图层添加"图层蒙版"后,可以通过在图层蒙版中绘制黑色或者白色来控制图层的显示与隐藏。图层蒙版是一种非破坏性的抠图方式。在图层蒙版中显示黑色的部分,其图层中的内容会变为透明,灰色部分变为半透明,白色则是完全不透明,如图7-84所示。

原图　　　　　　　　　　图层蒙版　　　　　　　　　　效果

图7-84

[重点] 7.3.1 动手练:创建图层蒙版

扫一扫,看视频

创建图层蒙版有两种方式,在没有任何选区的情况下可以创建出空的蒙版,画面中的内容不会被隐藏;而在包含选区的情况下创建图层蒙版,选区内部的部分处于显示状态,选区以外的部分会隐藏。

1.直接创建图层蒙版

选择一个图层,单击"图层"面板底部的"创建图层蒙版"按钮 ◻ ,即可为该图层添加图层蒙版,如图7-85所示。该图层的缩览图右侧会出现一个图层蒙版缩览图的图标,如图7-86所示。每个图层只能有一个图层蒙板,如果已有图层蒙版,再次单击该按钮创建出的是矢量蒙版。图层组、文字图层、3D图层、智能对象等特殊图层都可以创建图层蒙版。

图7-85　　　　　　　　　　图7-86

中文版Photoshop CS6从入门到精通(微课视频 全彩版)

单击图层蒙版缩览图，接着可以使用"画笔工具"在蒙版中进行涂抹。在蒙版中只能使用灰度颜色进行绘制。蒙版中被绘制了黑色的部分，图像会隐藏，如图7-87所示。蒙版中被绘制了白色的部分，图像相应的部分会显示，如图7-88所示。图层蒙版中绘制了灰色的区域，图像相应的位置会以半透明的方式显示，如图7-89所示。

图 7-87

图 7-88

图 7-89

此外，还可以使用"渐变工具"或"油漆桶工具"对图层蒙版进行填充。单击图层蒙版缩览图，使用"渐变工具"在蒙版中填充从黑到白的渐变，白色部分显示，黑色部分隐藏，灰度部分为半透明的过渡效果，如图7-90所示。使用"油漆桶工具"，在选项栏中设置填充类型为"图案"，然后选择一个图案，在图层蒙版中进行填充，图案内容会转换为灰度，如图7-91所示。

图 7-90

图 7-91

 提示：图层蒙版小知识。

除了可以在图层蒙版中填充颜色以外，还可以在图层蒙版中应用各种滤镜以及一部分调色命令，来改变画面的明暗以及对比度。

2. 基于选区添加图层蒙版

如果当前画面中包含选区，单击选中需要添加图层蒙版的图层，单击"图层"面板底部的"添加图层蒙版"按钮 ，选区以内的部分将显示，选区以外的图像将被图层蒙版隐藏，如图7-92和图7-93所示。

图 7-92

图 7-93

举一反三：使用图层蒙版轻松融图制作户外广告

户外巨型广告多是楼盘广告、建筑围挡等，这类广告中很多是宽幅画面，而我们通常使用的素材都是比较常规的比例，在保留画面内容以及比例的情况下很难构成画面的背景。此时可以将素材以外的区域以与素材相似的颜色进行填充，并将图像边缘部分利用图层蒙版"隐藏"。需要注意的是，想要更好地使素材图像融于背景色中，素材边缘的隐藏应该是非常柔和的过渡，可以使用从黑到白的渐变，也可以使用黑色柔角画笔在蒙版中涂抹。

步骤01 例如，需要使用一个深蓝色的海洋素材制作一幅宽幅的广告，而素材的长宽比并不满足要求，如图 7-94 所示。此时可以在素材中选取两种深浅不同的蓝色，为背景填充带有一些过渡感的渐变色彩，如图 7-95 所示。

图 7-94   图 7-95

步骤02 由于当前的素材直接摆放在画面左侧，而照片的边缘线非常明显，所以需要为该素材图层添加图层蒙版，并使用从黑到白的柔和渐变填充蒙版，如图 7-96 所示。

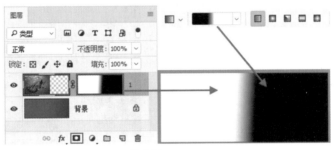

图 7-96

步骤03 此时素材边缘被柔和地隐藏了一些，与渐变色背景融为一体，如图 7-97 所示。接着可以在广告上添加一些文字信息，如图 7-98 所示。

图 7-97   图 7-98

步骤04 最后可以将这些图层合并并自由变换，摆放在广告牌素材上，如图 7-99 和图 7-100 所示。

图 7-99   图 7-100

中文版Photoshop CS6从入门到精通（微课视频 全彩版）

练习实例：使用图层蒙版制作阴天变晴天

文件路径	资源包\第7章\练习实例：使用图层蒙版制作阴天变晴天
难易指数	★★★★★
技术掌握	图层蒙版

案例效果

案例最终效果如图7-101所示。

图 7-101

操作步骤

步骤01 执行"文件>打开"命令，打开素材1.jpg，如图7-102所示。执行"文件>置入"命令，置入2.jpg，按Enter键完成置入操作，接着将该图层栅格化，如图7-103所示。

扫一扫，看视频

图 7-102

图 7-103

步骤02 选择天空素材图层，设置"不透明度"为50%，如图7-104所示。此时画面效果如图7-105所示。降低图层不透明度的目的是为了在使用"图层蒙版"时可以清楚地看到下方图层中山的位置。

图 7-104

图 7-105

步骤03 选择天空素材图层，单击"图层"面板底部的"添加图层蒙版"按钮▢，即可为该图层添加图层蒙版，如图7-106所示。单击工具箱中的"画笔工具"按钮，设置合适的笔尖大小，将前景色设置为黑色，然后在山峰的位置按住鼠标左

键拖曳进行涂抹，随着涂抹可以发现天空素材消失，露出下方的山峰，如图7-107所示。

图 7-106

图 7-107

步骤04 继续在山峰的位置进行涂抹，效果如图7-108所示。接着设置天空素材图层的"不透明度"为100%，效果如图7-109所示。

图 7-108

图 7-109

步骤05 接着提亮天空的亮度。选择天空素材图层，执行"图层>新建调整图层>曲线"命令，调整曲线形状如图7-110所示。最终效果如图7-111所示。

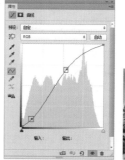
图 7-110

图 7-111

对于已有的图层蒙版，可以暂时停用蒙版、删除蒙版、取消蒙版与图层之间的链接使图层和蒙版可以分别调整，还可以对蒙版进行复制或转移。图层蒙版的很多操作对于矢量蒙版同样适用。

1. 停用图层蒙版

在图层蒙版缩览图上单击鼠标右键，执行"停用图层蒙版"命令，即可停用图层蒙版，使蒙版效果隐藏，原图层内容全部显示出来，如图 7-112 和图 7-113 所示。（对矢量蒙版操作相同）

图 7-112　　　　　　　　　　　　　　图 7-113

> 提示：配合快捷键停用蒙版。
>
> 选择需要停用的图层蒙版，按住 Shift 键单击该蒙版，即可快速将该蒙版停用。如果想启用蒙版，继续按住 Shift 键单击该蒙版，即可快速启用蒙版。

2. 启用图层蒙版

在停用图层蒙版以后，如果要重新启用图层蒙版，可以在蒙版缩略图上单击鼠标右键，在弹出的快捷菜单中选择"启用图层蒙版"命令，如图 7-114 和图 7-115 所示。（对矢量蒙版操作相同）

3. 删除图层蒙版

如果要删除图层蒙版，可以在蒙版缩略图上单击鼠标右键，在弹出的快捷菜单中选择"删除图层蒙版"命令，如图 7-116 所示。（对矢量蒙版操作相同）

图 7-114　　　　　　　　　　图 7-115　　　　　　　　　　图 7-116

4. 链接图层蒙版

默认情况下，图层与图层蒙版之间带有一个链接图标，此时移动 / 变换原图层，蒙版也会发生变化。如果想在变换图层或蒙版时互不影响，可以单击链接图标取消链接。如果要恢复链接，可以在取消链接的地方单击鼠标左键，如图 7-117和图 7-118 所示。（对矢量蒙版操作相同）

图 7-117   图 7-118

5. 应用图层蒙版

"应用图层蒙版"可以将蒙版效果应用于原图层，并且删除图层蒙版。图像中对应蒙版中的黑色区域被删除，白色区域保留下来，而灰色区域将呈半透明效果。在图层蒙版缩略图上单击鼠标右键，选择"应用图层蒙版"命令即可完成操作，如图 7-119 和图 7-120 所示。

图 7-119   图 7-120

6. 转移图层蒙版

"图层蒙版"是可以在图层之间转移的。在要转移的图层蒙版缩略图上按下鼠标左键并拖曳到其他图层上，如图 7-121 所示。松开鼠标后即可将该图层的蒙版转移到其他图层上，如图 7-122 所示。（对矢量蒙版操作相同）

图 7-121   图 7-122

7. 替换图层蒙版

如果将一个图层蒙版移动到另外一个带有图层蒙版的图层上，则可以替换该图层的图层蒙版，如图 7-123～图 7-125 所示。（对矢量蒙版操作相同）

图 7-123   图 7-124   图 7-125

8. 复制图层蒙版

如果要将一个图层的蒙版复制到另外一个图层上，可以在按住 Alt 键的同时，将图层蒙版拖曳到目标图层上，如图 7-126 和图 7-127 所示。（对矢量蒙版操作相同）

9. 载入蒙版的选区

蒙版可以转换为选区。按住 Ctrl 键的同时单击图层蒙版缩览图，蒙版中白色的部分为选区内，黑色的部分为选区外，灰色为羽化的选区，如图 7-128 和图 7-129 所示。

图 7-126

图 7-127

图 7-128

图 7-129

10. 图层蒙版与选区相加减

图层蒙版与选区可以相互转换，已有的图层蒙版可以被当作选区，与其他选区进行选区运算。如果当前图像中存在选区，在图层蒙版缩略图上单击鼠标右键，可以看到 3 个关于蒙版与选区运算的命令，如图 7-130 所示。执行其中某一项命令，即可添加图层蒙版到选区，与现有选区进行加减，如图 7-131 所示。

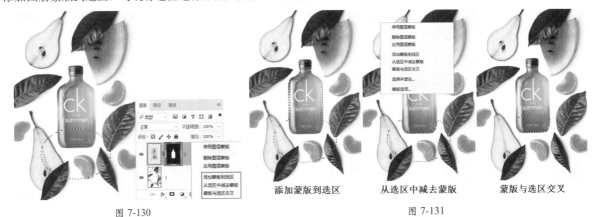

图 7-130

添加蒙版到选区　　　从选区中减去蒙版　　　蒙版与选区交叉

图 7-131

练习实例：使用蒙版制作古典婚纱版式

文件路径	资源包\第7章\练习实例：使用蒙版制作古典婚纱版式
难易指数	★★★★★
技术掌握	图层蒙版

案例效果

案例最终效果如图 7-132 所示。

扫一扫，看视频

图 7-132

中文版Photoshop CS6从入门到精通（微课视频　全彩版）

操作步骤

步骤01 新建一个横版的文件，设置前景色为深青色，使用快捷键 Alt+Delete 将背景填充为青色，如图 7-133 所示。新建图层并命名为"矩形"。使用"矩形选框"工具■绘制矩形选区，并填充淡青色，如图 7-134 所示。

图 7-133　　　　　　　　　图 7-134

步骤02 为淡青色"矩形"图层添加图层样式。选择该图层，执行"图层 > 图层样式 > 描边"命令，打开"图层样式"对话框。在"描边"选项组中设置"大小"为21像素，"位置"为"外部"，"混合模式"为"正常"，"填充类型"为"颜色"，"颜色"为黑色，如图 7-135 所示。画面效果如图 7-136 所示。

图 7-135　　　　　　　　　图 7-136

步骤03 执行"文件 > 置入"命令，置入木纹理素材 1.jpg。执行"图层 > 栅格化 > 智能对象"命令。设置"木纹理"图层的混合模式为"柔光"，"不透明度"为80%，如图 7-137 所示，画面效果如图 7-138 所示。

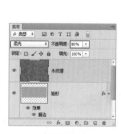 

图 7-137　　　　　　　　　图 7-138

步骤04 执行"文件 > 置入"命令，置入人物素材 2.jpg。执行"图层 > 栅格化 > 智能对象"命令。按住 Ctrl 键单击"矩形"图层缩览图，得到矩形选区，如图 7-139 所示。选择"1"图层，单击"添加图层蒙版"按钮，基于选区为"1"图层添加图层蒙版，画面效果如图 7-140 所示。

图 7-139　　　　　　　　　图 7-140

步骤05 将前景色设置为黑色，单击工具箱中的"画笔工具"按钮。在画布中单击右鼠标键，在弹出的"画笔选取器"中设置合适的画笔"大小"，"硬度"为0%，如图 7-141 所示。单击"人物"图层蒙版缩览图，进入图层蒙版编辑状态。使用黑色画笔在人物左上角和右侧涂抹，利用柔角画笔制作出柔和的过渡效果，如图 7-142 所示。

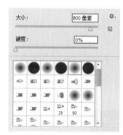 

图 7-141　　　　　　　　　图 7-142

步骤06 执行"文件 > 置入"命令，置入人物素材 3.jpg。执行"图层 > 栅格化 > 智能对象"命令，将该图层命名为"2"。将其摆放在画面合适位置，如图 7-143 所示。单击工具箱中的"圆角矩形工具"按钮■，在选项栏中设置绘制模式为"路径"，"半径"为30像素。在相应位置绘制圆角矩形，如图 7-144 所示。

图 7-143　　　　　　　　　图 7-144

步骤07 圆角矩形绘制完成后按快捷键 Ctrl+Enter 得到选区。使用快捷键 Shift+F6 打开"羽化选区"对话框，设置"羽化半径"为20像素，单击"确定"按钮。如图 7-145 所示。选区效果如图 7-146 所示。

图 7-145　　　　　　　　　图 7-146

步骤08 选择"2"图层,单击"添加图层蒙版"按钮,基于选区为"2"图层添加图层蒙版,如图7-147和图7-148所示。

图7-147　　　　　　　图7-148

步骤09 执行"文件>置入"命令,置入装饰素材4.png。执行"图层>栅格化>智能对象"命令,完成本案例的制作,效果如图7-149所示。

图7-149

练习实例:使用图层蒙版制作汽车广告

文件路径	资源包\第7章\练习实例:使用图层蒙版制作汽车广告
难易指数	★★★★★
技术掌握	图层蒙版

案例效果

案例最终效果如图7-150所示。

图7-150

操作步骤

步骤01 执行"文件>打开"命令,打开素材1.jpg,如图7-151所示。执行"文件>置入"命令,置入素材2.jpg。将置入对象调整到合适的大小、位置,然后按Enter键完成置入操作。接着将该图层栅格化,如图7-152所示。

扫一扫,看视频

图7-151　　　　　　　图7-152

步骤02 选择汽车图层,单击"添加图层蒙版"按钮 ,为该图层添加图层蒙版,如图7-153所示。

图7-153

步骤03 单击工具箱中的"钢笔工具"按钮,在选项栏中设置绘制模式为"路径",在画面上沿着汽车边缘绘制路径,如图7-154所示。

图7-154

步骤04 使用快捷键Ctrl+Enter将路径转换为选区,如图7-155所示。接着使用快捷键Ctrl+Shift+I将选区反选,选中汽车以外的区域,如图7-156所示。

图 7-155　　　　　　　图 7-156

步骤05 单击汽车图层的图层蒙版，将前景色设置为黑色，然后按快捷键 Alt+Delete 填充前景色，再按快捷键 Ctrl+D 取消选区的选择，如图 7-157 所示。此时画面效果如图 7-158 所示。

图 7-157　　　　　　　图 7-158

步骤06 制作图层倒影部分。按住 Ctrl 键单击图层蒙版缩览图，得到汽车的选区。接着使用快捷键 Ctrl+J 将选区中的像素复制到独立图层，然后将图层移动到汽车素材图层下方，如图 7-159 和图 7-160 所示。

图 7-159　　　　　　　图 7-160

步骤07 选择该图层，执行"编辑 > 变换 > 垂直翻转"命令，将倒影向下移动，如图 7-161 所示。执行"编辑 > 变换 > 变形"命令，然后调整控制点来调整汽车倒影形态，如图 7-162 所示。调整完成后按 Enter 键确定变换操作，如图 7-163 所示。

图 7-161　　　　　图 7-162　　　　　图 7-163

步骤08 设置倒影图层的"不透明度"为 57%，如图 7-164 所示。接着为倒影图层添加图层蒙版，然后使用黑色的柔角画笔在蒙版中倒影下方的部分涂抹，倒影效果如图 7-165 所示。

图 7-164

图 7-165

步骤09 在"背景"图层上方新建图层。接着将前景色设置为黑色，单击工具箱中的"画笔工具"按钮，在选项栏中设置画笔"大小"为 400 像素，"硬度"为 0%，在汽车的下面拖动绘制阴影，如图 7-166 所示。

图 7-166

步骤10 最后置入素材 3.jpg，按 Enter 键完成置入操作，然后将该图层栅格化，如图 7-167 所示。设置图层的"混合模式"为"滤色"，如图 7-168 所示。最终效果如图 7-169 所示。

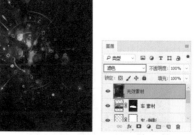

图 7-167　　　　　图 7-168　　　　　图 7-169

矢量蒙版与图层蒙版较为相似，都是依附于某一个图层 / 图层组，区别在于矢量蒙版是通过路径形状控制图像的显示区域，路径范围以内的区域显示，路径范围以外的部分隐藏。矢量蒙版可以说是一款矢量工具，可以使用钢笔工具或形状工具在蒙版上绘制路径，来控制图像显示或隐藏，还可以方便地调整形态，从而制作出精确的蒙版区域。如图 7-170 ～图 7-173 所示为使用矢量蒙版制作的优秀的设计作品。

图 7-170

图 7-171

图 7-172

图 7-173

提示：矢量蒙版的边缘。

由于是使用路径控制图层的显示与隐藏，所以默认情况下，带有矢量蒙版的图层边缘处比较锐利。如果想要得到柔和的边缘，可以选中矢量蒙版，在"属性"面板中设置"羽化"数值。

7.4.1 动手练：创建矢量蒙版

1. 以当前路径创建矢量蒙版

想要创建矢量蒙版，首先在画面中绘制一条路径（路径是否闭合均可），如图 7-174 所示。然后执行"图层 > 矢量蒙版 > 当前路径"菜单命令，即可基于当前路径为图层创建一个矢量蒙版。路径范围内的部分将显示，路径范围以外的部分被隐藏，如图 7-175 所示。

图 7-174

图 7-175

2. 创建新的矢量蒙版

按住 Ctrl 键，单击"图层"面板底部的 ▣ 按钮，可以为图层添加一个新的矢量蒙版，如图 7-176 所示。当图层已有图层蒙版时，再次单击"图层"面板底部的 ▣ 按钮，则可以为该图层创建出一个矢量蒙版。第一个蒙版缩览图为图层蒙版，第二个蒙版缩览图为矢量蒙版，如图 7-177 所示。

矢量蒙版与图层蒙版非常相似，都可以进行断开链接、停用 / 启用蒙版、转移 / 复制蒙版、删除蒙版等操作，这些操作在"7.3.2　编辑图层蒙版"节中已经讲解过了，读者可以尝试使用，如图 7-178 所示。

图 7-176　　　　　　　　　　　图 7-177

创建矢量蒙版以后，单击矢量蒙版缩览图，接着可以使用钢笔工具或形状工具在矢量蒙版中绘制路径，如图 7-179 所示。针对矢量蒙版的编辑主要是对矢量蒙版中路径的编辑，除了可以使用钢笔工具、形状工具在矢量蒙版中绘制形状以外，还可以通过调整路径锚点的位置改变矢量蒙版的外形，或者通过变换路径调整其角度大小等。

图 7-178　　　　　　　　　　　图 7-179

7.4.2　栅格化矢量蒙版

栅格化矢量蒙版就是将矢量蒙版转换为图层蒙版，是一个从矢量对象栅格化为像素的过程。在矢量蒙版缩览图上单击鼠标右键，在弹出的快捷菜单中选择"栅格化矢量蒙版"命令（如图 7-180 所示），矢量蒙版即可转换为图层蒙版，如图 7-181 所示。

图 7-180　　　　　　　　　　　图 7-181

快速蒙版与其说是一种蒙版，不如称之为一种选区工具。因为使用"快速蒙版"工具创建出的对象就是选区。但是"快速蒙版"工具创建选区的方式与其他选区工具有所不同。

步骤01 单击工具箱底部的"以快速蒙版模式编辑"按钮 或按 Q 键，该按钮变为 ，表明已经处于"快速蒙版编辑模式"，如图 7-182 所示。在这种模式下，可以使用"画笔工具""橡皮工具""渐变工具""油漆桶工具"等在当前的画面中进行绘制。快速蒙版下只能使用黑、白、灰进行绘制，使用黑色绘制的部分在画面中呈现出被半透明的红色覆盖的效果，使用白色画笔可以擦掉"红色部分"，如图 7-183 所示。

图 7-182

图 7-183

步骤02 绘制完成后单击工具箱中底部的"以标准模式编辑"按钮 或按 Q 键，退出快速蒙版编辑模式。得到红色以外部分的选区，如图 7-184 所示。接着可以为这部分选区填充颜色，效果如图 7-185 所示。

步骤03 在快速蒙版状态下不仅可以使用绘制工具，甚至可以使用部分滤镜和调色命令对快速蒙版的内容进行调整。这种调整就相当于把快速蒙版作为一幅黑白图像，被涂抹的区

域为黑色，位于选区以外；未被涂抹的区域为白色，位于选区之内。换句话说，就相当于对快速蒙版这一"黑白图像"进行滤镜操作，可以得到各种各样的效果，如图 7-186 所示。相应的，快速蒙版的边缘也会发生变化，如图 7-187 所示。

图 7-184

图 7-185

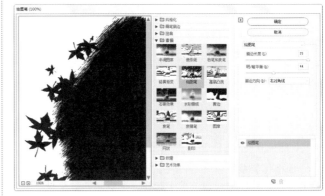

图 7-186

图 7-187

中文版Photoshop CS6从入门到精通（微课视频 全彩版）

步骤04 退出快速蒙版状态后，选区边缘也发生变化，如图 7-188 所示。填充白色效果更加明显，如图 7-189 所示。

图 7-188　　　　　　　　图 7-189

练习实例：使用快速蒙版制作有趣的斑点图

文件路径	资源包\第7章\练习实例：使用快速蒙版制作有趣的斑点图
难易指数	★★★★☆
技术掌握	快速蒙版、彩色半调

案例效果

案例最终效果如图 7-190 所示。

图 7-190

操作步骤

步骤01 执行"文件 > 新建"命令，新建一个空白文档，如图 7-191 所示。执行"文件 > 置入"命令，置入素材 1.jpg，按 Enter 键完成置入操作，然后将该图层栅格化，如图 7-192 所示。

扫一扫，看视频

图 7-191

图 7-192

步骤02 选中素材图层，按下 Q 键进入快速蒙版模式；设置前景色为黑色；接着使用"画笔工具"在画面中涂抹，绘制出不规则的区域，如图 7-193 所示。执行"滤镜 > 像素化 > 彩色半调"命令，在弹出的"彩色半调"对话框中设置"最大半径"为 50 像素，"通道 1"为 108，"通道 2"为 162，"通道 3"为 90，"通道 4"为 45，单击"确定"按钮，

如图 7-194 所示。此时可以看到快速蒙版的边缘出现点状，如图 7-195 所示。

图 7-193

图 7-194　　　　　　　　图 7-195

步骤03 按下 Q 键退出快速蒙版编辑模式，此时画面效果如图 7-196 所示。按 Delete 键，删除选区中的部分，如图 7-197 所示。

图 7-196　　　　　　　　图 7-197

步骤04 置入素材 2.png，接着将置入对象调整到合适的大小、位置，然后按 Enter 键完成置入操作。最终效果如图 7-198 所示。

图 7-198

7.6 使用"属性"面板调整蒙版

　　使用"属性"面板可以对很多对象进行调整，同样对于图层蒙版和矢量蒙版也可以进行一些编辑操作。执行"窗口 > 属性"命令，打开"属性"面板。在"图层"面板中单击"图层蒙版"缩览图，在"属性"面板中将显示当前图层蒙版的相关信息，如图 7-199 所示。如果在"图层"面板中单击"矢量蒙版"缩览图，那么在"属性"面板中将显示当前矢量蒙版的相关信息，如图 7-200 所示。两种蒙版可使用的功能基本相同，区别在于面板右上角的"添加矢量蒙版"按钮和"添加图层蒙版"按钮。

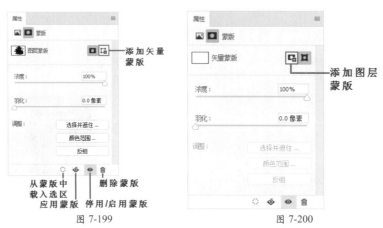

图 7-199　　　　　　　　　　　图 7-200

- 添加图层蒙版 ▣ / 添加矢量蒙版 ▣：单击"添加图层蒙版"按钮 ▣，可以为当前图层添加一个图层蒙版；单击"添加矢量蒙版"按钮 ▣，可以为当前图层添加一个矢量蒙版。
- 浓度：该选项类似于图层的"不透明度"，用来控制蒙版的不透明度，也就是蒙版遮盖图像的强度。如图 7-201 所示为不同浓度的对比效果。

浓度：100%　　　　　　　　浓度：60%　　　　　　　　浓度：10%

图 7-201

- 羽化：用来控制蒙版边缘的柔化程度。数值越大，蒙版边缘越柔和；数值越小，蒙版边缘越生硬。如图 7-202 所示为不同程度羽化的对比效果。

羽化：0像素　　　　　　　　羽化：5像素　　　　　　　　羽化：25像素

图 7-202

- **选择并遮住**：单击该按钮，打开"选择并遮住"对话框。在该对话框中，可以修改蒙版边缘。此外，也可以使用不同的背景来查看蒙版，其使用方法与"选择并遮住"对话框相同。该选项对于"矢量蒙版"不可用。

- **颜色范围**：单击该按钮，打开"色彩范围"对话框。在该对话框中，可以通过修改"颜色容差"来修改蒙版的边缘范围。该选项对于"矢量蒙版"不可用。

- **反相**：单击该按钮，可以反转蒙版的遮盖区域，即蒙版中的黑色部分会变成白色，而白色部分会变成黑色，未遮盖的图像将被调整为负片。该选项对于"矢量蒙版"不可用。

- **从蒙版中载入选区**：单击该按钮，可以从蒙版中生成选区。另外，按住 Ctrl 键单击蒙版的缩略图，也可以载入蒙版的选区。

- **应用蒙版**：单击该按钮可将蒙版应用到图像中，同时删除蒙版以及被蒙版遮盖的区域。

- **停用 / 启用蒙版**：单击该按钮，可以停用或重新启用蒙版。停用蒙版后，在"属性"面板的缩览图和"图层"面板中的蒙版缩略图中都会出现一个红色的交叉 ×。

- **删除蒙版**：单击该按钮，可以删除当前选择的蒙版。

综合实例：民族风海报

文件路径	资源包\第7章\综合实例：民族风海报
难易指数	★★★★★
技术掌握	图层蒙版、剪贴蒙版、"画笔工具"

案例效果

案例最终效果如图 7-203 所示。

图 7-203

操作步骤

步骤01 执行"文件>打开"命令，打开素材 1.jpg，如图 7-204 所示。执行"文件>置入"命令，在弹出的"置入"对话框中选择素材 2.jpg，单击"置入"按钮，按 Enter 键完成置入。执行"图层>栅格化>智能对象"命令，将该图层栅格化为普通图层，如图 7-205 所示。

扫一扫，看视频

图 7-204　　　　图 7-205

步骤02 在"图层"面板中设置混合模式为"正片叠底"，如图 7-206 所示。效果如图 7-207 所示。

图 7-206　　　　图 7-207

步骤03 执行"文件>置入"命令，在弹出的"置入"对话框中选择素材 3.jpg，单击"置入"按钮，并缩放到适当位置，按 Enter 键完成置入。接着执行"图层>栅格化>智能对象"命令，将该图层栅格化为普通图层，如图 7-208 所示。单击工具箱中的"多边形套索工具"按钮，在画面中绘制出梯形选区，如图 7-209 所示。

图 7-208　　　　图 7-209

步骤04 选择该图层，单击"图层"面板底部的"添加图层蒙版"按钮，以当前选区建立图层蒙版。在"图层"面板中设置混合模式为"正片叠底"，如图 7-210 所示。效果如图 7-211 所示。

图 7-210   图 7-211

步骤05 为此图形调色。执行"图层>新建调整图层>曲线"命令，在弹出的"属性"面板中的曲线上单击添加控制点并按住鼠标左键拖曳，单击"此调整剪切到此图层"按钮，如图 7-212 所示。效果如图 7-213 所示。

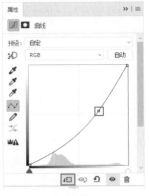

图 7-212   图 7-213

步骤08 在画面中三角形中间添加线条。单击工具箱中的"画笔工具"按钮，在选项栏的"画笔预设"中设置"大小"为6像素，单击"切换画笔面板"按钮，在"画笔"面板中选中"颜色动态"复选框，设置"前景/背景抖动"为100%，"色相抖动"为100%，"饱和度抖动"为100%，"亮度抖动"为100%，"纯度"为100%。设置前景色与背景色为颜色对比较强的两种颜色，在画面中的三角形中间按住鼠标左键拖曳绘制线条，绘制出的线条颜色各不相同，如图 7-217 所示。

步骤06 添加主体装饰，单击工具箱中的"多边形套索工具"，在选项栏中选择"新选区"按钮，在画面中连续单击绘制三角形选区，如图 7-214 所示。设置前景色为紫色，使用快捷键 Alt+Delete 填充选区，效果如图 7-215 所示。

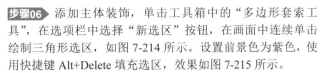

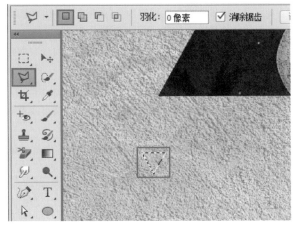

图 7-214

步骤07 使用同样的方法制作彩色三角形，如图 7-216 所示。

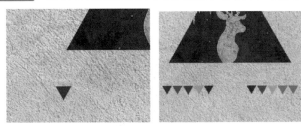

图 7-215   图 7-216

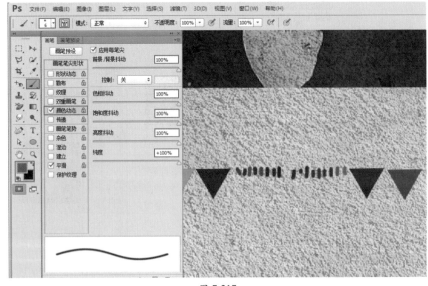

图 7-217

步骤09 执行"文件>置入"命令，在弹出的"置入"对话框中选择素材 4.jpg，单击"置入"按钮，并缩放到适当位置，按 Enter 键完成置入。执行"图层>栅格化>智能对象"命令，将该图层栅格化为普通图层，如图 7-218 所示。单击工具箱中的"矩形选框工具"按钮，绘制一个矩形选区，如图 7-219 所示。

图 7-218   图 7-219

步骤10 选择该图层，单击"图层"面板底部的"添加图层蒙版"按钮，以矩形选区为其建立图层蒙版，如图 7-220 所示。图层蒙版缩览图如图 7-221 所示。在"图层"面板中设置混合模式为"正片叠底"，效果如图 7-222 所示。

图 7-220   图 7-221   图 7-222

步骤11 使用同样的方法添加素材，借助选区工具与图层蒙版隐藏多余的部分，制作出版面中的各个图形，如图 7-223 所示。继续使用"画笔工具"绘制一些线条装饰，然后使用"多边形套索工具"制作三角形装饰，摆放在合适的位置上，如图 7-224 所示。

图 7-223   图 7-224

步骤12 下面制作鹿。单击"图层"面板底部的"创建新组"命令，并将后面将要使用的与"鹿"相关的图层放在组中。执行"文件 > 置入"命令，在弹出的"置入"对话框中选择素材 5.png，单击"置入"按钮，并缩放到适当位置，按 Enter 键完成置入。执行"图层 > 栅格化 > 智能对象"

命令，将该图层栅格化为普通图层，如图 7-225 所示。单击"图层"面板底部的"添加图层蒙版"按钮，使用"画笔工具"，设置前景色为黑色，在图层蒙版中鹿身的位置进行涂抹，使之隐藏，如图 7-226 所示。

图 7-225   图 7-226

步骤13 执行"图层 > 新建调整图层 > 曲线"命令，在弹出的"属性"面板中的曲线上单击添加控制点并按住鼠标左键拖曳进行调整，然后单击"此调整剪切到此图层"按钮，如图 7-227 所示。效果如图 7-228 所示。

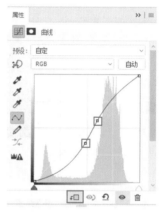

图 7-227   图 7-228

步骤14 新建图层，设置前景色为棕色，使用快捷键 Alt+Delete 填充颜色，如图 7-229 所示。选择该图层，单击鼠标右键，执行"创建剪贴蒙版"命令，效果如图 7-230 所示。

图 7-229   图 7-230

步骤15 在"图层"面板中设置混合模式为"颜色"，如图 7-231 所示。效果如图 7-232 所示。

图 7-231　　　　　　　图 7-232

步骤16 新建图层，单击工具箱中的"画笔工具"按钮，在选项栏中设置合适的画笔大小，设置前景色为黄色，在画面中鹿头的位置按住鼠标左键拖曳进行绘制，如图 7-233 所示。在"图层"面板中设置混合模式为"正片叠底"，如图 7-234 所示。效果如图 7-235 所示。

图 7-233　　　　　图 7-234　　　　　图 7-235

步骤17 选择该图层，单击鼠标右键，执行"创建剪贴蒙版"命令，如图 7-236 所示。效果如图 7-237 所示。

图 7-236　　　　　　　图 7-237

步骤18 使用同样的方法在画面中鹿的周围绘制彩线，并添加一些三角形装饰，如图 7-238 所示。至此，鹿的整体就做完了。在"图层"面板中选择"鹿"组，右击，执行"复制组"命令。选择拷贝组，使用快捷键 Ctrl+T 调出定界框，单击鼠标右键，执行"水平翻转"命令，并将其移动到画面右侧，如图 7-239 所示。

图 7-238　　　　　　　图 7-239

步骤19 在画面中添加文字。单击工具箱中的"横排文字工具"按钮，在选项栏中设置合适的字体和字号。在画面中右下角单击输入文字，如图 7-240 所示。执行"文件 > 置入"命令，在弹出的"置入"对话框中选择素材 6.jpg，单击"置入"按钮，并缩放到适当位置，按 Enter 键完成置入。执行"图层 > 栅格化 > 智能对象"命令，将该图层栅格化为普通图层，如图 7-241 所示。

图 7-240

图 7-241

步骤20 选择该图层，右击，执行"创建剪贴蒙版"命令，如图 7-242 所示。效果如图 7-243 所示。

图 7-242　　　　　　　　　　　图 7-243

步骤21 最后对画面整体色彩进行调整。执行"图层 > 新建调整图层 > 曲线"命令，在弹出的"属性"面板中的曲线上单击添加控制点并按住鼠标左键拖曳，如图 7-244 所示。在"图层"面板中选择图层蒙版缩览图，单击工具箱中的"椭圆选框工具"按钮，在选项栏中设置"羽化"为 100%，在图层蒙版中按住鼠标左键拖曳绘制选区。设置前景色为黑色，按快捷键 Alt+Delete 填充选区，蒙版如图 7-245 所示。效果如图 7-246 所示。

图 7-245　　　　　　　　　　　图 7-246

步骤22 执行"图层 > 新建调整图层 > 自然饱和度"命令，在弹出的"属性"面板中设置"自然饱和度"为 64，如图 7-247 所示。效果如图 7-248 所示。

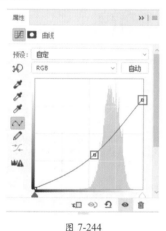

图 7-244

图 7-247　　　　　　　　　　　图 7-248

综合实例：使用多种蒙版制作箱包创意广告

文件路径	资源包\第7章\综合实例：使用多种蒙版制作箱包创意广告
难易指数	★★★★★
技术掌握	图层蒙版、剪贴蒙版、高斯模糊

案例效果

案例最终效果如图 7-249 所示。

图 7-249

操作步骤

步骤01 执行"文件 > 新建"命令，新建一个 A4 大小的空白文档，如图 7-250 所示。执行"文件 > 置入"命令，置入风景素材 1.jpg，如图 7-251 所示。

扫一扫，看视频

图 7-250　　　　　　　　　　　图 7-251

步骤02 选择风景图层，单击"图层"面板底部的"添加图层蒙版"按钮 ，为该图层添加图层蒙版，如图 7-252 所示。单击工具箱中的"画笔工具"按钮，将前景色设置为黑色，选择一个柔角画笔，设置合适的画笔"大小"，设置"硬度"为 0%，"不透明度"为 50%，在画面下方的草地上涂抹，如图 7-253 所示。

图 7-252 图 7-253

步骤03 选中置入的素材图层，执行"滤镜 > 模糊 > 高斯模糊"命令，在弹出的对话框中设置"半径"为 15 像素，单击"确定"按钮，如图 7-254 所示。此时画面效果如图 7-255 所示。

步骤04 执行"图层 > 新建调整图层 > 色相 / 饱和度"命令，在弹出的"属性"面板中设置"通道"为"全图"，色相为 139，单击"此调整剪切到此图层"按钮，如图 7-256 所示。此时画面效果如图 7-257 所示。

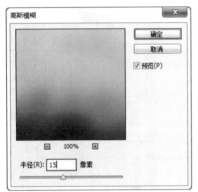

图 7-254 图 7-255 图 7-256 图 7-257

步骤05 执行"图层 > 新建调整图层 > 曲线"命令，在打开的"属性"面板中单击中间调部分添加控制点，并向上轻移，如图 7-258 所示。此时画面效果如图 7-259 所示。

步骤06 执行"文件 > 置入"命令，置入素材 2.jpg，如图 7-260 所示。选中素材 2.jpg 所在的图层，执行"图层 > 栅格化 > 智能对象"命令。在"图层"面板中单击"添加图层蒙版"按钮，如图 7-261 所示。

图 7-258 图 7-259 图 7-260 图 7-261

步骤07 选择图层蒙版，使用黑色的柔角画笔，在画面中的云彩上方来回涂抹，将其多余的部分隐藏，使之与背景柔和过渡，如图 7-262 所示。

中文版Photoshop CS6从入门到精通（微课视频 全彩版）

图 7-262

步骤08 执行"图层 > 新建调整图层 > 曲线"命令，在弹出的"属性"面板中的曲线中间调部分单击添加控制点并向上轻移，然后单击"此调整剪切到此图层"按钮，如图 7-263 所示。此时画面效果如图 7-264 所示。

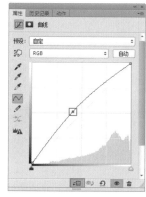

图 7-263　　　　　　　图 7-264

步骤09 置入素材 3.jpg 并将其栅格化。单击工具箱中的"快速选择工具"按钮，在石头上按住鼠标左键拖曳得到选区，如图 7-265 所示。选择该该图层，单击"图层"面板下方的"添加图层蒙版"按钮，基于选区添加图层蒙版，选区以外的部分被隐藏，如图 7-266 所示。

图 7-265　　　　　　　图 7-266

步骤10 执行"图层 > 新建调整图层 > 曲线"命令，在弹出的"属性"面板中的曲线中间调部分单击添加控制点并向上拖曳，然后在阴影部分单击添加控制点并向下轻移，如图 7-267 所示。此时画面效果如图 7-268 所示。

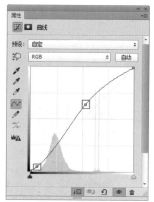

图 7-267　　　　　　　图 7-268

步骤11 置入素材 4.png 并将其栅格化，如图 7-269 所示。制作"包"的阴影部分。在包的图层下方新建一个图层，单击工具箱中的"画笔工具"按钮，使用黑色柔角画笔，设置画笔的"不透明度"为 50%，然后在包的下面按住鼠标左键向右拖动，如图 7-270 所示。

图 7-269　　　　　　　图 7-270

步骤12 置入云雾素材 5.jpg 并将其栅格化，如图 7-271 所示。为该图层添加图层蒙版，使用黑色柔角画笔在蒙版中进行涂抹，隐藏云的上半部分，如图 7-272 所示。

图 7-271　　　　　　　图 7-272

步骤13 置入前景植物素材 6.png，将置入对象调整到合适的大小、位置，按 Enter 键完成置入操作，然后将其栅格化如图 7-273 所示。接下来制作高光部分。置入光效素材 7.jpg 并将其栅格化,如图 7-274 所示。

图 7-273

图 7-274

步骤14 设置该图层的混合模式为"滤色",如图 7-275 所示。此时画面效果如图 7-276 所示。

图 7-275

图 7-276

步骤15 选中"光效"图层并为其添加图层蒙版,如图 7-277 所示。选中图层蒙版,使用黑色的柔角画笔在光效上进行涂抹,将主体光源以外的光效隐藏,效果如图 7-278 所示。

图 7-277

图 7-278

步骤16 置入鹦鹉素材 8.jpg 并将该图层栅格化,如图 7-279 所示。单击工具箱中的"钢笔工具"按钮,设置绘制模式为"路径",沿着鸟的边缘绘制一条路径,如图 7-280 所示。按下转换为选区快捷键 Ctrl+Enter,选中鹦鹉所在图层,然后在"图层"面板中单击"添加图层蒙版"按钮,背景部分被隐藏,效果如图 7-281 所示。

图 7-279

图 7-280

图 7-281

步骤17 执行"图层 > 新建调整图层 > 曲线"命令,在弹出的"属性"面板中单击曲线中间调部分,并按住鼠标左键向上轻移,然后单击"此调整剪切到此图层"按钮,如图 7-282 所示。此时画面效果如图 7-283 所示。

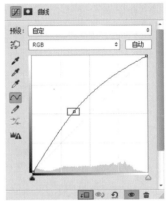
图 7-282

图 7-283

步骤18 在"图层"面板中加选"鸟"图层和上方的曲线调整图层,复制并合并为独立图层,如图 7-284 所示。选中合并的图层,将其向右上角移动,按下自由变换快捷键 Ctrl+T 调出定界框并将其缩放,单击鼠标右键,执行"水平翻转"命令,按下 Enter 键完成变换。效果如图 7-285 所示。

图 7-284

图 7-285

步骤19 制作文字部分。选择工具箱中的"直排文字工具",在选项栏中设置合适的字体、字号,设置文本颜色为白色,在画面中单击并输入广告文字,如图 7-286 所示。单击图层面板下方的"创建新组"按钮,加选绘制的所有文字图层,移动到新建的组中,如图 7-287 所示。

中文版Photoshop CS6从入门到精通(微课视频 全彩版)

图 7-286　　　　　　　　　图 7-287

步骤20 置入图案素材 9.jpg 并将其栅格化，如图 7-288 所示。选中该图层，在该图层上单击鼠标右键，执行"创建剪贴蒙版"命令，使文字图层组出现图案效果。文字效果如图 7-289 所示。

图 7-288　　　　　　　　　图 7-289

步骤21 最后提亮文字的颜色。执行"图层 > 新建调整图层 > 曲线"命令，在弹出的"属性"面板中的曲线中间调部分单击添加控制点并向上轻移，然后单击"此调整剪切到此图层"按钮，如图 7-290 所示。最终效果如图 7-291 所示。

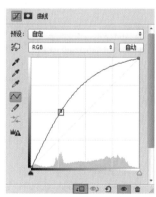

图 7-290　　　　　　　　　图 7-291

Chapter 8

第8章

图层混合与图层样式

本章内容简介：

本章讲解的是图层的高级功能：图层的透明效果、混合模式与图层样式。这几项功能是设计制图中经常需要使用的功能，"不透明度"与"混合模式"使用方法非常简单，常用在多图层混合中。而"图层样式"则可以为图层添加描边、阴影、发光、颜色、渐变、图案以及立体感的效果，其参数可控性较强，能够轻松制作出各种各样的常见效果。

重点知识掌握：

- 掌握图层不透明度的设置；
- 掌握图层混合模式的设置；
- 掌握图层样式的使用方法；
- 使用多种图层样式制作特殊效果。

通过本章学习，我能做什么？

通过本章图层透明度、混合模式的学习，我们能够轻松制作出多个图层混叠的效果，例如多重曝光、融图、为图像中增添光效、使苍白的天空出现蓝天白云、照片做旧、增强画面色感、增强画面冲击力等。当然，想要制作出以上效果，不仅需要设置好合适的混合模式，更需要找到合适的素材。掌握了"图层样式"，可以制作出带有各种"特征"的图层，如浮雕、描边、光泽、发光、投影等。通过多种图层样式的共同使用，可以为文字或形状图层模拟出水晶质感、金属质感、凹凸质感、钻石质感、糖果质感、塑料质感等。

8.1 为图层设置透明效果

透明度的设置是数字化图像处理最常用到的功能。在使用画笔绘图时可以进行画笔不透明度的设置，对图像进行颜色填充时也可以进行透明度的设置，而在图层中还可以针对每个图层进行透明效果的设置。顶部图层如果产生了半透明的效果，就会显露出底部图层的内容。透明度的设置常用于使多张图像/图层产生融合效果。如图8-1和图8-2所示为制作中需要设置透明效果的作品。

图 8-1　　　　图 8-2

扫一扫，看视频

想要使图层产生透明效果，需要在图层面板中进行设置。由于透明效果是应用于图层本身的，所以在设置透明度之前需要在图层面板中选中需要设置的图层，此时在图层面板的顶部可以看到"不透明度"和"填充"这两个选项，默认数值为100%，表示图层完全不透明，如图8-3所示。可以在选项后方的数值框中直接输入数值以调整图层的透明效果。这两个选项都是用于制作图层透明效果的，数值越大图层越不透明；数值越小图层越透明，如图8-4所示。

图 8-3

不透明度：100%　　　　不透明度：50%　　　　不透明度：0%

图 8-4

【重点】8.1.1 动手练：设置"不透明度"

"不透明度"作用于整个图层（包括图层本身的形状内容、像素内容、图层样式、智能滤镜等）的透明属性，包括图层中的形状、像素以及图层样式。

步骤01 对一个带有图层样式的图层设置不透明度，如图8-5所示。单击图层面板中该图层，单击不透明度数值后方的下拉箭头∨，可以通过移动滑块来调整透明效果，如图8-6所示。还可以将光标定位在"不透明度"文字上，按住鼠标左键并向左右拖动，也可以调整不透明度效果，如图8-7所示。

图 8-6　　　　图 8-7

图 8-5

步骤02 要想设置精确的透明参数，也可以直接设置数值，如图8-8所示设置不透明度为50%。此时图层本身以及图层的描边样式等属性也都变成半透明效果，如图8-9所示。

图 8-8　　　　图 8-9

8.1.2 填充：设置图层本身的透明效果

　　与"不透明度"相似，"填充"也可以使图层产生透明效果。但是设置"填充"不透明度只影响图层本身内容，对附加的图层样式等效果部分没有影响。例如将"填充"数值调整为20%，图层本身内容变透明了，而描边等的图层样式还完整地显示着，如图8-10和图8-11所示。

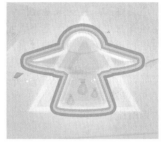

图 8-10　　　　　　　　　　图 8-11

举一反三：利用"填充"不透明度制作透明按钮

　　当为一个按钮添加了很多图层样式后，可以看到按钮呈现出较为丰富的效果，如图8-12所示。如果想要使按钮产生一定的透明效果，直接修改"不透明度"会使整个按钮产生透明效果，而无法保留表面的凸起、描边和图案。所以可以在图层面板中减小"填充"数值，如图8-13所示。此时按钮变为半透明效果，如图8-14所示。

图 8-12　　　　　　　　图 8-13　　　　　　　　图 8-14

练习实例：使用图层样式与填充不透明度制作对比效果

文件路径	资源包\第8章\练习实例：使用图层样式与填充不透明度制作对比效果
难易指数	★★★★★
技术掌握	图层样式、填充不透明度

扫一扫，看视频

案例效果

　　案例处理前后对比效果如图8-15和图8-16所示。

图 8-15　　　　　　　　图 8-16

图 8-17

操作步骤

步骤01 执行"文件>打开"命令，打开素材1.jpg，如图8-17所示。新建一个图层，设置前景色为黑色。单击工具箱中的"多边形套索工具"，在画面上绘制一个四边形选区，如图8-18所示。

图 8-18

步骤02 按快捷键 Alt+Delete 填充前景色。按快捷键 Ctrl+D

取消选择，如图 8-19 所示。选中"图层 1"，执行"图层 > 图层样式 > 外发光"命令，在弹出的对话框中设置"不透明度"为 75%，设置"颜色"为白色，"方法"为"柔和"，"大小"为 136 像素，"范围"为 50%，单击"确定"按钮完成设置，如图 8-20 所示。此时画面效果如图 8-21 所示。

为 50%，如图 8-22 所示。最终效果如图 8-23 所示。

图 8-21

图 8-19　　　　　图 8-20

步骤03 在图层面板上选择绘制图形的图层，设置"填充"

图 8-22　　　　　图 8-23

8.2　图层的混合效果

图层的"混合模式"是指当前图层中的像素与下方图像之间像素的颜色混合方式。"混合模式"不仅使用在"图层"中，在使用绘图工具、修饰工具、颜色填充等情况下都可以用到"混合模式"。图层混合模式主要用于多张图像的融合、使画面同时具有多个图像中的特质、改变画面色调、制作特效等情况。而且不同的混合模式作用于不同的图层中往往能够产生千变万化的效果，所以对于混合模式的使用，不同的情况下并不一定要采用某种特定样式，可以多次尝试，有趣的效果自然就会出现，如图 8-24～图 8-27 所示。

扫一扫，看视频

图 8-24　　　　　图 8-25　　　　　图 8-26　　　　　图 8-27

8.2.1　动手练：设置混合模式

想要设置图层的混合模式，需要在图层面板中进行。当文档中存在两个或两个以上的图层时（只有一个图层时设置混合模式没有效果），如图 8-28 所示，单击选中图层（背景图层以及锁定全部的图层无法设置混合模式），然后单击混合模式下拉按钮 ，单击选中某一个混合模式，接着当前画面效果将会发生变化，如图 8-29 所示。

图 8-28

图 8-29

在下拉列表中可以看到，有很多种"混合模式"，被分为 6 组，如图 8-30 所示。在选中了某一种混合模式后，保持混合模式按钮处于"选中"状态，然后滚动鼠标中轮，即可快速查看各种混合模式的效果，如图 8-31 所示。这样也方便我们找到一种合适的混合模式。

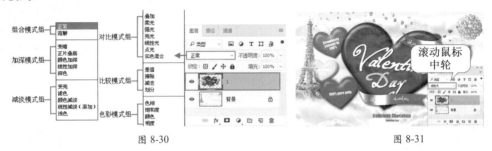

图 8-30　　　　　　　　　　　　　　　　　　　　　图 8-31

 提示：为什么设置了混合模式却没有效果？

如果所选图层被顶部图层完全遮挡，那么此时设置该图层混合模式是不会看到效果的，需要将顶部遮挡图层隐藏后观察效果。当然也存在另一种可能性，某些特定色彩的图像与另外一些特定色彩即使设置混合模式也不会产生效果。

8.2.2　组合模式组

组合模式组中包括两种模式："正常"和"溶解"。默认情况下，新建的图层或置入的图层模式均为"正常"，这种模式下"不透明度"为 100% 时则完全遮挡下方图层，如图 8-32 和图 8-33 所示。降低该图层不透明度可以隐约显露出下方图层，如图 8-34 所示。

图 8-32　　　　　　　　图 8-33　　　　　　　　　图 8-34

"溶解"模式会使图像中透明度区域的像素产生离散效果。"溶解"模式需要在降低图层的"不透明度"或"填充"数值才能起作用，这两个参数的数值越低，像素离散效果越明显，如图 8-35 所示。

不透明度：50%　　　　　　　　不透明度：80%

图 8-35

〔重点〕 8.2.3　加深模式组

加深模式组中包含如下 5 种混合模式，这些混合模式可以使当前图层的白色像素被下层较暗的像素替代，使图像产生变暗效果。

- 变暗：比较每个通道中的颜色信息，并选择基色或混合色中较暗的颜色作为结果色，同时替换比混合色亮的像素，而比混合色暗的像素保持不变，如图 8-36 所示。
- 正片叠底：任何颜色与黑色混合产生黑色，任何颜色与白色混合保持不变，如图 8-37 所示。

- 颜色加深：通过增加上下层图像之间的对比度来使像素变暗，与白色混合后不产生变化，如图8-38所示。
- 线性加深：通过减小亮度使像素变暗，与白色混合不产生变化，如图8-39所示。
- 深色：通过比较两个图像的所有通道数值的总和，然后显示数值较小的颜色，如图8-40所示。

图8-36　　　　　图8-37　　　　　图8-38　　　　　图8-39　　　　　图8-40

练习实例：使用混合模式制作暖色夕阳

文件路径	资源包\第8章\练习实例：使用混合模式制作暖色夕阳
难易指数	★★★★★
技术掌握	设置混合模式

案例效果

案例最终效果如图8-41所示。

图8-41

操作步骤

步骤01 执行"文件 > 打开"命令，打开素材1.jpg，如图8-42所示。执行"文件 > 置入"命令置入天空素材2.jpg，按Enter键确定置入操作，接着将该图层栅格化，如图8-43所示。

扫一扫，看视频

图8-42　　　　　　　　图8-43

步骤02 选中天空图层，设置"混合模式"为"正片叠底"，"不透明度"为80%，如图8-44所示。此时画面效果如图8-45所示。

图8-44　　　　　　　　图8-45

步骤03 选择"天空"图层，单击"添加图层蒙版"按钮，选中图层蒙版，如图8-46所示。使用黑色的柔角画笔在山和人物部分按住鼠标左键拖曳进行涂抹，蒙版中涂抹的位置如图8-47所示。画面效果如图8-48所示。

图8-46　　　　　　图8-47

图8-48

【重点】8.2.4　减淡模式组

减淡模式组包含如下5种混合模式。这些模式会使图像中黑色的像素被较亮的像素替换，而任何比黑色亮的像素都可能提亮下层图像。所以减淡模式组中的模式会使图像变亮。

- 变亮：比较每个通道中的颜色信息，并选择基色或混合色中较亮的颜色作为结果色，同时替换比混合色暗的像素，而比混合色亮的像素保持不变，如图8-49所示。
- 滤色：与黑色混合时颜色保持不变，与白色混合时产生白色，如图8-50所示。

- 颜色减淡：通过减小上下层图像之间的对比度来提亮底层图像的像素，如图 8-51 所示。
- 线性减淡（添加）：与"线性加深"模式产生的效果相反，可以通过提高亮度来减淡颜色，如图 8-52 所示。
- 浅色：比较两个图像的所有通道数值的总和，然后显示数值较大的颜色，如图 8-53 所示。

图 8-49　　　　　　图 8-50　　　　　　图 8-51　　　　　　图 8-52　　　　　　图 8-53

练习实例：使用混合模式制作"人与城市"

文件路径	资源包\第8章\练习实例：使用混合模式制作"人与城市"
难易指数	★★★★★
技术掌握	混合模式、不透明度

案例效果

案例最终效果如图 8-54 所示。

图 8-54

操作步骤

扫一扫，看视频

步骤01 执行"文件>打开"命令，在"打开"对话框中选择背景素材 1.jpg，单击"打开"按钮，如图 8-55 所示。执行"文件>置入"命令，在弹出的"置入"对话框中选择素材 2.jpg，单击"置入"按钮，置入素材并放到适当位置，按 Enter 键完成置入。执行"图层>栅格化>智能对象"命令，将该图层栅格化为普通图层，如图 8-56 所示。

图 8-55　　　　　　　图 8-56

步骤02 要使人物侧影的头部显示出背景。在图层面板中设置"混合模式"为"滤色"，如图 8-57 所示。效果如图 8-58 所示。

图 8-57　　　　　　　图 8-58

步骤03 接下来调整不透明度。在图层面板中设置"不透明度"为 90%，如图 8-59 所示。效果如图 8-60 所示。

图 8-59　　　　　　　图 8-60

步骤04 最后在画面中添加文字。单击工具箱中的"横排文字工具"，在选项栏中设置合适的字体、字号，"填充"为深紫色，在画面中右下角单击输入文字，如图 8-61 所示。

图 8-61

练习实例：使用混合模式制作梦幻色彩

文件路径	资源包\第8章\练习实例：使用混合模式制作梦幻色彩
难易指数	★★★★★
技术掌握	混合模式、不透明度、渐变工具

案例效果

案例处理前后对比效果如图 8-62 和图 8-63 所示。

图 8-62　　　　　　图 8-63

操作步骤

步骤01 执行"文件 > 打开"命令，在"打开"对话框中选择背景素材 1.jpg，单击"打开"按钮，如图 8-64 所示。新建图层，单击工具箱中的"渐变工具"，在选项栏中单击"渐变色条"，在弹出的"渐变编辑器"中编辑一个蓝色系渐变，单击"确定"按钮完成编辑。设置"渐变方式"为"线性渐变"，接着在画面中按住鼠标左键拖曳填充渐变，如图 8-65 所示。

扫一扫，看视频

图 8-64　　　　　　　　图 8-65

步骤02 在图层面板中设置渐变颜色图层的"混合模式"为"滤色"，"不透明度"为 65，如图 8-66 所示。效果如图 8-67 所示。

图 8-66　　　　　　图 8-67

步骤03 在画面中可以看到上部过亮，接着我们对其调整。新建图层，设置前景色为蓝色，单击工具箱中的"画笔工具"，在选项栏中单击"画笔预设"下拉按钮，在"画笔预设"面板中设置画笔"大小"为 350 像素，"硬度"为 0%，接着在画面中上部按住鼠标左键拖曳绘制，如图 8-68 所示。然后在图层面板中设置该图层的"混合模式"为"正片叠底"，如图 8-69 所示。效果如图 8-70 所示。

步骤04 最后添加艺术字。执行"文件 > 置入"命令，在弹出的"置入"对话框中选择素材 2.png，单击"置入"按钮，置入素材并放到适当位置，按 Enter 键完成置入。接着执行"图层 > 栅格化 > 智能对象"命令，将该图层栅格化为普通图层，如图 8-71 所示。

图 8-68　　　　　　　　图 8-69

图 8-70　　　　　　图 8-71

重点 8.2.5　对比模式组

对比模式组包括如下 7 种模式，使用这些混合模式可以使图像中 50% 的灰色完全消失，亮度值高于 50% 灰色的像素都提亮下层的图像，亮度值低于 50% 灰色的像素则使下层图像变暗，以此加强图像的明暗差异。

- 叠加：对颜色进行过滤并提亮上层图像，具体取决于底层颜色，同时保留底层图像的明暗对比，如图 8-72 所示。

- 柔光：使颜色变暗或变亮，具体取决于当前图像的颜色。如果上层图像比 50% 灰色亮，则图像变亮；如果上层图像比 50% 灰色暗，则图像变暗，如图 8-73

所示。

- 强光：对颜色进行过滤，具体取决于当前图像的颜色。如果上层图像比 50% 灰色亮，则图像变亮；如果上层图像比 50% 灰色暗，则图像变暗，如图 8-74 所示。
- 亮光：通过增加或减小对比度来加深或减淡颜色，具体取决于上层图像的颜色。如果上层图像比 50% 灰色亮，则图像变亮；如果上层图像比 50% 灰色暗，则图像变暗，如图 8-75 所示。

图 8-72　　　　　　　　　图 8-73　　　　　　　　　图 8-74　　　　　　　　　图 8-75

- 线性光：通过减小或增加亮度来加深或减淡颜色，具体取决于上层图像的颜色。如果上层图像比 50% 灰色亮，则图像变亮；如果上层图像比 50% 灰色暗，则图像变暗，如图 8-76 所示。
- 点光：根据上层图像的颜色来替换颜色。如果上层图像比 50% 灰色亮，则替换比较暗的像素；如果上层图像比 50% 灰色暗，则替换较亮的像素，如图 8-77 所示。
- 实色混合：将上层图像的 RGB 通道值添加到底层图像的 RGB 值。如果上层图像比 50% 灰色亮，则使底层图像变亮；如果上层图像比 50% 灰色暗，则使底层图像变暗，如图 8-78 所示。

图 8-76　　　　　　　　　　图 8-77　　　　　　　　　　图 8-78

举一反三：使用强光混合模式制作双重曝光效果

双重曝光是一种摄影中的特殊技法，通过对画面进行两次曝光，以取得重叠的图像。在 Photoshop 中也可以尝试制作双重曝光效果。首先将两个图片放在一个文档中，选中顶部的图层，设置"混合模式"为"强光"，如图 8-79 和图 8-80 所示。此时画面产生了重叠的效果，如图 8-81 所示。也可以尝试其他混合模式，观察效果。

图 8-79　　　　　　　　　　　　图 8-80　　　　　　　　　　　　图 8-81

练习实例：使用混合模式制作彩绘嘴唇

文件路径	资源包\第8章\练习实例：使用混合模式制作彩绘嘴唇
难易指数	★★★★★
技术掌握	柔光混合模式

案例效果：

案例处理前后对比效果如图 8-82 和图 8-83 所示。

图 8-82　　　　　　　　图 8-83

操作步骤：

步骤01 执行"文件>新建"命令，建立一个背景为透明的竖版文档。执行"文件>置入"命令，置入花纹素材 1.jpg，调整合适的大小，放在画面的上方。执行"图层>栅格化>智能对象"命令，如图 8-84 所示。继续执行"文件>置入"命令，置入人物素材 2.jpg，执行"图层>栅格化>智能对象"命令。此时人物素材图层与背景图层重合，如图 8-85 所示。

步骤02 为了使背景中的花纹显现出来，需要创建出人物照片中背景部分的选区。选中人物图层，单击工具箱中的"钢笔工具"，沿着白色背景部分绘制路径，如图 8-86 所示。单击鼠标右键，在弹出的快捷菜单里选择"建立选区"命令，得到选区，如图 8-87 所示。

图 8-84　　　　　　　　图 8-85

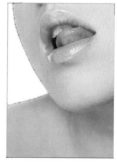

图 8-86　　　　　　　　图 8-87

步骤03 选中人物素材图层，按 Delete 键，删除背景，如图 8-88 所示。再次置入花纹素材 1.jpg，放在下唇的位置，如图 8-89 所示。

图 8-88　　　　　　　　图 8-89

步骤04 选中新置入的花纹素材，在图层面板设置图层"混合模式"为柔光。单击"添加图层蒙版"按钮，为该图层添加图层蒙版，如图 8-90 和图 8-91 所示。选中工具箱中的"画笔工具"，在选项栏中的画笔选项中选择硬角柔和的画笔，设置合适的笔尖大小，"不透明度"设置为 28%。轻轻在图层蒙版中涂抹，擦除多余的部分，画面效果如图 8-92 所示。

图 8-90　　　　　　　　图 8-91

步骤05 同样的，继续来制作上唇的效果，如图 8-93 所示。并在画面左下角添加文字装饰，最终效果如图 8-94 所示。

| 图 8-92 | 图 8-93 | 图 8-94 |

8.2.6 比较模式组

比较模式组包含如下 4 种模式，这些混合模式可以对比当前图像与下层图像的颜色差别。将颜色相同的区域显示为黑色，不同的区域显示为灰色或彩色。如果当前图层中包含白色，那么白色区域会使下层图像反相，而黑色不会对下层图像产生影响。

| 图 8-95 | 图 8-96 |

- 差值：上层图像与白色混合将反转底层图像的颜色，与黑色混合则不产生变化，如图 8-95 所示。
- 排除：创建一种与"差值"模式相似，但对比度更低的混合效果，如图 8-96 所示。
- 减去：从目标通道中相应的像素上减去源通道中的像素值，如图 8-97 所示。
- 划分：比较每个通道中的颜色信息，然后从底层图像中划分上层图像，如图 8-98 所示。

| 图 8-97 | 图 8-98 |

8.2.7 色彩模式组

色彩模式组包括如下 4 种混合模式，这些混合模式会自动识别图像的颜色属性（色相、饱和度和明度）。然后再将其中的一种或两种应用在混合后的图像中。

| 图 8-99 | 图 8-100 |

- 色相：用底层图像的明度和饱和度以及上层图像的色相来创建结果色，如图 8-99 所示。
- 饱和度：用底层图像的明度和色相以及上层图像的饱和度来创建结果色，在饱和度为 0 的灰度区域应用该模式不会产生任何变化，如图 8-100 所示。
- 颜色：用底层图像的明度以及上层图像的色相和饱和度来创建结果色，这样可以保留图像中的灰阶，对于为单色图像上色或给彩色图像着色非常有用，如图 8-101 所示。
- 明度：用底层图像的色相和饱和度以及上层图像的明度来创建结果色，如图 8-102 所示。

| 图 8-101 | 图 8-102 |

练习实例：制作运动鞋创意广告

文件路径	资源包\第8章\练习实例：制作运动鞋创意广告
难易指数	★★★★★
技术掌握	混合模式、不透明度

案例效果：

案例处理前后对比效果如图 8-103 和图 8-104 所示。

图 8-103

图 8-104

操作步骤

步骤01 新建一个宽度为 2 500 像素，高度为 1 800 像素的文件，并将画布填充黑色。执行"文件 > 置入"命令，置入素材1.jpg，执行"图层 > 栅格化 > 智能对象"命令，如图 8-105 所示。单击工具箱中的"魔术橡皮擦工具" ，在图片中白色处单击，将白色背景擦除，如图 8-106 所示。

扫一扫，看视频

图 8-105

图 8-106

步骤02 下面开始制作鞋上的花纹。执行"文件 > 置入"命令，置入花朵素材 2.png，并摆放在合适位置。执行"图层 > 栅格化 > 智能对象"命令，将该图层栅格化为普通图层，如图 8-107 所示。设置该图层的"混合模式"为"柔光"，如图 8-108 所示。效果如图 8-109 所示。

图 8-107

图 8-108

图 8-109

步骤03 选择"花"图层，使用快捷键 Ctrl+J 将其复制到独立图层，并将该图层的"混合模式"设置为"明度"，进行适当缩放后摆放在鞋子上方，如图 8-110 所示。效果如图 8-111 所示。

图 8-110

图 8-111

步骤04 使用"橡皮擦工具"将多余的花瓣擦除，效果如图 8-112 所示。

步骤05 执行"文件 > 置入"命令，置入彩条素材 3.jpg，摆放在合适位置，执行"图层 > 栅格化 > 智能对象"命令。设置该图层的"混合模式"为"颜色减淡"，"不透明度"为 37%，如图 8-113 所示。将多余部分擦除，效果如图 8-114 所示。

图 8-112

图 8-113

图 8-114

步骤06 置入光效素材 4.jpg，执行"图层 > 栅格化 > 智能对象"命令，设置该图层的"混合模式"为"滤色"，如图 8-115 所示。图像效果如图 8-116 所示。

图 8-115

图 8-116

步骤07 在"背景"图层上方新建图层，使用"画笔工具"通过更改画笔颜色绘制一些"光斑"，效果如图 8-117 所示。将"光斑"图层进行复制，复制后的图层移动至合适位置，并设置该图层的"混合模式"为"溶解"，"不透明度"为 6%，如图 8-118 所示。效果如图 8-119 所示。

图 8-117

图 8-118

图 8-119

步骤08 置入背景装饰素材 5.png，放置在"光斑"图层的上一层，执行"图层 > 栅格化 > 智能对象"命令，效果如图 8-120 所示。置入前景装饰素材并摆放至合适位置，完成本案例的制作，效果如图 8-121 所示。

图 8-120

图 8-121

✎ 读书笔记

8.3 为图层添加样式

"图层样式"是一种附加在图层上的"特殊效果"，比如浮雕、描边、光泽、发光、投影等。这些样式可以单独使用，也可以多种样式共同使用。图层样式在设计制图中应用非常广泛，例如制作带有凸起感的艺术字、为某个图形添加描边、制作水晶质感的按钮、模拟向内凹陷的效果、制作带有凹凸的纹理效果、为图层表面赋予某种图案、制作闪闪发光的效果等，如图 8-122 和图 8-123 所示。

图 8-122

图 8-123

Photoshop 中共有 10 种"图层样式"：斜面和浮雕、描边、内阴影、内发光、光泽、颜色叠加、渐变叠加、图案叠加、外发光与投影。从名称中就能够猜到这些样式是用来制造什么效果的。如图 8-124 所示为未添加样式的图层；如图 8-125 所示为这些图层样式单独使用的效果。

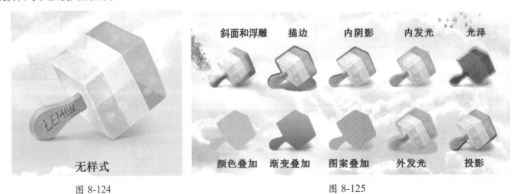

图 8-124

图 8-125

中文版Photoshop CS6从入门到精通（微课视频 全彩版）

1. 添加图层样式

步骤01 想要使用图层样式，首先需要选中图层（不能是空图层），如图 8-126 所示。接着执行"图层 > 图层样式"命令，在子菜单中可以看到图层样式的名称以及图层样式的相关命令，如图 8-127 所示。单击某个图层样式命令，即可弹出"图层样式"对话框。

扫一扫，看视频

图 8-126

图 8-127

步骤02 该对话框左侧区域为图层样式列表，在某个样式前单击，其前的复选框内有☑标记，表示在图层中添加了该样式。接着单击样式的名称，才能进入该样式的参数设置页面。调整好相应的设置以后单击"确定"按钮，如图 8-128 所示，即可为当前图层添加该样式，如图 8-129 所示。

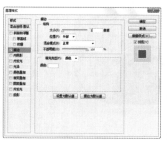

图 8-128

图 8-129

步骤03 对同一个图层可以添加多个图层样式，在"图层样式"对话框左侧图层样式列表中可以单击多个图层样式的名称，即可启用该图层样式，如图 8-130 和图 8-131 所示。

图 8-130

图 8-131

提示：为图层添加样式的其他方法

也可以在选中图层后，单击图层面板底部的"添加图层样式"按钮 *fx*，接着在弹出的菜单中可以选择合适的样式，如图 8-132 所示。或在"图层"面板中双击需要添加样式的图层缩览图，也可以打开"图层样式"对话框。

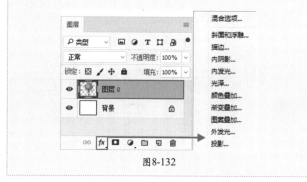

图 8-132

2. 编辑已添加的图层样式

为图层添加了图层样式后，在"图层"面板中该图层上会出现已添加的样式列表，单击向下的小箭头 即可展开图层样式，如图 8-133 所示。在"图层"面板中双击该样式的名称，弹出"图层样式"对话框，进行参数的修改即可，如图 8-134 所示。

图 8-133

图 8-134

3. 拷贝和粘贴图层样式

当已经制作好了一个图层的样式，而其他图层或者其他文件中的图层也需要使用相同的样式，可以使用"拷贝图层样式"命令快速赋予该图层相同的样式。选择需要复制图层样式的图层，在图层名称上单击鼠标右键，执行"拷贝图层样式"命令，如图 8-135 所示。接着选择目标图层，单击鼠标右键，执行"粘贴图层样式"命令，如图 8-136 所示。此时另外一个图层也出现了相同的样式，如图 8-137 所示。

图 8-135　　　　　　　　　　　图 8-136　　　　　　　　　　　图 8-137

4. 缩放图层样式

图层样式的参数大小在很大程度上能够影响图层的显示效果。有时为一个图层赋予了某个图层样式后，可能会发现该样式的尺寸与本图层的尺寸不成比例，那么此时就可以对该图层样式进行"缩放"。在"图层"面板中展开图层样式列表，在图层样式上单击鼠标右键，执行"缩放效果"命令，如图 8-138 所示。然后可以在弹出的对话框中设置缩放数值，如图 8-139 所示。经过缩放的图层样式尺寸会产生相应的放大或缩小，如图 8-140 所示。

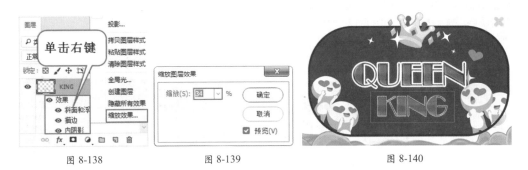

图 8-138　　　　　　　　　图 8-139　　　　　　　　　　　图 8-140

5. 隐藏图层效果

展开图层样式列表，在每个图层样式前都有一个可用于切换显示或隐藏的图标 ◉，如图 8-141 所示。单击"效果"前的 ◉ 按钮可以隐藏该图层的全部样式，如图 8-142 所示。单击单个样式前的 ◉ 图标，则可以只隐藏对应的样式，如图 8-143 所示。

图 8-141　　　　　　　　　　　图 8-142　　　　　　　　　　　图 8-143

提示：隐藏文档中的全部效果。

如果要隐藏整个文档中的图层的图层样式，可以执行"图层 > 图层样式 > 隐藏所有效果"菜单命令。

6. 去除图层样式

想要去除图层的样式，可以在该图层上单击鼠标右键，执行"清除图层样式"命令，如图 8-144 所示。如果只想去除众多样式中的一种，可以展开样式列表，将某一样式拖曳到"删除图层"按钮 🗑 上，就可以删除该图层样式，如图 8-145 所示。

图 8-144　　　　　　　　图 8-145

7. 栅格化图层样式

与栅格化文字、栅格化智能对象、栅格化矢量图层相同，"栅格化图层样式"可以将"图层样式"变为普通图层的一个部分，使图层样式部分可以像普通图层中的其他部分一样进行编辑处理。在该图层上单击鼠标右键，执行"栅格化图层样式"命令，如图 8-146 所示。此时该图层的图层样式也出现在图层的本身内容中了，如图 8-147 所示。

图 8-146　　　　　　　　图 8-147

练习实例：拷贝图层样式制作具有相同样式的对象

文件路径	资源包\第8章\练习实例：拷贝图层样式制作具有相同样式的对象
难易指数	★★★★★
技术掌握	斜面和浮雕、投影、渐变叠加、拷贝图层样式、粘贴图层样式

案例效果

案例最终效果如图 8-148 所示。

图 8-148

操作步骤

扫一扫，看视频

步骤01　执行"文件 > 打开"命令，打开素材 1.jpg，如图 8-149 所示。单击工具箱中的"横排文字工具"，在选项栏上设置合适的字体、字号，设置文本颜色为黄色，在画面上单击并输入文字。文字输入完成后单击"提交所有当前编辑"按钮 ✔，效果如图 8-150 所示。

图 8-149　　　　　　　　图 8-150

步骤02 选择文字图层，执行"图层>图层样式>描边"命令，在弹出的对话框中设置"大小"为6像素，"位置"为"外部"，"不透明度"为100%，"颜色"为红色，如图8-151所示。在样式列表中勾选"投影"，设置"混合模式"为"正片叠底"，"投影颜色"为黑色，"不透明度"为47%，"角度"为153度，"距离"为18像素，"大小"为6像素，单击"确定"按钮完成设置，如图8-152所示。此时画面效果如图8-153所示。

图 8-151

图 8-152　　　　　　　图 8-153

步骤03 选中文字图层，使用快捷键Ctrl+J复制选中的图层，单击鼠标右键执行"清除图层样式"命令，此时图层效果如图8-154所示。执行"图层>图层样式>斜面和浮雕"命令，设置"样式"为"内斜面"，"方法"为"平滑"，"深度"为399%，"方向"为"上"，"大小"为3像素，"软化"为4像素，"角度"为153度，"高度"为11度，如图8-155所示。

图 8-154　　　　　　　图 8-155

步骤04 继续在图层样式的样式列表下勾选"渐变叠加"，设置"混合模式"为"正常"，编辑一个黄色系渐变，样式为"线性"，"角度"为90，"缩放"为100%，如图8-156所示。继续在样式列表中勾选"投影"，设置"混合模式"为

"正片叠底"，"颜色"为黑色，"不透明度为"47%，"角度"为153，"距离"为4像素，"大小"为3像素，如图8-157所示。此时画面效果如图8-158所示。

图 8-156

图 8-157　　　　　　　图 8-158

步骤05 制作另外两个字母需要通过复制图层样式的方法制作。输入字母"R"，如图8-159所示，选择字母T图层，单击鼠标右键执行"拷贝图层样式"命令，如图8-160所示。

图 8-159　　　　　　　图 8-160

步骤06 选择字母R图层，单击鼠标右键执行"粘贴图层样式"命令，如图8-161所示。此时文字效果如图8-162所示。

步骤07 选择字母R图层，使用快捷键Ctrl+J将该图层进行复制，得到"R拷贝"图层，然后将该图层的图层样式清除。接着将"T拷贝"图层的图层样式复制给"R拷贝"图

中文版Photoshop CS6从入门到精通（微课视频 全彩版）

层，如图 8-163 所示。文字效果如图 8-164 所示。

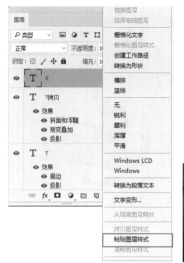

图 8-161   图 8-162

图 8-163   图 8-164

图 8-165   图 8-166

步骤08 使用同样的方法制作字母 A，如图 8-165 所示。继续使用文字工具输入下方的文字，效果如图 8-166 所示。

[重点] 8.3.2 斜面和浮雕

使用"斜面和浮雕"样式可以为图层模拟从表面凸起的立体感。在"斜面和浮雕"样式中包含多种凸起效果，如"外斜面""内斜面""浮雕效果""枕状浮雕""描边浮雕"。"斜面和浮雕"样式主要通过为图层添加高光与阴影，使图像产生立体感，常用于制作立体感的文字或者带有厚度感的对象效果。选中图层，如图 8-167 所示。执行"图层 > 图层样式 > 斜面和浮雕"命令，打开"图层样式"对话框，进行参数设置，如图 8-168 所示。所选图层会产生凸起效果，如图 8-169 所示。

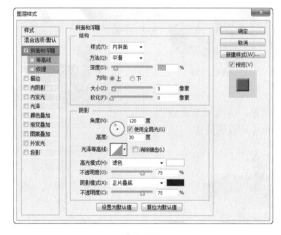

图 8-167   图 8-168   图 8-169

- 样式：包括"外斜面""内斜面""浮雕效果""枕状浮雕""描边浮雕"。选择"外斜面"，可以在图层内容的外侧边缘创建斜面；选择"内斜面"，可以在图层内容的内侧边缘创建斜面；选择"浮雕效果"，可以使图层内容相对于下层图层产生浮雕状的效果；选择"枕状浮雕"，可以模拟图层内容的边缘嵌入到下层图层中产生的效果；选择"描边浮雕"，可以将浮雕应用于图层的"描边"样式的边界，如果图层没有"描边"样式，则不会产生效果。如图 8-170 所示为不同样式的效果。

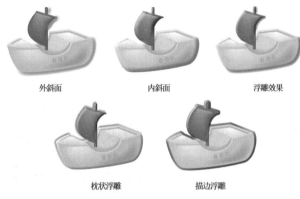

外斜面　　　　　　　内斜面　　　　　　　浮雕效果

枕状浮雕　　　　　　描边浮雕

图 8-170

大小：10　　　　　　大小：20

图 8-174

软化：0　　　　　　软化：10

图 8-175

- 方法：用来选择创建浮雕的方法。选择"平滑"可以得到比较柔和的边缘；选择"雕刻清晰"可以得到最精确的浮雕边缘；选择"雕刻柔和"可以得到中等水平的浮雕效果。如图 8-171 所示为不同方法的效果。

平滑　　　　　　雕刻清晰　　　　　　雕刻柔和

图 8-171

- 深度：用来设置浮雕斜面的应用深度，该值越高，浮雕的立体感越强。如图 8-172 所示为不同参数的效果。

深度：20　　　　　深度：80　　　　　深度：120

图 8-172

- 方向：用来设置高光和阴影的位置，该选项与光源的角度有关。如图 8-173 所示为不同参数的效果。

方向：上　　　　　　方向：下

图 8-173

- 大小：该选项表示斜面和浮雕的阴影面积的大小。如图 8-174 所示为不同参数的效果。
- 软化：用来设置斜面和浮雕的平滑程度。如图 8-175 所示为不同参数的效果。

- 角度："角度"选项用来设置光源的发光角度。如图 8-176 所示为不同参数的效果。

角度：30°　　　　角度：80°　　　　角度：150°

图 8-176

- 高度："高度"选项用来设置光源的高度。
- 使用全局光：如果勾选该选项，那么所有浮雕样式的光照角度都将保持在同一个方向。
- 光泽等高线：选择不同的等高线样式，可以为斜面和浮雕的表面添加不同的光泽质感，也可以自己编辑等高线样式。如图 8-177 所示为不同类型的等高线效果。

图 8-177

- 消除锯齿：当设置了光泽等高线时，斜面边缘可能会产生锯齿，勾选该选项可以消除锯齿。
- 高光模式/不透明度：这两个选项用来设置高光的混合模式和不透明度，后面的色块用于设置高光的颜色。
- 阴影模式/不透明度：这两个选项用来设置阴影的混合模式和不透明度，后面的色块用于设置阴影的颜色。

1. 等高线

在"图层样式"对话框左侧样式列表中"斜面和浮雕"

样式下方还有另外两个样式："等高线"和"图案"。单击"斜面和浮雕"样式下面的"等高线"选项，切换到"等高线"设置页面，如图 8-178 所示。使用"等高线"可以在浮雕中创建凹凸起伏的效果，如图 8-179 所示。

图 8-178

图 8-179

2. 纹理

勾选图层样式列表中的"纹理"选项，启用该样式，单击并切换到"纹理"设置页面，如图 8-180 所示。"纹理"样式可以为图层表面模拟凹凸效果，如图 8-181 所示。

- **图案**：单击"图案"，可以在弹出的"图案"拾色器中选择一个图案，并将其应用到斜面和浮雕上。
- **从当前图案创建新的预设**▣：单击该按钮，可以将当

前设置的图案创建为一个新的预设图案，同时新图案会保存在"图案"拾色器中。

- **贴紧原点**：将原点对齐图层或文档的左上角。

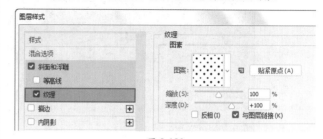

图 8-180

图 8-181

- **缩放**：用来设置图案的大小。
- **深度**：用来设置图案纹理的使用程度。
- **反相**：勾选该选项以后，可以反转图案纹理的凹凸方向。
- **与图层链接**：勾选该项以后，可以将图案和图层链接在一起，这样在对图层进行变换等操作时，图案也会跟着一同变换。

练习实例：使用图层样式制作卡通文字

文件路径	资源包\第8章\练习实例：使用图层样式制作卡通文字
难易指数	★★★★★
技术掌握	斜面和浮雕、描边

案例效果

案例最终效果如图 8-182 所示。

图 8-182

操作步骤

步骤01 执行"文件 > 新建"命令，新建一个空白文档。设置前景色为黑灰色，按快捷键 Alt+Delete 填充前景色，如图 8-183 所示。单击工具箱中的"横排文字工具"，在选项栏上设置合适的字体、字号，设置文本颜色为中黄色，在画面上单击并输入文字，如图 8-184 所示。

✍ *读书笔记*

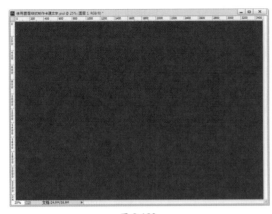

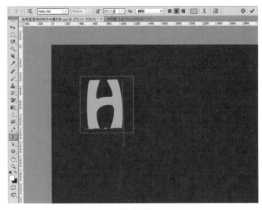

图 8-183   图 8-184

步骤02 ▶ 选中文字图层，执行"图层>图层样式>斜面和浮雕"命令，在弹出的对话框中设置"样式"为"内斜面"，"方法"为"平滑"，"深度"为100%，"方向"为上，"大小"为38像素，"软化"为7像素，"角度"为30度，"高度"为30度，设置"高光颜色"为土黄色，"阴影颜色"为土红色，如图8-185所示。接着在样式列表下勾选"描边"，设置"大小"为24像素，"位置"为"外部"，"不透明度"为100%，设置描边"颜色"为白色，单击"确定"按钮完成设置，如图8-186所示。此时画面效果如图8-187所示。

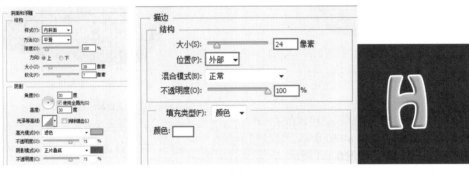

图 8-185   图 8-186   图 8-187

步骤03 ▶ 选中文字，执行"编辑>自由变换"命令，在选项栏上设置"旋转角度"为-15度，按 Enter 键完成变换，如图8-188所示。用同样的方式输入其他文字，如图8-189所示。

时画面效果如图 8-192 所示。

图 8-188   图 8-189

图 8-190

步骤04 ▶ 选择字母 H 图层，单击鼠标右键执行"拷贝图层样式"命令，如图8-190所示。加选后输入的文字图层，单击鼠标右键执行"粘贴图层样式"命令，如图8-191所示。此

图 8-191   图 8-192

步骤05 用同样的方式制作下方文字，效果如图 8-193 所示。执行"文件 > 置入"命令置入素材 2.png，接着将置入对象调整到合适的大小、位置，然后按 Enter 键完成置入操作。最终效果如图 8-194 所示。

图 8-193

图 8-194

{重点} 8.3.3 描边

"描边"样式能够在图层的边缘处添加纯色、渐变色以及图案的边缘。通过参数设置可以使描边处于图层边缘以内的部分、图层边缘以外的部分，或者使描边出现在图层边缘内外。选中图层，如图 8-195 所示。执行"图层 > 图层样式 > 描边"命令，在"描边"参数设置页面中可以对描边大小、位置、混合模式、不透明度、填充类型以及填充内容进行设置，如图 8-196 所示。如图 8-197 所示为颜色描边、渐变描边、图案描边效果。

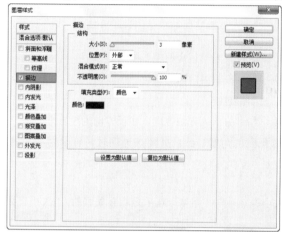

图 8-195　　　　　　　图 8-196　　　　　　　图 8-197

- **大小**：用于设置描边的粗细。数值越大，描边越粗。
- **位置**：用于设置描边与对象边缘的相对位置，选择外部描边位于对象边缘以外；选择内部描边则位于对象边缘以内；选择"居中"，描边一半位于对象轮廓以外、一半位于轮廓以内，如图 8-198 所示。
- **混合模式**：用于设置描边内容与底部图层或本图层的混合方式。
- **不透明度**：用于设置描边的不透明度。数值越小，描边越透明。
- **叠印**：勾选此选项，描边的不透明度和混合模式会应用于原图层内容表面，如图 8-199 所示。

外部

居中

内部

启用叠印

未启用叠印

图 8-198　　　　　　　　　　　　　　图 8-199

- **填充类型**：在列表中可以选择描边的类型，包括"渐变""颜色""图案"。选择不同方式，下方的参数设置也不相同。
- **颜色**：当填充类型为"颜色"时，可以在此处设置描边的颜色。

"内阴影"样式可以为图层添加从边缘向内产生的阴影样式，这种效果会使图层内容产生凹陷效果。选中图层，如图 8-200 所示。执行"图层 > 图层样式 > 内阴影"命令，在"内阴影"参数设置页面中可以对"内阴影"的结构以及品质进行设置，如图 8-201 所示。如图 8-202 所示为添加了"内阴影"样式后的效果。

图 8-200　　　　　　　　　　　　图 8-201　　　　　　　　　　　　图 8-202

- 混合模式：用来设置内阴影与图层的混合方式。默认设置为"正片叠底"模式。
- 阴影颜色：单击"混合模式"选项右侧的颜色块，可以设置内阴影的颜色。
- 不透明度：设置内阴影的不透明度。数值越低，内阴影越淡。
- 角度：用来设置内阴影应用于图层时的光照角度，指针方向为光源方向，相反方向为投影方向。
- 使用全局光：当勾选该选项时，可以保持所有光照的角度一致；关闭该选项时，可以为不同的图层分别设置光照角度。
- 距离：用来设置内阴影偏移图层内容的距离。
- 阻塞：可以在模糊之前收缩内阴影的边界。"大小"选项与"阻塞"选项是相互关联的，"大小"数值越高，可设置的"阻塞"范围就越大。
- 大小：用来设置投影的模糊范围。数值越高，模糊范围越广，反之内阴影越清晰。
- 等高线：调整曲线的形状来控制内阴影的形状，可以手动调整曲线形状也可以选择内置的等高线预设。
- 消除锯齿：混合等高线边缘的像素，使投影更加平滑。该选项对于尺寸较小且具有复杂等高线的内阴影比较实用。
- 杂色：用来在投影中添加杂色的颗粒感效果。数值越大，颗粒感越强。

"内发光"样式主要用于产生从图层边缘向内发散的光亮效果。选中图层，如图 8-203 所示。执行"图层 > 图层样式 > 内发光"命令，如图 8-204 所示。在"内发光"参数设置页面中可以对"内发光"的结构、图素以及品质进行设置。效果如图 8-205 所示。

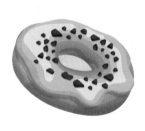 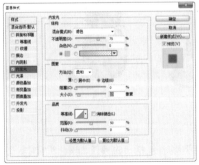 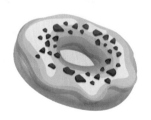

图 8-203　　　　　　　　　　　　图 8-204　　　　　　　　　　　　图 8-205

- 混合模式：设置发光效果与下面图层的混合方式。
- 不透明度：设置发光效果的不透明度。
- 杂色：在发光效果中添加随机的杂色效果，使光晕产生颗粒感。
- 发光颜色：单击"杂色"选项下面的颜色块，可以设置发光颜色；单击颜色块后面的渐变条，可以在"渐变编辑器"对话框中选择或编辑渐变色。
- 方法：用来设置发光的方式。选择"柔和"方法，发光效果比较柔和；选择"精确"选项，可以得到精确的发光边缘。
- 源：控制光源的位置。
- 阻塞：用来在模糊或清晰之前收缩内发光的边界。
- 大小：设置光晕范围的大小。
- 等高线：使用等高线可以控制发光的形状。
- 范围：控制发光中作为等高线目标的部分或范围。
- 抖动：改变渐变的颜色和不透明度的应用。

8.3.6　光泽

　　"光泽"样式可以为图层添加受到光线照射后，表面产生的映射效果。"光泽"通常用来制作具有光泽质感的按钮和金属。选中图层，如图 8-206 所示。执行"图层 > 图层样式 > 光泽"命令，如图 8-207 所示。在"光泽"参数设置页面中可以对"光泽"的颜色、混合模式、不透明度、角度、距离、大小、等高线进行设置，如图 8-208 所示。

图 8-206

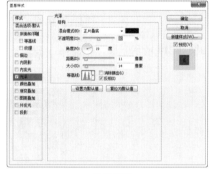
图 8-207

图 8-208

8.3.7　颜色叠加

　　"颜色叠加"样式可以为图层整体赋予某种颜色。选中图层，如图 8-209 所示。执行"图层 > 图层样式 > 颜色叠加"命令，在"颜色叠加"设置页面中可以通过调整颜色的混合模式与不透明度来调整该图层的效果，如图 8-210 所示。效果如图 8-211 所示。

图 8-209

图 8-210

图 8-211

练习实例：使用颜色叠加图层样式

文件路径	资源包\第8章\练习实例：使用颜色叠加图层样式
难易指数	★★★★★
技术掌握	颜色叠加图层样式、自由变换

案例效果

案例最终效果如图8-212所示。

图 8-212

操作步骤

步骤01 执行"文件 > 新建"命令，新建一个竖版的文件。设置前景色为青绿色，使用快捷键 Alt+Delete 填充颜色，如图8-213所示。首先制作左上角的角标，单击工具箱中的"横排文字工具"，在选项栏中设置合适的字体、字号，"填充"为墨绿色，在画面中左上角单击输入文字，如图8-214所示。

扫一扫，看视频

图 8-213

图 8-214

步骤02 使用同样的方法输入其他文字，如图8-215所示。单击工具箱中的"自定形状工具"，在选项栏中设置"绘制模式"为"形状"，"填充"为白色，"形状"为矩形框，在画面中左上角按住鼠标左键拖曳绘制形状，如图8-216所示。

图 8-215

图 8-216

步骤03 在"形状"中更改为音符形状，在画面中矩形框内按住鼠标左键拖曳绘制形状，如图8-217所示。继续使用"横排文字工具"在绘制形状的下面输入文字，如图8-218所示。

图 8-217　　　　图 8-218

步骤04 制作右上角的圆形文字标。单击工具箱中的"椭圆工具"，在选项栏中设置"绘制模式"为形状，"填充"为白色，在画面右上角按 Shift 键以及鼠标左键拖曳绘制圆，如图8-219所示。接着单击工具箱中的"横排文字工具"，在选项栏中设置合适的字体、字号，"填充"为墨绿色，在画面中圆形中间单击输入文字，如图8-220所示。

图 8-219

图 8-220

步骤05 制作画面中小条分界线。新建图层，单击工具箱中的"画笔工具"，在选项栏中单击"画笔预设"下拉按钮，在"画笔预设"面板中设置画笔"大小"为 8 像素，"硬度"为 100%，在画面中按住鼠标左键拖曳绘制一条曲线，继续在画面中按住鼠标左键拖曳绘制曲线，如图 8-221 所示。执行"文件 > 打开"菜单命令，或按 Ctrl+O 组合键，在弹出的"打开"对话框中选择素材 1.psd，单击"打开"按钮，打开素材，如图 8-222 所示。在图层面板中选择苹果图层，按住鼠标左键拖曳到制作的文件中，如图 8-223 所示。

图 8-221

图 8-222

图 8-223

步骤06 更改苹果的颜色，执行"图层 > 图层样式 > 颜色叠加"命令，在弹出的"图层样式"对话框中设置"混合模式"为"色相"，"叠加颜色"为绿色，"不透明度"为 100%，单击"确定"按钮完成设置，如图 8-224 所示。效果如图 8-225 所示。

图 8-224

图 8-225

步骤07 使用同样的方法将 1.psd 中的柠檬素材按住鼠标左键进行拖曳到制作的文件中，如图 8-226 所示。更改柠檬的颜色，执行"图层 > 图层样式 > 颜色叠加"命令，在弹出的"图层样式"对话框中设置"混合模式"为"色相"，"叠加颜色"为黄色，"不透明度"为 100%，单击"确定"按钮完成设置，如图 8-227 所示。效果如图 8-228 所示。

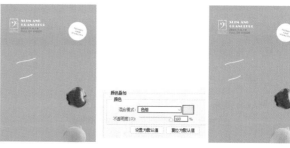

图 8-226   图 8-227   图 8-228

步骤08 继续使用同样的方法制作其他变色的水果，如图 8-229 所示。使用"横排文字工具"输入其他文字，最终效果如图 8-230 所示。

图 8-229

图 8-230

8.3.8 渐变叠加

"渐变叠加"样式与"颜色叠加"样式非常接近，都是以特定的混合模式与不透明度使某种色彩混合于所选图层，但是"渐变叠加"样式是以渐变颜色对图层进行覆盖。所以该样式主要用于使图层产生某种渐变色的效果。选中图层，如图8-231所示。执行"图层 > 图层样式 > 渐变叠加"命令，如图8-232所示。"渐变叠加"不仅仅能够制作带有多种颜色的对象，更能够通过巧妙的渐变颜色设置制作出突起、凹陷等三维效果以及带有反光的质感效果。在"渐变叠加"参数设置页面中可以对"渐变叠加"的渐变颜色、混合模式、角度、缩放等参数进行设置，效果如图8-233所示。

图 8-231　　　　　　　　　　图 8-232　　　　　　　　　　图 8-233

练习实例：使用渐变叠加样式制作多彩招贴

文件路径	资源包\第8章\练习实例：使用渐变叠加样式制作多彩招贴
难易指数	★★★★★
技术掌握	为图层组添加图层样式、渐变叠加样式

案例效果

案例最终效果如图8-234所示。

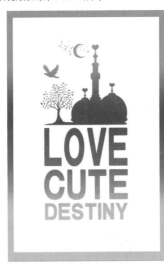

图 8-234

图 8-235　　　　　　图 8-236

步骤02 将前景色设置为黑色，按下Alt+Delete填充前景色。按快捷键Ctrl+D取消选区的选择，如图8-237所示。执行"文件 > 置入"命令，置入素材1.png，将置入对象调整到合适的大小、位置，然后按Enter键完成置入操作。将该图层栅格化，如图8-238所示。

操作步骤

步骤01 新建一个A4大小的空白文档，接着单击工具箱中的"矩形选框工具"，在画面上绘制一个矩形选区，如图8-235所示。使用快捷键Ctrl+Shift+I将选区反选，如图8-236所示。

扫一扫，看视频

图 8-237　　　　　　图 8-238

中文版Photoshop CS6从入门到精通（微课视频 全彩版）

步骤03 单击工具箱中的"横排文字工具"，在选项栏上设置合适的字体、字号，设置文本颜色为文黑色，在画面上单击输入文字，如图 8-239 所示。用同样的方式输入其他文本字，如图 8-240 所示。

图 8-239

图 8-240

步骤04 在图层面板上单击"创建新组"按钮 🗀 新建图层组，将所有的图层加选并移动到组中，如图 8-241 所示。选中图层组，执行"图层 > 图层样式 > 渐变叠加"命令，在弹出的对话框中设置"混合模式"为"正常"，"不透明度"为 100%，"渐变"为彩色系的渐变，"样式"为"线性"，"角度"为 90 度，"缩放"为 100%，单击"确定"按钮完成设置，如图 8-242 所示。此时画面效果如图 8-243 所示。

图 8-241

图 8-242

图 8-243

8.3.9　图案叠加

　　"图案叠加"样式与前两种"叠加"样式的原理相似，"图案叠加"样式可以在图层上叠加图案。选中图层，如图 8-244 所示，执行"图层 > 图层样式 > 图案叠加"命令，如图 8-245 所示。在"图案叠加"参数设置页面中可以对"图案叠加"的图案、混合模式、不透明度等参数进行设置，效果如图 8-246 所示。

图 8-244

图 8-245

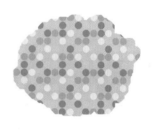
图 8-246

〔重点〕 8.3.10　外发光

　　"外发光"样式与"内发光"样式非常相似，使用"外发光"样式可以沿图层内容的边缘向外创建发光效果。选中图层，如图 8-247 所示，执行"图层 > 图层样式 > 外发光"命令，弹出"图层样式"对话框，如图 8-248 所示。在"外发光"参数设置页面中可以对"外发光"的结构、图素以及品质进行设置，效果如图 8-249 所示。"外发光"效果可用于制作自发光效果，以及人像或者其他对象的梦幻般的光晕效果。

图 8-247

图 8-248

图 8-249

"投影"样式与"内阴影"样式比较相似,"投影"样式是用于制作图层边缘向后产生的阴影效果。选中图层,如图8-250所示。执行"图层>图层样式>投影"命令,弹出"图层样式"对话框,如图8-251所示。接着可以通过设置参数来增强某部分层次感以及立体感,效果如图8-252所示。

图 8-250

图 8-251

图 8-252

- 混合模式:用来设置投影与下面图层的混合方式,默认设置为"正片叠底"模式。
- 阴影颜色:单击"混合模式"选项右侧的颜色块,可以设置阴影的颜色。如图8-253所示为不同颜色的对比效果。

图 8-253

- 不透明度:设置投影的不透明度。数值越低,投影越淡。
- 角度:用来设置投影应用于图层时的光照角度。指针方向为光源方向,相反方向为投影方向,如图8-254所示为不同角度的对比效果。

角度:30°　　　角度:90°　　　角度:150°
图 8-254

- 使用全局光:当勾选该选项时,可以保持所有光照的角度一致;关闭该选项时,可以为不同的图层分别设置光照角度。
- 距离:用来设置投影偏移图层内容的距离。
- 大小:用来设置投影的模糊范围。该值越高,模糊范

围越广,反之投影越清晰。

- 扩展:用来设置投影的扩展范围。注意,该值会受到"大小"选项的影响。
- 等高线:以调整曲线的形状来控制投影的形状,可以手动调整曲线形状,也可以选择内置的等高线预设,如图8-255所示为不同参数的对比效果。

图 8-255

- 消除锯齿:混合等高线边缘的像素,使投影更加平滑。该选项对于尺寸较小且具有复杂等高线的投影比较实用。
- 杂色:用来在投影中添加杂色的颗粒感效果,数值越大,颗粒感越强,如图8-256所示为不同参数的对比效果。

杂色:0%　　　杂色:50%　　　杂色:100%
图 8-256

- 图层挖空投影:用来控制半透明图层中投影的可见性。勾选该选项后,如果当前图层的"填充"数值小于100%,则半透明图层中的投影不可见。

练习实例：制作透明吊牌

文件路径	资源包\第8章\练习实例：制作透明吊牌
难易指数	★★★★★
技术掌握	图层样式　不透明度设置

案例效果

案例最终效果如图 8-257 所示。

图 8-257

操作步骤

步骤01 执行"文件 > 打开"命令，打开背景素材 1.jpg，如图 8-258 所示。单击工具箱中的"钢笔工具"，在选项栏中设置绘制模式为"形状"，设置填充颜色为白色，然后再画面中绘制一个吊牌的主体形态，如图 8-259 所示。

扫一扫，看视频

图 8-258

图 8-259

步骤02 选择"吊牌"图层，单击"添加图层蒙版"按钮，为该图层添加图层蒙版，如图 8-260 所示。单击工具箱中的"圆角矩形工具"，设置前景色为黑色，在选项栏中设置绘制模式为"像素"，"半径"为 280 像素。单击"吊牌"图层蒙版缩览图，在顶部绘制圆角矩形，使这部分镂空，效果如图 8-261 所示。

图 8-260

图 8-261

步骤03 使用同样方法在蒙版中进行绘制，如图 8-262 所示。画面效果如图 8-263 所示。"吊牌"中白色区域将要制作成透明效果。

图 8-262　　　　　　图 8-263

步骤04 选择"吊牌"图层，执行"图层 > 图层样式 > 斜面与浮雕"命令，打开"图层样式"对话框。设置"样式"为"内斜面"，"方法"为"平滑"，"深度"为 100%，"方向"为"上"，"大小"为 33 像素，"角度"为 120 度，"高度"为 70 度，选择合适的光泽等高线，"高光模式"为"滤色"，颜色为白色，"不透明度"为 80%，"阴影模式"为"颜色加深"，颜色为黑色，"不透明度"为 10%，参数设置如图 8-264 所示。在"图层样式"对话框中左侧样式列表中勾选"描边"，设置"大小"为 5 像素，"位置"为"外部"，"混合模式"为"正常"，"不透明度"为 65%，"填充类型"为"渐变"，"渐变"为粉色系渐变，"样式"为"线性"，参数设置如图 8-265 所示。

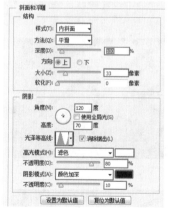

图 8-264　　　　　　图 8-265

步骤05 在左侧样式列表中勾选"内阴影"，设置"混合模式"为"正常"，颜色为白色，"不透明度"为 100%，"角度"为 120 度，"大小"为 25 像素，参数设置如图 8-266 所示。在左侧样式列表中勾选"颜色叠加"，设置"混合模式"为"正常"，"不透明度"为 15%，参数设置如图 8-267 所示。

步骤06 在左侧样式列表中勾选"投影"，在"投影"设置页面中，设置"混合模式"为"正片叠底"，"不透明度"为70%，"角度"为120度，"距离"为8像素，"扩展"为17%，"大小"为25像素，参数设置如图8-268所示。参数设置完成后，单击"确定"按钮。（此时画面没有发生明显变化）

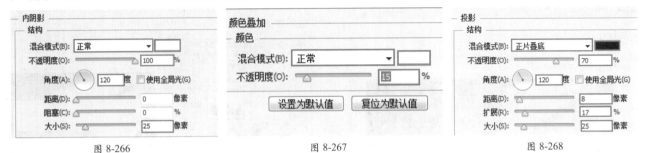

图 8-266   图 8-267   图 8-268

步骤07 设置该图层的"填充"5%，如图8-269所示。画面效果如图8-270所示，"吊牌"的透明效果制作完成。

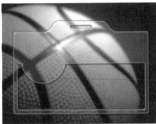

图 8-269   图 8-270

步骤08 执行"文件 > 置入"命令，置入条纹素材2.png，将"条纹"摆放至吊牌的上方，执行"图层 > 栅格化 > 智能对象"命令。选择"吊牌"图层蒙版，按住 Alt 键向上拖曳，将"吊牌"图层蒙版复制给"条纹"图层，如图8-271所示。使用黑色柔角画笔在蒙版中继续涂抹，将多出"吊牌"范围的条纹隐藏，画面效果如图8-272所示。

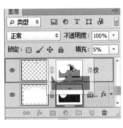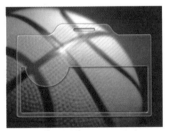

图 8-271   图 8-272

步骤09 新建图层，使用"钢笔工具" ✐ 绘制路径，转换选区后填充白色，效果如图8-273所示。

图 8-273

步骤10 单击工具箱中的"自定义形状工具" ⚙，在选项栏中设置绘制模式为"形状"，"填充"为黑色，选"皇冠2"形状。设置完成在画布中绘制形状，并将绘制完成的形状旋转合适角度后摆放至"吊牌"的右下角，如图8-274所示。设置该图层的"不透明度"为20%，画面效果如图8-275所示。

图 8-274   图 8-275

步骤11 选择该形状图层，执行"图层 > 创建剪贴蒙版"命令，使该形状图层只在吊牌范围内显示，效果如图8-276所示。

图 8-276

步骤12 接下来制作"吊牌"头像部分。新建图层，将该图层命名为"头像描边"，如图8-277所示。使用"椭圆选框工具"在画布相应位置绘制圆选区后填充白色，如图8-278所示。

图 8-277   图 8-278

中文版Photoshop CS6从入门到精通（微课视频 全彩版）

步骤13 将"头像描边"图层复制，使用快捷键 Ctrl+T 调出定界框，按快捷键 Shift+Alt 进行缩放，并将该图层填充其他颜色，如图 8-279 所示。这个圆形将会作为头像的基底图层。置入头像素材 3.png，将其摆放至合适位置。执行"图层 > 栅格化 > 智能对象"命令，选择该图层，执行"图层 > 创建剪贴蒙版"命令，使"头像"多余部分隐藏，效果如图 8-280 所示。

图 8-279　　　　　　　　图 8-280

步骤14 单击工具箱中的"横排文字工具"，在选项栏中设置合适的字体、字号及文字颜色。在画布中单击并输入文字，如图 8-281 所示。

图 8-281

练习实例：动感缤纷艺术字

文件路径	资源包\第8章\练习实例：动感缤纷艺术字
难易指数	★★★★★
技术掌握	图层样式、渐变、钢笔工具

案例效果

案例最终效果如图 8-286 所示。

图 8-286

步骤15 选择该文字图层执行"图层 > 图层样式 > 投影"命令，打开"图层样式"对话框，在"投影"参数设置页面中设置"混合模式"为"正片叠底"，颜色为粉红色，"不透明度"为 75%，"角度"为 139 度，"距离"为 15 像素，"大小"为 5 像素，参数设置如图 8-282 所示。文字效果如图 8-283 所示。

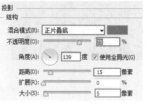 

图 8-282　　　　　　　　图 8-283

步骤16 使用同样方法制作其他文字，效果如图 8-284 所示。置入带子素材 4.png，并将其摆放在合适位置。执行"图层 > 栅格化 > 智能对象"命令，完成本案例的制作，效果如图 8-285 所示。

图 8-284　　　　　　　　图 8-285

操作步骤

扫一扫，看视频

步骤01 执行"文件 > 打开"菜单命令，或按快捷键 Ctrl+O，在弹出的"打开"对话框中选择素材 1.jpg，单击"打开"按钮，打开素材，如图 8-287 所示。接着制作渐变背景，新建图层，单击工具箱中的"渐变工具"，在"选项栏"中单击渐变色条，在弹出的"渐变编辑器"中编辑一个黑色到紫色渐变，设置"渐变方式"为"线性渐变"，将光标定位在画面左上角，按住鼠标左键向右下角拖曳填充渐变，如图 8-288 所示。

图 8-287　　　　　　　　图 8-288

步骤02 在图层面板上设置"不透明度"为90%，如图 8-289 所示。效果如图 8-290 所示。

图 8-289　　　　　　图 8-290

步骤03 在画面中绘制一个云朵形状，单击工具箱中的"钢笔工具"，在选项栏中设置"绘制模式"为"路径"。在画面中绘制路径，如图 8-291 所示。使用快捷键 Ctrl+Enter 将路径转化为选区，设置"前景色"为白色，新建图层，使用快捷键 Alt+Dleter 填充选区，按快捷键 Ctrl+D 取消选区，如图 8-292 所示。

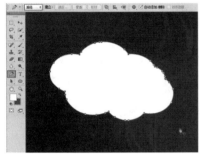

图 8-291　　　　　　图 8-292

步骤04 为云朵添加立体效果。执行"图层 > 图层样式 > 斜面和浮雕"命令，在弹出的"图层样式"对话框中设置"样式"为"内斜面"，"方法"为"平滑"，"深度"为 258%，"方向"为"上"，"大小"为 16 像素，"软化"为 0 像素，"角度"为 148 度，"高度"为 30 度，"高光模式"为"滤色"，"高光颜色"为白色，"不透明度"为 75%，"阴影模式"为"正片叠底"，"阴影颜色"为黑色，"不透明度"为 75%，单击"确定"按钮完成设置，如图 8-293 所示。效果如图 8-294 所示。

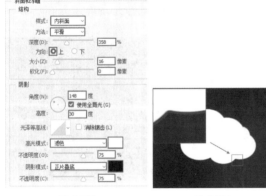

图 8-293　　　　　　图 8-294

步骤05 单击工具箱中的"画笔工具"，在选项栏中设置画笔"大小"为 500 像素，"硬度"为 0 像素，设置前景色为蓝色。新建图层，在画面中云朵的中间位置按住鼠标左键拖曳绘制，如图 8-295 所示。单击工具箱中的"椭圆选框工具"，在画面上按住 Shift 键并拖曳鼠标左键绘制圆选区。单击工具箱中的"渐变工具"，在选项栏中单击"渐变编辑色条"，在弹出的"渐变编辑器"中编辑一个白色到黄色渐变，单击"确定"按钮完成编辑，如图 8-296 所示。将光标移动到画面中圆形选区的上部，按住鼠标左键向下拖曳为选区填充渐变，如图 8-297 所示。

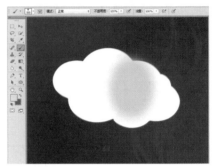

图 8-295

图 8-296　　　　　　图 8-297

步骤06 单击工具箱中的"画笔工具"，在选项栏中设置画笔"大小"为 200 像素，"硬度"为 0%，设置"前景色"为橘黄色。新建图层，在画面中黄色圆形的位置单击绘制出圆形的暗部，如图 8-298 所示。

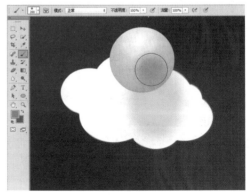

图 8-298

步骤07 在圆形中间制作立体投影文字。单击工具箱中的"横排文字工具"，在选项栏中设置合适字体、字号，"填充颜色"为白色，在画面中单击并输入文字，如图 8-299 所示。使用自由变换快捷键 Ctrl+T 调出界定框，适当旋转，按 Enter 键完成变换，如图 8-300 所示。

图 8-299　　　　　　　　图 8-300

步骤08 选择文字，执行"图层 > 图层样式 > 描边"命令，在弹出的"图层样式"对话框中设置"大小"为 3 像素，"位置"为"居中"，"混合模式"为"正常"，"不透明度"为 100%，"填充类型"为"颜色"，"颜色"为黄色，如图 8-301 所示。在左侧样式列表中勾选"投影"，设置"混合模式"为"正片叠底"，"阴影颜色"为橘黄色，"不透明度"为 75%，"角度"为 148 度，"距离"为 26 像素，"扩展"为 13%，"大小"为 21 像素，单击"确定"按钮完成设置，如图 8-302 所示。效果如图 8-303 所示。

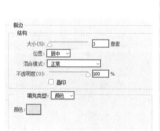

图 8-301　　　　　　　　图 8-302

图 8-303

步骤09 单击工具箱中的"横排文字工具"，在选项栏中设置合适的字体、字号，并填充颜色，在画面中单击输入文字，当输入到 S 时更改填充颜色，继续输入，效果如图 8-304 所示。

步骤10 下面制作文字的底色。单击工具箱中的"多边形套索工具"，沿着文字形状绘制选区，如图 8-305 所示。新建图层，设置"前景色"为深蓝色，使用快捷键 Alt+ Delete 填充颜色，效果如图 8-306 所示。

图 8-304

图 8-305　　　　　　　　图 8-306

步骤11 继续使用"多边形套索工具"在文字底色图层中绘制多边形选区，如图 8-307 所示。单击工具箱中的"渐变工具"，在"选项栏"中单击"渐变色条"，在弹出的"渐变编辑器"中编辑一个蓝色系渐变，设置"渐变方式"为"线性渐变"，将光标移动到选区上按住鼠标左键向下拖曳填充渐变，如图 8-308 所示。使用同样的方法制作其他渐变多边形，如图 8-309 所示。

图 8-307

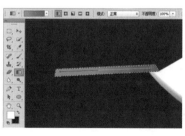

图 8-308　　　　　　　　图 8-309

步骤12 为文字底色制作立体效果。执行"图层 > 图层样式 > 斜面和浮雕"命令，在弹出"图层样式"对话框中设置"样式"为"内斜面"，"方法"为"平滑"，"深度"为 100%，"方向"为"上"，"大小"为 16 像素，"软化"为 0 像素，"角度"为 145 度，"高度"为 30 度，"高光模式"为"滤色"，"高光颜色"为"白色"，"不透明度"为 75%，"阴影模式"为"正片叠底"，"阴影颜色"为"黑色"，"不透明度"为 75%，如图 8-310 所示。在左侧样式列表中勾选等高线，设置"范围"为 5%，单击"确定"按钮，如图 8-311 所示。效果如图 8-312 所示。

图 8-310 　　　　　　　　　　　图 8-311 　　　　　　　　　　　图 8-312

步骤13 执行"文件 > 置入"命令，在打开的对话框中单击选择素材 2.png，单击"置入"按钮，按 Enter 键完成置入。执行"图层 > 栅格化 > 智能对象"命令，将该图层栅格化，如图 8-313 所示。

步骤14 继续为文字底部添加渐变底色，并添加立体效果，如图 8-314 所示。选中主体文字图层，将其移动到文字底色图层的上方。执行"图层 > 图层样式 > 斜面和浮雕"命令，设置"样式"为"内斜面"，"方法"为"雕刻清晰"，"深度"为 83%，"方向"为"上"，"大小"为 29 像素，"软化"为 1 像素，如图 8-315 所示。在左侧样式列表勾选"等高线"，设置"范围"为 57%，如图 8-316 所示。

图 8-313 　　　　　　　图 8-314 　　　　　　　图 8-315 　　　　　　　图 8-316

步骤15 继续勾选"渐变叠加"，设置"混合模式"为"正常"，"不透明度"为 100%，"渐变"为青色系渐变，"样式"为"线性"，"角度"为 -79 度，"缩放"为 100%，如图 8-317 所示。勾选"投影"，设置"混合模式"为"正片叠底"，"投影颜色"为黑色，"不透明度"为 75%，"角度"为 148 度，"距离"为 7 像素，"扩展"为 28%，"大小"为 35 像素，单击"确定"按钮完成设置，如图 8-318 所示。效果如图 8-319 所示。

图 8-317 　　　　　　　　　　　图 8-318 　　　　　　　　　　　图 8-319

步骤16 为文字添加彩色光感效果。单击工具箱中的"画笔工具"，在选项栏中设置画笔"大小"为 100 像素，"硬度"为 0%，设置前景色为青色，在画面中文字位置绘制，如图 8-320 所示。在图层面板中设置"混合模式"为"叠加"，如图 8-321 所示。效果如图 8-322 所示。

中文版Photoshop CS6从入门到精通（微课视频 全彩版）

图 8-320　　　　　　图 8-321　　　　　　图 8-322

步骤17 使用同样的方法制作深蓝色光影效果，如图 8-323 所示。将字母 S 更改为黄色系的渐变效果。选中主体文字中的字母 S，将其复制为独立图层，如图 8-324 所示。

图8-323　　　　　　　　　　图8-324

步骤18 执行"图层 > 图层样式 > 斜面和浮雕"命令，设置"样式"为"内斜面"，"方法"为"雕刻清晰"，"深度"为83%，"方向"为"上"，"大小"为 32 像素，"软化"为 1 像素，如图 8-325 所示。在左侧样式列表中勾选"渐变叠加"，设置"混合模式"为"正常"，"不透明度"为 100%，"渐变"为黄色系渐变，"样式"为"线性"，"角度"为 -69 度，"缩放"为 100%，单击"确定"按钮完成设置，如图 8-326 所示。效果如图 8-327 所示。

图 8-325　　　　　　图 8-326　　　　　　图 8-327

步骤19 单击工具箱中的"横排文字工具"，在选项栏中设置合适的字体、字号，"填充颜色"为紫色，在画面下部单击输入文字，如图 8-328 所示。用同样的方法输入其他文字，如图 8-329 所示。

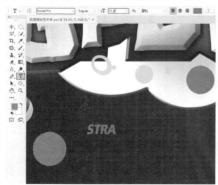

图 8-328　　　　　　　　　图 8-329

8.4 "样式"面板：快速应用样式

扫一扫，看视频

图层样式是平面设计中非常常用的一项功能。很多时候在不同的设计作品中又可能会使用到相同的样式，那么就可以将这个样式存储到"样式"面板中，以供调用。也可以载入外部的"样式库"文件，使用已经编辑好的漂亮样式。执行"窗口>样式"命令，打开"样式"面板。在"样式"面板中可以进行载入、删除、重命名等操作，如图8-330所示。

图 8-330

- 清除样式：单击该按钮即可清除所选图层的样式。
- 创建新样式：如果要将效果创建为样式，可以在"图层"面板中选择添加了效果的图层，然后单击"样式"面板中的创建新样式按钮，打开"新建样式"对话框，设置选项并单击"确定"按钮即可创建样式。
- 删除样式：将"样式"面板中的一个样式拖动到"删除样式"按钮上，即可将其删除。按住 Alt 键单击一个样式，则可直接将其删除。

【重点】8.4.1 动手练：为图层快速赋予样式

选中一个图层，如图8-331所示。执行"窗口>样式"命令，打开"样式"面板，在其中单击一个图层样式，如图8-332所示。此时该图层上就会出现相应的图层样式，如图8-333所示。

图 8-331

图 8-332

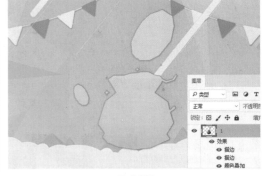

图 8-333

8.4.2 动手练：载入其他的内置图层样式

默认情况下"样式"面板中只显示很少的样式供使用，但是在"样式"面板菜单的下半部分还包含着大量的预设样式库，如图8-334所示。单击菜单中的某一种样式库，系统会弹出一个提示对话框，如图8-335所示。单击"确定"按钮，可以载入样式库并替换掉"样式"面板中的所有样式。单击"追加"按钮，则该样式库会添加到原有样式的后面，如图8-336所示。

中文版Photoshop CS6从入门到精通（微课视频 全彩版）

302

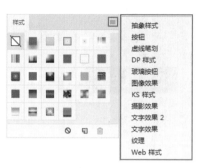

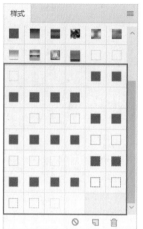

图 8-334   图 8-335   图 8-336

提示：如何将"样式"面板中的样式恢复到默认状态？

如果要将样式恢复到默认状态，可以在"样式"面板菜单中执行"复位样式"命令，然后在弹出的对话框中单击"确定"按钮。另外，在这里介绍一下如何载入外部的样式。执行"样式"面板菜单中的"载入样式"命令，可以打开"载入"对话框，选择外部样式即可将其载入到"样式"面板中。

8.4.3　创建新样式

对于一些比较常用的样式效果，可以将其存储在"样式"面板中以备调用。首先选中制作好的带有图层样式的图层，如图 8-337 所示。在"样式"面板下单击"创建新样式"按钮 🔳，如图 8-338 所示。

在弹出的"新建样式"对话框中为样式设置一个名称，如图 8-339 所示。勾选"包含图层混合选项"选项，创建的样式将具有图层中的混合模式。单击"确定"按钮后，新建的样式会保存在"样式"面板中，如图 8-340 所示。

图 8-337   图 8-338   图 8-339   图 8-340

8.4.4　将样式存储为"样式库"

已经存储在"样式"面板中的"样式"在重新安装 Photoshop 或者重做计算机系统后可能都会"消失"。为了避免这种情况的发生，也为了能够在不同设备上轻松使用到之前常用的图层样式。可以将"样式"面板中的部分样式存储为独立的文件——样式库。执行"编辑 > 预设 > 预设管理器"命令，打开"预设管理器"，设置预设类型为"样式"，然后选择需要存储的样式（可以多选），单击"存储设置"按钮，如图 8-341 所示。选择一个存储路径即可完成，得到一个 .asl 格式的样式库文档，如图 8-342 所示。

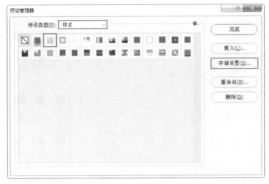

图 8-341

图 8-342

8.4.5 动手练：使用外挂样式库

8.4.4 节学会了将"样式"导出为 .asl 的样式库文件，那么如何载入 .asl 的样式库文件呢？

如果想要载入外部样式库素材文件，可以在"样式"面板菜单中执行"载入样式"命令，如图 8-343 所示，并选择 .asl 格式的样式文件即可，如图 8-344 所示。

图 8-343

图 8-344

综合实例：制作炫彩光效海报

文件路径	资源包\第8章\练习实例：制作炫彩光效海报
难易指数	★★★★★
技术掌握	混合模式、图层样式

案例效果：

案例最终效果如图 8-345 所示

图 8-345

扫一扫，看视频

操作步骤

步骤01 执行"文件 > 打开"命令，打开人物素材 1.jpg，如图 8-346 所示。执行"文件 > 置入"命令，置入纹理素材 2.jpg 并将其摆放在画面底部，执行"图层>栅格化>智能对象"命令，将其图层栅格化为普通图层，如图 8-347 所示。

图 8-346

图 8-347

中文版Photoshop CS6从入门到精通（微课视频 全彩版）

步骤02 选择纹理图层，单击"添加图层蒙版"按钮 ，为该图层添加图层蒙版。编辑一个由黑到白的线性渐变进行填充，如图 8-348 所示。画面效果如图 8-349 所示。执行"文件 > 置入"命令，置入素材 3.png 和 4.png，并摆放至合适位置。执行"图层 > 栅格化 > 智能对象"命令，效果如图 8-350 所示。

图 8-348

图 8-349　　　　　图 8-350

步骤03 执行"文件 > 置入"命令，置入光效素材 5.png，将其摆放至合适位置。执行"图层 > 栅格化 > 智能对象"命令，设置该图层的"混合模式"为"线性减淡"，如图 8-351 所示。画面效果如图 8-352 所示。

 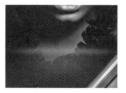

图 8-351　　　　　图 8-352

步骤04 单击工具箱中的"横排文字工具"按钮，在选项栏中设置合适的字体、字号，在画布中单击并输入文字，如图 8-353 所示。执行"图层 > 图层样式 > 渐变叠加"命令，打开"图层样式"对话框，在"渐变叠加"参数设置页面中设置"混合模式"为"正常"，"不透明度"为 100%，设置合适的渐变色，"样式"为"线性"，"角度"为 90 度，

参数设置如图 8-354 所示。

图 8-353　　　　　图 8-354

步骤05 在左侧样式列表勾选"外发光"选项，在"外发光"参数设置页面中设置"混合模式"为"滤色"，"不透明度"为 50%，颜色为深青色，"方法"为"柔和"，"大小"为 200 像素，"范围"为 50%，参数设置如图 8-355 所示。勾选"投影"样式，在"投影"参数设置页面中设置"混合模式"为"正常"，颜色为淡青色，"不透明度"为 100%，"角度"为 96 度，"距离"为 21 像素，"大小"为 21 像素。设置合适的"等高线"形状，参数设置如图 8-356 所示。参数设置完成后，单击"确定"按钮，文字效果如图 8-357 所示。

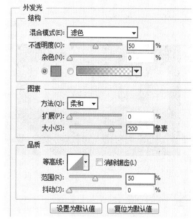

图 8-355

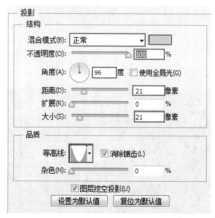

图 8-356

图 8-357

步骤06 执行"文件 > 置入"命令，置入光效素材 6.png。执行"图层 > 栅格化 > 智能对象"命令，将其栅格化为普通图层并将其摆放在文字上方。设置该图层的"混合模式"为"滤色"，如图 8-358 所示。画面效果如图 8-359 所示。

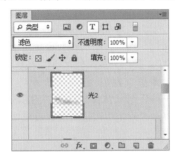

图 8-358

图 8-359

步骤07 使用同样方法制作文字部分，效果如图 8-360 所示。

图 8-360

步骤08 新建图层，使用"渐变工具"编辑一个紫色系透明渐变，设置填充类型为"线性渐变"，在画布中拖曳进行填充。设置该图层的"混合模式"为"滤色"，"不透明度"为 40%，如图 8-361 所示。本案例制作完成，效果如图 8-362 所示。

图 8-361

图 8-362

综合实例：游戏宣传页面

文件路径	资源包\第8章\综合实例：游戏宣传页面
难易指数	★★★★★
技术掌握	图层样式、混合模式

案例效果

案例最终效果如图 8-363 所示。

图 8-363

扫一扫，看视频

操作步骤

步骤01 执行"文件 > 新建"命令，在弹出的"新建"对话框中设置"宽度"为 1650像素，"高度"为 1020 像素，"分辨率"为72 像素，"颜色模式"为 RGB 模式，"背景内容"为透明，单击"确定"按钮，得到一个空文件。单击工具箱中的"渐变工具"，在"选项栏"中编辑一种紫色系的渐变，设置"渐变类型"为"径向渐变"，在画面中间位置按住鼠标左键并向外拖动，进行填充，效果如图 8-364 所示。

中文版Photoshop CS6从入门到精通（微课视频 全彩版）

图 8-364

步骤02 执行"文件 > 置入"命令，在弹出的对话框中选择素材 1.png，单击"置入"按钮，置入素材并放到适当位置，按 Enter 键完成置入。执行"图层 > 栅格化 > 智能对象"命令，将该图层栅格化为普通图层，如图 8-365 所示。在图层面板中设置"混合模式"为"叠加"，如图 8-366 所示。效果如图 8-367 所示。

图 8-365　　　　图 8-366　　　　图 8-367

步骤03 执行"文件 > 置入"命令，在弹出的"置入"对话框中选择素材 2.png，单击"置入"按钮，置入素材并放到适当位置，按 Enter 键完成置入。执行"图层 > 栅格化 > 智能对象"命令，将该图层栅格化为普通图层，如图 8-368 所示。在图层面板中设置"混合模式"为"颜色减淡"，效果如图 8-369 所示。

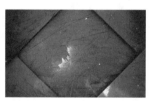

图 8-368　　　　　　　　图 8-369

步骤04 执行"文件 > 置入"命令，选择素材 3.jpg，单击"置入"按钮，置入素材并缩放旋转到适当位置。执行"图层 > 栅格化 > 智能对象"命令，将该图层栅格化为普通图层，如图 8-370 所示。在图层面板中设置"混合模式"为"变亮"，如图 8-371 所示。效果如图 8-372 所示。

图 8-370　　　　　图 8-371　　　　　图 8-372

步骤05 单击图层面板底部的"添加图层蒙版"按钮，单击工具箱中的"画笔工具"，在选项栏中设置"大小"为150 像素，"硬度"为 0%，设置前景色为黑色，在图层蒙版中光线边缘处进行涂抹，如图 8-373 所示。图层蒙版缩览如图 8-374 所示。

图 8-373　　　　　　　　图 8-374

步骤06 在图层面板中选择该图层，单击鼠标右键执行"复制图层"命令。选择该拷贝图层并使用自由变换快捷键Ctrl+T 调出界定框，将光标定位在控制点处，按住鼠标左键对其旋转，并移动到适当位置，如图 8-375 所示。

图 8-375

步骤07 下面制作主体 X 图形。在制作之前单击图层面板底部的"创建新组"命令，并命名该组为"X 形状"，将下面制作的 X 形状图层创建在该组内。单击工具箱中的"钢笔工具"，在选项栏中设置"绘制模式"为"形状"，"填充"为"深紫色"，绘制 X 图形，如图 8-376 所示。

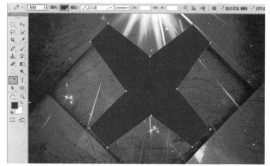

图 8-376

步骤08 单击工具箱中的"矩形工具"，设置"绘制模式"为"形状"，"填充"为黄色，在画面中间按住鼠标左键并拖曳绘制矩形，如图 8-377 所示。使用自由变换快捷键 Ctrl+T 调出定界框，将光标定位在控制点处将其旋转，如图 8-378 所示。

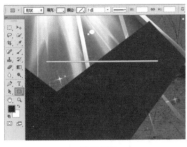
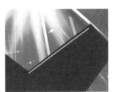

图 8-377　　　　　　　　　　图 8-378

步骤09 为该矩形添加发光效果。执行"图层 > 图层样式 > 内发光"命令，设置"混合模式"为"滤色"，"不透明度"为 75%，"杂色"为 0%，"发光颜色"为白色，"方法"为"柔和"，"源"为"边缘"，"阻塞"为 0%，"大小"为 2 像素，如图 8-379 所示。在左侧样式列表勾选"外发光"，设置"混合模式"为"滤色"，"不透明度"为 90%，"杂色"为 0%，"发光颜色"为棕色，"方法"为"柔和"，"扩展"为 10%，"大小"为 13 像素，单击"确定"按钮完成设置，如图 8-380 所示。效果如图 8-381 所示。

图 8-379　　　　　　　　　　图 8-380

图 8-381

步骤10 在图层面板中选择该图层，单击鼠标右键执行"复制图层"命令，使用自由变换快捷键 Ctrl+T 调出定界框，将光标定位在控制点对其旋转并移动到适当位置，如图 8-382 所示。接着使用同样的方法复制并旋转、移动图层到适当位置，如图 8-383 所示。

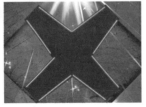

图 8-382　　　　　　　　　　图 8-383

步骤11 使用同样的方法制作短的矩形发光对象，如图 8-384 所示。

步骤12 为 X 图形中添加质感纹理。执行"文件 > 置入"命令，置入素材 4.jpg，将该图层栅格化为普通图层，如图 8-385 所示。

图 8-384　　　　　　　　　　图 8-385

步骤13 单击工具箱中的"多边形套索工具"，在选项栏中单击"从选区减去"按钮，在画面中依次绘制外围的 X 图形以及 X 图形选区中的三角形选区，使之从选区中减去，如图 8-386 所示。选中该纹理图层，在图层面板中单击"图层蒙版缩览图"按钮，为选区创建图层蒙版，如图 8-387 所示。

图 8-386　　　　　　　　　　图 8-387

步骤14 执行"图层 > 图层样式 > 内发光"命令，设置"混合模式"为"滤色"，"不透明度"为 75%，"杂色"为 0%，"发光颜色"为紫色，"方法"为"柔和"，"源"为"边缘"，"阻塞"为 6%，"大小"为 9 像素，单击"确定"按钮完成设置，如图 8-388 所示。效果如图 8-389 所示。

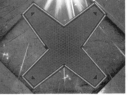

图 8-388　　　　　　　　　　图 8-389

中文版 Photoshop CS6 从入门到精通（微课视频 全彩版）

步骤15 制作 X 图形中的小装饰，单击工具箱中的"钢笔工具"，绘制模式为"形状"，"填充"为青色。在画面中间三角形空位置单击绘制三角形形状，如图 8-390 所示。

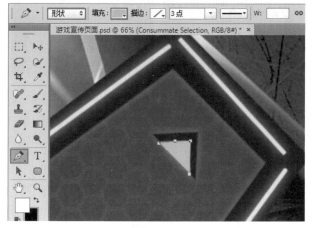

图 8-390

步骤16 选择该图层，执行"图层>图层样式>内发光"命令，设置"混合模式"为"滤色"，"不透明度"为75%，"杂色"为 0%，"发光颜色"为青色，"方法"为"柔和"，"源"为"边缘"，"阻塞"为4%，"大小"为5像素，单击"确定"按钮完成设置，如图 8-391 所示。效果如图 8-392 所示。

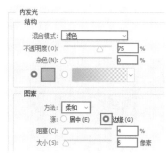

图 8-391　　　　　　　图 8-392

步骤17 在图层面板中选择该图层，单击鼠标右键执行"复制图层"命令，选择拷贝图层，使用自由变换快捷键 Ctrl+T，将三角形旋转并放置在适当位置，如图 8-393 所示。使用同样的方法制作另外两个三角形，如图 8-394 所示。

图 8-393　　　　　　　图 8-394

步骤18 在画面中 X 图形转角处添加装饰形状，单击工具箱中的"椭圆工具"，设置绘制模式为"形状"，"填充"为黑色，在画面中间按 Shift 键并按住鼠标左键拖曳绘制圆形，如

图 8-395 所示。使用同样的方法制作其他圆形，如图 8-396 所示。

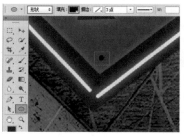

图 8-395　　　　　　　图 8-396

步骤19 在画面中可以看到 X 图形制作完成，下面要制作背景中旋转 X 图形效果。在图层面板中选择该组，单击鼠标右键执行"复制组"命令，选择拷贝组执行"合并组"命令，隐藏 X 图形的原图层，选择合并的图层，使用自由变换快捷键 Ctrl+T，将其放大并放置在适当位置，如图 8-397 所示。执行"滤镜>模糊>径向模糊"命令，在弹出的"径向模糊"对话框中设置"数量"为18，单击"确定"按钮完成设置，如图 8-398 所示。

图 8-397　　　　　　　图 8-398

步骤20 继续使用同样的方法复制原图层，并放大，如图 8-399 所示。对该图进行调色，执行"图层>新建调整图层>曲线"命令，在弹出的"属性"面板中单击曲线添加控制点并向上拖曳，单击"此调整剪切到此图层"按钮，如图 8-400 所示。效果如图 8-401 所示。

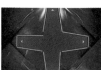

图 8-399　　　　　图 8-400　　　　　图 8-401

步骤21 执行"图层>新建调整图层>色相/饱和度"命令，在弹出的"属性"面板中设置"色相"为12，"饱和度"为73，单击"此调整剪切到此图层"按钮，如图 8-402 所示。效果如图 8-403 所示。

图 8-402

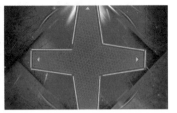

图 8-403

步骤22 在图层面板中选择背景的纹理图层进行复制，并移动到该粉色 X 图形图层上，单击鼠标右键执行"创建剪贴蒙版"命令，使该图层上也出现纹理，如图 8-404 所示。

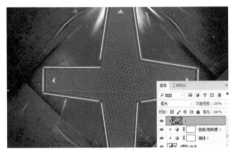

图 8-404

步骤23 执行"文件 > 置入"命令，选择素材 5.jpg，单击"置入"按钮，置入素材并缩放，旋转至适当位置。执行"图层 > 栅格化 > 智能对象"命令，将该图层栅格化为普通图层，如图 8-405 所示。在图层面板中设置"混合模式"为"滤色"，如图 8-406 所示。效果如图 8-407 所示。

图 8-405

图 8-406

图 8-407

步骤24 单击图层面板底部的创建图层蒙版按钮，为该图层创建图层蒙版。使用黑色画笔工具在图层蒙版四周涂抹，蒙版如图 8-408 所示。效果如图 8-409 所示。

图 8-408

图 8-409

步骤25 打开显示原 X 图形组，如图 8-410 所示。用同样的方法为该组叠加纹理，如图 8-411 所示。

图 8-410

图 8-411

步骤26 在画面中可以看到背景和主体部分基本制作完成了，下面制作立体炫彩文字。单击工具箱中的"圆角矩形工具"，在选项栏中设置绘制模式为"形状"，编辑一个粉色到白色渐变，设置"半径"为 30 像素。然后在画面中 X 图形下部按住鼠标左键拖曳绘制形状，如图 8-412 所示。使用同样的方法绘制紫色圆角矩形，如图 8-413 所示。

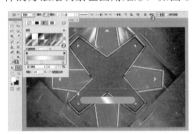

图 8-412

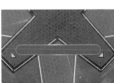

图 8-413

步骤27 单击工具箱中的"圆角矩形工具"，在选项栏中设置绘制模式为"形状"，"填充"为无，"描边"为黄色，"描边宽度"为 6 点，"描边类型"为"虚线"，在之前绘制的矩形上按住鼠标左键并拖曳绘制，如图 8-414 所示。

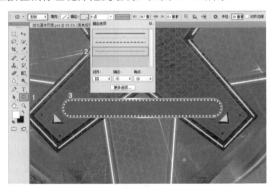

图 8-414

步骤28 为该虚线框添加发光效果，执行"图层 > 图层样式 > 内发光"命令，设置"混合模式"为"滤色"，"不透明度"为 75%，"杂色"为 0%，"发光颜色"为白色，"方法"为"柔和"，"源"为"边缘"，"阻塞"为 0%，"大小"为 2 像素，如图 8-415 所示。勾选"外发光"样式，设置"混合模式"为"滤色"，"不透明度"为 75%，"杂色"为 0%，"发光颜色"为白色，"方法"为"柔和"，"扩展"为 0%，"大小"为 4 像素，单击"确定"按钮完成设置，如图 8-416 所示。效果如图 8-417 所示。

中文版Photoshop CS6从入门到精通（微课视频 全彩版）

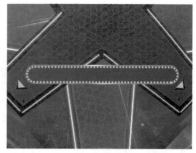

图 8-415　　　　　　　　图 8-416　　　　　　　　　　图 8-417

步骤29 制作圆角矩形框上的文字，单击工具箱中的"横排文字工具"，在选项栏中设置合适的字体、字号，"填充"为黄色，在画面中输入文字，并移动到圆角矩形中，如图 8-418 所示。接下来为文字添加投影效果，执行"图层 > 图层样式 > 投影"命令，设置"混合模式"为"正片叠底"，"不透明度"为 75%，"角度"为 90 度，"距离"为 1 像素，"扩展"为 0%，"大小"为 2 像素，单击"确定"按钮完成设置，如图 8-419 所示。效果如图 8-420 所示。

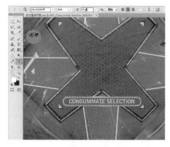

图 8-418　　　　　　　　图 8-419　　　　　　　　　　图 8-420

步骤30 使用同样的方法制作另两组文字，如图 8-421 所示。

图 8-421

步骤31 制作主题的炫彩文字。单击工具箱中的"横排文字工具"，在选项栏中设置合适的字体、字号，"填充"为白色，在画面中分别输入 3 个字母，并分别旋转移动，如图 8-422 所示。调整完成后将这 3 个字母合并为一个图层。

图 8-422

步骤32 执行"图层 > 图层样式 > 渐变叠加"命令，设置"混合模式"为"正常"，"不透明度"为 100%，"渐变"为紫色黑色蓝色渐变，"样式"为"线性"，"角度"为 90 度，单击"确定"按钮完成设置，如图 8-423 所示。效果如图 8-424 所示。

图 8-423　　　　　　　　图 8-424

步骤33 在图层面板中选择该图层，单击鼠标右键执行"复制图层"命令，使用自由变换快捷键 Ctrl+T 调出定界框，将其缩放并放置在适当位置。双击该图层已有的"渐变叠加"样式，在弹出的"图层样式"对话框中更改"渐变"为黄色到粉色的渐变。单击"确定"按钮完成更改，如图 8-425 所示。效果如图 8-426 所示。

图 8-425　　　　　　　　图 8-426

步骤34 在图层面板中选择紫色系炫彩文字图层，单击鼠标右键执行"复制图层"命令。使用自由变换快捷键 Ctrl+T 调出定界框，将其缩放并放置在适当位置，如图 8-427 所示。使用同样的方法复制图层并缩放到适当位置，且在图层面板中更改"渐变叠加"为蓝色白色渐变，如图 8-428 所示。继续复制文字并更改颜色，此时文字呈现出多层次的效果，如图 8-429 所示。

图 8-427

图 8-428

图 8-429

步骤35 将主体文字的图层放在一个图层组中。在图层面板中选择背景的纹理图层进行复制，并移动到文字图层组上方，在该图层上单击鼠标右键执行"创建剪贴蒙版"命令，如图 8-430 所示。效果如图 8-431 所示。

图 8-430

图 8-431

步骤36 使用同样的方法制作另外两组立体炫彩文字，如图 8-432 和图 8-433 所示。

图 8-432

图 8-433

步骤37 最后添加前景素材，执行"文件 > 置入"命令，在弹出的"置入"对话框中选择素材 6.png，单击"置入"按钮，置入素材并放到适当位置，按 Enter 键完成置入。执行"图层 > 栅格化 > 智能对象"命令，将该图层栅格为普通图层，如图 8-434 所示。

图 8-434

矢量绘图

本章内容简介:

绘图是 Photoshop 的一项重要功能。除了使用画笔工具进行绘图外,矢量绘图也是一种常用的方式。矢量绘图是一种风格独特的插画,画面内容通常由颜色不同的图形构成,图形边缘锐利,形态简洁明了,画面颜色鲜艳动人。在 Photoshop 中有两大类可以用于绘图的矢量工具:钢笔工具以及形状工具。钢笔工具用于绘制不规则的形态,而形状工具则用于绘制规则的几何图形,例如椭圆形、矩形、多边形等,其使用方法非常简单。使用"钢笔工具"绘制路径并抠图的方法在前面的章节中进行过讲解,本章主要针对钢笔绘图以及形状绘图的方式进行讲解。

重点知识掌握:

掌握不同类型的绘制模式;

熟练掌握使用形状工具绘制图形;

熟练掌握路径的移动、变换、对齐、分布等操作。

通过本章学习,我能做什么?

通过本章的学习,我们能够熟练掌握形状工具与钢笔工具的使用方法。使用这些工具可以绘制出各种各样的矢量插图,比如卡通形象插画、服装效果图插画、信息图等。也可以进行大幅面广告以及 LOGO 设计。这些工具在 UI 设计中也是非常常用的,由于手机 APP 经常需要在不同尺寸的平台上使用,所以使用矢量绘图工具进行 UI 设计可以更方便地放大和缩小界面元素,而且不会使界面元素变得"模糊"。

9.1 什么是矢量绘图

矢量绘图是一种比较特殊的绘图模式。与使用"画笔工具"绘图不同，画笔工具绘制出的内容为"像素"，是一种典型的位图绘图方式。而使用"钢笔工具"或"形状工具"绘制出的内容为路径和填充，是一种质量不受画面尺寸影响的矢量绘图方式。Photoshop 的矢量绘图工具包括钢笔工具和形状工具。钢笔工具主要用于绘制不规则的图形，而形状工具则是通过选取内置的图形样式绘制较为规则的图形。

从画面上看，"矢量绘图"比较明显的特点有：画面内容多以图形出现，造型随意不受限制，图形边缘清晰锐利，可供选择的色彩范围广，图像放大缩小不会变模糊，但颜色使用相对单一。具有以上特点的矢量绘图常用于标志设计、户外广告、UI 设计、插画设计、服装款式图绘制、服装效果图绘制等。如图 9-1~ 图 9-4 所示为优秀的矢量绘图作品。

图 9-1

图 9-2

图 9-3

图 9-4

9.1.1 认识矢量图

矢量图形是由一条条的直线和曲线构成的，在填充颜色时，系统将按照用户指定的颜色沿曲线的轮廓线边缘进行着色处理。矢量图形的颜色与分辨率无关，图形被缩放时，对象能够维持原有的清晰度以及弯曲度，颜色和外形也都不会发生偏差和变形。所以，矢量图经常用于户外大型喷绘或巨幅海报等印刷尺寸较大的项目中，如图 9-5 所示。

图 9-5

与矢量图相对应的是"位图"。位图是由一个一个的像素点构成，将画面放大到一定比例，就可以看到这些"小方块"，每个"小方块"都是一个"像素"。通常所说的图片的尺寸为 500 像素 ×500 像素，就表明画面的长度和宽度上均有 500 个这样的"小方块"。位图的清晰度与尺寸和分辨率有关，如果强行将位图尺寸增大，会使图像变模糊，影响质量，如图 9-6 所示。

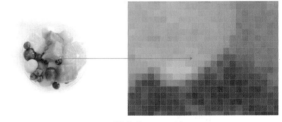
图 9-6

9.1.2 路径与锚点

在矢量制图的世界中，我们知道图形都是由路径以及颜色构成的。那么什么是路径呢？路径是由锚点及锚点之间的连接线构成。两个锚点就可以构成一条路径，而三个锚点可以定义一个面。锚点的位置决定着连接线的动向。所以，可以说矢量图的创作过程就是创作路径、编辑路径的过程。

路径上的转角有的是平滑的，有的是尖锐的。转角的平滑或尖锐是由转角处的锚点类型构成的。锚点包含"平滑点"和"角点"两种类型，如图9-7所示。每个锚点都有控制棒，控制棒决定锚点的弧度，同时也决定了锚点两边的线段弯曲度，如图9-8所示。

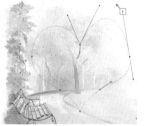

图9-7　　　　　　图9-8

提示：锚点与路径之间的关系

平滑点能够连接曲线，还可以连接转角曲线以及直线，如图9-9所示。

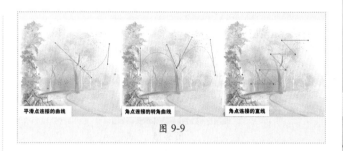

图9-9

路径有的是断开的，有的是闭合的，还有由多个部分构成的。这些路径可以被概括为三种类型：两端具有端点的开放路径、首尾相接的闭合路径以及由两个或两个以上路径组成的复合路径。如图9-10～图9-12所示。

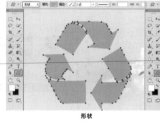
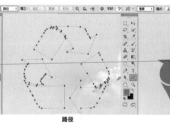

图9-10　　　　　图9-11　　　　　图9-12

[重点] 9.1.3　矢量绘图的几种模式

在使用"钢笔工具"或"形状工具"绘图前首先要在工具选项栏中选择绘图模式，包括"形状""路径"和"像素"，如图9-13所示。如图9-14所示为三种绘图模式。注意，"像素"模式无法在"钢笔工具"状态下启用。

图9-13　　　　　　　　　　　　　　　　　　　　图9-14

矢量绘图时经常使用"形状模式"进行绘制，因为可以方便快捷地在选项栏中设置填充与描边属性。"路径"模式常用来创建路径后转换为选区，在前面章节进行过讲解。而"像素"模式则用于快速绘制常见的几何图形。

总结几种绘图模式的特点如下：

- 形状模式：带有路径，可以设置填充与描边。绘制时自动新建的"形状图层"，绘制出的是矢量对象。钢笔工具与形状工具皆可使用此模式。

- 路径：只能绘制路径，不具有颜色填充属性。无须选中图层，绘制出的是矢量路径，无实体，打印输出不可见，可以转换为选区后填充。钢笔工具与形状工具皆可使用此模式。

- 像素：没有路径，以前景色填充绘制的区域。需要选中图层，绘制出的对象为位图对象。形状工具可用此模式，钢笔工具不可用。

[重点] 9.1.4　动手练：使用"形状"模式绘图

在使用形状工具组中的工具或"钢笔工具"时，都可将绘制模式设置为"形状"。在"形状"绘制模式下可以设置形状的填充，将其填充为"纯色""渐变""图案"或者无填充。同样还可以设置描边的颜色、粗细以及描边样式，如图9-15所示。

图 9-15

步骤01 选择工具箱中的"矩形工具" ▢，在选项栏中设置绘制模式为"形状"，然后单击"填充"，在下拉列表中选择"无" ☑，同样设置"描边"为"无"。"描边"下拉列表与"填充"下拉列表是相同的，如图9-16所示。接着按住鼠标左键拖拽图形，效果如图9-17所示。

图 9-16   图 9-17

步骤02 按Ctrl+Z进行撤销。单击"填充"，在下拉列表中选择"纯色" ▣，其下拉列表中可以看到多种颜色，单击即可选中相应的颜色，如图9-18所示。接着绘制图形，该图形就会被填充该颜色，如图9-19所示。

图 9-18   图 9-19

步骤03 若单击"拾色器"按钮 ▨，可以打开"拾色器"对话框，自定义颜色，如图9-20所示。图像绘制完成后，还可以双击形状图层的缩览图，在弹出的"拾色器"对话框中定义颜色，如图9-21所示。

步骤04 如果想要设置填充为渐变，可以单击"填充"，在下拉列表中选择"渐变" ▣，然后在下拉列表中编辑渐变颜色，如图9-22所示。渐变编辑完成后绘制图形，效果如图9-23所示。此时双击形状图层缩览图可以弹出"渐变填充"对话框，在该对话框中可以重新定义渐变颜色，如图9-24所示。

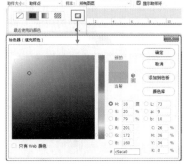

图 9-20

图 9-21

图 9-22   图 9-23

图 9-24

步骤05 如果要设置填充为图案，可以单击"填充"，在下拉列表中选择"图案" ▨，在其下选择一个图案，如图9-25所示。接着绘制图形，该图形效果如图9-26所示。双击形状图层缩览图可以打开"图案填充"对话框，在该对话框中可以重新选择图案，如图9-27所示。

中文版Photoshop CS6从入门到精通（微课视频 全彩版）

图 9-25   图 9-26   图 9-27

 提示：使用形状工具绘制时需要注意的小状况。

当先绘制一个形状，接着需要绘制第二个不同属性的形状时。如果直接在选项栏中设置参数，可能会把第一个形状图层的属性更改了。这时可以在更改属性之前，在图层面板中的空白位置单击，取消对任何图层的选择。然后在属性栏中设置参数，进行第二个图形的绘制，如图 9-28 所示。

图9-28

步骤06 ▶ 接着设置描边颜色，然后调整描边粗细，如图 9-29 所示。单击"描边类型"按钮，在下拉类别列表中可以选择一种描边线条的样式，如图 9-30 所示。

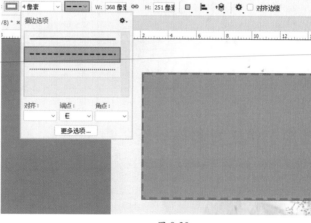

图 9-29   图 9-30

步骤07 ▶ 在"对齐"选项中可以设置描边的位置，分别有"内部"、"居中"和"外部"三个选项，如图 9-31 所示。"端点"选项可以用来设置开放路径描边端点位置的类型，有"端面"、"圆形"和"方形"三种，如图 9-32 所示。角点选项可以用来设置路径转角处的转折样式，有"斜接"、"圆形"和"斜面"三种，如图 9-33 所示。

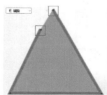

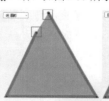

图 9-31   图 9-32

图 9-33

图 9-34

图 9-35

步骤08 单击"更多选项"按钮，可以弹出"描边"对话框。在该对话框中，可以对描边选项进行设置。还可以勾选"虚线"选项，然后在"虚线"与"间隙"数值框内设置虚线的间距，如图 9-34 所示。效果如图 9-35 所示。

 提示：编辑形状图层。

形状图层带有 ▣ 标志，它具有填充、描边等属性。在形状绘制完成后，还可以进行修改。选择形状图层，接着选择工具箱中"直接选择工具" ▶、"路径选择工具" ▶、"钢笔工具"或者形状工具组中的工具，随即会在选项栏中显示当前形状的属性，如图 9-36 所示。接着在选项栏中进行修改即可，如图 9-37 所示。

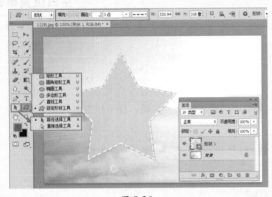

图 9-36

图 9-37

练习实例：使用钢笔工具制作圣诞矢量插画

文件路径	资源包\第9章\练习实例：使用钢笔工具制作圣诞矢量插画
难易指数	★★★★★
技术掌握	钢笔工具、自由钢笔工具、转换为选区

案例效果

案例效果如图 9-38 所示。

图 9-38

扫一扫，看视频

操作步骤

步骤01 执行"文件>新建"命令，创建一个背景为透明的文档。本案例主要制作圣诞老人，将圣诞老人分为三个部分来做，单击图层面板的"创建新组"按钮，创建新组并命名为头部，将头部的图层都建立在该组中。首先制作圣诞老人的脸部。单击工具箱中的"钢笔工具"，在选项栏中设置"绘制模式"为"路径"，接着在画面中单击确定起点，移动光标按住鼠标左键拖拽，绘制路径上第二个锚点。继续移动光标创建锚点，最后单击起点形成闭合路径，如图 9-39 所示。按 Ctrl+Enter 键将路径转化为选区，如图 9-40 所示。设置"前景色"为浅肤色，新建图层，使用快捷键 Alt+Delete 填充选区，如图 9-41 所示。

中文版Photoshop CS6从入门到精通（微课视频 全彩版）

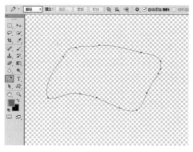

图 9-39

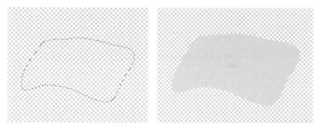

图 9-40　　　　　　　图 9-41

步骤02 制作鼻子。在脸部图层上方新建图层，继续使用"钢笔工具"，在脸部左侧单击确定起点，移动光标按住鼠标左键拖拽绘制平滑的锚点，继续移动光标，最后单击起点形成闭合路径，如图 9-42 所示。按 Ctrl+Enter 键将路径转化为选区，如图 9-43 所示。设置"前景色"为白色，使用快捷键 Alt+Delete 填充选区，如图 9-44 所示。

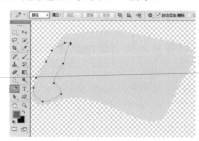

图 9-42

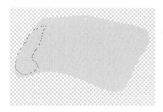

图 9-43　　　　　　　图 9-44

步骤03 在图层面板中选择鼻子图层，单击鼠标右键执行"创建剪贴蒙版"命令，设置不透明度为 30%，如图 9-45 和图 9-46 所示。

步骤04 制作右眼。使用"钢笔工具"在鼻子右侧多次单击，绘制一个多边形闭合的路径，如图 9-47 所示。按 Ctrl+Enter 键将路径转化为选区，如图 9-48 所示。设置"前景色"为棕色，新建图层，使用快捷键 Alt+Delete 填充选区，如图 9-49 所示。

图 9-45　　　　　　　　　　　图 9-46

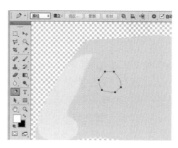

图 9-47

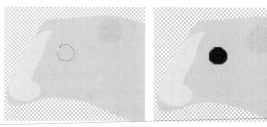

图 9-48　　　　　　　图 9-49

步骤05 制作眉毛。使用"钢笔工具"在眼睛上面绘制眉毛形状的路径，如图 9-50 所示。按 Ctrl+Enter 键将路径转化为选区，如图 9-51 所示。设置"前景色"为白色，新建图层，使用快捷键 Alt+Delete 填充选区，如图 9-52 所示。

步骤06 制作眉毛的暗影。使用"钢笔工具"在眉毛的右下方绘制一个不规则的路径，如图 9-53 所示。按 Ctrl+Enter 键将路径转化为选区，如图 9-54 所示。设置"前景色"为灰色，新建图层，使用快捷键 Alt+Delete 填充选区，如图 9-55 所示。

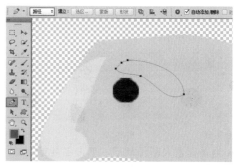

图 9-50

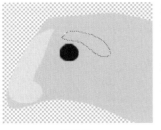

图 9-51

图 9-52

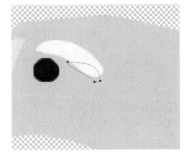

图 9-53

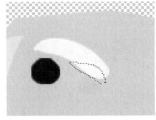

图 9-54

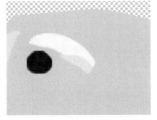

图 9-55

步骤07 在图层面板中设置该图层的"混合模式"为"正片叠底",如图 9-56 所示。效果如图 9-57 所示。

图 9-56

图 9-57

步骤08 与制作右侧眼睛相同的方法制作左眼睛和眉毛,如图 9-58~ 图 9-60 所示。

图 9-58

图 9-59

图 9-60

步骤09 为圣诞老人制作胡子。单击工具箱中的"钢笔工具",在选项栏中设置"绘制模式"为"路径",接着在脸的

下面单击确定起点,移动光标按住鼠标左键拖拽绘制路径。继续移动光标,最后单击起点形成闭合路径,如图 9-61 所示。按 Ctrl+Enter 键将路径转化为选区,如图 9-62 所示。设置"前景色"为浅灰色,新建图层,使用快捷键 Alt+Delete 填充选区,如图 9-63 所示。

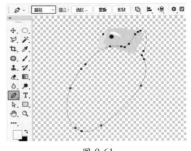

图 9-61

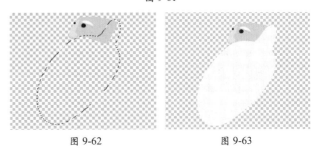

图 9-62　　　　　　　　图 9-63

步骤10 制作胡子阴影,使用"钢笔工具"在胡子右侧边缘处绘制一个边缘路径,如图 9-64 所示。按 Ctrl+Enter 键将路径转化为选区,如图 9-65 所示。设置"前景色"为灰色,新建图层,使用快捷键 Alt+Delete 填充选区,如图 9-66 所示。

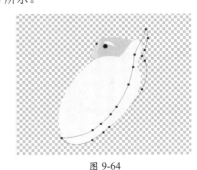

图 9-64

图 9-65

图 9-66

步骤11 在图层面板中设置该图层"混合模式"为"正片叠底",如图 9-67 所示。效果如图 9-68 所示。接着选择该图

层，单击鼠标右键执行"创建剪贴蒙版"命令，多余部分被隐藏，如图 9-69 所示。

图 9-67

图 9-68　　　　　　　　图 9-69

步骤12▶ 制作胡子高光。使用"钢笔工具"在胡子左侧绘制高光区域路径，如图 9-70 所示。按 Ctrl+Enter 键将路径转化为选区，如图 9-71 所示。设置"前景色"为白色，新建图层，使用快捷键 Alt+Delete 填充选区，如图 9-72 所示。

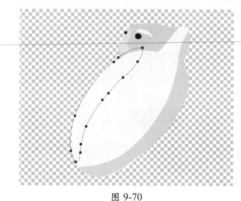

图 9-70

图 9-71　　　　　　　　图 9-72

步骤13▶ 接着选择该图层，单击鼠标右键执行"创建剪贴蒙版"命令，使超出胡子形态的部分隐藏，如图 9-73 和图 9-74 所示。

图 9-73　　　　　　　　图 9-74

步骤14▶ 制作帽子。使用"钢笔工具"，在脸的上部区域绘制一个帽子形态的闭合路径，如图 9-75 所示。按 Ctrl+Enter 键将路径转化为选区，如图 9-76 所示。设置"前景色"为红色，新建图层，使用快捷键 Alt+Delete 填充选区，如图 9-77 所示。

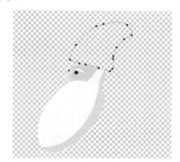

图 9-75

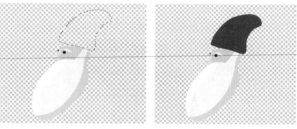

图 9-76　　　　　　　　图 9-77

步骤15▶ 制作帽子阴影暗部，使用"钢笔工具"在帽子右侧边缘区域绘制路径，如图 9-78 所示。按 Ctrl+Enter 键将路径转化为选区，如图 9-79 所示。设置"前景色"为灰色，新建图层，使用快捷键 Alt+Delete 填充选区，如图 9-80 所示。

图 9-78

图 9-79　　　　　　　　　图 9-80

步骤16 在图层面板中设置该图层"混合模式"为"正片叠底"，如图 9-81 所示。效果如图 9-82 所示。

图 9-81

图 9-82

步骤17 制作帽子亮部区域。使用"钢笔工具"在帽子左侧边缘绘制闭合路径，如图 9-83 所示。按 Ctrl+Enter 键将路径转化为选区，如图 9-84 所示。设置"前景色"为浅红色，新建图层，使用快捷键 Alt+Delete 填充选区，如图 9-85 所示。

图 9-83

图 9-84　　　　　　　　　图 9-85

步骤18 制作帽子上的高光，使用"钢笔工具"在帽子亮部区域上绘制一个更小的路径，如图 9-86 所示。按 Ctrl+Enter 键将路径转化为选区，如图 9-87 所示。设置"前景色"为更浅一些的粉色，新建图层，使用快捷键 Alt+Delete 填充选区，如图 9-88 所示。

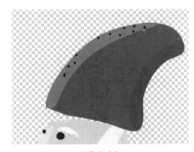

图 9-86

图 9-87　　　　　　　　　图 9-88

步骤19 制作帽子边缘。使用"钢笔工具"在帽子和脸部衔接的区域绘制一个闭合路径，如图 9-89 所示。按 Ctrl+Enter 键将路径转化为选区，如图 9-90 所示。设置"前景色"为白色，新建图层，使用快捷键 Alt+Delete 填充选区，如图 9-91 所示。

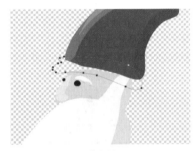

图 9-89

图 9-90　　　　　　　　　图 9-91

步骤20 用同样的方法制作帽子边缘的阴影，如图 9-92 和图 9-93 所示。

图 9-92　　　　　　　　　图 9-93

中文版Photoshop CS6从入门到精通（微课视频　全彩版）

步骤21 制作帽子上的球，使用"钢笔工具"在帽子尖顶处绘制一个接近圆形的路径，如图 9-94 所示。按 Ctrl+Enter 键将路径转化为选区，如图 9-95 所示。设置"前景色"为浅灰色，新建图层，使用快捷键 Alt+Delete 填充选区，如图 9-96 所示。

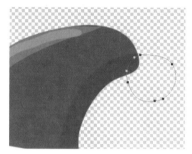

图 9-94

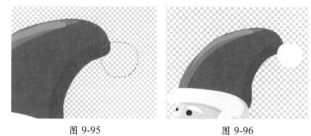

图 9-95   图 9-96

步骤22 用同样的方法制作帽子球的阴影和暗部，如图 9-97 和图 9-98 所示。

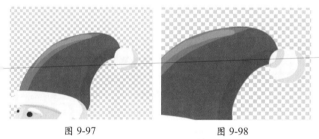

图 9-97   图 9-98

步骤23 在图层面板中按 Ctrl 键选择帽子球的三个图层，将其移动至红色帽子图层下面，如图 9-99 和图 9-100 所示。

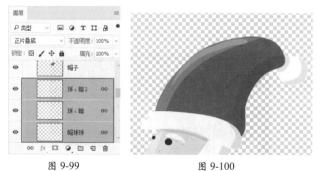

图 9-99   图 9-100

步骤24 制作胡子上的细节。单击工具箱中的"自由钢笔工具"，在选项栏中设置"绘制模式"为"路径"，在画面中的胡子上按住鼠标拖拽绘制水滴形路径，放开光标会自动得到

路径，如图 9-101 所示。按 Ctrl+Enter 键将路径转化为选区，如图 9-102 所示。设置"前景色"为灰色，新建图层，使用快捷键 Alt+Delete 填充选区，如图 9-103 所示。

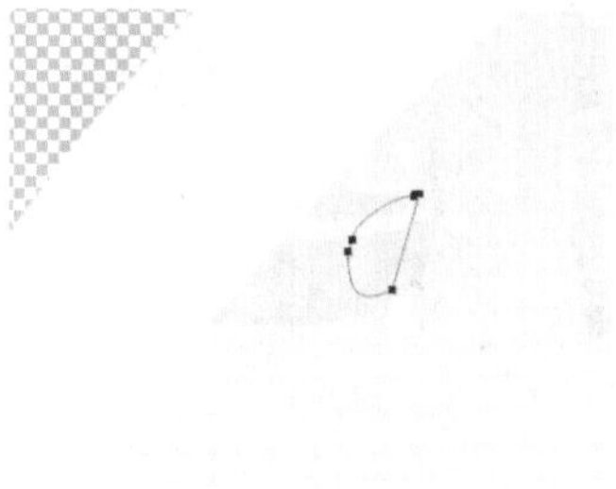

图 9-101

图 9-102   图 9-103

步骤25 使用同样方法在该图层上绘制更多胡子细节，效果如图 9-104 所示。在图层面板中设置"混合模式"为"正片叠底"，效果如图 9-105 所示。

图 9-104    图 9-105

步骤26 圣诞老人的头部制作完成，接着制作圣诞老人衣服。单击图层面板的"创建新组"按钮并命名为衣服，并把衣服组放置在头部组下面，将制作衣服的图层都建立在该组中。单击工具箱中的"钢笔工具"，在选项栏中设置"绘制模式"为"形状"，"填充"为"红色"，接着在头部下面绘制身体形状的路径，最后单击起点形成闭合的带有颜色的形状，如图 9-106 所示。用同样的方法制作腰带，在选项栏中设置"填充"为"白色"，接着绘制腰带的形态，如图 9-107 所示。

图 9-106

图 9-107

步骤27 继续使用同样的方法绘制身体上的暗部和高光区域，如图 9-108 所示。绘制腰带和纽扣细节，如图 9-109 所示。绘制领子部分，如图 9-110 所示。

图 9-108　　　　　　图 9-109　　　　　　图 9-110

步骤28 下面制作圣诞老人的四肢，单击图层面板的"创建新组"按钮并命名为"手脚"，并把手脚组放置在衣服组下面，将制作手脚的图层都建立在该组中。制作流程如图 9-111 所示。

图 9-111

步骤29 继续使用同样的方法制作圣诞老人手中的装饰，流程如图 9-112 所示。

图 9-112

步骤30 圣诞老人制作完成，下面为画面添加背景，执行"文件 > 置入"命令，在弹出的"置入"对话框中选择素材 1.jpg，单击"置入"按钮，置入素材并摆放到适当位置，按 Enter 键完成置入，接着执行"图层 > 栅格化 > 智能对象"命令，将该图层栅格化为普通图层。将背景置入到素材最底层，如图 9-113 所示。

图 9-113

步骤31 为圣诞老人脚下制作投影。在背景图层上新建图层，单击工具箱中的"画笔工具"，在选项栏中单击"画笔预设"下拉按钮，在"画笔预设"下拉列表中设置"大小"为 90 像素，"硬度"为 0%，在画面中圣诞老人脚底位置单击，如图 9-114 所示。使用自由变换组合键 Ctrl+T，调出定界框，将光标定位在控制点上按住鼠标左键进行拖拽，使圆形点变为椭圆，并对其旋转，放置在脚底，按 Enter 键完成变换，如图 9-115 所示。在图层面板中设置"不透明度"为70%，效果如图 9-116 所示。

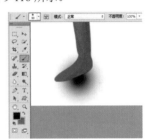

图 9-114

图 9-115　　　　　　　　　图 9-116

步骤32 使用同样的方法制作另一侧脚的阴影，如图 9-117所示。最后置入前景，最终效果如图 9-118 所示。

图 9-117

图 9-118

中文版Photoshop CS6从入门到精通（微课视频 全彩版）

9.1.5 "像素"模式

在"像素"模式下绘制的图形是以当前的前景进行填充,并且是在当前所选的图层中绘制。首先设置一个合适的前景色,然后选择"形状工具组"中的任意一个工具,接着在选项栏中设置绘制模式为"像素",设置合适的混合模式与不透明度。然后选择一个图层,按住鼠标左键拖拽进行绘制。如图9-119所示。绘制完成后只有一个纯色的图形,没有路径,也没有新出现的图层,如图9-120所示。

图 9-119　　　　　　　　　　　图 9-120

【重点】9.1.6　什么时候需要使用矢量绘图

由于矢量工具包括几种不同的绘图模式,不同的工具在使用不同绘图模式时的用途也不相同。

抠图/绘制精确选区:钢笔工具+路径模式。绘制出精确的路径后,转换为选区可以进行抠图或者以局部选区对画面细节进行编辑(这部分知识已经在前面的章节讲解过),如图9-121和图9-122所示。也可以对选区填充或描边。

需要打印的大幅面设计作品:钢笔工具+形状模式,形状工具+形状模式。由于平面设计作品经常需要进行打印或印刷,而如果需要将作品尺寸增大时,以矢量对象存在的元素,不会因为增大或缩小图像尺寸而影响质量。所以最好使用矢量元素进行绘图,如图9-123所示。

图 9-123

绘制矢量插画:钢笔工具+形状模式,形状工具+形状模式。使用形状模式进行插画绘制,既可方便地设置颜色,又方便进行重复编辑,如图9-124和图9-125所示。

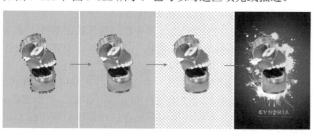

图 9-121

图 9-124　　　　　图 9-125

图 9-122

练习实例：使用钢笔工具制作童装款式图

文件路径	资源包\第9章\练习实例：使用钢笔工具制作童装款式图
难易指数	★★★★★
技术掌握	钢笔工具、自由钢笔工具、描边的设置

案例效果

案例效果如图 9-126 所示。

图 9-126

操作步骤

步骤01 执行"文件 > 打开"命令，在"打开"对话框中选择背景素材 1.jpg，单击"打开"按钮，打开素材，如图 9-127 所示。

扫一扫，看视频

图 9-127

步骤02 下面制作黄色 T 恤衫，在图层面板底部单击"创建新组"按钮，设置组名为"黄色"，下面所有制作的黄色 T 恤图层和组都建立在该"黄色"组内。首先制作 T 恤衫的前片（前面部分）。单击工具箱中"钢笔工具"按钮，在选项栏中设置"绘制模式"为"形状"，"填充"为黄色，"描边"为黑色，"描边大小"为 1 点（像素），"描边类型"为"直线"，然后在画面中单击鼠标左键创建一个起始点，光标移动到下一个位置，单击绘制出一条直线，如图 9-128 所示。将鼠标移至下一点处，按住鼠标左键并拖拽出曲线，如图 9-129 所示。继续绘制路径，得到衣服前片，如图 9-130 所示。

步骤03 接着绘制领口线，单击"钢笔工具"，在选项栏中设置"绘制模式"为"形状"，"填充"为无，"描边"为黑色，"描边大小"为 1 点，"描边类型"为"直线"，然后在画面中单击鼠标左键创建一个起始点，将鼠标移至下一点处，按住鼠标左键并拖拽出曲线，继续绘制路径，得到领口线，如图 9-131 所示。

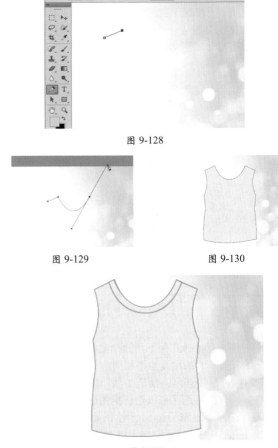

图 9-128

图 9-129　　　　　图 9-130

图 9-131

步骤04 绘制前片的缉明线。首先绘制底部的缉明线，单击工具箱中"自由钢笔工具" ，在选项栏中设置"绘制模式"为"形状"，"填充"为无色，"描边"为黑色，"描边大小"为 1 点，在"描边样式"中选择一种虚线的描边样式，效果如图 9-132 所示。使用同样的方法制作袖口的缉明线，如图 9-133 所示。继续使用同样的方法制作领口缉明线，如图 9-134 所示。

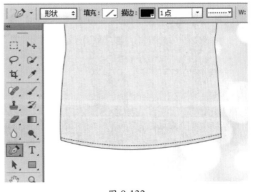

图 9-132

中文版Photoshop CS6从入门到精通（微课视频 全彩版）

图 9-133　　　　　　　　　图 9-134

步骤05 接着制作衣褶，单击工具箱中"自由钢笔工具" ✎按钮，在 T 恤衫的前片左侧绘制出一个衣褶的线条，如图 9-135所示。使用同样方法制作其他衣褶，如图 9-136 所示。

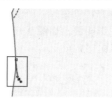 

图 9-135　　　　　　　　　图 9-136

步骤06 添加前片上的卡通素材，执行"文件>置入"命令，在弹出的"置入"对话框中选择素材 2.png，单击"置入"按钮，置入素材并缩放到适当位置，按 Enter 键完成置入，接着执行"图层>栅格化>智能对象"命令，将该图层栅格化为普通图层，如图 9-137 所示。在图层面板中设置"混合模式"为"正片叠底"，如图 9-138 所示。效果如图 9-139 所示。

图 9-137　　　　　图 9-138　　　　　图 9-139

步骤07 在画面中可以看到前片就制作完成了，下面制作后领，使用绘制前片的方法绘制后领边形状，如图 9-140 所示。在选项栏中设置"填充"为橘黄色，继续使用同样的方法在画面中衣领边下面绘制形状，如图 9-141 所示。

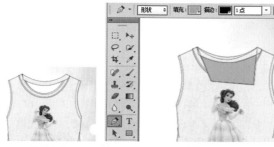

图 9-140　　　　　　　　　图 9-141

步骤08 绘制后领处的缉明线。单击工具箱中"自由钢笔工具"按钮，在选项栏中设置"绘制模式"为"形状"，"填充"

为无色，"描边"为黑色，"描边大小"为 1 点，在"描边样式"中选择一种虚线的描边样式，效果如图 9-142 所示。在图层面板底部单击"创建新组"按钮，设置组名为"后领"，选择所有后领图层将其移动至"后领"组中，选择"后领"组将其拖动到前片图层组下面，如图 9-143 所示。

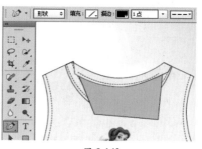

图 9-142　　　　　　　　　图 9-143

步骤09 下面制作荷叶边。单击工具箱中"钢笔工具"按钮，在选项栏中设置"绘制模式"为"形状"，"填充"为橘黄色，"描边"为黑色，"描边大小"为 1 点，"描边类型"为"直线"，然后在画面中单击鼠标左键创建一个起始点，按住 Shift 键单击绘制出一条直线，将鼠标移至下一点处，按住鼠标左键并拖拽出曲线，继续绘制路径，得到荷叶边，如图 9-144 所示。

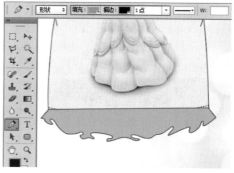

图 9-144

步骤10 然后制作荷叶边背面效果，单击工具箱中"钢笔工具"，在选项栏中设置"绘制模式"为"形状"，"填充"为深红色，"描边"为黑色，"描边大小"为 1 点，"描边类型"为"直线"，"路径操作"为"合并形状"，绘制多个形状，得到后片的荷叶边，如图 9-145 所示。接着在图层面板中选择该图层将其移动到荷叶边图层下面，如图 9-146 所示。

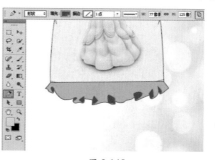

图 9-145　　　　　　　　　图 9-146

步骤11 制作荷叶边的衣裙褶，单击工具箱中"自由钢笔工具" ，在T恤衫的荷叶边上绘制出一个衣褶的线条，如图9-147所示。使用同样方法制作其他衣褶，如图9-148所示。

图 9-147 　　　　　　图 9-148

步骤12 在图层面板底部单击"创建新组"按钮，设置组名为"荷叶边"，选择所有裙摆图层将其移动至"荷叶边"组中，选择"荷叶边"组将其拖动到"后领"组下面，如图9-149所示。

图 9-149

步骤13 制作袖子。单击工具箱中"钢笔工具"按钮，在选项栏中设置"绘制模式"为"形状"，"填充"为黄色，"描边"为黑色，"描边大小"为1点，"描边类型"为"直线"，然后在画面中绘制路径，得到袖子，如图9-150所示。使用同样的方法绘制橘黄色袖口，如图9-151所示。

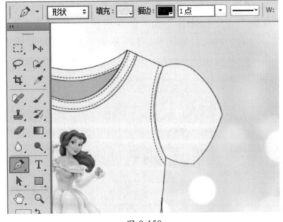

图 9-150

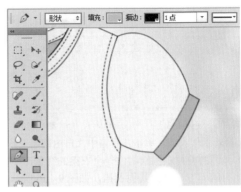

图 9-151

步骤14 使用同样的方法绘制缉明线，如图9-152所示。使用同样的方法绘制衣褶，如图9-153所示。

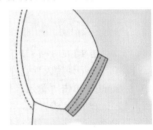 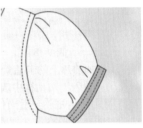

图 9-152 　　　　　　图 9-153

步骤15 在图层面板底部单击"创建新组"按钮，设置组名为"袖子"，选择所有袖子图层将其移动至"袖子"组中，选择"袖子"组将其拖动到"裙摆"组下面，如图9-154所示。在图层面板选择"袖子"组，单击右键执行"复制"命令，在图层面板中选择"拷贝袖子"组，在画面中执行自由变换组合键Ctrl+T调出界定框，将光标定位在界定框中，单击右键执行"水平翻转"命令，并将其向左侧移动，如图9-155所示。

图 9-154 　　　　　　图 9-155

步骤16 使用同样的方法制作粉色T恤，如图9-156所示。

图 9-156

9.2 使用形状工具组

右键单击工具箱中的形状工具组 ，在弹出的工具列表中可以看到六种形状工具，如图 9-157 所示。使用这些形状工具可以绘制出各种各样的常见形状，如图 9-158 所示。

图 9-157

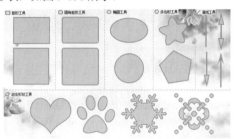

图 9-158

扫一扫，看视频

1. 使用绘图工具绘制简单图形

这些绘图工具虽然能够绘制出不同类型的图形，但是它们的使用方法是比较接近的。首先单击工具箱中的相应工具，以使用"矩形工具"为例。右键单击工具箱中的形状工具组，在工具列表中单击"矩形工具"。在选项栏里设置绘制模式以及描边填充等属性，设置完成后在画面中按住鼠标左键并拖动，可以看到出现了一个圆角矩形，如图 9-159 所示。

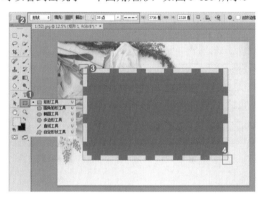

图 9-159

2. 绘制精确尺寸的图形

上面学习的绘制方法属于比较"随意"的绘制方式，如果想要得到精确尺寸的图形，那么可以使用图形绘制工具在画面中单击，然后会弹出一个用于设置精确选项数值的对话框，参数设置完毕后单击"确定"按钮，如图 9-160 所示。即可得到一个精确尺寸的图形，如图 9-161 所示。

图 9-160　　　　图 9-161

✎ 读书笔记

【重点】9.2.1 矩形工具

使用"矩形工具" 可以绘制出标准的矩形对象和正方形对象。矩形在设计中应用非常广泛，如图 9-162、图 9-163 和图 9-164 所示为可以使用该工具制作的作品。

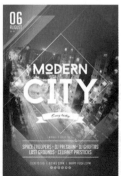

图 9-162　　　　　　图 9-163　　　　　　图 9-164

单击工具箱中的"矩形工具" 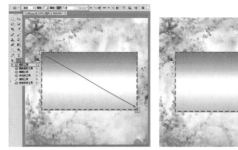，在画面中按住鼠标左键拖拽，释放鼠标后即可完成一个矩形对象的绘制，如图9-165和图9-166所示。在选项栏中单击 ，打开"矩形工具"的设置选项，如图9-167所示。

图 9-165 　　　　　　　　　 图 9-166 　　　　　　　　　 图 9-167

- **不受约束**：勾选该选项，可以绘制出任意大小的矩形。
- **方形**：勾选该选项，可以绘制出任意大小的正方形。
- **固定大小**：勾选该选项后，可以在其后的数值输入框中输入宽度（W）和高度（H），然后在图像上单击即可创建出矩形。
- **比例**：勾选该选项后，可以在其后的数值输入框中输入宽度（W）和高度（H）比例，此后创建的矩形始终保持这个比例。
- **从中心**：以任何方式创建矩形时，勾选该选项，鼠标单击点即为矩形的中心。

在绘制的过程中，按住 Shift 键拖拽鼠标，可以绘制正方形，如图9-168所示。按住 Alt 键拖拽鼠标可以绘制由鼠标落点为中心点向四周延伸的矩形，如图9-169所示。同时按住 Shift 和 Alt 键拖拽鼠标，可以绘制由鼠标落点为中心的正方形，如图9-170所示。

单击工具箱中的"矩形工具" ，在要绘制矩形对象的一个角点位置单击，此时会弹出"创建矩形"对话框。在对话框进行相应设置，单击"确定"按钮可创建精确的矩形对象，如图9-171和图9-172所示。

图 9-168 　　　 图 9-169 　　　 图 9-170 　　　　　　 图 9-171 　　　　 图 9-172

举一反三：绘制长宽比为 16:9 的矩形

16:9 是目前液晶显示器常见的的宽高比，根据人体工程学的研究，发现人的两只眼睛的视野范围是一个宽高比例为16:9的长方形，所以电视、显示器行业会根据这个黄金比例尺寸设计产品。

当要创建一个适合在此种显示器上播放的图形时，可以选择工具箱中的"矩形工具"，在选项栏中设置合适的填充与描边，接着单击 按钮，在下拉列表中勾选"比例"，设置 W 为 16，H 为 9，如图9-173所示。接着按住鼠标左键拖拽，即可绘制出 16:9 的矩形，如图9-174所示。

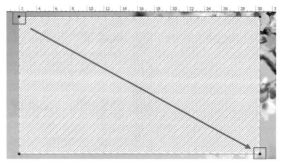

图 9-173 　　　　　　　　　　　　　　　 图 9-174

中文版Photoshop CS6从入门到精通（微课视频 全彩版）

举一反三：使用矩形工具制作极简风格登录界面

在 UI 设计中主要使用矢量工具进行绘制，这样可以保证适配不同尺寸的平台时，缩放界面内容也不会使内容变模糊。首先选择"矩形工具"，设置绘制模式为"形状"，填充为蓝色的渐变，在画面中绘制一个与画面等大的矩形，如图 9-175 所示。接着继续使用该工具绘制稍小的白色矩形作为登录框的上半部分，如图 9-176 所示。继续绘制一个等宽的白色矩形，摆放在下方，如图 9-177 所示。

  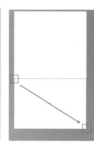

图 9-175　　　　　　　　　　图 9-176　　　　　　　　　　图 9-177

设置不同的填充颜色，继续绘制其他矩形，剩余的矩形都需要以纯色进行填充，如图 9-178 所示。界面主体形状绘制完成后可以添加图案和文字，完成效果效果如图 9-179 所示。

图 9-178　　　　　　　　　　　　　　图 9-179

〔重点〕9.2.2　圆角矩形工具

圆角矩形在设计中应用非常广泛，它不似矩形那样锐利、棱角分明，给人一种圆润、光滑的感觉，所以也就变得富有亲和力。使用"圆角矩形工具"可以绘制出标准的圆角矩形对象和圆角正方形对象。如图 9-180 和图 9-181 所示为使用该工具制作的作品。

 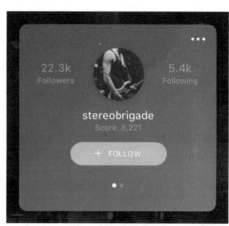

图 9-180　　　　　　　　　　　　　　图 9-181

"圆角矩形工具" ▢ 的使用方法与"矩形工具"一样，右键单击"形状工具组"，选择"圆角矩形工具" ▢ 。在选项栏中可以对"半径"进行设置，"半径"选项用来设置圆角的半径，设置数值越大圆角越大。设置完成后在画面中按住鼠标左键拖拽，如图 9-182 所示。拖拽到理想大小后释放鼠标绘制完成了，如图 9-183 所示。如图 9-184 所示为不同"半径"的对比效果。

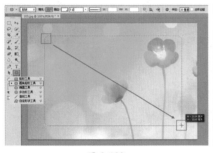  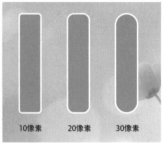

图 9-182　　　　　　　　　　　图 9-183　　　　　　　　　　　图 9-184

 提示：绘制"圆角矩形"的小技巧。

按住 Shift 键拖拽鼠标，可以绘制圆角正方形。

按住 Alt 键拖拽鼠标可以绘制由鼠标落点为中心点向四周延伸的圆角矩形。

同时按住 Shift 和 Alt 键拖拽鼠标，可以绘制由鼠标落点为中心的圆角正方形。

举一反三：制作手机 APP 图标

因为 UI 设计都有严格的尺寸要求，所以在进行图标的设计时需要利用"创建圆角矩形"对话框对参数进行精确的设置。比如适合于 iPhone 手机界面的图标尺寸有一系列的要求，可以创建其中最大尺寸的图标，其尺寸为 1024×1024 像素，半径为 180 像素。

选择工具箱中的"圆角矩形工具"，在选项栏中设置绘制模式为"形状"，填充为紫色，在需要绘制图形的位置单击，在弹出的"创建圆角矩形"对话框中进行参数设置，设置完成后单击"确定"按钮完成绘制，如图 9-185 和图 9-186 所示。

 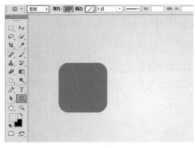

图 9-185　　　　　　　　　　　　　　　图 9-186

按钮的底色绘制完成后就可添加图形进行装饰，如图 9-187 所示。如果需要相同大小的按钮，可以将底色图形进行复制，然后绘制出其他图案即可，如图 9-188 所示。

图 9-187　　　　　　　　　　　　　图 9-188

练习实例：使用"圆角矩形工具"制作名片

文件路径	资源包\第9章\练习实例：使用"圆角矩形工具"制作名片
难易指数	★★★★★
技术掌握	圆角矩形、矩形工具

案例效果

案例效果如图9-189所示。

图 9-189

操作步骤

步骤01 ▶ 打开背景素材 1.jpg，如图 9-190 所示。单击工具箱中的"矩形工具" ，在选项栏中设置绘制模式为"形状"，"填充"为渐变，并编辑一个蓝色系渐变，在画面中绘制出一个矩形形状，作为名片的底色部分，如图 9-191 所示。

扫一扫，看视频

图 9-190　　　　　　图 9-191

步骤02 ▶ 选择该图层，执行"图层>图层样式>投影"命令，在弹出的"图层样式"对话框中设置"混合模式"为"正片叠底"，颜色为黑色，"不透明度"为75%，"角度"为120度，"距离"为25像素，"大小"为40像素，参数设置如图9-192所示。参数设置完成后单击"确定"按钮，画面效果如图9-193所示。

图 9-192　　　　　　图 9-193

步骤03 ▶ 单击工具箱中的"圆角矩形工具"，在选项栏中设置绘制模式为"形状"，"填充"为无，"描边"为渐变，并编辑一个蓝色系渐变，描边宽度为50像素，半径为50像素，参数设置完成后在画布中按住 Shift 键绘制一个正方形的形状，画面效果如图 9-194 所示。选择该形状图层，执行"图层>图层样式>投影"命令，设置"投影"参数："混合模式"为"正片叠底"，"不透明度"为 75%，"角度"为－31 度，"距离"为 12 像素，"大小"为 21 像素。参数设置如图 9-195 所示。参数设置完成后，单击"确定"按钮，效果如图 9-196 所示。

图 9-194

图 9-195

图 9-196

步骤04 ▶ 将矩形旋转到合适角度并移动至合适位置，如图9-197所示。使用同样方法继续绘制一个颜色稍浅的形状，并移动至合适位置，制作出立体感效果，如图9-198所示。

图 9-197　　　　　　图 9-198

步骤05 使用同样的方法制作其余部分，效果如图 9-199 所示。新建图层组，将制作卡片的步骤拖拽至该组。载入名片底色图形的选区，选择该图层组，单击"添加图层蒙版"按钮 ，基于选区为该图层组添加图层蒙版，将卡片以外的部分隐藏，如图 9-200 所示。

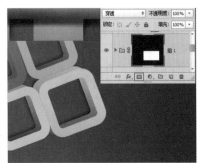

图 9-199　　　　　　　图 9-200

步骤06 单击工具箱中的"自定义形状工具"按钮 ，在选项栏中设置绘制模式为"形状"，"填充"为白色，设置单击"形状"倒三角按钮，在形状选取器中选择形状为"世界"，参数设置如图 9-201 所示。设置完成后，在画布中按住 Shift 键绘制形状，如图 9-202 所示。

图 9-201

图 9-202

步骤07 继续绘制其他形状，并使用"横排文字工具"  输入相应文字，名片正面部分制作完成。效果如图 9-203 所示。名片背面的制作方法与正面相同，在这里就不一一讲解了，效果如图 9-204 所示。

图 9-203　　　　　　　图 9-204

练习实例：使用圆角矩形工具制作手机 APP 启动页面

文件路径	资源包\第9章\练习实例：使用圆角矩形制作手机APP启动页面
难易指数	☆☆☆☆☆
技术掌握	圆角矩形工具

案例效果

案例效果如图 9-205 所示。

图 9-205

操作步骤

步骤01 执行"文件 > 新建"菜单命令，在"新建"对话框设置"宽度"为 1242 像素、"高度"为 2208 像素，"分辨率"为 72，"颜色模式"为 RGB 颜色，"背景内容"为白色，单击"确定"按钮，如图 9-206 所示。结果如图 9-207 所示。本案例以 iPhone 6 Plus 的屏幕尺寸制作一款手机 APP 启动页面。

扫一扫，看视频

图 9-206

图 9-207

步骤02 为了适应移动设备客户端不同的屏幕尺寸，APP 界面中的元素经常需要进行大小的缩放。为了尽量保持不同缩放状态下界面元素的清晰显示，UI 设计中的元素尽量都要使用矢量工具进行制作。单击工具箱中的"渐变工具"，单击选项栏中的渐变色条，会弹出"渐变编辑器"。接着双击左侧的色标，在弹出的"拾色器"对话框中设置颜色为浅蓝色，如图 9-208 所示。接着双击右侧的色标，设置颜色为白色，单击"确定"按钮完成设置，如图 9-209 所示。

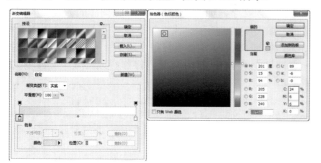

图 9-208

图 9-209

步骤03 然后在选项栏上单击"径向渐变"按钮，在画布中央按住鼠标左键并向左上角拖动，如图 9-210 所示。松开鼠标，背景被填充为蓝色系渐变，如图 9-211 所示。

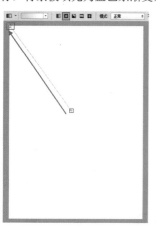

图 9-210　　　　　　　　图 9-211

步骤04 单击工具箱中的"钢笔工具"，在选项栏上设置绘制模式为"形状"，"填充颜色"为蓝色，在画布上绘制一个倒梯形，如图 9-212 所示。

图 9-212

步骤05 选中绘制的梯形图层，使用快捷键 Ctrl+T 调出定界框，然后将中心点移动到图形底部中间的位置，如图 9-213 所示。然后在选项栏中设置"旋转角度"为 5 度，如图 9-214 所示。

图 9-213　　　　　　　　图 9-214

步骤06 旋转完成后按下键盘上的 Enter 键完成旋转。接着使用复制并重复变换快捷键 Ctrl+Shift+Alt+T，随即即可复制并旋转一份图形，如图 9-215 所示。继续进行复制，制作出放射状背景，如图 9-216 所示。

图 9-215　　　　　　　　图 9-216

步骤07 选择工具箱中的"圆角矩形工具"，在选项栏上设置绘制模式为"形状"，"填充"为深红色，"半径"为 20 像素，在画面中按住鼠标左键向右下角拖拽绘制一个圆角矩形，如图 9-217 所示。用同样的方式继续使用"圆角矩形工具"，在选项栏中设置绘制模式为"形状"，"填充"为深粉色，在画面上按住鼠标左键向右下角拖拽绘制一个深粉色的圆角矩形，如图 9-218 所示。

图 9-217

图 9-218

在图层面板中设置该图层的"不透明度"为24%，如图 9-219 所示。用同样的方法绘制其他的圆角矩形，如图 9-220 所示。

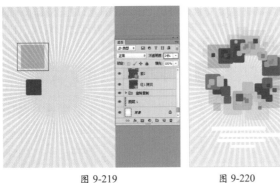

图 9-219　　　　　　图 9-220

步骤09 单击工具箱中的"横排文字工具"，在选项栏中设置合适的字体、字号，设置"文本颜色"为墨绿色，在画布上单击输入文字，如图 9-221 所示。用同样的方式输入其他文字，如图 9-222 所示。执行"文件 > 置入"命令置入素材1.png，接着将置入对象调整到合适的大小、位置，然后按一下键盘上的 Enter 键完成置入操作。最终效果如图 9-223所示。

图 9-221

图 9-222

图 9-223

【重点】9.2.3　椭圆工具

使用"椭圆工具"可绘制出椭圆形和圆形。虽然圆形在生活中比较常见，但只要在设计中赋予其创意，就能产生截然不同的感觉。如图 9-224~ 图 9-226 所示为可以使用该工具制作的作品。

图 9-224

图 9-225

图 9-226

中文版Photoshop CS6从入门到精通（微课视频 全彩版）

在"形状工具组"上单击鼠标右键，选择"椭圆工具" 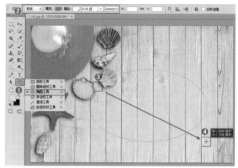。如果要创建椭圆，可以在画面中按住鼠标左键并拖动，如图 9-227 所示。松开光标即可创建出椭圆形，如图 9-228 所示。如果要创建圆形，可以按住 Shift 键或 Shift+Alt 组合键（以鼠标单击点为中心）进行绘制。

图 9-227　　　　　　　　　　　　　　　　　图 9-228

单击工具箱中的"椭圆工具" ，在要绘制椭圆对象的位置单击，此时会弹出"创建椭圆"对话框。在该对话框中进行相应设置，单击"确定"按钮即可创建精确尺寸的椭圆形对象，如图 9-229 和图 9-230 所示。

图 9-229　　　　　　　　　　　　图 9-230

举一反三：制作云朵图标

一些复杂的图形不仅能够使用钢笔工具进行绘制，还可以通过几何图形组合成想要的图形。云朵图形就是很好的例子。首先使用"圆角矩形工具"绘制一个圆角矩形作为底色，如图 9-231 所示。接着使用"椭圆工具"绘制几个橙色的正圆作为太阳，如图 9-232 所示。

图 9-231　　　　　　　　　　　　　　　图 9-232

接着绘制三个白色正圆，三个圆形需要重叠摆放。此时云朵的大致形状已经出现了，如图 9-233 所示。接着使用"矩形工具"在底部绘制一个矩形，云朵图形就制作完成了，如图 9-234 所示。最后添加文字，效果如图 9-235 所示。

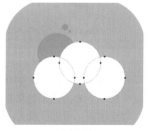
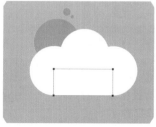

图 9-233　　　　　　　　图 9-234　　　　　　　图 9-235

9.2.4 多边形工具

使用"多边形工具"  可以创建出各种边数的多边形（最少为3条边）以及星形。多边形可以用在很多方面，例如标志设计、海报设计等。如图9-236~图9-238所示为使用该工具制作的作品。

图 9-236　　　　　图 9-237　　　　　图 9-238

在形状工具组上单击鼠标右键，选择"多边形工具" 。在选项栏中可以设置"边"数，还可以在多边形工具选项中设置半径、平滑拐点、星形等参数，如图9-239所示。设置完毕后在画面中按住鼠标左键拖拽，松开鼠标完成绘制操作，如图9-240所示。

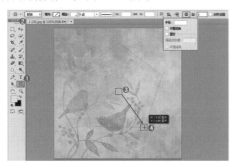

图 9-239　　　　　　　　　图 9-240

- 边：设置多边形的边数。边数设置为3时，可以创建出正三角形；设置为5时，可以绘制出五边形；设置为8时，可以绘制出正八边形，如图9-241所示。

图 9-241

- 半径：用于设置多边形或星形的半径长度，设置好半径以后，在画面中按住鼠标左键并拖动鼠标即可创建出相应半径的多边形或星形，如图9-242所示。

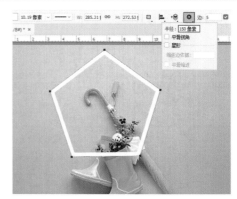

图 9-242

- 平滑拐角：勾选该选项以后，可以创建出具有平滑拐角效果的多边形或星形，如图9-243和图9-244所示。

图 9-243

图 9-244

- 星形：勾选该选项后，可以创建星形，下面的"缩进边依据"选项主要用来设置星形边缘向中心缩进的百分比，数值越高，缩进量越大，如图9-245和图9-246所示分别是50%和80%的缩进效果。

中文版Photoshop CS6从入门到精通（教果视频 全彩版）

图 9-245

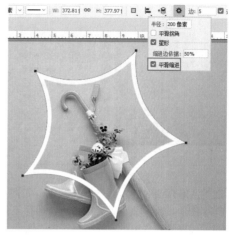

图 9-247

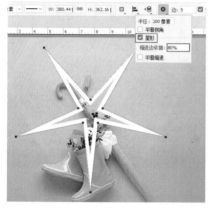

图 9-246

- 平滑缩进：勾选该选项后，可以使星形的每条边向中心平滑缩进，如图 9-247 所示为勾选"平滑缩进"的效果；如图 9-248 所示为未勾选"平滑缩进"的效果。

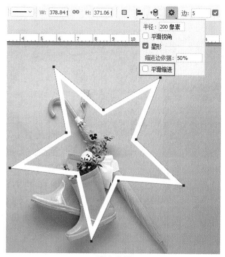

图 9-248

练习实例：使用不同绘制模式制作简约标志

文件路径	资源包\第9章\练习实例：使用不同绘制模式制作简约标志
难易指数	★★★★★
技术掌握	多边形工具、钢笔工具

案例效果

案例效果如图 9-249 所示。

图 9-249

操作步骤

步骤01 执行"文件 > 新建"命令新建一个空白文档，如图 9-250 所示。为了便于观察，可以先将背景填充为其他颜色，单击前景色按钮，设置前景色为绿色，如图 9-251 所示。

扫一扫，看视频

图 9-250

第 9 章　矢量绘图

339

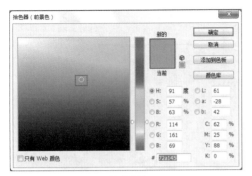

图 9-251

图 9-255

步骤02 按下 Alt+Delete 键为背景填充颜色，如图 9-252 所示。新建一个图层，将前景色设置为白色，选择工具箱中的"多边形工具"，在选项栏中设置绘制模式为"像素"，"边数"为 6，在画面中按住鼠标左键向右下角拖拽，绘制一个白色六边形，如图 9-253 所示。

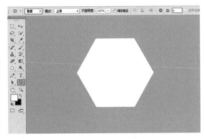

图 9-252　　　　　　图 9-253

步骤03 设置"前景色"为淡红色，用同样的方法在之前的多边形上绘制一个稍小的六边形，如图 9-254 所示。单击工具箱中的"横排文字工具"，在选项栏上设置合适的字体、字号，设置"文本颜色"为白色，在画面上单击并输入文字。然后单击"提交所有当前编辑"按钮，如图 9-255 所示。

图 9-256

图 9-257

步骤05 执行"文件 > 置入"命令，置入素材 1.jpg，将该图层作为背景图层放置在构成标志图层的下方，最终效果如图 9-258 所示。

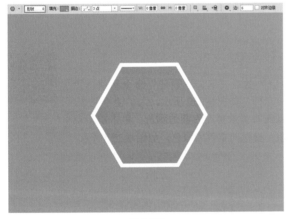

图 9-254

步骤04 单击工具箱中的"钢笔工具"，在选项栏上设置绘制模式为"形状"，"填充颜色"为稍深一些的红色，在画布上文字边缘区域绘制阴影效果，如图 9-256 所示。然后将阴影图层移动到文字图层的下方，最终效果如图 9-257 所示。

图 9-258

9.2.5 直线工具

使用"直线工具" ✏ 可以创建出直线和带有箭头的形状，如图9-259所示。右键单击形状工具组，在其中选择"直线工具" ✏，首先在选项栏中设置合适的填充、描边。调整"粗细"数值设置合适的直线的宽度，接着按住鼠标左键拖拽进行绘制，如图9-260所示。"直线工具"还能够绘制箭头。单击 ⚙ 按钮，在下拉列表中能够设置箭头的起点、终点、宽度、长度和凹度等参数。设置完成后按住鼠标左键拖拽绘制，即可绘制箭头形状，如图9-261所示。

图 9-259

图 9-260

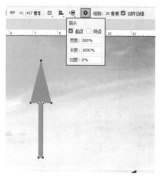

图 9-261

- 起点/终点：勾选"起点"选项，可以在直线的起点处添加箭头；勾选"终点"选项，可以在直线的终点处添加箭头；勾选"起点"和"终点"选项，则可以在两头都添加箭头，如图9-262所示。

勾选起点　勾选终点　全部勾选

图 9-262

- 宽度：用来设置箭头宽度与直线宽度的百分比，范围从10%~1000%，如图9-263所示分别为使用宽度200%、300%和500%创建的箭头。

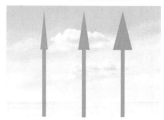

宽度200%　宽度300%　宽度500%

图 9-263

- 长度：用来设置箭头长度与直线宽度的百分比，范围从10%~5000%，如图9-264所示分别为使用长度100%、300%和500%创建的箭头。

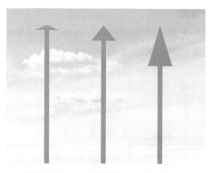

长度100%　长度300%　长度500%

图 9-264

- 凹度：用来设置箭头的凹陷程度，范围为-50%~50%。值为0%时，箭头尾部平齐；值大于0%时，箭头尾部向内凹陷；值小于0%时，箭头尾部向外凸出，如图9-265所示。

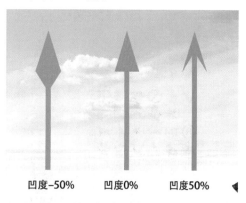

凹度-50%　凹度0%　凹度50%

图 9-265

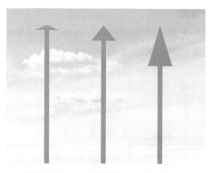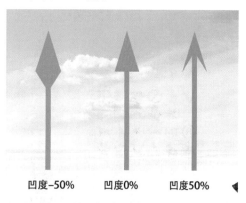

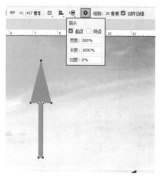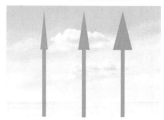

9.2.6 动手练：自定形状工具

步骤01 使用"自定形状工具" 可以创建出非常多的形状。右键单击工具箱中的形状工具组，在其中选择"自定形状工具"。在选项栏中单击"形状" 下拉按钮，在下拉列表中选择一种形状，然后在画面中按住鼠标左键拖拽进行绘制，如图 9-266 所示。在 Photoshop 中有很多预设的形状，单击下拉列表右上角的 按钮，在弹出的菜单底部可以看到很多预设形状组，如图 9-267 所示。

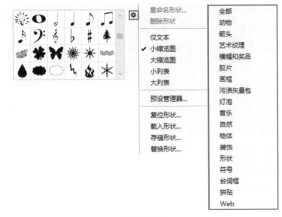

图 9-266

图 9-267

步骤02 接着选择一个形状组，在弹出的对话框中单击"确定"或"追加"按钮，即可将形状组中的形状载入到列表中，如图 9-268 和图 9-269 所示。

图 9-268

图 9-269

步骤03 如果有外挂动作，还可以通过"载入形状"命令进行载入。单击 按钮执行"载入形状"命令，在弹出的"载入"对话框中单击形状文件（格式为 .csh），然后单击"载入"按钮完成载入操作，如图 9-270 和图 9-271 所示。

图 9-270

图 9-271

中文版Photoshop CS6从入门到精通（微课视频 全彩版）

9.3 矢量对象的编辑操作

在矢量绘图时，最常用到的就是“路径”以及“形状”这两种矢量对象。“形状”对象由于是单独的图层，所以操作方式与图层的操作方式基本相同。但是“路径”对象是一种“非实体”对象，不依附于图层，也不具有填色描边等属性，只能通过转换为选区后再进行其他操作。所以“路径”对象的操作方法与其他对象有所不同，想要调整“路径”位置，对“路径”进行对齐分布等操作，都需要使用特殊的工具。

扫一扫，看视频

要想更改“路径”或“形状”对象的形态，需要使用到“直接选择工具”、“转换点工具”等对路径上锚点的位置进行移动，这部分知识在“6.2 钢笔精确抠图”中进行过讲解。如图 9-272~ 图 9-275 所示为优秀的矢量设计作品。

图 9-272

图 9-273

图 9-274

图 9-275

重点 9.3.1 移动路径

如果绘制的是“形状”对象或“像素”，那么只需选中该图层，然后使用“移动工具”进行移动即可。如果绘制的是“路径”，想要改变图形的位置，可以单击工具箱中的“路径选择工具”按钮，然后在路径上单击，即可选中该路径，如图 9-276 所示。按住鼠标左键并拖动光标，可以移动路径所处的位置，如图 9-277 所示。

图 9-276

图 9-277

提示：“路径选择工具”使用技巧。

如果要移动形状对象中的一个路径，也需要使用“路径选择工具”。按住 Shift 键单击可以选择多个路径。按住 Ctrl 键并单击可以将当前工具转换为“直接选择工具”。

重点 9.3.2 动手练：路径操作

当想要制作一些中心镂空的对象，或者想要制作出由几个形状组合在一起的形状或路径时，或是想要从一个图形中去除一部分图形，都可以使用“路径操作”功能。

在使用“钢笔工具”或“形状工具”以“形状模式”或“路径模式”进行绘制时，选项栏中就可以看到“路径操作”的按钮，单击该按钮，在下拉列表中可以看到多种路径的操作方式。想要使路径进行"相加"、"相减"，需要在绘制之前就在选项栏中设置好"路径操作"的方式，然后进行绘制。（在绘制第一个路径/形状时，选择任何方式都会以"新建图层"的方式进行绘制。在绘制第二个图形时，才会以选定的方式进行运算。）

步骤01 首先需要单击选项栏中的"路径操作"按钮选择"新建图层"，然后绘制一个图形，如图9-278所示。接着在"新建图层"状态下绘制下一个图形，接着会生成一个新图层，如图9-279所示。

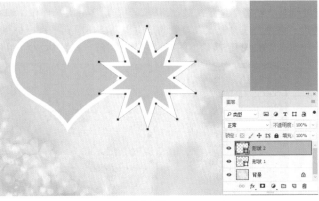

图 9-278　　　　　　　　　　　　　　　　图 9-279

步骤02 若设置"路径操作"为"合并形状"，然后绘制图形，新绘制的图形将被添加到原有的图形中，如图9-280所示。若设置"路径操作"为"减去顶层形状"，然后绘制图形，可以从原有的图形中减去新绘制的图形，如图9-281所示。

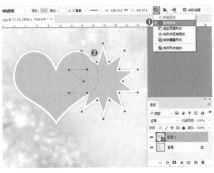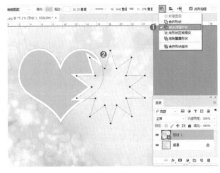

图 9-280　　　　　　　　　　　　　　　　图 9-281

步骤03 若设置"路径操作"为"与形状区域交叉"，然后绘制图形，可以得到新图形与原有图形的交叉区域，如图9-282所示。若设置"路径操作"为"排除重叠形状"，然后绘制图形，可以得到新图形与原有图形重叠部分以外的区域，如图9-283所示。

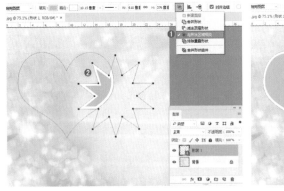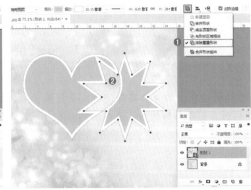

图 9-282　　　　　　　　　　　　　　　　图 9-283

步骤04 选中多个路径，如图9-284所示。接着选择"合并形状组件"即可将多个路径合并为一个路径，如图9-285所示。

中文版Photoshop CS6从入门到精通（微课视频 全彩版）

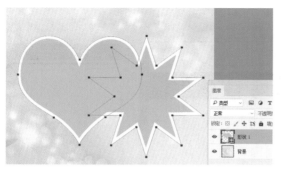

图 9-284　　　　　　　　　　　　　　　　　　　　图 9-285

步骤05 如果已经绘制了一个对象，然后设置"路径操作"，可能会直接产生路径运算效果。例如先绘制了一个图形，如图 9-286 所示。然后设置"路径操作"为"减去顶层形状"，即可得到反方向的内容，如图 9-287 所示。

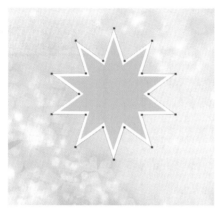
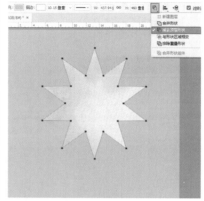

图 9-286　　　　　　　　　　　　　　　　　　　　图 9-287

 提示：使用"路径操作"的小技巧。

如果当前画面中包括多个路径组成的对象，选中其中一个路径，然后在选项栏中也可以进行路径操作的设置。

练习实例：设置合适的路径操作制作抽象图形

文件路径	资源包\第9章\练习实例：设置合适的路径操作制作抽象图形
难易指数	★★★★★
技术掌握	合并图层、减去顶层形状

案例效果

案例效果如图 9-288 所示。

图 9-288

操作步骤

步骤01 执行"文件 > 新建"命令，新建一个空白文档，如图 9-289 所示。单击工具箱中的"矩形工具"，在选项栏上设置绘制模式为"形状"，"填充"为深红色，在画面中按住鼠标左键拖拽绘制一个矩形，如图 9-290 所示。用同样的方式绘制另一个矩形，如图 9-291 所示。

步骤02 单击工具箱中的"横排文字工具"，在选项栏中设置合适的字体、字号，设置文本颜色为黑色，在画布上单击输入文字，如图 9-292 所示。选择大矩形图层，单击图层面板底部的"添加图层蒙版"按钮，为该图层添加图层蒙版。接着按住 Ctrl 键单击文字图层的缩览图，得到文字选区，将文字图层隐藏。单击矩形图层的图层蒙版，设置前景色为黑色，使用 Alt+Delete 键将选区填充为黑色。接着使用快捷键 Ctrl+D 取消选区，如图 9-293 和图 9-294 所示。

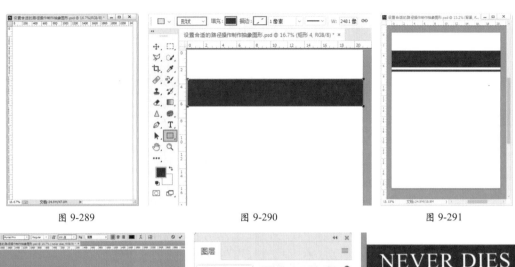

图 9-289　　　　　　　　　　图 9-290　　　　　　　　　　图 9-291

图 9-292　　　　　　　　　　图 9-293　　　　　　　　　　图 9-294

步骤03 再次绘制一个狭长的矩形，如图 9-295 所示。单击工具箱中的"椭圆工具"，在选项栏中设置"绘制模式"为"形状"，设置"描边颜色"为深红色，描边"粗细"为 50点，接着按住 Shift 键绘制一个圆，如图 9-296 所示。

步骤04 选择"矩形选框工具"在圆环上方绘制一个矩形选区，如图 9-297 所示。接着选择圆环图层，单击图层面板底部的"添加图层蒙版"按钮，基于选区为该图层添加图层蒙版，效果如图 9-298 所示。

图 9-295

图 9-297　　　　　　　　图 9-298

步骤05 按住 Ctrl 键加选背景图层以外的图层，将其进行编组。选择图层组，使用快捷键 Ctrl+T 调出定界框，将其进行旋转，如图 9-299 所示。旋转完成后按一下键盘上的 Enter 键完成旋转，效果如图 9-300 所示。

图 9-296

✎ *读书笔记*

中文版Photoshop CS6从入门到精通（微课视频 全彩版）

图 9-299   图 9-300

步骤06 选择工具箱中的"矩形工具",在选项栏中设置路径操作为"减去顶层形状",在画面的下方绘制一个深红色矩形,如图 9-301 所示。选择工具箱中的"椭圆工具",接着在画面中按住 Shift 键绘制一个正圆,此时画面效果如图 9-302 所示。

图 9-301   图 9-302

步骤07 单击工具箱中的"钢笔工具"按钮,在选项栏上设置绘制模式为"形状",填充"颜色"为黑色,然后在画面上绘制图形,如图 9-303 所示。接着在选项栏中设置为"合并形状"。继续使用"钢笔工具"依次绘制其他图形,如图 9-304 所示。接着输入文字并适当旋转,如图 9-305 所示。

图 9-303

图 9-304   图 9-305

步骤08 接着输入一组红色的文字,如图 9-306 所示。选中文字,在选项栏上单击"文字变形"按钮,在弹出的对话框中设置"文字变形"为"扇形","弯曲"为 -70%,单击"确定"按钮完成设置,如图 9-307 所示。接着将文字调整到合适位置,效果如图 9-308 所示。

图 9-306   图 9-307   图 9-308

步骤09 选择工具箱中的"椭圆工具",在选项栏中设置绘制模式为"形状","描边"为深红色,描边粗细为 50 点,在画布上绘制圆环,如图 9-309 所示。选中椭圆形的图层按下快捷键 Ctrl+J 复制图层,并将复制的圆环更换颜色为黑色,如图 9-310 所示。

图 9-309   图 9-310

步骤10 选中黑色圆环图层,选中工具箱中的"多边形套索工具",在右侧绘制一个四边形选区,如图 9-311 所示。接着单击图层面板底部的"添加图层蒙版"按钮,基于选区添加图层蒙版,如图 9-312 所示。此时画面效果如图 9-313 所示。

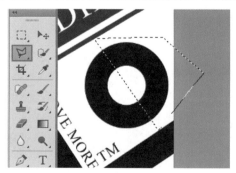

图 9-311

图 9-312　　　　　　　　　　　图 9-313

图 9-316　　　　　　　　　　　图 9-317

步骤11 单击工具箱中的"钢笔工具"按钮，在画布上绘制四边形，如图 9-314 所示。最后置入素材 1.jpg 并将其栅格化，如图 9-315 所示。

图 9-314　　　　　　　　　　　图 9-315

步骤12 选择该图层设置"混合模式"为"正片叠底"，如图 9-316 所示。最终效果如图 9-317 所示。

9.3.3　变换路径

选择路径或形状对象，使用快捷键 Ctrl+T 调出定界框，可以进行变换。也可以单击鼠标右键，在弹出的快捷菜单中选择相应的变换命令，如图 9-318 所示。还可以执行"编辑 > 变换路径"菜单下的命令即可对其进行相应的变换。变换路径与变换图像的使用方法是相同的。

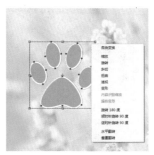

图 9-318

9.3.4　对齐、分布路径

对齐与分布可以对路径或者形状中的路径进行操作。如果是形状中的路径，则需要所有路径在一个图层内，接着使用"路径选择工具"选择多个路径，然后单击选项栏中的"路径对齐方式"按钮，在下拉列表中可以对所选路径进行对齐、分布操作，如图 9-319 所示。如图 9-320 所示为底对齐的效果。路径的对齐与分布与图层的对齐与分布的使用方法是一样的。

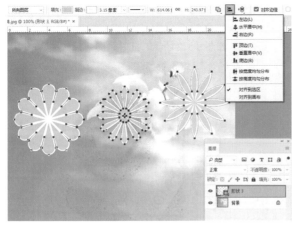

图 9-319　　　　　　　　　　　图 9-320

中文版Photoshop CS6从入门到精通（微课视频　全彩版）

9.3.5　调整路径排列方式

当文档中包含多个路径，或者一个形状图层中包括多个路径时，可以调整这些路径的上下排列顺序，不同的排列顺序会影响到路径运算的结果。选择路径，单击属性栏中的"路径排列方法"按钮，在下拉列表中单击并执行相关命令。可以将选中的路径的层级关系进行相应排列，如图 9-321 所示。

图 9-321

9.3.6　定义为自定形状

如果某个图形比较常用，可以将其定义为"形状"，以便于随时在"自定形状工具"中使用。首先选择需要定义的路径，如图 9-322 所示。接着执行"编辑 > 定义自定形状"菜单命令，在弹出的"形状名称"对话框中设置合适的名称，单击"确定"按钮完成定义操作，如图 9-323 所示。接着单击工具箱中的"自定形状工具" 按钮，在选项栏中单击"形状"下拉按钮，在形状预设中可以看到刚刚自定义的形状，如图 9-324 所示。

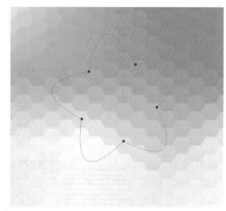

图 9-322

图 9-323

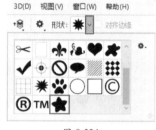

图 9-324

9.3.7　动手练：填充路径

"路径"与"形状"对象不同，"路径"不能够直接通过选项栏中进行填充，但是可以通过"填充路径"对话框进行填充。

步骤01 首先绘制路径，然后在使用"钢笔工具"或"形状工具"（自定义形状工具除外）的状态下，在路径上单击鼠标右键执行"填充路径"命令，如图 9-325 所示。随即会打开"填充路径"对话框，在该对话框中可以以前景色、背景色、图案等内容进行填充，使用方法与"填充"对话框一样，如图 9-326 所示。

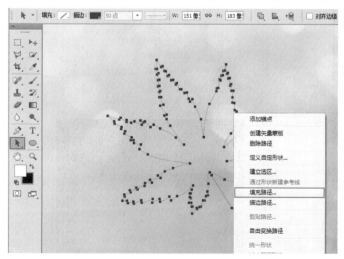

图 9-325

图 9-326

如图 9-327 所示为使用颜色进行填充的效果，如图 9-328 所示为使用图案进行填充的效果。

图 9-327 　　　　　　　　　　　图 9-328

9.3.8　动手练：描边路径

"描边路径"命令能够以设置好的绘画工具沿路径的边缘创建描边，比如使用画笔、铅笔、橡皮擦、仿制图章等进行路径描边。

步骤01 首先需要设置绘图工具。选择工具箱中的"画笔工具"，设置合适的前景色和笔尖大小，如图 9-329 所示。选择一个图层，接着使用"钢笔工具"，设置绘制模式为"路径"，然后绘制路径。路径绘制完成后单击鼠标右键执行"描边路径"命令，如图 9-330 所示。

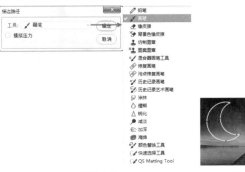

图 9-331 　　　　　　　　　图 9-332

步骤03 "模拟压力"选项用来控制描边路径的渐隐效果，若取消勾选该选项，描边为线性、均匀的效果。"模拟压力"选项可以模拟手绘描边效果。若勾选"模拟压力"选项，需要在设置画笔工具时，启用"画板"面板中的"形状动态"选项，并设置"控制"为"钢笔压力"，如图 9-333 所示。接着在"描边路径"对话框中设置"工具"为"画笔"，勾选"模拟压力"，效果如图 9-334 所示。设置好画笔的参数以后，在使用画笔状态下按 Enter 键可以直接为路径描边。

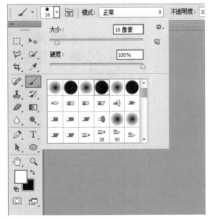

图 9-329

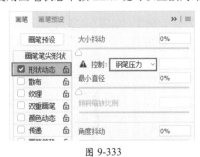

图 9-333

图 9-330

步骤02 随即会弹出"描边路径"对话框，单击"工具"下拉按钮，在下拉列表中可以看到多种绘图工具。在这里选择"画笔"，如图 9-331 所示。此时单击"确定"按钮，描边效果如图 9-332 所示。

图 9-334

练习实例：使用矢量工具制作唯美卡片

文件路径	资源包\第9章\练习实例：使用矢量工具制作唯美卡片
难易指数	★★★★★
技术掌握	椭圆形工具、圆角矩形工具、路径描边

案例效果

案例效果如图 9-335 所示。

图 9-335

操作步骤

步骤01 执行"文件 > 新建"命令，新建一个空白文档。接着设置前景色为灰色，如图 9-336 所示。用 Alt+Delete 键为背景填充颜色，如图 9-337 所示。

图 9-336

图 9-337

步骤02 首先利用描边路径功能制作画面中的细线条。由于需要对路径进行描边，所以首先要对画笔进行设置。单击工具箱中的"画笔工具"，在"画笔选取器"中选择一个圆形笔刷，设置"大小"为 5 像素，"硬度"为 100%，如图 9-338 所示。新建一个图层，设置前景色为红色。然后使用工具箱中的"钢笔工具"，设置绘制模式为"路径"，在画面上绘制一个曲线路径，如图 9-339 所示。

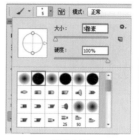

图 9-338　　　　　　　图 9-339

步骤03 接着在使用"钢笔工具"的状态下，单击鼠标右键执行"路径描边"命令，在弹出的对话框中设置"工具"为"画笔"，勾选"模拟压力"，单击"确定"按钮完成设置，如图 9-340 所示。此时画面中出现红色的描边效果，如图 9-341 所示。

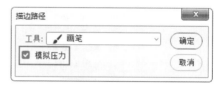

图 9-340　　　　　　　图 9-341

步骤04 用同样的方式依次绘制其他的红色线条，如图 9-342 所示。在图层面板上新建一个组，加选所有绘制的线条图层，按住鼠标左键将线条图层拖动到图层组中，如图 9-343 所示。

图 9-342　　　　　　　图 9-343

步骤05 接下来制作曲线上的装饰。选择工具箱中"椭圆工具"，在选项栏中设置"绘制模式"为"形状"，单击填充按钮，在下拉列表中编辑一个深红色系渐变，设置"渐变类型"为"线性"，如图 9-344 所示。然后按住 Shift 键，同时按住鼠标左键拖拽绘制圆形，如图 9-345 所示。

图 9-344

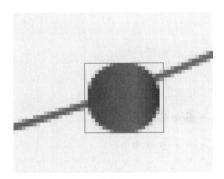

图 9-345

步骤06 用同样的方式绘制其他的圆形，如图 9-346 所示。在图层面板上新建一个组，加选所有绘制的红色渐变圆形，按住鼠标左键将线条拖动到图层组中，如图 9-347 所示。

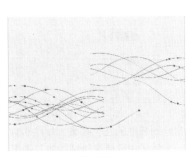

图 9-346　　　　　图 9-347

步骤08 选择工具箱中的"圆角矩形工具"，在选项栏中设置绘制模式为"形状"，单击"填充"按钮，在下拉列表中编辑一个深红色系渐变，设置"渐变类型"为"径向"，如图 9-351 所示。继续在选项栏中设置"半径"为 70 像素，然后在画面中按住鼠标左键拖拽绘制一个圆角矩形，如图 9-352 所示。

步骤09 接着在选项栏中设置填充为白色，然后在红色圆角矩形上方绘制一个稍小的白色的圆角矩形，如图 9-353 所示。接着在选项栏中编辑红色系的渐变，然后在白色圆角矩形上方再绘制一个稍小的红色圆角矩形，如图 9-354 所示。

步骤10 单击工具箱中的"横排文字工具"，在选项栏上设置合适的字体、字号，文字颜色为白色，然后在画面中单击插入光标，接着输入文字，如图 9-355 所示。接着选择"横排文字工具"，在圆角矩形的下方按住鼠标左键拖拽绘制一个文本框，如图 9-356 所示。接着设置合适的字体、字号，然后输入文字，如图 9-357 所示。

步骤07 单击工具箱中"钢笔工具"按钮，在选项栏上设置绘制模式为"形状"，单击填充按钮，在下拉面板中设置一个前红色系渐变，设置"渐变类型"为"线性"，如图 9-348 所示。然后在画布上绘制一个飘带图形。如图 9-349 所示。同样的方式绘制其他图形。如图 9-350 所示。

图 9-348

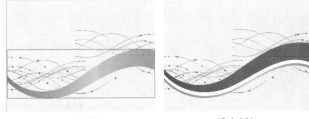

图 9-349　　　　　图 9-350

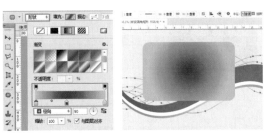

图 9-351　　　　　图 9-352

图 9-353　　　　　图 9-354

图9-355　　　　图9-356　　　　图9-357

中文版Photoshop CS6从入门到精通（微课视频 全彩版）

步骤11 新建图层，将前景色设置为白色，单击工具箱中的"画笔工具"，在"画笔选取器"中选择一个硬角画笔，"大小"为3像素，然后在文字下方按住Shift键绘制两段直线，如图9-358所示。

图 9-358

步骤12 在图层面板上新建一个组，加选绘制的圆角矩形和文字图层，按住鼠标左键移动到图层组中。如图9-359所示。选择图层组，使用快捷键Ctrl+T调出定界框，然后适当旋转。接着按下Enter键完成变换，如图9-360所示。

图 9-359

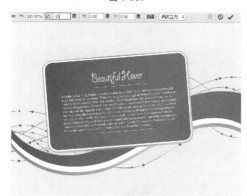

图 9-360

步骤13 单击工具箱中的"自定形状工具"按钮，在选项栏中设置绘制模式为"路径"，设置"路径操作"为"减去顶层路径"，选择心形，绘制一个心形，并在其中再绘制一个稍小的心形，如图9-361所示。接着使用快捷键Ctrl+Enter键得到路径的选区，如图9-362所示。

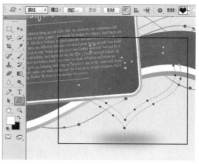

图 9-361　　　　　　　图 9-362

步骤14 单击工具箱中的"渐变工具"，单击选项栏中的渐变色条，在弹出的"渐变编辑器"中编辑一个深红色系的渐变颜色，如图9-363所示。接着单击选项栏中"径向渐变"按钮，然后在画面中按住鼠标左键拖拽填充渐变颜色，然后使用快捷键Ctrl+D取消选区的选择，如图9-364所示。使用同样的方法绘制一个稍大的心形图案，如图9-365所示。

图 9-363

图 9-364　　　　　　　图 9-365

步骤15 执行"文件>置入"命令，置入素材"1.png"，摆放在心形边框上。然后按一下键盘上的Enter键完成置入操作，如图9-366所示。继续置入素材"2.jpg"，并将该图层栅格化，如图9-367所示。

图 9-366　　　　　　　图 9-367

在图层面板选择素材 2.jpg 所在的图层,设置"混合模式"为"滤色",如图 9-368 所示。最终效果如图 9-369 所示。

图 9-368　　　　　　　　　图 9-369

📖 *读书笔记*

〔重点〕 9.3.9　删除路径

在进行路径描边之后经常需要删除路径。使用"路径选择工具" ▶ 选择需要删除的路径,如图 9-370 所示。接着按一下键盘上的 Delete 键即可删除,如图 9-371 所示。或者在使用矢量工具状态下单击鼠标右键执行"删除路径"命令。

图 9-370　　　　　　　　　图 9-371

9.3.10　使用"路径"面板管理路径

"路径"面板主要用来存储、管理以及调用路径,在面板中显示了存储的所有路径、工作路径和矢量蒙版的名称和缩览图。执行"窗口 > 路径"菜单命令,打开"路径"面板,如图 9-372 所示。

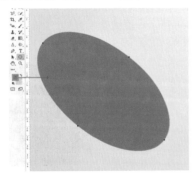

图 9-372

- 用前景色填充路径 ● :单击该按钮,可以用前景色填充路径区域,如图 9-373 所示。

图 9-373

- 用画笔描边路径 ○ :单击该按钮,可以用设置好的"画笔工具"对路径进行描边,如图 9-374 所示。

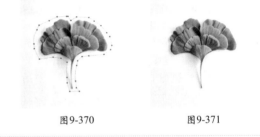

图 9-374

- 将路径作为选区载入 ⬭ :单击该按钮,可以将路径转换为选区,如图 9-375 所示。

图 9-375

- 从选区生成工作路径 ◇：如果当前文档中存在选区，如图9-376所示。单击该按钮，可以将选区转换为工作路径，如图9-377所示。

图 9-376　　　　　　　图 9-377

- 添加蒙版 ▣：单击该按钮，即可以当前选区为图层添加图层蒙版。

- 创建新路径 ◿：在"路径"面板下单击"创建新路径"按钮 ◿，可以创建一个新路径层，此后使用钢笔等工具绘制的路径都将包含在该路径层中，如图9-378、图9-379所示。按住Alt键的同时单击"创建新路径"按钮 ◿，可以弹出"新建路径"对话框，可以进行名称的设置。拖动需要复制的路径到"路径"面板下的"创建新路径"按钮 ◿ 上，可以复制出路径的副本。

图 9-378

图 9-379

- 删除当前路径 🗑：如果要删除某个不需要的路径，可以将其拖动到"路径"面板下面的"删除当前路径"按钮 🗑 上，或者直接按 Delete 键将其删除。

- 隐藏/显示路径：在"路径"面板中单击路径以后，文档窗口中就会始终显示该路径，如果不希望它妨碍我们的操作，可以在"路径"面板的空白区域单击，即可取消对路径的选择，将其隐藏起来，如图9-380所示。如果要将路径在文档窗口中显示出来，可以在"路径"面板单击该路径，如图9-381所示。

图 9-380　　　　　　　图 9-381

- 存储工作路径：直接绘制的路径是"工作路径"，属于一种临时路径，是在没有新建路径的情况下使用钢笔等工具绘制的路径。一旦重新绘制了路径，原有的路径将被当前路径所替代。如果不想工作路径被替换掉，可以双击其缩略图，打开"存储路径"对话框，将其保存起来，如图9-382和图9-383所示。

图 9-382

图 9-383

练习实例：使用钢笔工具与形状工具制作企业网站宣传图

文件路径	资源包\第9章\练习实例：使用钢笔工具与形状工具制作企业网站宣传图
难易指数	★★★★☆
技术掌握	钢笔工具、形状工具

案例效果

案例效果如图9-384所示。

图9-384

第9章　矢量绘图

操作步骤

步骤01 执行"文件 > 新建"命令，新建一个空白文档，如图 9-385 所示。单击前景色设置按钮，在弹出的"拾色器"对话框中设置前景色为深蓝色，然后使用前景色填充快捷键 Alt+Delete 进行填充，如图 9-386 所示。

图 9-385　　　　　　　　　　图 9-386

步骤02 选择工具箱中的"矩形工具"，在选项栏中设置绘制模式为"形状"，"填充"为渐变，然后在下拉列表中编辑一个深灰色的渐变，设置渐变类型为"径向"。在画面上按住鼠标左键向右下角拖拽绘制一个矩形，如图 9-387 所示。

图 9-387

步骤03 执行"文件 > 置入"命令，置入素材 1.jpg，接着将该图层栅格化，如图 9-388 所示。单击工具箱中的"钢笔工具"，在选项栏中设置"绘制模式"为"路径"，在人像的边缘上单击确定起点，然后沿着人物边缘绘制大致轮廓，如图 9-389 所示。

图 9-388　　　　　　　　图 9-389

步骤04 下面开始进行路径形状的进一步编辑。单击工具箱中的"直接选择工具"，将锚点移动到人物的边缘，如图 9-390 所示。继续进行调整，此时绘制的锚点都是尖角，如果需要将尖角调整出平滑的弧度，可以选择工具箱中的

"转换角点工具" ⊿，在锚点上按住鼠标左键拖拽将角点转换为平滑点，然后拖拽控制棒调整曲线的走向，如图 9-391 所示。

图 9-390

图 9-391

步骤05 继续进行调整，完成效果如图 9-392 所示。

图 9-392

步骤06 接着使用快捷键 Ctrl+Enter 将路径内部转换为选区，使用快捷键 Ctrl+Shift+I 将选区反选，将人像以外的部分选中，如图 9-393 所示。接着按下 Delete 键删除人像以外部分的像素，按下 Ctrl+D 取消选择，如图 9-394 所示。

图 9-393　　　　　　　图 9-394

步骤07 选择工具箱中的"圆角矩形工具",在选项栏中设置绘制模式为"形状",设置填充颜色为蓝色,"半径"为20像素,然后在画面中按住鼠标左键拖拽绘制一个圆角矩形,如图9-395所示。接着按住Alt+Shift键将圆角矩形向下拖拽,进行垂直移动并复制,如图9-396所示。

图 9-395

图 9-396

步骤08 将圆角矩形复制四份,如图9-397所示。接着选择最下方圆角矩形的图层,双击图层缩览图在弹出的"拾色器"对话框中设置颜色为橘黄色,设置完成后单击"确定"按钮,如图9-398所示。

图 9-397

图 9-398

步骤09 单击工具箱中的"横排文字工具",在选项栏上设置合适的字体、字号,设置"文本颜色"为白色,在画面上单击输入文字,如图9-399所示。用同样的方式输入其他文字,如图9-400所示。

图 9-399

图 9-400

步骤10 继续输入其他文字,如图9-401所示。加选右侧圆角矩形上相应的文字图层,在选项栏上单击"水平居中对齐"按钮和"垂直居中分布"按钮,如图9-402所示。

图 9-401

图 9-402

步骤11 新建图层，单击工具箱中的"矩形工具"，在选项栏中设置绘制模式为"像素"，前景色为深灰色，然后在画面中按住鼠标左键并拖动，绘制出一个灰色矩形，如图9-403所示。然后将这个矩形图层移动到图层面板中背景色图层的上方，显露出其他图层，最终效果如图9-404所示。

图 9-404

图 9-403

＞ 读书笔记

综合实例：使用矢量工具制作网页广告

文件路径	资源包\第9章\综合实例：使用矢量工具制作网页广告
难易指数	★★★★★
技术掌握	椭圆工具、剪贴蒙版、图层样式、钢笔工具

案例效果

案例效果如图9-405所示。

图 9-405

操作步骤

步骤01 执行"文件>新建"命令，新建一个空白文档，如图9-406所示。设置前景色为青色，按下快捷键Alt+Delete键填充前景色，如图9-407所示。

图 9-406

图 9-407

步骤02 选择工具箱中"椭圆工具"，在选项栏上设置绘制模式为"形状"，"填充"为白色，然后在画面的右上方绘制圆形，如图9-408所示。接着在选项栏中设置路径的路径操作为"合并形状"，接着继续绘制其他椭圆形，如图9-409所示。

图 9-408

图 9-409

中文版Photoshop CS6从入门到精通（微课视频 全彩版）

358

步骤03 选择该图层，在图层面板中设置"不透明度"为50%，如图9-410所示。此时画面效果如图9-411所示。

图9-410　　　　　　　　图9-411

步骤04 用同样的方式绘制其他的云朵图形，如图9-412所示。

图9-412

步骤05 新建一个图层，设置前景色为深青色，单击工具箱中"椭圆工具"，设置绘制模式为"像素"，在画面上绘制一个圆形，如图9-413所示。新建一个图层，用同样的方式绘制另外两个圆形，如图9-414所示。

图9-413　　　　　　　　图9-414

步骤06 在图层面板中加选两个小圆的图层，单击鼠标右键执行"创建剪切蒙版"命令，此时画面如图9-415所示。

图9-415

步骤07 新建一个图层，设置前景色为黄色。单击工具箱中的"钢笔工具"，在选项栏上设置绘制模式为"路径"，接着在画面上多次单击，绘制一个闭合路径，按下转换为选区快捷键Ctrl+Enter将路径转换为选区，如图9-416所示。按下快捷键Alt+Delete以前景色进行填充，接着按下Ctrl+D取消选区，结果如图9-417所示。

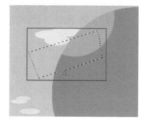 

图9-416　　　　　　　　图9-417

步骤08 执行"文件>置入"命令，将素材2.png置入到画面中，调整置入对象到合适的大小、位置，然后按一下键盘上的Enter键完成置入操作。选择该图层，执行"图层>栅格化>智能对象"命令，将该图层栅格化为普通图层如图9-418所示。

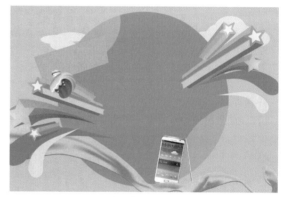

图9-418

步骤09 单击工具箱中的"横排文字工具"，在选项栏上设置合适的字体、字号，设置文本颜色为黄色，然后输入文字，如图9-419所示。接着选中文字，单击选项栏中的"创建文字变形"按钮，在弹出的"变形文字"对话框中设置"样式"为上弧，勾选"水平"选项，设置"弯曲"为-30%，"水平扭曲"为-5%，"垂直扭曲"为-65%，单击"确定"按钮完成设置，如图9-420所示。文字效果如图9-421所示。

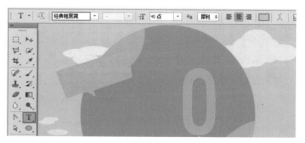

图9-419

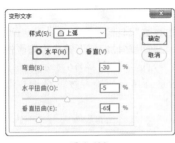

图 9-420

图 9-427

图 9-428

步骤13 继续使用"横排文字工具",在选项栏上设置合适的字体、字号,设置文本颜色为深青色,在画面上单击输入文字,如图 9-429 所示。接着加选所有的文字图层,使用快捷键 Ctrl+T 调出定界框,将文字适当旋转,旋转完后按一下 Enter 键完成变化,如图 9-430 所示。

图 9-421

步骤10 选择该文字图层,执行"图层 > 图层样式 > 描边"命令,在弹出的对话框中设置"大小"为 20 像素,"位置"为"外部","不透明度"为 100%,"颜色"为深青色。单击"确定"按钮完成设置,如图 9-422 和图 9-423 所示。

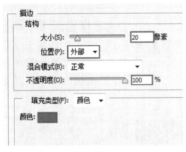

图 9-422

图 9-423

步骤11 继续使用"横排文字工具",以同样的方式输入其他文字,如图 9-424 所示。单击工具箱中的"横排文字工具",在选项栏中设置合适的字体、字号,设置文本颜色为白色,在画面上单击输入文字,如图 9-425 所示。

图 9-429

图 9-430

步骤14 下面为文字对象添加图层样式。执行"编辑 > 预设 > 预设管理器"命令,设置预设类型为"样式",单击载入按钮,载入样式库素材 4.asl,如图 9-431 所示。执行"窗口 > 样式"命令,打开"样式"对话框,选择一个文字图层,单击"样式"面板中新载入的样式,如图 9-432 所示。效果如图 9-433 所示。

图 9-424

图 9-425

步骤12 在图层面板中选择文字图层,执行"图层 > 图层样式 > 投影"命令,在弹出的对话框中设置"混合模式"为"正片叠底","投影颜色"为土黄色,设置"不透明度"为 55%,"角度"为137度,"距离"为 9 像素,"大小"为 1 像素,单击"确定"按钮完成设置,如图 9-426 所示。用同样的方式输入另一段文字,并为其复制投影图层样式,效果如图 9-427 和图 9-428 所示。

图 9-426

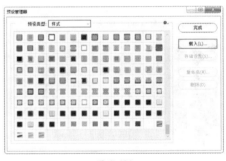

图 9-431

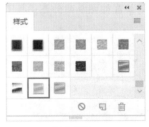

图 9-432

图 9-433

步骤15 接着为数字 0 赋予另外一种图层样式,为最后一个文字赋予第一个图层样式,效果如图 9-434 所示。

中文版Photoshop CS6从入门到精通(微课视频 全彩版)

图 9-434

步骤16 复制主体文字图层，使用快捷键 Ctrl+E 进行合并。然后载入合并后图层的选区，如图 9-435 所示。执行"选择 > 修改 > 扩展"命令，设置扩展量为 20 像素，单击"确定"按钮，如图 9-436 所示，得到边缘选区，如图 9-437 所示。

图 9-435

图 9-436

图 9-437

步骤17 接着在文字图层下方新建图层，设置前景色为白色，使用 Alt+Delete 键进行填充，如图 9-438 所示。选择该图层，执行"图层 > 图层样式 > 描边"命令，设置大小为 8 像素，颜色为白色，如图 9-439 所示。

图 9-438   图 9-439

综合实例：甜美风格女装招贴

文件路径	资源包\第9章\综合实例：甜美风格女装招贴
难易指数	★★★★★
技术掌握	矢量工具的使用

案例效果

案例效果如图 9-445 所示。

步骤18 执行"文件 > 置入"命令，置入素材 3.jpg，将该图层适当旋转，摆放在白色文字边框图层的上方，如图 9-440 所示，并在该图层上单击鼠标右键执行"创建剪贴蒙版"命令，如图 9-441 所示。此时该图层只显示出白色文字边框的部分，如图 9-442 所示。

图 9-440

图 9-441   图 9-442

步骤19 接下来置入背景花纹素材 1.png，将该素材摆放在圆形图层下方，如图 9-443 所示。继续置入前景素材 5.png，摆放在图层面板顶部，最终效果如图 9-444 所示。

图 9-443   图 9-444

图 9-445

操作步骤

步骤01 新建一个 A4 大小的文件,将背景填充为"粉色",效果如图 9-446 所示。

图 9-446

步骤02 选择工具箱中"椭圆工具" ,设置绘制模式为"形状",填充为"粉色",在画面中绘制出一个圆,如图 9-447 所示。用同样的方法再绘制出第二个圆,然后,在图层面板中调整"不透明度"为"90%"并将两个圆相交放置。效果如图 9-448 所示。

图 9-447 　　　　　　　　图 9-448

步骤03 制作放射效果背景,选择工具箱中"钢笔工具" ,设置绘制模式为"形状",设置填充色为"浅粉色",绘制一个三角形,效果如图 9-449 所示。

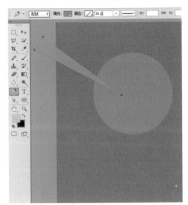

图 9-449

步骤04 执行"编辑 > 自由变换"命令,将中心点移动到图形中心位置,在选项栏中设置旋转角度为"5 度",如图 9-450 所示。按 Enter 键确定旋转,继续多次使用快捷键 Ctrl+Alt+Shift+T 复制多个图形。效果如图 9-451 所示。

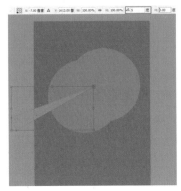

图 9-450 　　　　　　　　图 9-451

步骤05 先将这些形状编组,然后选择该图层组,单击"图层蒙版"按钮 。在蒙版中使用黑色画笔涂抹顶部和底部,使放射状图形呈现出逐渐隐藏的效果,如图 9-452 所示。效果如图 9-453 所示。

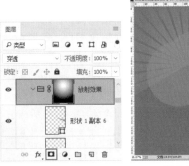

图 9-452 　　　　　　　　图 9-453

步骤06 制作阴影效果。选择工具箱中"画笔工具" ,选择一种柔角画笔,在选项栏中设置画笔不透明度为 20%,在画面中涂抹绘制出阴影部分,效果如图 9-454 所示。执行"文件 > 置入"命令,置入素材 1.png 到画面中,执行"图层 > 栅格化 > 智能对象"命令,将该图层栅格化为变通图层,效果如图 9-455 所示。

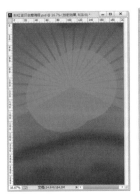

图 9-454 　　　　　　　　图 9-455

中文版Photoshop CS6从入门到精通（微课视频 全彩版）

步骤07 为素材 1.png 进行颜色更改。在素材图层上新建图层，填充为"粉色"，如图 9-456 所示。然后执行"图层 > 创建剪贴蒙版"命令，如图 9-457 所示。

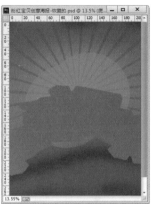

图 9-456　　　　　　　　　　图 9-457

步骤08 在图层面板中，设置该图层的混合模式为"滤色"，不透明度为 40%，如图 9-458 所示。效果如图 9-459 所示。

图 9-458　　　　　　　　　　图 9-459

步骤09 置入素材 2.jpg 到画面中，执行"图层 > 栅格化 > 智能对象"命令，使用工具箱中"快速选择工具" 得到人物部分的选区，如图 9-460 所示。然后单击添加"图层蒙版"按钮，基于选区为该图层添加蒙版，此时背景部分被隐藏。效果如图 9-461 所示。

图 9-460　　　　　　　　　　图 9-461

步骤10 执行"图层 > 新建调整图层 > 可选颜色"命令，设置青色数值为 -10，洋红数值为 +40，黄色为 +10，如图 9-462 所示。选择该调整图层，执行"图层 > 创建剪贴蒙版"命令，效果如图 9-463 所示。

图 9-462　　　　　　　　　　图 9-463

步骤11 执行"文件 > 置入"命令，置入素材 3.png，本案例制作完成。效果如图 9-464 所示。

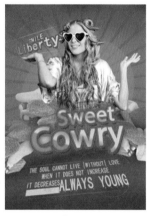

图 9-464

📖 *读书笔记*

Chapter
10
第 10 章

文字

本章内容简介:

文字是设计作品中非常常见的元素。文字不仅仅是用来表述信息，很多时候也起到美化版面的作用。Photoshop 有着非常强大的文字创建与编辑功能，不仅有多种文字工具可供使用，更有多个参数设置面板可以用来修改文字的效果。本章主要讲解多种类型文字的创建以及文字属性的编辑方法。

重点知识掌握:

熟练掌握文字工具的使用方法；

熟练使用"字符"面板与"段落"面板进行文字属性的更改。

通过本章学习，我能做什么？

通过本章的学习，我们可以向版面中添加多种类型的文字元素。掌握了文字工具的使用方法，从标志设计到名片制作，从海报设计到杂志书籍排版……诸如此类的工作都可以进行了。同时，我们还可以结合前面所学的矢量工具以及绘图工具的使用，制作出有趣的艺术字效果。

10.1　使用文字工具

在 Photoshop 的工具箱中右键单击"横排文字工具" 　，打开文字工具组。其中包括 4 种工具，即"横排文字工具" 　、"直排文字工具" 　、"横排文字蒙版工具" 　和"直排文字蒙版工具" 　，如图 10-1 所示。"横排文字工具"和"直排文字工具"主要用来创建实体文字，如点文字、段落文字、路径文字、区域文字，如图 10-2 所示。而"直排文字蒙版工具"和"横排文字蒙版工具"则是用来创建文字形状的选区，如图 10-3 所示。

图 10-1　　　　　图 10-2　　　　　图 10-3

【重点】 10.1.1　认识文字工具

"横排文字工具" 　和"直排文字工具" 　的使用方法相同，区别在于输入文字的排列方式不同。"横排文字工具"输入的文字是横向排列的，是目前最为常用的文字排列方式，如图 10-4 所示。而"直排文字工具"输入的文字是纵向排列的，常用于古典感文字以及日文版面的编排，如图 10-5 所示。

图 10-4　　　　　　　　图 10-5

在输入文字前，需要对文字的字体、大小、颜色等属性进行设置。这些设置都可以在文字工具的选项栏中进行。单击工具箱中的"横排文字工具"，其选项栏如图 10-6 所示。

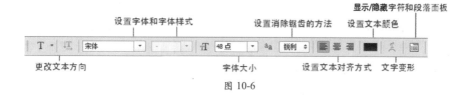

图 10-6

> 💡 **提示：设置文字属性。**
>
> 可以先在选项栏中设置好合适的参数，再进行文字的输入，也可以在文字制作完成后，选中文字对象，然后在选项栏中更改参数。

- 　（切换文本取向）：单击该按钮，横向排列的文字将变为直排，直排文字将变为横排。其功能与执行"文字 > 取向 > 水平 / 垂直"命令相同。如图 10-7 所示为对比效果。

图 10-7

第 10 章　文字

365

- Swis721 Lt BT ▾（设置字体系列）：在选项栏中单击"设置字体"下拉按钮，并在下拉列表中选择合适的字体。如图 10-8 所示为不同字体的效果。

图 10-8

- Light ▾（设置字体样式）：字体样式只针对部分英文字体有效。输入字符后，可以在该下拉列表中选择需要的字体样式，包含 Regular（规则）、Italic（斜体）、Bold（粗体）和 Bold Italic（粗斜体）。

- 10点 ▾（设置字体大小）：如要设置文字的大小，可以直接输入数值，也可以在下拉列表中选择预设的字体大小。如图 10-9 所示为不同大小的对比效果。若要改变部分字符的大小，则需要选中需要更改的字符后进行设置。

80点　　　　　　　150点

图 10-9

- ᵃₐ 锐利 ▾（设置消除锯齿的方法）：输入文字后，可以在该下拉列表中为文字指定一种消除锯齿的方法。选择"无"时，Photoshop 不会消除锯齿，文字边缘会呈现出不平滑的效果；选择"锐利"时，文字的边缘最为锐利；选择"犀利"时，文字的边缘比较锐利；选择"浑厚"时，文字的边缘会变粗一些；选择"平滑"时，文字的边缘会非常平滑。如图 10-10 所示为不同方式的对比效果。

无　　　锐利　　　犀利　　　浑厚　　　平滑

图 10-10

- ▤▥▦（设置文本对齐方式）：根据输入字符时光标的位置来设置文本对齐方式。如图 10-11 所示为不同对齐方式的对比效果。

图 10-11

- ■（设置文本颜色）：单击该颜色块，在弹出的"拾色器"对话框中可以设置文字颜色。如果要修改已有文字的颜色，可以先在文档中选择文本，然后在选项栏中单击颜色块，在弹出的对话框中设置所需要的颜色。如图 10-12 所示为不同颜色的对比效果。

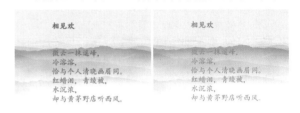

图 10-12

- ⊼（创建文字变形）：选中文本，单击该按钮，在弹出的对话框中可以为文本设置变形效果。具体使用方法详见 10.1.6 节。

- ▤（切换字符和段落面板）：单击该按钮，可在"字符"面板或"段落"面板之间进行切换。

- ⊘（取消所有当前编辑）：在文本输入或编辑状态下显示该按钮，单击即可取消当前的编辑操作。

- ✓（提交所有当前编辑）：在文本输入或编辑状态下显示该按钮，单击即可确定并完成当前的文字输入或编辑操作。文本输入或编辑完成后，需要单击该按钮，或者按 Ctrl+Enter 键完成操作。

- 3D（从文本创建 3D）：单击该按钮，可将文本对象转换为带有立体感的 3D 对象。

提示："直排文字工具"选项栏。

"直排文字工具"与"横排文字工具"的选项栏参数基本相同，区别在于"对齐方式"。其中，▥ 表示顶对齐文本，▥ 表示居中对齐文本，▥ 表示底对齐文本，如图 10-13 所示。3 种对齐方式的对比效果如图 10-14 所示。

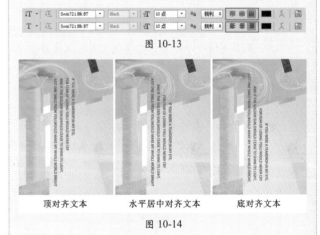

图 10-13

顶对齐文本　　　水平居中对齐文本　　　底对齐文本

图 10-14

[重点] 10.1.2 动手练：创建点文本

"点文本"是最常用的文本形式。在点文本输入状态下输入的文字会一直沿着横向或纵向进行排列，如果输入过多甚至会超出画面显示区域，此时需要按 Enter 键才能换行。点文本常用于较短文字的输入，例如文章标题、海报上少量的宣传文字、艺术字等，如图 10-15~ 图 10-18 所示。

图 10-15　　　　　图 10-16　　　　　　　　图 10-17　　　　　图 10-18

步骤 01 点文本的创建方法非常简单。单击工具箱中的"横排文字工具" T，在其选项栏中设置字体、字号、颜色等文字属性。然后在画面中单击（单击处为文字的起点），出现闪烁的光标，如图 10-19 所示，输入文字，文字会沿横向进行排列，最后单击选项栏中的 ✓ 按钮（或按 Ctrl+Enter 组合键），完成文字的输入，如图 10-20 所示。

图 10-23　　　　　　　图 10-24

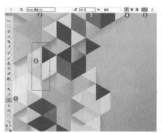

图 10-19　　　　　　图 10-20

提示：方便的字符选择方式。

　在文字输入状态下，单击 3 次可以选择一行文字；单击 4 次可以选择整个段落的文字；按 Ctrl+A 组合键可以选择所有的文字。

步骤 02 此时在"图层"面板中出现了一个新的文字图层。如果要修改整个文字图层的字体、字号等属性，可以在"图层"面板中单击选中该文字图层（如图 10-21 所示），然后在选项栏或"字符"面板、"段落"面板中更改文字属性，如图 10-22 所示。

步骤 04 如果要修改文本内容，可以将光标放置在要修改的内容的前面，按住鼠标左键向后拖动，如图 10-25 所示，选中需要更改的字符，如图 10-26 所示。然后输入新的字符即可，如图 10-27 所示。

图 10-25

图 10-21　　　　　　图 10-22

步骤 03 如果要修改部分字符的属性，可以在文本上按住鼠标左键拖动，选择要修改属性的字符（如图 10-23 所示），然后在选项栏或"字符"面板中修改相应的属性（如字号、颜色等）。完成属性修改后，可以看到只有选中的文字发生了变化，如图 10-24 所示。

图 10-26　　　　　　图 10-27

提示：文字输入状态下变换文字。

在使用文字工具或文字蒙版工具输入文字的状态下，按住 Ctrl 键，文字蒙版四周会出现类似自由变换的定界框，如图 10-28 所示。此时可以对该文字蒙版进行移动、旋转、缩放、斜切等操作，如图 10-29 所示。

图10-28　　　　　　　　　图10-29

步骤 05 在文字输入状态下，如要移动文字，可以将光标移动到文字内容的旁边，当它变为 ▶╋ 形状时（如图 10-30 所示），按住鼠标左键拖动即可，如图 10-31 所示。

图 10-30　　　　　　　　　图 10-31

提示：如何在设计作品中使用其他字体？

平面设计作品的制作中经常需要使用各种风格的字体，而计算机自带的字体可能无法满足实际需求，这时就需要安装额外的字体。由于 Photoshop 中所使用的字体其实是调用操作系统中的系统字体，所以用户只需要把字体文件安装在操作系统的字体文件夹下即可。市面上常见的字体安装文件多种多样，安装方式也略有区别。安装好字体后，重新启动 Photoshop，就可以在文字工具选项栏的"设置字体"下拉列表系列中查找到新安装的字体。

下面列举几种比较常见的字体安装方法。

很多时候我们所用的字体文件是 EXE 格式的可执行文件，这种字库文件安装比较简单，双击运行并按照提示进行操作即可，如图 10-32 所示。

当遇到后缀名为".ttf"、".fon"等没有自动安装程序的字体文件时，需要打开"控制面板"（单击计算机桌面左下角的"开始"按钮，在弹出的"开始"菜单中选择"控制面板"命令），然后双击"字体"选项，打开"字体"窗口，接着将".ttf"、".fon"格式的字体文件复制到其中即可，如图 10-33 所示。

字库.EXE　　　　invisibl.ttf

图 10-32　　　　图 10-33

举一反三：制作搞笑"表情包"

步骤 01 学会了使用"横排文字工具"创建点文本的方法，就可以随心所欲地在图像上添加一些文字了，比如制作一些有趣的网络"表情包"。在此找到一张非常可爱的儿童照片，如图 10-34 所示。由于照片有些大，首先使用"裁剪工具"对画面进行裁剪，如图 10-35 所示。

步骤 02 单击工具箱中的"横排文字工具"，在其选项栏中设置合适的字体以及字号，然后在画面中单击，如图 10-36 所示。接着就可以输入第一行文字，如图 10-37 所示。输入第二行文字时，需要按 Enter 键换行。文字输入完成后，单击选项栏中的"提交所有当前编辑"按钮，如图 10-38 所示。

图 10-34　　　　　　图 10-35

图 10-36　　　　图 10-37　　　　图 10-38

步骤03 此时一个搞笑"表情包"就制作完成了，如图10-39所示。如果尝试为其添加一个圆角的边框，可以使用"圆角矩形工具"进行制作，如图10-40所示。

图10-39　　　　　图10-40

练习实例：创建点文本制作简约标志

文件路径	资源包\第10章\练习实例：创建点文本制作简约标志
难易指数	★★★★★
技术掌握	横排文字工具、矩形工具

案例效果

案例效果如图10-41所示。

图10-41

操作步骤

步骤01 执行"文件>新建"命令，新建一个空白文档。将前景色设置为浅灰色，背景色设置为白色。选择工具箱中的"渐变工具"，在其选项栏中单击渐变颜色条，在弹出的"渐变编辑器"对话框中选择"预设"列表中的第一个渐变颜色，即可编辑一个浅灰色系的渐变，如图10-42所示。然后在选项栏中单击"径向渐变"按钮，在画布中央按住鼠标左键向左上角拖动，松开鼠标后背景被填充为灰色系渐变，如图10-43所示。

图10-42　　　　　　　　　图10-43

步骤02 单击工具箱中的"矩形工具"，在其选项栏中设置"绘制模式"为"形状"，"填充"为青色，然后在画布上按住Shift键的同时按住鼠标左键拖动，绘制一个正方形，如图10-44所示。按Ctrl+J组合键，对该图层进行复制，如图10-45所示。

图10-44　　　　　　　图10-45

步骤03 选中复制的图层，将其向右移动，在选项栏中设置"填充"为棕色，如图10-46所示。用同样的方式制作紫色正方形，如图10-47所示。

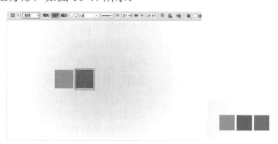

图10-46　　　　　　　　　图10-47

步骤04 在工具箱中单击"横排文字工具"，在其选项栏中设置合适的字体、字号，设置"文本颜色"为白色，然后在画面上单击输入文字。输入完成后，在选项栏中单击"提交所有当前编辑"按钮，如图10-48所示。用同样的方法输入其他文字，如图10-49所示。

图10-48　　　　　　　　　图10-49

步骤05 继续在矩形右侧输入文字，最终效果如图10-50所示。

图10-50

练习实例：在选项栏中设置文字属性

文件路径	资源包\第10章\练习实例：在选项栏中设置文字属性
难易指数	★★★★★
技术掌握	横排文字工具

案例效果

案例效果如图 10-51 所示。

图 10-51

操作步骤

步骤 01 执行"文件>新建"命令，新建一个空白文档。设置前景色为天蓝色，按 Alt+Delete 组合键填充前景色，如图 10-52 所示。单击工具箱中的"横排文字工具"，在其选项栏中打开"设置字体"下拉列表，从中选择一种合适的字体，如图 10-53 所示。

图 10-52 图 10-53

步骤 02 设置合适的"字号"，然后单击"设置文本颜色"按钮，在弹出的"拾色器（文本颜色）"对话框中设置文本颜色为蓝色，单击"确定"按钮，完成文字属性的设置，如图 10-54 所示。在画面中单击插入光标，然后输入文字，最后单击选项栏中的"提交所有当前编辑"按钮，完成操作，如图 10-55 所示。

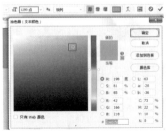

图 10-54 图 10-55

步骤 03 单击工具箱中的"多边形套索工具"，在画布上绘制一个多边形选区，如图 10-56 所示。新建图层，设置前景色为深粉色，按 Alt+Delete 组合键填充前景色，然后按 Ctrl+D 组合键取消选区，如图 10-57 所示。

图 10-56 图 10-57

步骤 04 选择粉色图形的图层，设置其"混合模式"为"色相"，如图 10-58 所示。此时画面效果如图 10-59 所示。

图 10-58 图 10-59

步骤 05 单击工具箱中的"多边形套索工具"，在其选项栏中设置"绘制模式"为"添加到选区"，在文字下方绘制多个三角形和四边形选区，如图 10-60 所示。新建一个图层，设置前景色为白色，按 Alt+Delete 组合键填充前景色，然后按 Ctrl+D 组合键取消选区，如图 10-61 所示。

图 10-60 图 10-61

步骤 06 单击工具箱中的"横排文字工具"，在其选项栏中设置合适的字体、字号，设置"文本颜色"为白色，在画布上单击并输入文字，如图 10-62 所示。接着在字母 B 的左侧或右侧单击插入光标，然后按住鼠标左键向反方向拖拽选中字母 B，如图 10-63 所示。

图 10-62 图 10-63

步骤 07 在选项栏中设置文本颜色为蓝色，如图 10-64 所示。继续更改字母 C 的颜色，如图 10-65 所示。

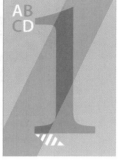

图 10-64　　　　　　　　图 10-65

步骤 08 用同样的方法输入其他的文字，最终效果如图 10-66 所示。

图 10-66

[重点] 10.1.3　动手练：创建段落文本

顾名思义，"段落文本"是一种用来制作大段文本的常用方式。"段落文本"可以使文字限定在一个矩形范围内，在这个矩形区域中文字会自动换行，而且文字区域的大小还可以方便地进行调整。配合对齐方式的设置，可以制作出整齐排列的效果。"段落文本"常用于书籍、杂志、报纸或其他包含大量整齐排列的文字的版面的设计，如图 10-67 和图 10-68 所示。

图 10-67　　　　　　　　图 10-68

步骤 01 单击工具箱中的"横排文字工具"，在其选项栏中设置合适的字体、字号、文字颜色、对齐方式，然后在画布中按住鼠标左键拖动，绘制出一个矩形的文本框，如图 10-69 所示。在其中输入文字，文字会自动排列在文本框中，如图 10-70 所示。

扫一扫，看视频

图 10-69　　　　　　　　图 10-70

步骤 02 如果要调整文本框的大小，可以将光标移动到文本框边缘处，按住鼠标左键拖动即可，如图 10-71 所示。随着文本框大小的改变，文字也会重新排列。当定界框较小而不能显示全部文字时，其右下角的控制点会变为 形状，如图 10-72 所示。

图 10-71　　　　　　　　图 10-72

步骤 03 文本框还可以进行旋转。将光标放在文本框一角处，当其变为弯曲的双向箭头 时，按住鼠标左键拖动，即可旋转文本框，文本框中的文字也会随之旋转（在旋转过程中如果按住 Shift 键，能够以 15° 角为增量进行旋转），如图 10-73 所示。单击工具选项栏中的 ✓ 按钮或者按 Ctrl+Enter 组合键完成文本编辑。如果要放弃对文本的修改，可以单击工具选项栏中的 ⊘ 按钮或者按 Esc 键。

图 10-73

提示：点文本和段落文本的转换。

如果当前选择的是点文本，执行"文字 > 转换为段落文本"命令，可以将点文本转换为段落文本；如果当前选择的是段落文本，执行"文字 > 转换为点文本"命令，可以将段落文本转换为点文本。

练习实例：创建段落文本制作男装宣传页

文件路径	资源包\第10章\练习实例：创建段落文本制作男装宣传页
难易指数	★★★★★
技术掌握	创建段落文字、段落面板

案例效果

案例效果如图 10-74 所示。

图 10-74

操作步骤

步骤 01 新建一个"宽度"为 17 厘米、"高度"为 12 厘米的空白文档。设置前景色为蓝灰色，如图 10-75 所示。按 Alt+Delete 组合键为背景填充颜色，如图 10-76 所示。

扫一扫，看视频

图 10-75

图 10-76

步骤 02 执行"文件>置入"命令，置入素材 1.png。接着将置入对象调整到合适的大小、位置，按 Enter 键完成置入操作。执行"图层>栅格化>智能对象"命令，将该图层栅格化为普通图层，效果如图 10-77 所示。

图 10-77

步骤 03 单击工具箱中的"横排文字工具"，在其选项栏中设置合适的字体、字号，设置"文本颜色"为白色，在画面右下角单击并输入标题文字，然后单击选项栏中的"提交所有当前编辑"按钮，如图 10-78 所示。用同样的方法输入其他标题文字，如图 10-79 所示。

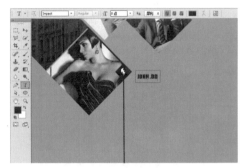

图 10-78

图 10-79

步骤 04 继续使用"横排文字工具"，在标题文字下方，按住鼠标左键向右下角拖动，绘制一个段落文本框，如图 10-80 所示。在选项栏中设置合适的字体、字号，设置"文本颜色"为白色，在文本框中输入文字，如图 10-81 所示。

图 10-80　　　　　　　　图 10-81

步骤 05 选择段落文本，执行"窗口>段落"命令，在弹出的"段落"面板中单击"最后一行左对齐"按钮，如图 10-82 所示。最终效果如图 10-83 所示。

图 10-82　　　　　　　　图 10-83

中文版Photoshop CS6从入门到精通（微课视频 全彩版）

练习实例：创意字符画

文件路径	资源包\第10章\练习实例：创意字符画
难易指数	★★★★★
技术掌握	横排文字工具

案例效果

案例效果如图 10-84 所示。

图 10-84

操作步骤

步骤01 执行"文件 > 新建"命令，新建一个空白文档，如图 10-85 所示。单击工具箱中的"横排文字工具"，在其选项栏中设置合适的字体、字号，设置"文本颜色"为深灰色。在画面中按住鼠标左键向右下角拖拽，绘制一个文本框，然后在其中输入大量字符，完成后单击"提交所有当前编辑"按钮，如图 10-86 所示。

扫一扫，看视频

图 10-85　　　　　　　图 10-86

步骤02 选择文字图层，按 Ctrl+T 组合键调出定界框，然后在选项栏中设置"旋转角度"为 -10°，旋转完成后按 Enter 键确认，如图 10-87 所示。设置前景色为黑色，选择"背景"图层，按 Alt+Delete 组合键进行填充，如图 10-88 所示。

图 10-87　　　　　　　图 10-88

步骤03 执行"文件 > 置入"命令，置入素材 1.png，并将该图层栅格化，如图 10-89 所示。在"图层"面板中设置其"混合模式"为"颜色减淡"，如图 10-90 所示。此时画面效果如图 10-91 所示。

图 10-89　　　　　　　图 10-90

图 10-91

步骤04 最后制作暗角效果。新建一个图层，单击工具箱中的"画笔工具"，在其选项栏中选择一种柔边圆画笔，"大小"设置为 700 像素，并将前景色设置为黑色，然后在画面的左上角按住鼠标左键拖拽，绘制效果如图 10-92 所示。继续使用"画笔工具"在画面边缘涂抹，最终效果如图 10-93 所示。

图 10-92　　　　　　　图 10-93

【重点】 10.1.4 动手练：创建路径文字

前面介绍的两种文字都是排列比较规则的，但是有的时候可能需要一些排列得不那么规则的文字效果，比如使文字围绕在某个图形周围、使文字像波浪线一样排布。这时就要用到"路径文字"功能了。"路径文字"比较特殊，它是使用"横排文字工具"或"直排文字工具"创建出的依附于"路径"上的一种文字类型。依附于路径上的文字会按照路径的形态进行排列，如图 10-94 和图 10-95 所示。

扫一扫，看视频

为了制作路径文字，需要先绘制路径，如图 10-96 所示。然后将"横排文字工具"移动到路径上并单击，此时路径上出现了文字的输入点，如图 10-97 所示。

输入文字后，文字会沿着路径进行排列，如图 10-98 所示。改变路径形状时，文字的排列方式也会随之发生改变，如图 10-99 所示。

图 10-94

图 10-95

图 10-96

图 10-97　　　　图 10-98

图 10-99

练习实例：路径文字

文件路径	资源包\第10章\练习实例：路径文字
难易指数	★★★★★
技术掌握	路径文字

案例效果

案例效果如图 10-100 所示。

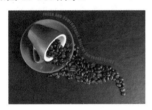
图 10-100

操作步骤

步骤 01 执行"文件>打开"命令，打开素材 1.jpg，如图 10-101 所示。单击工具箱中的"钢笔工具"，在其选项栏中设置"绘制模式"为"路径"，然后在画面中沿着盘子和咖啡豆的上部边缘绘制一条曲线路径，如图 10-102 所示。

扫一扫，看视频

图 10-101　　　　图 10-102

步骤 02 单击工具箱中的"横排文字工具"，将光标移动到路径左侧的边缘上，当它变为工形状时单击，即可插入光标，如图 10-103 所示。在选项栏中设置合适的字体、字号，设置"文本颜色"为咖啡色，如图 10-104 所示。然后输入文字，文字将沿着路径排列。最终效果如图 10-105 所示。

图 10-103　　　　图 10-104

图 10-105

10.1.5 动手练：创建区域文字

"区域文字"与"段落文本"比较相似，都是被限定在某个特定的区域内。"段落文本"处于一个矩形的文本框内，而"区域文字"的外框则可以是任何图形。如图10-106和图10-107所示为含有区域文字的作品。

步骤01 首先绘制一条闭合路径，然后单击工具箱中的"横排文字工具"，在其选项栏中设置合适的字体、字号及文本颜色，将光标移动至路径内，当它变为⑪形状（如图10-108所示时，单击即可插入光标，如图10-109所示。

扫一扫，看视频

图 10-106　　　　图 10-107　　　　图 10-108　　　　图 10-109

步骤02 输入文字，可以看到文字只在路径内排列。文字输入完成后，单击选项栏中的"提交所有当前操作"按钮✓，完成区域文字的制作，如图10-110所示。单击其他图层即可隐藏路径，如图10-111所示。

图 10-110　　　　　　　图 10-111

练习实例：创建区域文字制作杂志内页

文件路径	资源包\第10章\练习实例：创建区域文字制作杂志内页
难易指数	★★★★★
技术掌握	创建区域文字

案例效果

案例效果如图10-112所示。

图 10-112

操作步骤

步骤01 新建一个"宽度"为21厘米、"高度"为17厘米的空白文档。接着新建图层，使用"矩形选框工具"绘制选区。然后设置前景色为白色，按Alt+Delete组合键为矩形填充白色，如图10-113所示。

扫一扫，看视频

图 10-113

步骤02 按Ctrl+D组合键取消选区。选择图层1，执行"图层>图层样式>投影"命令，在弹出的"图层样式"对话框中设置"阴影颜色"为黑色，"不透明度"为20%，"距离"为20像素，"大小"为5像素，单击"确定"按钮，如图10-114所示。效果如图10-115所示。

图 10-114　　　　　　图 10-115

步骤03 执行"文件>置入"命令，置入素材1.jpg，然后将该图层栅格化，如图10-116所示。单击工具箱中的"多边形套索工具"，在风景图像的上半部分绘制一个四边形选区，如图10-117所示。

图 10-116　　　　　　　图 10-117

步骤 04 选中置入素材的图层，单击"图层"面板底部的"添加图层蒙版"按钮，基于选区添加图层蒙版，如图 10-118 所示。此时选区以外的部分被隐藏了，如图 10-119 所示。

图 10-118　　　　　　　图 10-119

步骤 05 单击工具箱中的"矩形选框工具"，在杂志页面右半部分绘制一个矩形选区，如图 10-120 所示。设置前景色为黑色，单击工具箱中的"渐变工具"，在其选项栏中单击渐变颜色条，在弹出的"渐变编辑器"对话框中设置一个前景色到透明的渐变，单击"确定"按钮，如图 10-121 所示。

图 10-120　　　　　　　图 10-121

步骤 06 新建图层。在选项栏中单击"线性渐变"按钮，按住鼠标左键自左向右拖动，松开鼠标后背景被填充为灰色系渐变。按 Ctrl+D 组合键取消选区，如图 10-122 所示。选中该图层，设置其"不透明度"为 10%，如图 10-123 所示。效果如图 10-124 所示。

图 10-122　　　图 10-123　　　图 10-124

步骤 07 以同样的方式绘制左侧页面的渐变效果，如图 10-125

所示。接着将该图层的"不透明度"设置为 10%，如图 10-126 所示。

图 10-125　　　　　　　图 10-126

步骤 08 单击工具箱中的"自定形状工具"，设置"绘制模式"为"形状"，"填充"为橘黄色，然后设置"形状"为"会话 1"，接着在版面的右上角绘制图形，如图 10-127 所示。

图 10-127

步骤 09 单击工具箱中的"钢笔工具"，在其选项栏中设置"绘制模式"为"形状"，在画面的左下方空白区域绘制一条闭合路径，如图 10-128 所示。单击工具箱中的"横排文字工具"，在其选项栏中设置合适的字体、字号，设置"文本颜色"为黑色。将光标移至绘制的圆形路径的内侧，当它变为①形状时单击，然后输入文字，如图 10-129 所示。

图 10-128　　　　　　　图 10-129

步骤 10 选中中间段落的文字，如图 10-130 所示，然后在选项栏中设置"文本颜色"为橘黄色，效果如图 10-131 所示。

中文版 Photoshop CS6 从入门到精通（微课视频 全彩版）

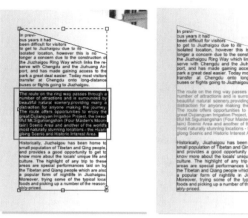

图 10-130

图 10-131

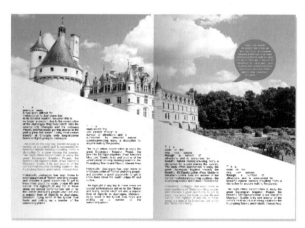

图 10-132

步骤 11 使用同样的方法输入其他位置的区域文本，最终效果如图 10-132 所示。

10.1.6 动手练：制作变形文字

在制作艺术字效果时，经常需要对文字进行变形。利用 Photoshop 提供的"创建文字变形"功能，可以多种方式进行文字的变形，如图 10-133 和图 10-134 所示。

选中需要变形的文字图层，在使用文字工具的状态下，在选项栏中单击"创建文字变形"按钮 ，打开"变形文字"对话框。在该对话框中，从"样式"下拉列表中选择变形文字的方式，然后分别设置文本扭曲的方向、弯曲、水平扭曲、垂直扭曲等参数，单击"确定"按钮，即可完成文字的变形，如图 10-135 所示。如图 10-136 所示为选择不同变形方式产生的文字效果。

图 10-133

图 10-134

图 10-135

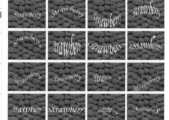

图 10-136

扫一扫，看视频

- 水平 / 垂直：选中"水平"单选按钮时，文本扭曲的方向为水平方向，如图 10-137 所示。选中"垂直"单选按钮时，文本扭曲的方向为垂直方向，如图 10-138 所示。

图 10-137　　　　图 10-138

- 弯曲：用来设置文本的弯曲程度。如图 10-139 为设置不同参数值时的变形效果。

弯曲：-60　　　　弯曲：60

图 10-139

- 水平扭曲：用来设置水平方向的透视扭曲变形的程度。如图 10-140 所示为设置不同参数值时的变形效果。

水平扭曲：100　　　　水平扭曲：-100

图 10-140

- 垂直扭曲：用来设置垂直方向的透视扭曲变形的程度。如图 10-141 所示为设置不同参数值时的变形效果。

垂直扭曲：-60　　　　垂直扭曲：60

图 10-141

提示：为什么"变形文字"不可用。

如果所选的文字对象被添加了"仿粗体"样式，那么在使用"变形文字"功能时可能会出现不可用的提示，如图 10-142 所示。此时只需单击"确定"按钮，即可去除"仿粗体"样式，并继续使用"变形文字"功能。

图 10-142

练习实例：变形艺术字

文件路径	资源包\第10章\练习实例：变形艺术字
难易指数	★★★★★
技术掌握	变形文字、图层样式

案例效果

案例效果如图 10-143 所示。

图 10-143

操作步骤

扫一扫，看视频

步骤 01 执行"文件 > 打开"命令，打开素材 1.jpg，如图 10-144 所示。

图 10-144

步骤 02 单击工具箱中的"横排文字工具"，在其选项栏中设置合适的字体、字号，设置"文本颜色"为白色。在画面中单击插入光标，然后输入文字，如图 10-145 所示。在"图层"面板中选中输入的文字图层，在选项栏中单击"创建变形文字"按钮，在弹出的"变形文字"对话框中设置"样式"为"扇形"，"弯曲"为 +20%，单击"确定"按钮，如图 10-146 所示。效果如图 10-147 所示。

图 10-145

图 10-146　　　　图 10-147

步骤 03 选择文字图层，执行"图层 > 图层样式 > 描边"命令，在弹出的"图层样式"对话框中，设置描边"大小"为 20 像素，"颜色"为粉色，如图 10-148 所示。接着在左侧"样式"列表中选中"投影"复选框，设置"阴影颜色"为黑色，"不透明度"为 75%，"角度"为 30 度，"距离"为 20 像素，"扩展"为 35%，"大小"为 20 像素，单击"确定"按钮，如图 10-149 所示，文字效果如图 10-150 所示。

图 10-148　　　　图 10-149

图 10-150

步骤04 继续使用"横排文字工具"输入文字，如图 10-151 所示。选中输入的文字，在选项栏中单击"创建变形文字"按钮，在弹出的"变形文字"对话框中设置"样式"为"扇形"，"弯曲"为 +22%，单击"确定"按钮，如图 10-152 所示。效果如图 10-153 所示。

步骤05 使用同样的方式制作其他变形的文字，效果如图 10-154 所示。

图 10-151　　　　　　图 10-152

图 10-153　　　　　　图 10-154

步骤06 在"图层"面板中选中第一个输入文字的图层，如图 10-155 所示。单击鼠标右键，在弹出的快捷菜单中选择"拷贝图层样式"命令，如图 10-156 所示。选择另外一个没有图层样式的文字图层，如图 10-157 所示。单击鼠标右键，在弹出的快捷菜单中选择"粘贴图层样式"命令，如图 10-158 所示。

图 10-155　　图 10-156　　图 10-157　　图 10-158

步骤07 此时该文本具有了同样的图层样式，效果如图 10-159 所示。使用同样的方法为其他文字添加图层样式，效果如图 10-160 所示。

图 10-159　　　　　　图 10-160

步骤08 在"图层"面板中单击"创建新组"按钮，新建一个名为"文字"的图层组。然后选中所有文字图层，如图 10-161 所示。按住鼠标左键拖动，将所选图层移到"文字"图层组中，如图 10-162 所示。

图 10-161　　　　　　图 10-162

步骤09 选择整个组，如图 10-163 所示。执行"图层 > 图层样式 > 描边"命令，在弹出的"图层样式"对话框中设置"大小"为 30 像素，"颜色"为深粉色，如图 10-164 所示。然后在左侧"样式"列表中选中"投影"复选框，设置"阴影颜色"为黑色，"角度"为 30 度，"距离"为 40 像素，"扩展"为 5%，"大小"为 40 像素，单击"确定"按钮，如图 10-165 所示。图层样式效果如图 10-166 所示。

图 10-163　　　　图 10-164　　　　图 10-165

步骤10 最后执行"文件 > 置入"命令，置入素材 2.png。接着将置入对象调整到合适的大小、位置，按 Enter 键完成置入操作。执行"图层 > 栅格化 > 智能对象"命令，最终效果如图 10-167 所示。

图 10-166　　　　　　图 10-167

10.1.7 文字蒙版工具：创建文字选区

与其称"文字蒙版工具"为"文字工具"，不如称之为"选区工具"。"文字蒙版工具"主要用于创建文字的选区，而不是实体文字。虽然文字选区并不是实体，但是文字选区在设计制图过程中也是很常用的，例如以文字选区对画面的局部进行编辑，或者从图像中复制出局部文字内容等。如图 10-168 和图 10-169 所示为使用该功能制作的作品。

步骤01 使用"文字蒙版工具"创建文字选区的方法与使用文字工具创建文字对象的方法基本相同，而且设置字体、字号等属性的方式也是相同的。Photoshop 中包

图 10-168　　　图 10-169

扫一扫，看视频

含两种文字蒙版工具："横排文字蒙版工具" 📝 和"直排文字蒙版工具" 📝。这两种工具的区别在于创建出的文字选区方向不同，如图 10-170 和图 10-171 所示。

图 10-170　　　　　　　　图 10-171

步骤 02 下面以使用"横排文字蒙版工具" 📝 为例进行说明。单击工具箱中的"横排文字蒙版工具" 📝，在其选项栏中进行字体、字号、对齐方式等参数的设置，然后在画面中单击，画面被半透明的蒙版所覆盖，如图 10-172 所示。输入文字，文字部分显现出原始图像内容，如图 10-173 所示。文字输入完成后，在选项栏中单击"提交所有当前编辑"按钮 ✓，文字将以选区的形式出现，如图 10-174 所示。

图 10-172　　　　　图 10-173　　　　　图 10-174

步骤 03 在文字选区中，可以进行填充（前景色、背景色、渐变色、图案等），如图 10-175 所示。也可以对选区中的图案内容进行编辑，如图 10-176 所示。

图 10-175　　　　　　　　图 10-176

步骤 04 在使用文字蒙版工具输入文字时，将光标移动到文字以外区域，光标会变为移动状态 ▶，如图 10-177 所示。此时按住鼠标左键拖动，可以移动文字蒙版的位置，如图 10-178 所示。

图 10-177　　　　　　　　图 10-178

练习实例：使用文字蒙版工具制作美食画册封面

文件路径	资源包\第10章\练习实例：使用文字蒙版工具制作美食画册封面
难易指数	★★★★★
技术掌握	"横排文字蒙版工具"

案例效果

案例效果如图 10-179 所示。

图 10-179

操作步骤

步骤 01 执行"文件 > 新建"命令，新建一个空白文档，如图 10-180 所示。设置前景色为黑色，按 Alt+Delete 组合键填充前景色，如图 10-181 所示。

扫一扫，看视频

图 10-180

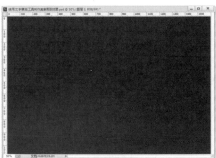

图 10-181

步骤 02 执行"文件 > 置入"命令，置入素材 1.jpg，并将该图层栅格化，如图 10-182 所示。选中置入素材的图层，在"图层"面板中设置其"不透明度"为 10%，如图 10-183 所示。此时画面效果如图 10-184 所示。

中文版Photoshop CS6从入门到精通（微课视频 全彩版）

图 10-182　　　　图 10-183　　　　　　图 10-184

步骤03 单击工具箱中的"矩形选框工具"按钮，在画面上绘制一个矩形，如图 10-185 所示。然后按 Ctrl+Shift+I 组合键，将选区反选，如图 10-186 所示。

图 10-185　　　　　　图 10-186

步骤04 按 Ctrl+J 组合键，将选区复制到独立图层，然后将其"不透明度"设置为 50%，如图 10-187 所示。此时画面效果如图 10-188 所示。

图 10-187　　　　　　图 10-188

步骤05 单击工具箱中的"横排文字蒙版工具"，在其选项栏中设置合适的字体、字号，然后在画布上单击并输入文字，如图 10-189 所示。输入完成后，单击选项栏中的"提交所有当前编辑"按钮✔，得到选区，如图 10-190 所示。

图 10-189　　　　　　图 10-190

步骤06 保留建立的选区，选择素材图层，按 Ctrl+J 组合键将选区复制到独立图层，然后将"不透明度"设置为 100%，文字效果如图 10-191 所示。使用同样的方法制作底部的图案文字，最终效果如图 10-192 所示。

图 10-191　　　　　　图 10-192

✍ *读书笔记*

10.1.8 使用"字形"面板创建特殊字符

字形是特殊形式的字符。字形是由具有相同整体外观的字体构成的集合，它们是专为一起使用而设计的。在需要插入特殊字符的位置处单击，如图 10-193 所示。执行"窗口 > 字形"命令，打开"字形"面板，如图 10-194 所示。首先在上方"字体"下拉列表中选择一种字体，在上面的表格中就会显示出当前字体的所有字符和符号。在文字输入状态下，双击"字形"面板中的字符。即可在画面中输入该字符，如图 10-195 所示。

图10-193　　　图10-194　　　图10-195

10.2　文字属性的设置

在文字属性的设置方面，利用文字工具选项栏来设置是最方便的方式，但是在选项栏中只能对一些常用的属性进行设置，而对于间距、样式、缩进、避头尾法则等选项的设置则需要使用"字符"面板和"段落"面板。这两个面板是进行文字版面编排时最常用的功能，如图 10-196 和图 10-197 所示为优秀的文字版面编排作品。

扫一扫，看视频

图 10-196　　　　　图 10-197

虽然在文字工具的选项栏中可以进行一些文字属性的设置，但并未包括所有的文字属性。执行"窗口 > 字符"命令，打开"字符"面板。该面板是专门用来定义页面中字符的属性的。在"字符"面板中，除了能对常见的字体系列、字体样式、字体大小、文本颜色和消除锯齿的方法等进行设置，也可以对行距、字距等字符属性进行设置，如图 10-198 所示。

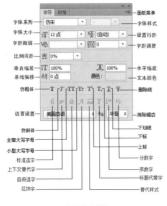

图10-198

- **（设置行距）**：行距就是上一行文字基线与下一行文字基线之间的距离。选择需要调整的文字图层，然后在"设置行距"文本框中输入行距值或在下拉列表中选择预设的行距值，然后按 Enter 键即可。如图 10-199 所示为不同参数值的对比效果。

图 10-199

- **（字距微调）**：用于微调两个字符之间的字距。在设置时，先要将光标插入到需要进行字距微调的两个字符之间，然后在该文本框中输入所需的字距微调数量（也可在下拉列表中选择预设的字距微调数量）。输入正值时，字距会扩大；输入负值时，字距会缩小。如图 10-200 所示为不同参数值的对比效果。

图 10-200

- **（字距调整）**：用于调整所选字符的字距。输入正值时，字距会扩大；输入负值时，字距会缩小。如图 10-201 所示为不同参数值的对比效果。

图 10-201

- **（比例间距）**：比例间距是按指定的百分比来减少字符周围的空间，因此字符本身并不会被伸展或挤压，而是字符之间的间距被伸展或挤压了。如图 10-202 所示为不同参数值的对比效果。

图 10-202

- **（垂直缩放）/ （水平缩放）**：用于设置文字的垂直或水平缩放比例，以调整文字的高度或宽度。如图 10-203 所示为不同参数值的对比效果。

图 10-203

- **（基线偏移）**：用于设置文字与文字基线之间的距离。输入正值时，文字会上移；输入负值时，文字会下移。如图 10-204 所示为不同参数值的对比效果。

图 10-204

- **（文字样式）**：用于设置文字的特殊效果，包括仿粗体 **T**、仿斜体 *T*、全部大写字母 **TT**、小型大写字母 **Tr**、上标 **T¹**、下标 **T₁**、下划线 **T**、删除线 **T**，如图 10-205 所示。

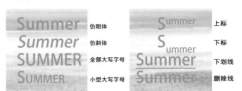

图 10-205

- fi ℴ st 𝒜 aa T 1ˢᵗ ½ **（Open Type 功能）**：包括标准连字 fi、上下文替代字 ℴ、自由连字 st、花饰字 𝒜、替代样式 aa、标题替代字 T、序数字 1ˢᵗ、分数字 ½。

- 美国英语 **（语言设置）**：对所选字符进行有关连字符和拼写规则的语言设置。

- aa 锐利 ↕ **（设置消除锯齿的方法）**：输入文字后，可以在该下拉列表中为文字指定一种消除锯齿的方法。

中文版Photoshop CS6从入门到精通（微课视频 全彩版）

〖重点〗 10.2.2 "段落"面板

"段落"面板用于设置文字段落的属性，如文本的对齐方式、缩进方式、避头尾法则设置、间距组合设置、连字等。在文字工具选项栏中单击"切换字符和段落面板"按钮或执行"窗口>段落"命令，打开"段落"面板，如图 10-206 所示。

图 10-206

- **左对齐文本**：文本左对齐，段落右端参差不齐，如图 10-207 所示。
- **居中对齐文本**：文本居中对齐，段落两端参差不齐，如图 10-208 所示。
- **右对齐文本**：文本右对齐，段落左端参差不齐，如图 10-209 所示。

图 10-207　　　　图 10-208　　　　图 10-209

- **最后一行左对齐**：最后一行左对齐，其他行左右两端强制对齐。段落文本、区域文字可用，点文本不可用，如图 10-210 所示。
- **最后一行居中对齐**：最后一行居中对齐，其他行左右两端强制对齐。段落文本、区域文字可用，点文本不可用，如图 10-211 所示。

图 10-210　　　　　　图 10-211

- **最后一行右对齐**：最后一行右对齐，其他行左右两端强制对齐。段落文本、区域文字可用，点文本不可用，如图 10-212 所示。
- **全部对齐**：在字符间添加额外的间距，使文本左右两端强制对齐。段落文本、区域文字、路径文字

可用，点文本不可用，如图 10-213 所示。

图 10-212　　　　图 10-213

> **提示：直排文字的对齐方式。**
>
> 当文字纵向排列（即直排）时，对齐按钮会发生一些变化，如图 10-214 所示。
>
>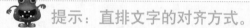
>
> 图 10-214

- **左缩进**：用于设置段落文本向右（横排文字）或向下（直排文字）的缩进量，如图 10-215 所示。
- **右缩进**：用于设置段落文本向左（横排文字）或向上（直排文字）的缩进量，如图 10-216 所示。
- **首行缩进**：用于设置段落文本中每个段落的第 1 行向右（横排文字）或第 1 列文字向下（直排文字）的缩进量，如图 10-217 所示。

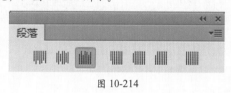

图 10-215　　　　图 10-216　　　　图 10-217

- **段前添加空格**：设置光标所在段落与前一个段落之间的间隔距离，如图 10-218 所示。
- **段后添加空格**：设置光标所在段落与后一个段落之间的间隔距离，如图 10-219 所示。

图 10-218　　　　图 10-219

- 避头尾法则设置：在中文书写习惯中，标点符号通常不会位于每行文字的第一位（日文的书写也遵循相同的规则），如图 10-220 所示。在 Photoshop 中可以通过设置"避头尾法则设置"来设定不允许出现在行首或行尾的字符。"避头尾"功能只对段落文本或区域文字起作用。默认情况下"避头尾法则设置"为"无"，单击其右侧的下拉按钮，在弹出的下拉列表中选择"JIS 严格"或者"JIS 宽松"，即可使位于行首的标点符号位置发生改变，如图 10-221 所示。

- 间距组合设置：为日语字符、罗马字符、标点、特殊字符、行开头、行结尾和数字的间距指定文本编排方式。选择"间距组合 1"选项，可以对标点使用半角间距；选择"间距组合 2"选项，可以对行中除最后一个字符外的大多数字符使用全角间距；选择"间距组合 3"选项，可以对行中的大多数字符和最后一个字符使用全角间距；选择"间距组合 4"选项，可以对所有字符使用全角间距。

- 连字：选中"连字"复选框后，在输入英文单词时，如果段落文本框的宽度不够，英文单词将自动换行，并在单词之间用连字符连接起来，如图 10-222 所示。

图 10-220

图 10-221

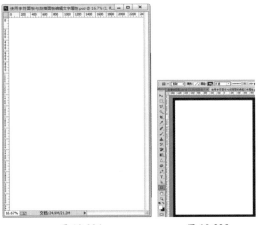
图 10-222

练习实例：使用"字符"面板与"段落"面板编辑文字属性

文件路径	资源包\第10章\练习实例：使用"字符"面板与"段落"面板编辑文字属性
难易指数	★★★★★
技术掌握	"字符"面板、"段落"面板

案例效果

案例效果如图 10-223 所示。

图 10-223

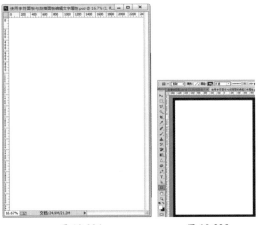
图 10-224　　　图 10-225

步骤 02 以同样的方式绘制另一个描边稍细的矩形，如图 10-226 所示。单击工具箱中的"椭圆工具"按钮，在其选项栏中设置"绘制模式"为"形状"，"填充"为黑色，然后按住 Shift 键绘制一个圆，如图 10-227 所示。

操作步骤

步骤 01 执行"文件 > 新建"命令，新建一个空白文档，如图 10-224 所示。单击工具箱中的"矩形工具"，在其选项栏中设置"绘制模式"为"形状"，"描边"为黑色，"粗细"为 18 点，然后在画布上绘制一个矩形，如图 10-225 所示。

扫一扫，看视频

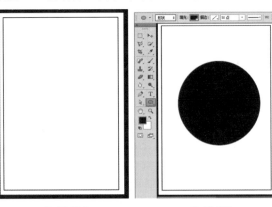
图 10-226　　　图 10-227

步骤03 单击工具箱中的"钢笔工具"，在其选项栏中设置"绘制模式"为"形状"，然后在圆左上角绘制一个图形，如图10-228所示。接着使用"椭圆工具"在黑色图形上绘制另一个圆，如图10-229所示。

图 10-228　　　　　　图 10-229

步骤04 执行"文件 > 置入"命令，置入素材1.jpg，然后将其移动到圆的上方，按Enter键确认，接着将该图层栅格化，如图10-230所示。选择人物图层，单击鼠标右键，在弹出的快捷菜单中选择"创建剪贴蒙版"命令。此时画面效果如图10-231所示。

图 10-230　　　　　　图 10-231

步骤05 单击工具箱中的"矩形工具"，在人物图像上方绘制一个黑色矩形，如图10-232所示。继续使用"矩形工具"绘制另外两个矩形，如图10-233所示。

图 10-232　　　　　　图 10-233

步骤06 单击工具箱中的"横排文字工具"，执行"窗口 > 字符"命令，打开"字符"面板，设置合适的字体、字号，设置字间距为12，水平缩放为110%，"颜色"为白色，如图10-234所示。在画面中单击输入文字，然后单击"提交所有当前编辑"按钮，如图10-235所示。用同样的方式输入另一段文字，如图10-236所示。

图 10-234　　　图 10-235　　　图 10-236

步骤07 接着在不选中任何文字图层的状态下，在"字符"面板中设置合适的字体、字号，设置行间距为12点，字间距为-12，"颜色"为黑色，单击"全部大写字母"按钮，如图10-237所示。执行"窗口 > 段落"命令，打开"段落"面板，单击"最后一行左对齐"按钮，如图10-238所示。

图 10-237　　　　　　图 10-238

步骤08 在画面左下角按住鼠标左键拖动，绘制一个文本框，然后在其中输入文字，如图10-239所示。使用同样的方法绘制另一段文字，最终效果如图10-240所示。

图 10-239　　　　　　图 10-240

练习实例：网店粉笔字公告

文件路径	资源包\第10章\练习实例：网店粉笔字公告
难易指数	★★★★★
技术掌握	文字工具的使用、栅格化文字、图层蒙版

案例效果

案例效果如图10-241所示。

图 10-241

操作步骤

步骤01 执行"文件>打开"命令，打开黑板素材1.jpg，如图10-242所示。在工具箱中选择"横排文字工具"，在其选项栏中设置合适的字体、字号及颜色，然后在画面中输入文字，如图10-243所示。

扫一扫，看视频

图 10-242　　　　　　　图 10-243

步骤02 更改部分字符为其他颜色，如图10-244所示。在文字图层上单击鼠标右键，在弹出的快捷菜单中选择"栅格化文字"命令，使文字图层转换为普通图层，如图10-245所示。

图 10-244　　　　　　　图 10-245

步骤03 按住Ctrl键单击文字图层缩略图，载入文字选区。选择文字图层，单击"图层"面板底部的"添加图层蒙版"按钮 ▣，为文字图层添加蒙版。单击选中图层蒙版，执行"滤镜>像素化>铜版雕刻"命令，在弹出的对话框中选择"类型"为"中长描边"，此时蒙版中白色文字部分出现了黑色的纹理，如图10-246所示。单击"确定"按钮，文字内容上也产生了局部隐藏的效果，如图10-247所示。

图 10-246　　　　　　　图 10-247

步骤04 继续执行"滤镜>像素化>铜版雕刻"命令，在弹出的对话框中选择"类型"为"粗网点"，如图10-248所示。如需加深效果，按Ctrl+Alt+F组合键，再次执行"铜版雕刻"命令，效果如图10-249所示。

图 10-248　　　　　　　图 10-249

步骤05 在工具箱中选择"画笔工具"，在其选项栏中设置不规则的画笔笔刷并适当调整橡皮"不透明度"，然后在文字蒙版上进行涂抹，使文字产生若隐若现的效果，如图10-250所示。

图 10-250

中文版Photoshop CS6从入门到精通（微课视频 全彩版）

10.3 编辑文字

文字是一类特殊的对象，既具有文本属性，又具有图像属性。Photoshop虽然不是专业的文字处理软件，但也具有对文字内容进行编辑的功能，例如可以查找并替换文本、英文拼写检查等。除此之外，还可以将文字对象转换为位图、形状图层，以及自动识别图像中包含的文字的字体。

【重点】10.3.1　栅格化：将文字对象转换为普通图层

在Photoshop中经常会进行栅格化操作，例如栅格化智能对象、栅格化图层样式、栅格化3D对象等。而这些操作通常都是指将特殊对象变为普通对象的过程。文字也是比较特殊的对象，无法直接进行形状或者内部像素的更改。而想要进行这些操作，就需要将文字对象转换为普通图层。此时"栅格化文字"命令就派上用场了。

在"图层"面板中选择文字图层，然后在图层名称上单击鼠标右键，在弹出的快捷菜单中选择"栅格化文字"命令（如图10-251所示），就可以将文字图层转换为普通图层，如图10-252所示。

图 10-251　　　　　　图 10-252

练习实例：栅格化文字对象制作火焰字

文件路径	资源包\第10章\练习实例：栅格化文字对象制作火焰字
难易指数	★★★★★
技术掌握	"栅格化文字"命令、"栅格化图层样式"命令、"液化"命令

案例效果

案例效果如图10-253所示。

图 10-253

操作步骤

步骤01 执行"文件>打开"命令，打开素材1.jpg，如图10-254所示。单击工具箱中的"横排文字工具"，在其选项栏中设置合适的字体、字号，设置"文本颜色"为深红色，在画面中单击插入光标，然后输入文字，如图10-255所示。

扫一扫，看视频

图 10-254

图 10-255

步骤02 在"图层"面板中选择文字图层，执行"图层>图层样式>内发光"命令，在弹出的"图层样式"对话框中设置"混合模式"为"正常"，"不透明度"为100%，"内发光颜色"为黄色，"方法"为"精确"，选中"边缘"单选按钮，设置"阻塞"为60%，"大小"为10像素，"范围"为50%，如图10-256所示。此时效果如图10-257所示。

图 10-256

图 10-257

步骤03 在左侧的"样式"列表中选中"投影"复选框，设置"混合模式"为"正常"，"阴影颜色"为红色，"不透明度"为75%，"角度"为30度，"扩展"为36%，"大小"为16像素，单击"确定"按钮完成设置，如图10-258所示。此时画面效果如图10-259所示。

图 10-258

图 10-259

步骤04▶在"图层"面板中选择文字图层，单击鼠标右键，在弹出的快捷菜单中选择"栅格化文字"命令，如图10-260所示。接着单击鼠标右键，在弹出的快捷菜单中选择"栅格化图层样式"命令，如图10-261所示。

图 10-260　　　　　　　图 10-261

步骤05▶选择文字图层，执行"滤镜 > 液化"命令，在弹出的对话框中单击"向前变形工具"按钮，设置"大小"为100，"浓度"为100，在画面中针对文字进行涂抹，达到文字变形的目的。单击"确定"按钮完成设置，如图10-262所示。文字效果如图10-263所示。

图 10-262　　　　　　　图 10-263

步骤06▶执行"文件 > 置入"命令，置入火焰素材 2.png，并将其调整到合适的大小、位置，然后按 Enter 键完成置入。然后将该图层栅格化，如图10-264所示。

图 10-264

步骤07▶接下来，处理文字与火焰处的衔接效果。选择火焰文字，单击"图层"面板底部的"添加图层蒙版"按钮，为该图层添加图层蒙版，如图10-265所示。接着使用黑色的柔角画笔在文字上半部涂抹，如图10-266所示。

图 10-265　　　　　　　图 10-266

步骤08▶涂抹完成后，文字上半部分呈现出半透明效果，如图10-267所示。

图 10-267

练习实例：奶酪文字

文件路径	资源包\第10章\练习实例：奶酪文字
难易指数	★★★★★
技术掌握	横排文字工具

案例效果

案例效果如图 10-268 所示。

扫一扫，看视频

图10-268

操作步骤

步骤01 执行"文件 > 打开"命令，打开素材 1.jpg，如图 10-269 所示。

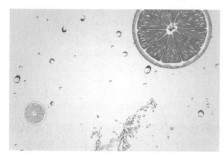

图 10-269

步骤02 单击工具箱中的"横排文字工具"，在其选项栏中设置合适的字体、字号，设置"文本颜色"为橙色，在画布上单击并输入文字，如图 10-270 所示。选择文字图层，单击"图层"面板底部的"添加图层蒙版"按钮，为该图层添加图层蒙版，如图 10-271 所示。

图 10-270　　　　　　　　　图 10-271

步骤03 选择图层蒙版，单击工具箱中的"椭圆选框工具"，在其选项栏中单击"添加到选区"按钮，然后在画布上绘制多个椭圆形选区，如图 10-272 所示。接着将前景色设置为黑色，单击选中文字图层的蒙版，按 Alt+Delete 组合键填充前景色，此时文字上绘制椭圆形处将被隐藏，效果如图 10-273 所示。

图 10-272　　　　　　　　　图 10-273

步骤04 选中文字图层，执行"图层 > 图层样式 > 投影"命令，在弹出的"图层样式"对话框中设置"混合模式"为"正片叠底"，"阴影颜色"为黑色，"不透明度"为 30%，"角度"为 120 度，"距离"为 6 像素，"大小"为 4 像素，单击"确定"按钮完成设置，如图 10-274 和图 10-275 所示。

图 10-274　　　　　　　　　图 10-275

步骤05 选择文字图层，按 Ctrl+J 组合键将其复制一份，然后双击文字拷贝图层缩览图，即可选中文字，如图 10-276 所示。接着设置"文本颜色"为黄色，效果如图 10-277 所示。

图 10-276　　　　　　　　　图 10-277

步骤06 选择黄色文字，执行"图层 > 图层样式 > 清除图层样式"命令，接着将黄色文字向左上方移动，效果如图 10-278 所示。使用同样的方法复制一份文字，并设置其颜色为淡黄色，如图 10-279 所示。

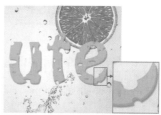

图 10-278　　　　　　　　　图 10-279

步骤07 选择淡黄色的文字图层，执行"图层 > 图层样式 > 斜面和浮雕"命令，在弹出的"图层样式"对话框中设置"样式"为"内斜面"，"方法"为"平滑"，"深度"为 50%，"方向"为"上"，"大小"为 0 像素，"软化"为 4 像素，"角度"为 120 度，"高度"为 30 度，"阴影颜色"为棕色，如图 10-280 所示。在左侧"样式"列表中选中"图案叠加"复选框，设置"混合模式"为"颜色加深"，"不透明度"为 70%，设置合适的"图案"，"缩放"为 100%，单击"确定"按钮完成设置，如图 10-281 所示。此时画面效果如图 10-282 所示。

图 10-280　　　　　　图 10-281　　　　　　图 10-282

步骤08 执行"文件 > 置入"命令，置入素材 2.png 并将其调整到合适的大小、位置，然后按 Enter 键完成置入。执行"图层 > 栅格化 > 智能对象"命令，最终效果如图 10-283 所示。

图 10-283

✎ *读书笔记*

10.3.2　动手练：文字对象转换为形状图层

"转换为形状"命令可以将文字对象转换为矢量的"形状图层"。转换为形状图层后，就可以使用钢笔工具组和选择工具组中的工具对文字的外形进行编辑。由于文字对象变为了矢量对象，所以在变形的过程中，文字是不会变模糊的。通常在制作一些变形艺术字的时候，需要将文字对象转换为形状图层。

步骤01 选择文字图层，然后在图层名称上单击鼠标右键，在弹出的快捷菜单中选择"转换为形状"命令（如图 10-284 所示）文字图层就变为了形状图层，如图 10-285 所示。

图 10-284　　　　　　　图 10-285

步骤02 使用"直接选择工具"调整锚点位置，或者使用钢笔工具组中的工具在形状上添加锚点并调整锚点形态（与矢量制图的方法相同），制作出形态各异的艺术字效果，如图 10-286 和图 10-287 所示。

图 10-286　　　　　　　图 10-287

练习实例：将文字转换为形状制作创意流淌文字

文件路径	资源包\第10章\练习实例：将文字转换为形状制作创意流淌文字
难易指数	★★★★★
技术掌握	转换为形状命令

案例效果

案例效果如图 10-288 所示。

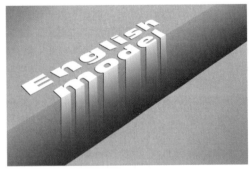

图 10-288

操作步骤

步骤01 执行"文件 > 打开"命令，打开素材 1.jpg，如图 10-289 所示。

扫一扫，看视频

图 10-289

步骤02 单击工具箱中的"横排文字工具"，在其选项栏中设置合适的字体、字号，设置"文本颜色"为白色，在画布上单击并输入文字，如图 10-290 所示。选择文字图层，执行"文字 > 转换为形状"命令，如图 10-291 所示。

图 10-290　　　　　　　图 10-291

步骤03 继续选中文字图层，执行"编辑 > 变换 > 扭曲"命令，拖动文字的四角控制点，拖动至合适位置，将文字变形。如图10-292所示。按下"Enter"键完成变换。画面效果如图10-293所示。

图 10-292　　　　　　　　图 10-293

步骤 04 单击工具箱中的"钢笔工具"，在其选项栏中设置"绘制模式"为"形状"，填充颜色为白色，在字母M的左下方绘制一个下垂的四边形，如图10-294所示。以同样的方式绘制其他图形，如图10-295所示。

图 10-294　　　　　　　　图 10-295

步骤 05 在"图层"面板中新建一个组，然后将绘制的图形和文字所在图层拖动到该组中，如图10-296所示。

图 10-296

步骤 06 选择图层组，执行"图层 > 图层样式 > 投影"命令，在弹出的"图层样式"对话框中设置"混合模式"为"正片叠底"，"阴影颜色"为黑色，"不透明度"为75%，"角度"为34度，"距离"为11像素，"扩展"为5%，"大小"为5像素，单击"确定"按钮完成设置，如图10-297所示。此时画面效果如图10-298所示。

图 10-297　　　　　　　　图 10-298

步骤 07 在"图层"面板中选中图层组，单击"添加图层蒙版"按钮。单击工具箱中的"画笔工具"，在其选项栏中选择一种柔边圆画笔，设置"大小"为500像素。在图层蒙版中文字垂下来的线条底部区域进行涂抹，如图10-299所示。此时底部区域产生半透明效果，如图10-300所示。

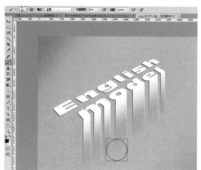

图 10-299　　　　　　　　图 10-300

步骤 08 新建图层，单击工具箱中的"多边形套索工具"，在相应位置绘制一个多边形选区，如图10-301所示。将前景色设置为黑色，然后单击工具箱中的"渐变工具"按钮，在其选项栏中单击渐变颜色条，在弹出的"渐变编辑器"对话框中单击"预设"列表框中的由黑色到透明度的渐变，然后单击"确定"按钮，如图10-302所示。

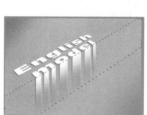

图 10-301　　　　　　　　图 10-302

步骤 09 在选区中按住鼠标左键拖拽进行填充，填充完成后按Ctrl+D组合键取消选区，最终效果如图10-303所示。

图 10-303

10.3.3 动手练：创建文字路径

想要获取文字对象的路径，可以选中文字图层，单击鼠标右键，在弹出的快捷菜单中执行"创建工作路径"命令（如图10-304所示），即可得到文字的路径，如图10-305所示。得到了文字的路径后，可以对路径进行描边、填充或创建矢量蒙版等操作。

图 10-304

图 10-305

练习实例：创建文字路径制作烟花字

文件路径	资源包\第10章\练习实例：创建文字路径制作烟花
难易指数	★★★★★
技术掌握	创建文字路径、路径描边

案例效果

案例效果如图10-306所示。

图 10-306

扫一扫，看视频

操作步骤

步骤01 执行"文件>打开"命令，打开素材1.jpg，如图10-307所示。

图 10-307

步骤02 单击工具箱中的"横排文字工具"，执行"窗口>字符"命令，在弹出的"字符"面板中设置合适的字体、字号，设置"字间距"为225，"颜色"为白色，单击"全部大写字母"按钮，如图10-308所示。在画面上单击插入光标，然后输入文字，如图10-309所示。

步骤03 在使用画笔描边路径前，首先需要对画笔进行设置。单击工具箱中的"画笔工具"，执行"窗口>画笔"命令，

在弹出的"画笔"面板中选择一个柔角画笔，设置"大小"为16像素，"硬度"为0%，"间距"为25%，如图10-310所示。选中"形状动态"复选框，设置"大小抖动"为71%，"最小直径"为100%，如图10-311所示。

图 10-308

图 10-309

图 10-310

图 10-311

步骤04 选中"散布"复选框，调整"散布"为235%，"数量"为1，如图10-312所示。选中"传递"复选框，调整"不透明度抖动"为16%，"流量抖动"为43%，如图10-313所示。

步骤05 选择文字图层，执行"文字>创建工作路径"命令，得到文字的路径，如图10-314所示。将文字图层隐藏，新建一个图层，将前景色设置为白色，选择一种矢量工具（钢笔工具、形状工具都可以），然后在画面中单击鼠标右键，

在弹出的快捷菜单中选择"描边路径"命令，如图 10-315 所示。

图 10-312　　　　　　　　图 10-313

 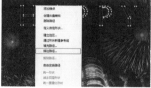

图 10-314　　　　　　　　图 10-315

步骤 06 在弹出的"描边路径"对话框中设置"工具"为"画笔"，然后单击"确定"按钮，如图 10-316 所示。效果如图 10-317 所示。

步骤 07 选择该图层，执行"图层 > 图层样式 > 内发光"命令，在弹出的"图层样式"对话框中设置"不透明度"为100%，"颜色"为粉色，"方法"为"柔和"，"源"为"边缘"，"大小"为 3 像素，如图 10-318 所示。在左侧"样式"列表中选中"外发光"复选框，设置"混合模式"为"滤色"，

"不透明度"为 100%，"颜色"为粉色，"方法"为"柔和"，"扩展"为 2%，"大小"为 24 像素，单击"确定"按钮完成设置，如图 10-319 所示。

 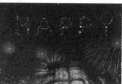

图 10-316　　　　　　　　图 10-317

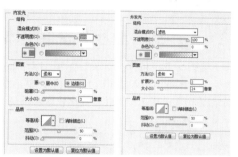

图 10-318　　　　　　　　图 10-319

步骤 08 此时文字效果如图 10-320 所示。使用同样的方法绘制另一段文字，最终效果如图 10-321 所示。

图 10-320　　　　　　　　图 10-321

10.3.4　动手练：使用占位符文本

在使用 Photoshop 制作包含大量文字的版面时，通常需要对版面中内容的摆放位置以及所占区域进行规划。此时利用"占位符"功能可以快速地输入一些文字，填充文本框。在设置好文本的属性后，在修改时只需删除占位符文本，并重新贴入需要使用的文字即可。

"粘贴 Lorem Ipsum"常用于段落文本中。使用"横排文字工具"绘制一个文本框，如图 10-322 所示。执行"文字 > 粘贴 Lorem Ipsum"命令，文本框即可快速被字符填满，如图 10-323 所示。如果使用"横排文字工具"在画面中单击，执行"文字 > 粘贴 Lorem Ipsum"命令，会自动出现很多的字符沿横向排列，甚至超出画面，如图 10-324 所示。

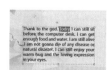

图 10-322　　　　　　图 10-323　　　　　　图 10-324

10.3.5　拼写检查

"拼写检查"命令用于检查当前文本中的英文单词的拼写错误，对于中文此命令是无效的。

步骤 01 首先选择需要进行检查的文本对象，如图 10-325 所示。然后执行"编辑 > 拼写检查"命令，打开"拼写检查"对话框。Photoshop 会自动查找错误并提供修改建议，在"不在词典中"文本框中列出拼写错误的单词，在"建议"列表框中列出可供修改的单词，从中选择正确的单词或直接在"更改为"文本框中输入正确的单词，然后单击"更改"按钮，如图 10-326 所示。

图 10-325　　　　　　　　图 10-326

步骤 02 此时文档中错误的文字被更改正确，如图 10-327 所示。完成拼写检查后，在弹出的提示对话框中单击"确定"按钮，如图 10-328 所示。

- 忽略：继续拼写检查而不更改文本。
- 全部忽略：在剩余的拼写检查过程中忽略有疑问的字符。
- 更改：单击该按钮，可以校正拼写错误的字符。
- 更改全部：校正文档中出现的所有拼写错误。
- 添加：可以将无法识别的正确单词存储在词典中，这样后面再次出现该单词时，就不会被检查为拼写错误。
- 检查所有图层：选中该复选框后，可以对所有文字图层进行拼写检查。

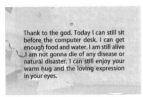
图 10-327

图 10-328

10.3.6　动手练：查找和替换文本

执行"编辑 > 查找和替换文本"命令，打开"查找和替换文本"对话框，在"查找内容"文本框中输入要查找的内容，在"更改为"文本框中输入要更改为的内容，然后单击"更改全部"按钮即可进行全部更改，如图 10-329 和图 10-330 所示。更改效果如图 10-331 所示，这种方式比较适合于统一进行更改。

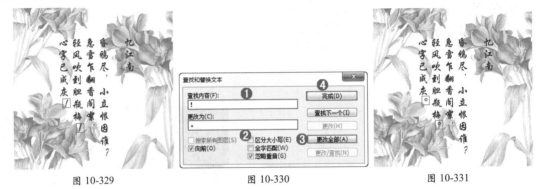

图 10-329　　　　　　　　　　　图 10-330　　　　　　　　　　　图 10-331

提示：并不是所有时候都需要单击"更改全部"按钮。

如果不想统一更改，而是逐一查找要更改的内容，并决定是否更改，可以单击"查找下一个"按钮，随即查找的内容就会高光显示。如果需要更改，则单击"更改"按钮，即可进行更改；如不需要更改，则再次单击"查找下一个"按钮继续查找。

10.3.7　解决文档中的字体问题

在平面设计工作中，经常会遇到字体问题。例如打开 PSD 格式的设计作品源文件时提示"缺失字体"，文字图层上有一个黄色感叹号，对文字图层进行变换时提示"用于文字图层的以下字体已丢失"。遇到这些情况不要怕，这都是由于缺少相应的字体文件造成的。解决缺失字体有两种办法：一是获取并重新安装原本缺失的字体；二是替换成其他字体。想要对缺失的字体进行替换，可以执行"文字 > 替换所有欠缺字体"命令。

例如，打开一个缺少字体的文件，会弹出一个对话框，单击"确定"按钮继续打开文档，如图10-332所示。

在对缺失字体的文字图层进行自由变换操作时，将弹出类似"用于文本图层的以下字体已丢失"提示对话框。此时对文字进行自由变换可能会使文字变模糊，如果仍要进行自由变换，可以单击"确定"按钮，如图 10-333 所示。

图 10-332

图 10-333

10.4 使用字符样式 / 段落样式

字符样式与段落样式指的是在 Phostoshop 中定义的一系列文字属性合集，其中包括文字的大小、间距、对齐方式等一系列的属性。通过设定好的一系列字符样式、段落样式，可以在进行大量文字排版的时候，快速调用这些样式，使包含大量文字的版面快速变得规整起来。尤其是杂志、画册、书籍以及带有相同样式的文字对象的排版中，经常需要用到这项功能，如图 10-334~ 图 10-337 所示。

图 10-334

图 10-335

图 10-336

图 10-337

10.4.1 字符样式、段落样式

在"字符样式"面板和"段落样式"面板中，可以将字体、大小、间距、对齐等属性定义为"样式"，存储在字符样式"面板和"段落样式"面板中，也可以将"样式"赋予到其他文字上，使之产生相同的文字样式。在书籍排版、画册设计等包含大量相同样式的文字排版中，经常会用到这两个面板，如图 10-338 所示和图 10-339 所示。

图 10-338

图 10-339

"段落样式"面板与"字符样式"面板的使用方法相同，都可以进行文字某些样式的定义、编辑与调用，区别在于"字符样式"面板主要用于类似标题文字的较少文字的排版，而"段落样式"面板则多用于类似正文的大段文字的排版。

- 清除覆盖：单击该按钮，可以清除当前文字样式。
- 通过合并覆盖重新定义字符样式 / 段落样式：单击该按钮，即可将当前所选文字的属性，覆盖到当前所选的"字符样式"或"段落样式"中，使所选样式产生与此文字相同的属性。
- 创建新的字符样式 / 段落样式：单击该按钮，可以创建新的字符样式 / 段落样式。
- 删除当前字符样式 / 段落样式：单击该按钮，可以将当前选中的字符样式或段落样式组删除。

【重点】10.4.2 动手练：使用字符样式 / 段落样式

"字符样式"与"段落样式"的使用方法相同，下面以"字符样式"为例进行讲解。

1. 新建样式

在"字符样式"面板中单击"创建新的字符样式" 按钮，如图 10-340 所示。然后双击新建的字符样式，打开"字符样式选项"对话框。该对话框由"基本字符格式""高级字符格式"与"OpenType 功能"3 个选项卡组成，囊括了"字符"面板中的大部分选项，从中可以对字符样式进行详细的编辑，如图 10-341~ 图 10-343 所示。

图 10-340   图 10-341   图 10-342   图 10-343

2. 以当前文字属性定义新样式

如要将当前文字样式定义为可以调用的"字符样式"，可以在"字符样式"面板中单击"创建新的字符样式"按钮，创建一个新的样式，如图 10-344 所示。选中所需文字图层，在"字符样式"面板中选中新建的样式，在该样式名称的后方会出现"+"，单击"通过合并覆盖重新定义字符样式" ✓ 按钮，如图 10-345 所示，接着"+"消失，当前样式变为与所选字符相同的样式，如图 10-346 所示。

图 10-344   图 10-345   图 10-346

3. 应用样式

如要为某个文字图层应用新定义的字符样式，则需要选中该文字图层，然后在"字符样式"面板中单击所需样式即可，如图 10-347 和图 10-348 所示。

图 10-347   图 10-348

4. 去除样式

如要去除当前文字图层的样式，可以选中该文字图层，在"字符样式"面板中单击"无"即可，如图 10-349 所示。

图 10-349

 提示：载入其他文档的字符样式。

可以将另一个 PSD 文档的字符样式置入到当前文档中。打开"字符样式"面板，单击右上角的 按钮，在弹出的菜单中选择"载入字符样式"命令，在弹出的"载入"对话框中找到需要置入的素材，双击即可将该文件包含的样式置入到当前文档中。

练习实例：制作圣诞贺卡

文件路径	资源包\第10章\练习实例：制作圣诞贺卡
难易指数	★★★★★
技术掌握	横排文字工具

案例效果

案例效果如图 10-350 所示。

图 10-350

 读书笔记

中文版Photoshop CS6从入门到精通（微课视频 全彩版）

操作步骤

步骤 01 执行"文件>打开"命令,打开背景素材1.jpg,如图10-351所示。执行"文件>置入"命令,置入人物素材2.png。执行"图层>栅格化>智能对象"命令,并将人物放在画面的上方,如图10-352所示。

扫一扫,看视频

图 10-351   图 10-352

步骤 02 单击工具箱中的"横排文字工具" ,在其选项栏中设置"字体"为Freehand521BT,"字体大小"为120点,"文本颜色"为红色,如图10-353所示。在画面中间单击鼠标,开始输入点文本,如图10-354所示。输入文字christmas,如图10-355所示。

图 10-353

图 10-354   图 10-355

步骤 03 选中文字图层,按Ctrl+T组合键,适当旋转文字并移动到合适位置,如图10-356所示。

图 10-356

步骤 04 接下来,为文字添加图层样式。执行"图层>图层样式>投影"命令,在弹出的"图层样式"对话框中设置"混合模式"为"正片叠底","阴影颜色"为浅蓝色,"不透明度"为75%,"角度"为120度,"距离"为50像素,"大小"为15像素,如图10-357所示。此时画面效果如图10-358所示。

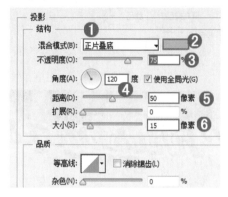

图 10-357

图 10-358

步骤 05 在左侧"样式"列表中选中"渐变叠加"复选框,设置"混合模式"为"正常","不透明度"为100%,"渐变"为从深红色至亮红色再至深红色的渐变,"角度"为94度,如图10-359所示。此时画面效果如图10-360所示。

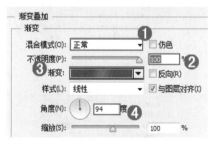

图 10-359

图 10-360

步骤 06 在左侧"样式"列表中选中"描边"复选框,设置"大小"数值为30像素,"位置"为"外部","混合模式"为"正常","不透明度"为100%,"填充类型"为"颜色","颜色"为白色,如图10-361所示。此时画面效果如图10-362所示。

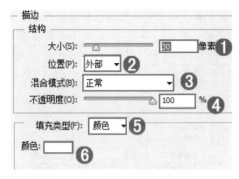

图 10-361

图 10-362

步骤 07 在左侧"样式"列表中选中"斜面和浮雕"复选框，设置"样式"为"内斜面"，"深度"为 100%，"大小"为 5 像素，"高光模式"为"正常"，"高光颜色"为红色，"高光模式"的"不透明度"为 100%，"阴影模式"为"正片叠底"，"阴影颜色"为黑色，阴影模式的"不透明度"为 0%，如图 10-363 所示。单击"确定"按钮，文字效果如图 10-364 所示。

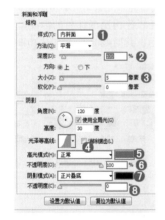

图 10-363

图 10-364

步骤 08 使用同样的方法在画面中输入文字 happy，如图 10-365 所示。选中 chirstmas 图层，单击鼠标右键，在弹出的快捷菜单中选择"拷贝图层样式"命令，如图 10-366 所示。

图 10-365　　　　　　　　图 10-366

步骤 09 然后选中 happy 图层，单击鼠标右键，在弹出的快捷菜单中选择"粘贴图层样式"命令，如图 10-367 所示。此时该图层也具有了相同的图层样式，文字效果如图 10-368 所示。

图 10-367　　　　　　　　图 10-368

步骤 10 接下来，制作画面下方的段落文本。单击工具箱中的"横排文字工具"，在画面的下方绘制文本框，如图 10-369 所示。在选项栏中设置"字体"为 Myriad Pro，"字体大小"（即字号）为 15 点，"文本对齐方式"为居中对齐。在画面中输入文字，如图 10-370 所示。

图 10-369　　　　　　　　图 10-370

步骤 11 输入完成后，选中最后一行文字，如图 10-371 所示。在选项栏中将"文本颜色"改为"红色"，文字效果如图 10-372 所示。

中文版Photoshop CS6从入门到精通（微课视频 全彩版）

图 10-371　　　　　　　　图 10-372

步骤 12 单击工具箱中的"矩形工具" ■，在其选项栏中设置"绘制模式"为"形状"，"填充"为浅红色到深红色的渐变，"描边"为无，如图 10-373 所示。在画面中绘制矩形，如图 10-374 所示。

图 10-378　　　图 10-379　　　图 10-380

步骤 15 最后使用"横排文字工具"输入画面其他部分的文字。最终效果如图 10-381 所示。

图 10-373　　　　　　　　图 10-374

步骤 13 接下来，制作画面中的雪点。新建"图层 1"，单击工具箱中的"画笔工具"，设置前景色为白色，在选项栏中选择圆形柔角的画笔，设置合适的笔尖大小。在画面中单击，绘制白色圆点，如图 10-375 所示。执行"图层 > 图层样式 > 外发光"命令，在弹出的"图层样式"对话框中设置"混合模式"为滤色，"不透明度"为 75%，"渐变"为浅黄色到透明的渐变，"方法"为柔和，"扩展"为 3%，"大小"为 87 像素，如图 10-376 所示。单击"确定"按钮，画面效果如图 10-377 所示。

图 10-381

综合实例：使用文字工具制作设计感文字招贴

文件路径	资源包\第10章\综合实例：使用文字工具制作设计感文字招贴
难易指数	★★★★★
技术掌握	横排文字工具

案例效果

案例效果如图 10-382 所示。

图 10-375　　　图 10-376　　　图 10-377

步骤 14 下面制作彩色的光晕。新建"图层 2"，单击工具箱中的"画笔工具"，在其选项栏设置合适的笔尖大小。在画面随意单击，绘制红色和淡黄色的圆点，如图 10-378 所示。在"图层"面板中设置图层 2 的"混合模式"为"颜色减淡"，如图 10-379 所示。此时画面效果如图 10-380 所示。

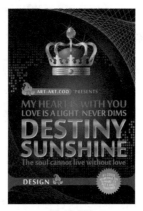

图 10-382

操作步骤

步骤 01 执行"文件 > 打开"命令，打开素材1.jpg，如图 10-383 所示。单击工具箱中的"圆角矩形工具"按钮，在其选项栏中设置"绘制模式"为"形状"，"填充"为洋红色，"半径"为 20 像素，然后在画布上绘制一个圆角矩形，如图 10-384 所示。

扫一扫，看视频

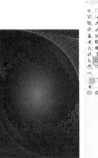

图 10-383

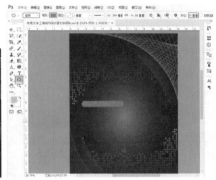

图 10-384

步骤 02 单击工具箱中的"钢笔工具"，在画布上绘制一个不规则图形，如图 10-385 所示。选择工具箱中的"自定形状工具"，在其选项栏中设置"绘制模式"为"形状"，"填充"为黄色系的渐变颜色，"形状"为"封印"，然后在画面右下角绘制图形，如图 10-386 所示。

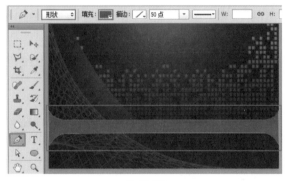

图 10-385

图 10-386

步骤 03 继续使用"自定形状工具"，在其选项栏中设置"形状"为"叶形装饰 3"，然后在画布上绘制图形，如图 10-387所示。执行"文件 > 置入"命令，置入素材 1.jpg，并将其调整到合适的大小、位置，然后按 Enter 键完成置入。执行

"图层 > 栅格化 > 智能对象"命令，效果如图 10-388 所示。

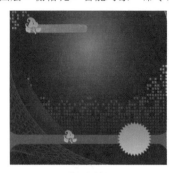 

图 10-387　　　　　　图 10-388

步骤 04 单击工具箱中的"横排文字工具"，在其选项栏中设置合适的字体、字号，设置"文本颜色"为"黑色"，在画面中央区域单击并输入标题文字，如图 10-389 所示。在"图层"面板中选择文字图层，执行"图层 > 图层样式 > 斜面和浮雕"命令，在弹出的"图层样式"对话框中设置"样式"为"内斜面"，"方法"为"平滑"，"深度"为 299%，"方向"为"上"，"大小"为 10 像素，"角度"为 -47 度，如图 10-390 所示。

图 10-389　　　　　　图 10-390

步骤 05 在左侧的"样式"列表中选中"渐变叠加"复选框，设置"渐变"为一个蓝色系渐变，"样式"为"线性"，"角度"为 90 度，单击"确定"按钮完成设置，如图 10-391 所示。此时效果如图 10-392 所示。

图 10-391　　　　　　图 10-392

步骤 06 接着输入下方文字，如图 10-393 所示。选择带有图层样式的图层，单击鼠标右键，在弹出的快捷菜单中选择"拷贝图层样式"命令，如图 10-394 所示。

中文版Photoshop CS6从入门到精通（微课视频 全彩版）

图 10-393   图 10-394

步骤 07 选择刚刚输入的文字图层，单击鼠标右键在弹出的快捷菜单中选择"粘贴图层样式"命令，如图 10-395 所示。此时文字具有了相同的图层样式，如图 10-396 所示。

图 10-395   图 10-396

步骤 08 继续使用"横排文字工具"输入其他文字，如图 10-397 所示。单击工具箱中的"横排文字工具"，在其选项栏中设置合适的字体、字号，单击"居中对齐文本"按钮，设置"文本颜色"为白色，在右下角图形内输入文字，如图 10-398 所示。

图 10-397   图 10-398

步骤 09 在选项栏中单击"创建文字变形"按钮，在弹出的

"变形文字"对话框中设置"样式"为"凸起"，选中"水平"单选按钮，设置"弯曲"为50%，单击"确定"按钮完成设置，如图 10-399 所示。文字效果如图 10-400 所示。

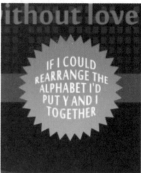

图 10-399   图 10-400

步骤 10 案例最终效果如图 10-401 所示。

图 10-401

📖 *读书笔记*

Chapter
11
第 11 章

滤镜

本章内容简介：

    滤镜主要是用来实现图像的各种特殊效果。在 Photoshop 中有数十种滤镜，有些滤镜效果通过几个参数的设置就能让图像"改头换面"，如"油画"滤镜、"液化"滤镜。有的滤镜效果则让人摸不到头脑，如"纤维"滤镜、"彩色半调"滤镜。这是因为有些情况下，需要几种滤镜相结合才能制作出令人满意的滤镜效果。也就是说，只有掌握各种滤镜的特点，然后开动脑筋，将多种滤镜结合使用，才能制作出神奇的效果。限于篇幅，在此无法全面、深入地介绍所有滤镜。除了本书所讲内容，其他知识可以通过网络进行学习。在网页的搜索引擎中输入"Photoshop 滤镜 教程"关键词，相信能为我们开启一个更广阔的学习空间！

重点知识掌握：

- 掌握滤镜库的使用；
- 掌握液化滤镜；
- 掌握高斯模糊滤镜；
- 掌握智能锐化滤镜；
- 掌握滤镜组滤镜的使用方法。

通过本章学习，我们能做什么？

    本章所讲解的"滤镜"种类非常多，不同类型的滤镜可制作出的效果也大不相同。通过本章的学习，我们能够对数码照片进行如增强清晰度（锐化）、模拟大光圈景深效果（模糊）、对人像进行瘦身（液化）、美化五官结构等操作。还可通过多个滤镜的协同使用制作一些特殊效果，如素描效果、油画效果、拼图效果、火焰效果、雾气效果等。

11.1 使用滤镜

在很多手机拍照APP中都会出现"滤镜"这样的词语；在用手机拍照后，我们也经常会为照片加一个"滤镜"，让照片变美一些。手机拍照APP中的"滤镜"大多是起到为照片调色的作用，而PS中的"滤镜"概念则是为图像添加一些"特殊效果"，例如把照片变成木刻画效果，为图像打上马赛克（使整个照片变模糊），把照片变成"石雕"等，如图11-1和图11-2所示。

图 11-1

图 11-2

PS中的"滤镜"与手机拍照APP中的滤镜概念虽然不太相同，但是有一点非常相似，那就是大部分PS滤镜使用起来都非常简单，只需要简单调整几个参数就能够实时观察到效果。PS中的滤镜集中在"滤镜"菜单中，如图11-3所示。

图11-3

位于"滤镜"菜单上半部分的几个滤镜通常被称为"特殊滤镜"，因为这些滤镜的功能比较强大，有些像独立的软件。这几种特殊滤镜的使用方法也各不相同，在后面会逐一进行讲解。

"滤镜"菜单的第二大部分为"滤镜组"。"滤镜组"的每个菜单命令下都包含多种滤镜效果，这些滤镜大多数使用起来非常简单，只需要执行相应的命令，并简单调整参数就能够得到有趣的效果。

"滤镜"菜单的第三大部分为"外挂滤镜"。PS支持使用第三方开发的滤镜，这种滤镜通常被称为"外挂滤镜"。外挂滤镜的种类非常多，比如人像皮肤美化滤镜、照片调色滤镜、降噪滤镜、材质模拟滤镜等。这部分可能在菜单中并没有显示，这是因为没有安装其他外挂滤镜（也可能是没有安装成功）。

> **提示：关于外挂滤镜。**
>
> 这里所说的"皮肤美化滤镜""照片调色滤镜"是一类外挂滤镜的统称，并不是某一个滤镜的名称，如Imagenomic Portraiture就是其中一款皮肤美化滤镜。除此之外，还可能有许多其他磨皮滤镜，感兴趣的朋友可以在网络上搜索对应关键词。外挂滤镜的安装方法也各不相同，具体安装方法也可以通过网络搜索得到答案。需要注意的是，有的外挂滤镜可能无法在我们当前使用的PS版本上使用。

{重点} 11.1.1 滤镜库：效果滤镜大集合

"滤镜库"中集合了很多滤镜，虽然滤镜效果风格迥异，但是使用方法非常相似。在滤镜库中不仅能够添加一个滤镜，还可以添加多个滤镜，制作多种滤镜混合的效果。

扫一扫，看视频

步骤01 打开一张图片，如图11-4所示。执行"滤镜 > 滤镜库"命令，打开"滤镜库"对话框。在中间的滤镜列表中选择一个滤镜组，单击即可展开。在该滤镜组中选择一个滤镜，单击即可为当前画面应用滤镜效果。在右侧适当调节参数，即可在左侧预览图中观察到滤镜效果。滤镜设置完成后单击"确定"按钮完成操作，如图11-5所示。

图11-4

图 11-5

执行"滤镜>滤镜库"命令,即可打开"滤镜库"对话框,如图11-6所示。

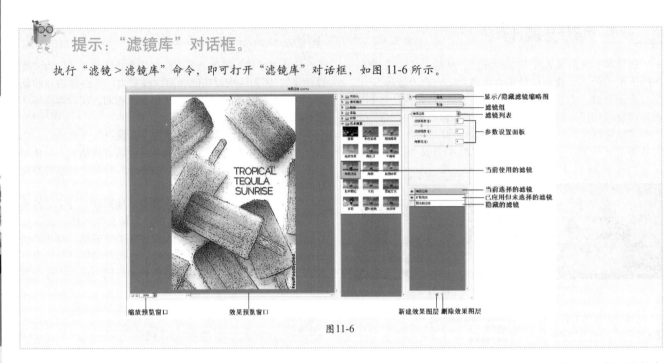

图11-6

步骤02 如果要制作两个滤镜叠加在一起的效果,可以单击"滤镜库"对话框右下角的"新建效果图层"按钮,然后选择合适的滤镜并进行参数设置,如图11-7所示。设置完成后单击"确定"按钮,效果如图11-8所示。

图11-7

图11-8

练习实例:使用"干画笔"滤镜制作风景画

文件路径	资源包\第11章\练习实例:使用"干画笔"滤镜制作风景画
难易指数	★★★★★
技术掌握	"干画笔"滤镜、色相/饱和度、曲线

案例效果

案例效果如图11-9所示。

操作步骤

步骤01 新建一个横向 A4 大小的

图11-9

扫一扫,看视频

空白文档。接着执行"文件>置入"命令,置入素材 1.jpg,然后将该图层栅格化,如图11-10所示。置入素材 2.jpg,然后将图片移动到画面的下方,接着将该图层栅格化,如图11-11所示。

步骤02 选择素材 2 图层,单击"图层"面板底部的"添加图层蒙版"按钮,为该图层添加图层蒙版,如图11-12所示。接着选择图层蒙版,将前景色设置为黑色,然后使用"画笔工具"在画面的上方涂抹,利用图层蒙版将图像上部生硬的边缘隐藏,使其与后方背景融合在一起,如图11-13所示。

图 11-10

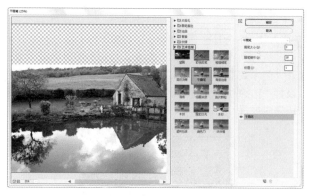

图 11-14

图 11-11　　　　图 11-12

图 11-15

图 11-13

图 11-16　　　　　　图 11-17

步骤03 选择素材2图层,执行"滤镜>滤镜库"命令,在弹出的"滤镜"对话框中单击展开"艺术效果"滤镜组,从中单击"干画笔"滤镜,然后在右侧设置"画笔大小"为3,"画笔细节"为10,"纹理"为1,如图11-14所示。设置完成后单击"确定"按钮,效果如图11-15所示。

步骤04 接下来进行调色。执行"图层>新建调整图层>色相/饱和度"命令,在"属性"面板中设置"饱和度"为40,然后单击 按钮。接着设置通道为"黄色",调整"色相"为25,如图11-16所示。此时画面效果如图11-17所示。

步骤05 执行"图层>新建调整图层>曲线"命令,在"属性"面板中的曲线上单击添加控制点,然后向上拖拽,单击 按钮,如图11-18所示。画面效果如图11-19所示。

图 11-18　　　　　图 11-19

练习实例:使用"海报边缘"滤镜制作涂鸦感绘画

文件路径	资源包\第11章\练习实例:使用"海报边缘"滤镜制作涂鸦感绘画
难易指数	⭐⭐⭐⭐⭐
技术掌握	"海报边缘"滤镜

案例效果

案例效果如图11-20所示。

扫一扫,看视频

图 11-20

操作步骤

步骤01 执行"文件＞打开"命令，打开素材 1.jpg，如图 11-21 所示。执行"滤镜＞滤镜库"命令，在弹出的对话框中单击展开"艺术效果"滤镜组，从中单击"海报边缘"滤镜，然后设置"边缘厚度"为 10，"边缘强度"为 1，单击"确定"按钮完成设置，如图 11-22 所示。

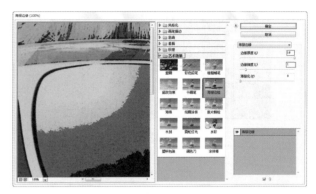

图 11-22

图11-21

步骤02 此时画面效如图 11-23 所示。执行"文件＞置入"命令置入素材 2.png，接着将置入对象调整到合适的大小、位置，然后按一下键盘上的 Enter 键完成置入操作。最终效果如图 11-24 所示。

图 11-23　　　　　　图 11-24

练习实例：使用"海绵"滤镜制作水墨画效果

文件路径	资源包\第11章\练习实例：使用"海绵"滤镜制作水墨画效果
难易指数	★★★★★
技术掌握	"海绵"滤镜

的"属性"面板中，在高光部单击添加控制点并向上拖动，然后在阴影部单击添加控制点并向下拖动，如图 11-29 所示。此时画面效果如图 11-30 所示。

案例效果

案例效果如图 11-25 所示。

图 11-25

图 11-27　　　　　　　图 11-28

操作步骤

步骤01 执行"文件＞打开"命令，打开素材 1.jpg，如图 11-26 所示。

扫一扫，看视频

图 11-26

步骤02 执行"图层＞新建调整图层＞黑白"命令，设置"预设"为"默认值"，如图 11-27 所示。此时画面效果如图 11-28 所示。

步骤03 执行"图层＞新建调整图层＞曲线"命令，在弹出

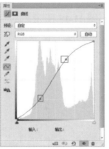 

图 11-29　　　　　　　图 11-30

步骤04 按下盖印图层快捷键 Ctrl+Alt+Shift+E，得到一个合并图层，如图 11-31 所示。选中盖印图层，执行"滤镜＞转换为智能滤镜"命令，如图 11-32 所示。

图 11-31

图 11-32

图 11-34

步骤05 执行"滤镜>滤镜库"命令,在弹出的"滤镜库"对话框中单击展开"艺术效果"滤镜组,从中单击"海绵"滤镜,设置"画笔大小"为10,"平滑度"为15,单击"确定"按钮完成设置,如图11-33所示。此时画面效果如图11-34所示。

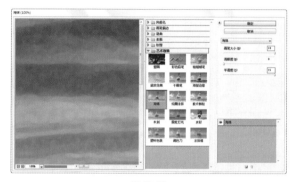
图 11-33

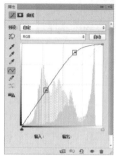

图 11-35   图 11-36

步骤07 执行"文件>置入"命令,置入素材2.png。接着将置入对象调整到合适的大小、位置,然后按一下键盘上的Enter键完成置入操作。最终效果如图11-37所示。

步骤06 选中盖印图层,执行"图层>新建调整图层>曲线"命令,在"属性"面板中调整曲线形状,如图11-35所示。此时画面效果如图11-36所示。

图 11-37

练习实例:使用"照亮边缘"滤镜制作素描效果

文件路径	资源包\第11章\练习实例:使用照亮边缘滤镜制作素描效果
难易指数	★★★★★
技术掌握	照亮边缘滤镜

案例效果

案例处理前后的对比效果如图11-38和图11-39所示。

图 11-38

图 11-39

操作步骤

步骤01 执行"文件>打开"命令,打开素材1.jpg,如图11-40所示。选择背景图层,按快捷键Ctrl+J进行复制。

扫一扫,看视频

步骤02 选中复制的图层,执行"滤镜>滤镜库"命令,在弹出的对话框中单击展开"风格化"滤镜组,从中单击"照

亮边缘"按钮,然后设置"边缘宽度"为1,"边缘亮度"为13,"平滑度"为4,单击"确定"按钮完成设置,如图11-41所示。此时画面效果如图11-42所示。

图 11-40

图 11-41

图 11-42

图 11-45

图 11-46

步骤03 选中复制的图层,执行"图层 > 新建调整图层 > 反相"命令,在弹出的对话框中单击"确定"按钮完成设置,如图 11-43 所示。此时画面效果如图 11-44 所示。

图 11-43

图 11-44

步骤04 继续执行"图层 > 新建调整图层 > 黑白"命令,在弹出的对话框中设置"预设"为"默认值",如图 11-45 所示。此时画面效果如图 11-46 所示。

步骤05 执行"文件 > 置入"命令,置入素材 2.jpg,并将该图层栅格化,如图 11-47 所示。接着设置该图层的"混合模式"为"正片叠底",如图 11-48 所示。最终效果如图 11-49 所示。

图 11-47   图 11-48   图 11-49

11.1.2　自适应广角:校正广角镜头造成的变形问题

"自适应广角"滤镜是 Photoshop CS6 的新增功能,它可以对广角、超广角及鱼眼效果进行变形校正,如图 11-50 和图 11-51 中的问题。

图 11-50   图 11-51

步骤01 打开一张存在变形问题的图片,从中可以看到桥向上凸起,左侧的楼也发生了变形,如图 11-52 所示。执行"滤镜 > 自适应广角"命令,打开"自适应广角"对话框。在"校正"下拉列表框中可以选择校正的类型,包含"鱼眼""透视""自动""完整球面"。选择相应的校正方式,即可对图像进行自动校正,如图 11-53 所示。

步骤02 设置"校正"为"透视",然后向右拖拽"焦距"滑块,此时在左侧预览图中可以看到桥变成水平效果,如图 11-54 所示。接着单击"约束工具"按钮 ,在楼的左侧按住鼠标左键拖拽绘制约束线,此时楼变成垂直效果,如图 11-55 所

示。最后单击"确定"按钮,效果如图 11-56 所示。

图 11-52

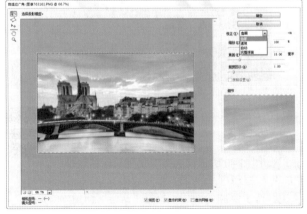

图 11-53

中文版Photoshop CS6从入门到精通(微课视频 全彩版)

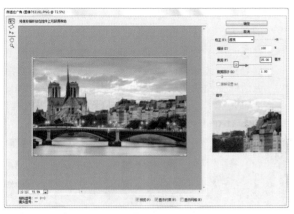

图 11-54

- ⬛约束工具：单击图像或拖动端点可添加或编辑约束；按住 Shift 键单击可添加水平／垂直约束；按住 Alt 键单击可删除约束。
- ⬛多边形约束工具：单击图像或拖动端点可添加或编辑多边形约束；单击初始起点可结束约束；按住 Alt

键单击可删除约束。

图 11-55　　　　　图 11-56

- ⬛移动工具：拖动以在画布中移动内容。
- ⬛抓手工具：放大窗口的显示比例后，可以使用该工具移动画面。
- ⬛缩放工具：单击即可放大窗口的显示比例，按住 Alt 键单击则可缩小显示比例。

11.1.3　镜头校正：扭曲、紫边绿边、四角失光

在使用单反相机拍摄数码照片时，可能会出现扭曲、歪斜、四角失光等现象，使用"镜头校正"滤镜可以轻松校正这一系列问题。

步骤01▷打开一张有问题的照片，从中可以看到地面水平线向上弯曲（可以通过在画面中创建参考线，来观察画面中的对象是否水平或垂直），而且四角有失光的现象，如图 11-57 所示。执行"滤镜 > 镜头校正"命令，打开"镜头校正"对话框。由于现在画面有些变形，选择"自定"选项卡，然后向左拖拽"移去扭曲"滑块或设置数值为 9。此时可以在左侧的预览窗口中查看效果，如图 11-58 所示。

图 11-58

图 11-57

步骤02▷接着设置"数量"为 25，此时可以看到四角的亮度提高了，如图 11-59 所示。设置完成后单击"确定"按钮，效果如图 11-60 所示。

- **移去扭曲工具⬛**：使用该工具可以校正镜头的桶形失真或枕形失真。
- **拉直工具⬛**：绘制一条直线，将图像拉直到新的横轴或纵轴。

图 11-59

图 11-60

- **移动网格工具**📳：使用该工具可以移动网格，将其与图像对齐。
- **抓手工具**✋ / **缩放工具**🔍：这两个工具的使用方法与工具箱中的相应工具完全相同。
- **几何扭曲**："移去扭曲"选项主要用来校正镜头的桶形失真或枕形失真，如图 11-61 所示。数值为正时，图像将向外扭曲；数值为负时，图像将向中心扭曲，如图 11-62 所示。

图 11-61

图 11-62

- **色差**：用于校正色边。在进行校正时，放大预览窗口的图像，可以清楚地查看色边校正情况。
- **晕影**：用于校正由于镜头缺陷或镜头遮光处理不当而导致的边缘较暗现象。"数量"选项用于设置沿图像边缘变亮或变暗的程度，如图 11-63 所示；"中点"选项用来指定受"数量"数值影响的区域的宽度，如图 11-64 所示。

图 11-63

图 11-64

- **变换**："垂直透视"选项用于校正由于相机向上或向下倾斜而导致的图像透视错误；"水平透视"选项用于校正图像在水平方向上的透视效果；"角度"选项用于旋转图像，以针对相机歪斜加以校正；"比例"选项用来控制镜头校正的比例。

【重点】11.1.4 液化：瘦脸瘦身随意变

"液化"滤镜主要是用来制作图形的变形效果，就如同刚画好的油画，用手指"推"一下画面中的油彩，就能使图像内容发生变形。"液化"滤镜主要应用在两个方面：一个就是更改图形的形态；另一个就是修饰人像面部以及身形，如图 11-65 和图 11-66 所示。

图 11-65

扫一扫，看视频

图 11-66

1.使用"液化"滤镜制作猫咪表情

步骤 01 打开一张图片，如图 11-67 所示。执行"滤镜>液化"命令，打开"液化"对话框。单击"向前变形工具"按钮🖐，然后在对话框的右侧设置合适的"画笔大小"（通常会将笔尖调大一些，这样变形后的效果更加自然）。接着将光标移动至

猫的嘴角处，按住鼠标左键向上拖拽，如图 11-68 所示。

图 11-67　　　　　　　图 11-68

😎 提示："向前变形工具"的参数选项。

- **画笔大小**：用来设置扭曲图像的画笔的大小。
- **画笔密度**：控制画笔边缘的羽化范围。画笔中心产生的效果最强，边缘处最弱。
- **画笔压力**：控制画笔在图像上产生扭曲的速度。
- **画笔速率**：设置使工具（如旋转扭曲工具）在预览图像中保持静止时扭曲所应用的速度。
- **光笔压力**：当计算机配有压感笔或数位板时，选

中文版Photoshop CS6从入门到精通（微课视频 全彩版）

中该复选框可以通过压感笔的压力来控制工具。

- 固定边缘：选中该复选框，在对画面边缘进行变形时，不会出现透明的缝隙，如图11-69所示。

图11-69

步骤02 在进行变形过程中难免会影响周边的像素，可以使用"冻结蒙版工具" 将猫嘴周围的像素"保护"起来以免被"破坏"。单击"液化"对话框中的"冻结蒙版工具"按钮 ，设置合适的笔尖大小，然后在猫嘴周围涂抹，红色区域为被保护的区域，如图11-70所示。接着继续使用"向前变形工具"进行变形，如图11-71所示。此时若有错误操作，可以使用"重建工具" 在错误操作处涂抹，将其进行还原。

图11-70　　　　图11-71

提示：重建工具。

　　重建工具 用于恢复变形的图像。在变形区域单击或拖拽鼠标进行涂抹时，可以使变形区域的图像恢复到原来的效果。"重建选项"选项组下的参数主要用来设置重建方式，以及如何撤销所执行的操作，如图11-72所示。

图11-72

- 重建：单击该按钮，在弹出的"恢复新建"对话框中设置恢复步数的数量，如图11-73所示。

图11-73

- 恢复全部：单击该按钮，可以取消所有的扭曲效果。

步骤03 猫嘴部调整完成后蒙版就不需要了，此时可以使用"解冻蒙版工具" 将蒙版擦除，按住鼠标左键拖拽即可，如图11-74所示。小猫此时的表情如图11-75所示。

图11-74　　　　图11-75

提示：蒙版选项。

　　如果图像中包含有选区或蒙版，可以通过"蒙版选项"选项组来设置蒙版的保留方式，如图11-76所示。

图11-76

- 替换选区 ：显示原始图像中的选区、蒙版或透明度。
- 添加到选区 ：显示原始图像中的蒙版，以便可以使用"冻结蒙版工具" 添加到选区。
- 从选区中减去 ：从当前的冻结区域中减去通道中的像素。
- 与选区交叉 ：只使用当前处于冻结状态的选定像素。
- 反相选区 ：使用选定像素使当前的冻结区域反相。
- 无：单击该按钮，可以使图像全部解冻。
- 全部蒙住：单击该按钮，可以使图像全部冻结。
- 全部反相：单击该按钮，可以使冻结区域和解冻区域反相。

步骤04 接着将小猫眼睛放大。单击"液化"对话框中的"膨胀工具"按钮 ，该工具可以使像素向画笔区域中心以外的方向移动，使图像产生向外膨胀的效果。接着设置"大小"为100，然后在眼睛上单击将其放大。可以多次单击将眼睛放大到合适大小，如图11-77所示。设置完成后单击"确定"按钮，效果如图11-78所示。

2.使用"液化"对话框中的其他工具

- 顺时针旋转扭曲工具 ：可以旋转像素。将光标移动到画面中，按住鼠标左键拖拽，即可顺时针旋转像素，如图11-79所示。如果按住Alt键进行操作，则可以逆时针旋转像素，如图 11-80 所示。

- 褶皱工具：可以使像素向画笔区域的中心移动，使图像产生内缩效果，如图 11-81 所示。

图 11-77　　　　　　　　　图 11-78

图 11-79　　　　图 11-80　　　　图 11-81

- 左推工具：按住鼠标左键从上至下拖拽时像素会向右移动，如图 11-82 所示。反之，像素则向左移动，如图 11-83 所示。

3. "视图选项"选项组的使用方法

"视图选项"选项组主要用来显示或隐藏图像、网格和背景。另外，还可以设置网格大小和颜色、蒙版颜色、背景模式和不透明度，如图 11-84 所示。

图 11-82　　　　　　　　　图 11-83

图 11-84

- 显示图像：控制是否在预览窗口中显示图像。
- 显示网格：选中该复选框可以在预览窗口中显示网格，通过网格可以更好地查看扭曲。选中"显示网格"复选框后，下面的"网格大小"选项和"网格颜色"选项才可用，这两个选项主要用来设置网格的密度和颜色。
- 显示蒙版：控制是否显示蒙版。可以在下面的"蒙版颜色"选项中修改蒙版的颜色。
- 显示背景：如果当前文档中包含多个图层，可以在"使用"下拉列表框中选择其他图层来作为查看背景；"模式"选项主要用来设置背景的查看方式；"不透明度"选项主要用来设置背景的不透明度。

练习实例："液化"滤镜为美女瘦脸

文件路径	资源包\第11章\练习实例：液化滤镜为美女瘦脸
难易指数	★★★★★
技术掌握	"液化"滤镜

案例效果

案例效果如图 11-85 所示。

图 11-85

操作步骤

扫一扫，看视频

步骤 01 执行"文件 > 打开"命令，打开素材 1.jpg，如图 11-86 所示。

图 11-86

步骤 02 选中背景图层，按下快捷键 Ctrl+J 进行复制。选择复制的图层，执行"滤镜 > 液化"命令，打开"液化"对话框。单击"向前变形工具"按钮，然后设置"画笔大小"为 175，"画笔压力"为 100，在人物面部边缘按住鼠标左键拖动进行瘦脸，如图 11-87 所示。

步骤 03 单击"液化"对话框中的"膨胀工具"按钮，设置"画笔大小"为 70，然后在眼睛上单击即可将眼睛放大，如图 11-88 所示。

图 11-87

图 11-88

步骤04 使用同样的方法调整右眼，然后单击"确定"按钮，如图 11-89 所示。案例完成效果如图 11-90 所示。

图 11-89

图 11-90

11.1.5 油画

"油画"滤镜主要用于将照片快速地转换为"油画"效果，笔触鲜明、厚重，质感强烈。打开一张图片，如图 11-91 所示。执行"滤镜 > 油画"命令，打开"油画"对话框，在这里可以对参数进行调整，如图 11-92 所示。效果如图 11-93 所示。

图 11-91   图 11-92   图 11-93

- 样式化：通过调整参数调整笔触样式。如图 11-94 所示为数值为 0.1 和 10 的对比效果。

图 11-94

- 清洁度：通过调整参数设置纹理的柔化程度。如图 11-95 所示为数值为 0 和 10 的对比效果。

图 11-95

- 缩放：设置纹理缩放程度。如图 11-96 所示为数值为 0.1 和 10 的对比效果。
- 硬毛刷细节：设置画笔细节程度，数值越大毛刷纹理越清晰。如图 11-97 所示为数值为 0 和 10 的对比效果。

图 11-96

图 11-97

- 角方向：用于设置光线的照射方向。
- 闪亮：用于控制纹理的清晰度，产生锐化效果。如图 11-98 所示为数值为 1 和 10 的对比效果。

图 11-98

练习实例：使用"油画"滤镜

文件路径	资源包\第11章\练习实例：使用"油画"滤镜
难易指数	★★★★★
技术掌握	"油画"滤镜

案例效果

案例效果如图 11-99 所示。

图 11-99

操作步骤

步骤01 执行"文件 > 新建"命令，新建一个"宽度"为

扫一扫，看视频

960 像素、"高度"为 640 像素的空白文档，如图 11-100 所示。执行"文件 > 置入"命令置入素材 1.jpg，接着将置入对象调整到合适的大小、位置，然后按 Enter 键完成置入操作。选中该图层，执行"图层 > 栅格化 > 智能对象"命令，如图 11-101 所示。

图 11-100　　　　　　　图 11-101

步骤02 选中置入的素材图层，执行"滤镜 > 油画"命令，在弹出的"油画"对话框中设置"样式化"为 10，"清洁度"为 1.35，"缩放"为 0.1，"硬毛刷细节"为 0，"角方向"为 300，"闪亮"为 1.6，单击"确定"按钮完成设置，如图 11-102 所示。此时画面效果如图 11-103 所示。

步骤03 执行"文件 > 置入"命令，置入素材"2.png"，按 Enter 键完成置入操作。最终效果如图 11-104 所示。

中文版Photoshop CS6从入门到精通（微课视频 全彩版）

图 11-102   图 11-103

图 11-104

11.1.6 消失点：修补带有透视的图像

如果要去除对图片中某个部分的细节，或要在某个位置添置一些内容，对于不带有透视感的图像直接使用"仿制图章工具""修补工具"等修饰工具即可。而对于要修饰的部分具有明显的透视感时，这些工具可能就不适用了。此时"消失点"滤镜就派上用场，它可以在包含透视平面（如建筑物的侧面、墙壁、地面或任何矩形对象）的图像中进行细节的修补，如图 11-105 所示。

图 11-105

步骤 01 打开一张带有透视关系的图片，如图 11-106 所示。接着执行"滤镜 > 消失点"命令，打开"消失点"对话框。在修补之前，首先要让 Photoshop 知道图像的透视方式。单击该对话框左侧的"创建平面工具"按钮 ⊞，然后在要修饰对象所在的透视平面的一角处单击，接着将光标移动到下一个位置单击，如图 11-107 所示。

图 11-106

步骤 02 继续沿着透视平面对象边缘位置单击，绘制出带有透视的网格，如图 11-108 所示。在绘制的过程中若有错误操作，可以按 Backspace 键删除控制点，也可以单击该对话框中的"编辑平面工具"按钮 ▣，拖拽控制点调整网格形状，如图 11-109 所示。

步骤 03 接着单击该对话框中的"选框工具"按钮 ▣（用于限定修补区域的工具），在网格中按住鼠标左键拖拽，绘制出的选区也带有透视效果，如图 11-110 所示。

步骤 04 单击"图章工具"按钮 ▣，然后在需要仿制的位置按住 Alt 键单击进行拾取，接着在空白位置单击，按住鼠标左键拖拽，可以看到绘制出的内容与当前平面的透视相符合，如图 11-111 所示。继续涂抹，仿制效果如图 11-112 所示。

图 11-107   图 11-108

图 11-109   图 11-110

步骤 05 制作完成后，单击"确定"按钮，效果如图 11-113 所示。

• **编辑平面工具** ▣：用于选择、编辑、移动平面的节点以及调整平面的大小。

图 11-111　　　　图 11-112　　　　图 11-113

- 创建平面工具：用于定义透视平面的 4 个角节点。创建好 4 个角节点后，可以使用该工具对节点进行移动、缩放等操作。如果按住 Ctrl 键拖拽边节点，可以拉出一个垂直平面。另外，如果节点的位置不正确，可以按 Backspace 键删除该节点。
- 选框工具：使用该工具可以在创建好的透视平面上绘制选区，以选中平面上的某个区域。建立选区以后，将光标放置在选区内，按住 Alt 键拖拽选区，可以复制图像，如图 11-114 所示。如果按住 Ctrl 键拖拽选区，则可以用源图像填充该区域，如图 11-115 所示。

图 11-114　　　　　　图 11-115

- 图章工具：使用该工具时，按住 Alt 键在透视平面内单击可以设置取样点，然后在其他区域拖拽鼠标即可进行仿制操作。

 提示："图章工具"的选项栏。

选择"图章工具"后，在"消失点"对话框的顶部可以设置该工具修复图像的"模式"。如果要绘画的区域不需要与周围的颜色、光照和阴影混合，可以选择"关"选项；如果要绘画的区域需要与周围的光照混合，同时又需要保留样本像素的颜色，可以选择"明亮度"选项；如果要绘画的区域需要保留样本像素的纹理，同时又要与周围像素的颜色、光照和阴影混合，可以选择"开"选项。

- 画笔工具：该工具主要用来在透视平面上绘制选定的颜色。
- 变换工具：该工具主要用来变换选区，其作用相当于"编辑 > 自由变换"命令。如图 11-116 所示是利用"选框工具"复制的图像，图 11-117 所示是利用"变换工具"对选区进行变换以后的效果。

图 11-116　　　　图 11-117

- 吸管工具：可以使用该工具在图像上拾取颜色，以用作"画笔工具"的绘画颜色。
- 测量工具：使用该工具可以在透视平面中测量项目的距离和角度。
- 抓手工具／缩放工具：这两个工具的使用方法与工具箱中的相应工具完全相同。

[重点] 11.1.7　动手练：滤镜组的使用

Photoshop 的滤镜多达几十种，一些效果相近的、工作原理相似的滤镜被集合在滤镜组中。滤镜组中的滤镜的使用方法非常相似，几乎都是"选择图层">"执行命令">"设置参数">"单击'确定'按钮"这几个步骤；区别在于不同的滤镜，其参数选项略有不同，但是好在滤镜的参数效果大部分都是可以实时预览的，所以可以随意调整参数来观察效果。

1. 滤镜组的使用方法

扫一扫，看视频

步骤 01　选择需要进行滤镜操作（在此以"动感模糊"滤镜为例）的图层，如图 11-118 所示。例如执行"滤镜 > 模糊 > 动感模糊"命令，打开"动感模糊"对话框，从中进行参数的设置，如图 11-119 所示。

图 11-118　　　　　　　　图 11-119

步骤 02　在该对话框左上方的预览窗口中可以预览滤镜效果，同时可以拖拽图像，以观察其他区域的效果，如图 11-120 所示。单击 按钮和 按钮可以缩放图像的显示比例。另外，在图像的某个点上单击，预览窗口中就会显示出该区域的效果，如图 11-121 所示。

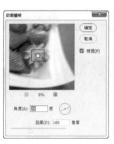

图 11-120　　　　　图 11-121

步骤 03 在任何一个滤镜对话框中按住 Alt 键，"取消"按钮都将变成"复位"按钮，如图 11-122 所示。单击"复位"按钮，可以将滤镜参数恢复到默认设置。继续进行参数的调整，然后单击"确定"按钮，滤镜效果如图 11-123 所示。

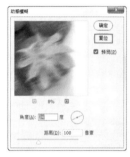

图 11-122　　　　　图 11-123

 提示：如何终止滤镜效果。

在应用滤镜的过程中，如果要终止处理，可以按 Esc 键。

步骤 04 如果图像中存在选区，则滤镜效果只应用在选区之内，如图 11-124 和图 11-125 所示。

图 11-124　　　　　图 11-125

 提示：重复使用上一次滤镜。

当应用完一个滤镜以后，"滤镜"菜单下的第 1 行会出现该滤镜的名称。执行该命令或按 Ctrl+F 组合键，可以按照上一次应用该滤镜的参数配置再次对图像应用该滤镜。

2. 智能滤镜的使用方法

直接对图层进行滤镜操作时是直接应用于画面本身，是具有"破坏性"的。此时可以使用"智能滤镜"，使其变为非破坏性的可再次调整的滤镜。应用于智能对象的任何滤镜都是智能滤镜，可以进行参数调整、移除、隐藏等操作；而且智能滤镜还带有一个蒙版，可以调整其作用范围。

步骤 01 选择图层，执行"滤镜 > 转换为智能滤镜"命令，选择的图层即可变为智能图层，如图 11-126 所示。接着对该图层执行滤镜命令（例如，执行"滤镜 > 风格化 > 查找边缘"命令），此时可以看到"图层"面板中智能图层发生了变化，如图 11-127 所示。

图 11-126

图 11-127

步骤 02 在智能滤镜的蒙版中使用黑色画笔涂抹以隐藏部分区域的滤镜效果，如图 11-128 所示。还可以设置智能滤镜与图像的"混合模式"，双击滤镜名称右侧的 ≒ 图标，可以在弹出的"混合选项"对话框中调节滤镜的"模式"和"不透明度"，如图 11-129 所示。

图 11-128

图 11-129

3. "渐隐"滤镜效果

若要调整滤镜所产生效果的"不透明度"和"混合模式",可以通过"渐隐"命令来完成。首先为图片添加滤镜,

然后执行"编辑 > 渐隐"命令,在弹出的"渐隐"对话框中设置"混合模式"和"不透明度",如图 11-130 所示。滤镜效果就会以特定的混合模式和不透明度与原图进行混合,画面效果如图 11-131 所示。

图 11-130　　　　　　　　图 11-131

练习实例:使用"渐隐"命令

文件路径	资源包\第11章\练习实例:使用"渐隐"命令
难易指数	★★★★★
技术掌握	"渐隐"命令

案例效果

案例效果如图 11-132 所示。

图 11-132

步骤 01 执行"文件 > 打开"命令,打开素材 1.jpg,如图 11-133 所示。执行"滤镜 > 风格化 > 等高线"命令,在"等高线"对话框中设置任意的"色阶"数值,然后单击"确定"按钮,如图 11-134 所示。画面效果如图 11-135 所示。

扫一扫,看视频

步骤 02 执行"编辑 > 渐隐"命令,在弹出的"渐隐"对话框中调整"不透明度"和"模式"参数来控制渐隐效果,设置完成后单击"确定"按钮,如图 11-136 所示。渐隐效果如图 11-137 所示。

图 11-133　　　　　　　　图 11-134

图 11-135

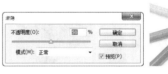

图 11-136　　　　　　　　图 11-137

11.2 "风格化"滤镜组

执行"滤镜 > 风格化"命令,在弹出的子菜单中可以看到多种滤镜,如图 11-138 所示。不同滤镜效果如图 11-139 所示。

11.2.1 查找边缘

利用"查找边缘"滤镜可以制作出线条感的画面。打开一张图片,如图 11-140 所示。执行"滤镜 > 风格化 > 查找边缘"命令,无须设置任何参数。该滤镜会将图像的高反差区变亮,低反差区变暗,而其他区域则介于两者之间。同时硬边会变成线条,柔边会变粗,从而形成一个清晰的轮廓,如图 11-141 所示。

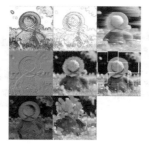

图 11-138　　　　　　　　图 11-139　　　　　　　　图 11-140　　　　　　　　图 11-141

11.2.2　等高线

　　"等高线"滤镜常用于将图像转换为线条感的等高线图。打开一张图片，如图 11-142 所示。执行"滤镜 > 风格化 > 等高线"命令，在弹出的"等高线"对话框中设置"色阶"数值、"边缘"类型后，单击"确定"按钮，如图 11-143 所示。效果如图 11-144 所示。"等高线"滤镜会以某个特定的色阶值查找主要亮度区域，并为每个颜色通道勾勒主要亮度区域。

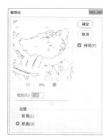

图 11-142　　　　　　　　　　图 11-143　　　　　　　　　　图 11-144

- 色阶：用来设置区分图像边缘亮度的级别。如图 11-145~ 图 11-147 所示分别为色阶设置为 60、120 和 200 的效果。

图 11-145　　　　　　　　　　图 11-146　　　　　　　　　　图 11-147

- 边缘：用来设置处理图像边缘的位置，以及边界的产生方法。选中"较低"单选按钮时，可以在基准亮度等级以下的轮廓上生成等高线；选中"较高"单选按钮时，可以在基准亮度等级以上生成等高线。

11.2.3　风

　　打开一张图片，如图 11-148 所示。执行"滤镜 > 风格化 > 风"命令，在弹出的"风"对话框中进行参数的设置，单击"确定"按钮，如图 11-149 所示。效果如图 11-150 所示。"风"滤镜能够将像素朝着指定的方向进行虚化，通过产生一些细小的水平线条来模拟风吹效果。

- 方法：包含"风""大风"和"飓风"3 种等级，如图 11-151、图 11-152、图 11-153 所示分别是这 3 种等级的效果。
- 方向：用来设置风源的方向，包含"从右"和"从左"两种。

图 11-148　　　　　　　图 11-149　　　　　　　图 11-150

图11-151　　　　　　　图11-152　　　　　　　图11-153

11.2.4　浮雕效果

　　"浮雕效果"滤镜可以制作模拟金属雕刻的效果，常用于制作硬币、金牌等。打开一张图片，如图11-154所示。接着执行"滤镜 > 风格化 > 浮雕效果"命令，在打开的"浮雕效果"对话框中进行参数设置，如图11-155所示。该滤镜的工作原理是通过勾勒图像或选区的轮廓和降低周围颜色值，来生成凹陷或凸起的浮雕效果，如图11-156所示。

图11-157　　　　　　　图11-158

- 高度：用于设置浮雕效果的凸起高度。如图11-159和图11-160所示为不同"高度"的对比效果。

图11-154　　　　图11-155　　　　图11-156

图11-159　　　　　　　图11-160

- 角度：用于设置浮雕效果的光线方向，光线方向会影响浮雕的凸起位置。如图11-157和图11-158所示为不同角度的对比效果。

- 数量：用于设置"浮雕效果"滤镜的作用范围。数值越高，边界越清晰（小于40%时，图像会变灰）。

11.2.5　扩散

　　利用"扩散"滤镜可以制作类似于透过磨砂玻璃观察物体时的分离模糊效果。打开一张图片，如图11-161所示。接着执行"滤镜 > 风格化 > 扩散"命令，在弹出的"扩散"对话框中选择合适的"模式"，然后单击"确定"按钮，如图11-162所示。扩散效果如图11-163所示。该滤镜的工作原理是将图像中相邻的像素按指定的方式有机移动。

图11-161　　　　　　图11-162　　　　　　图11-163

- 正常：使图像的所有区域都进行扩散处理，与图像的颜色值没有任何关系，如图11-164所示。

- **变暗优先**：用较暗的像素替换亮部区域的像素，并且只有暗部像素产生扩散，如图 11-165 所示。
- **变亮优先**：用较亮的像素替换暗部区域的像素，并且只有亮部像素产生扩散，如图 11-166 所示。
- **各向异性**：使用图像中较暗和较亮的像素产生扩散效果，即在颜色变化最小的方向上搅乱像素，如图 11-167 所示。

   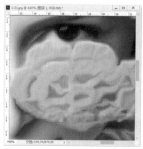

图 11-164　　　　　　图 11-165　　　　　　图 11-166　　　　　　图 11-167

11.2.6　拼贴

　　"拼贴"滤镜常用于制作拼图效果。打开一张图片，如图 11-168 所示。接着执行"滤镜 > 风格化 > 拼贴"命令，打开"拼贴"对话框，如图 11-169 所示。"拼贴"滤镜可以将图像分解为一系列块状，并使其偏离其原来的位置，从而产生不规则拼砖的图像效果，如图 11-170 所示。

图 11-168　　　　　　图 11-169　　　　　　图 11-170

- **拼贴数**：用来设置在图像每行和每列中要显示的贴块数。如图 11-171 和图 11-172 所示为不同"拼贴数"的对比效果。
- **最大位移**：用来设置拼贴偏移原始位置的最大距离。如图 11-173 和图 11-174 所示为不同参数值的对比效果。

- **填充空白区域用**：用来设置填充空白区域的方法。

 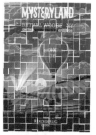

图 11-171　　　　　　　　图 11-172

图 11-173　　　　　　　　图 11-174

11.2.7　曝光过度

　　"曝光过度"滤镜可以模拟出传统摄影术中，在暗房显影过程中短暂增加光线强度而产生的过度曝光效果。打开一张图片，如图 11-175 所示。接着执行"滤镜 > 风格化 > 曝光过度"命令，画面效果如图 11-176 所示。

图 11-175　　　　　　　　图 11-176

11.2.8 凸出

"凸出"滤镜通常用于制作立方体向画面外"飞溅"的3D效果，如创意海报、新锐设计等。打开一张图片，如图 11-177 所示。执行"滤镜>风格化>凸出"命令，在弹出的"凸出"对话框中进行参数的设置，如图 11-178 所示。单击"确定"按钮，凸出效果如图 11-179 所示。该滤镜可以将图像分解成一系列大小相同且有机重叠放置的立方体或椎体，以生成特殊的3D效果。

- **大小**：用来设置立方体或金字塔底面的大小。
- **深度**：用来设置凸出对象的深度。选中"随机"单选按钮表示为每个块或金字塔设置一个随机的任意深度；选中"基于色阶"单选按钮表示使每个对象的深度与其亮度相对应，亮度越亮，图像越凸出。
- **立方体正面**：选中该复选框以后，将失去图像的整体轮廓，生成的立方体上只显示单一的颜色，如图 11-182 所示。

图 11-177　　　　图 11-178　　　　图 11-179

- **类型**：用来设置三维方块的形状，包含"块"和"金字塔"两种，如图 11-180 和图 11-181 所示。

图 11-180　　　　　图 11-181

图 11-182

- **蒙版不完整块**：使所有图像都包含在凸出的范围之内。

11.3 "模糊"滤镜组

在模糊滤镜组中集合了多种模糊滤镜，为图像应用模糊滤镜能够使图像内容变得柔和，并能淡化边界的颜色。使用模糊滤镜组中的滤镜可以进行磨皮、制作景深效果或者模拟高速摄像机跟拍效果。如图 11-183~ 图 11-186 所示为使用模糊滤镜制作的作品。

执行"滤镜 > 模糊"命令，在弹出的子菜单中可以看到多种用于模糊图像的滤镜，如图 11-187 所示。这些滤镜应用的场合不同："高斯模糊"是最常用的图像模糊滤镜；"模糊"、"进一步模糊"属于"无参数"滤镜，无参数可供调整，适合于轻微模糊的情况；"表面模糊"、"特殊模糊"常用于图像降噪；"动感模糊"、"径向模糊"会沿一定方向进行模糊；"方框模糊"、"形状模糊"是以特定的形状进行模糊；"镜头模糊"常用于模拟大光圈摄影效果；"平均"用于获取整个图像的平均颜色值。

图 11-183　　　　　图 11-184　　　　　图 11-185　　　　　图 11-186　　　　　图 11-187

中文版Photoshop CS6从入门到精通（微课视频　全彩版）

以往的模糊滤镜几乎都是以同一个参数对整个画面进行模糊，而"场景模糊"滤镜则可以在画面中的不同位置添加多个控制点，并对每个控制点设置不同的模糊数值，这样就能使画面中的不同部分产生不同的模糊效果。

步骤01▸打开一张图片，如图11-188所示。接着执行"滤镜>模糊>场景模糊"命令，打开"场景模糊"对话框。在默认情况下，在画面的中央位置有一个"控制点"，这个控制点用来控制模糊位置。在对话框的右侧通过设置"模糊"数值控制模糊的强度，如图11-189所示。

图 11-188　　　　　　　　　　　图 11-189

步骤02▸控制点的位置可以进行调整，将光标移动至"控制点"所在中央位置，按住鼠标左键拖拽即可移动。在此将控制点移动到船的位置，因为该位置不需要被模糊，所以设置"模糊"为0像素，如图11-190所示。接着将光标移动到需要模糊的位置单击，即可添加"控制点"，然后设置合适的"模糊"参数值，如图11-191所示。

图 11-190　　　　　　　　　　　图 11-191

步骤03▸继续添加"控制点"，然后设置合适的"模糊"数值。需要注意"近大远小"的规律，越远的地方模糊程度要越大。最后单击对话框上方的"确定"按钮，如图11-192所示。画面效果如图11-193所示。

图 11-192　　　　　　　　　　　图 11-193

第11章 滤镜

- **光源散景**：用于控制光照亮度，数值越大高光区域的亮度就越高。

- **散景颜色**：通过调整数值控制散景区域颜色的程度。
- **光照范围**：通过调整滑块用色阶来控制散景的范围。

[重点] 11.3.2　动手练：光圈模糊

"光圈模糊"滤镜是一个单点模糊滤镜，用户可以根据不同的要求对焦点（也就是画面中清晰的部分）的大小与形状、图像其余部分的模糊数量以及清晰区域与模糊区域之间的过渡效果进行相应的设置。

步骤01 打开一张图片，如图 11-194 所示。接着执行"滤镜 > 模糊 > 光圈模糊"命令，可以看到画面中出现控制点以及控制框，该控制框以外的区域为被模糊的区域。在界面的右侧可以设置"模糊"选项控制模糊的程度，如图 11-195 所示。

图 11-194

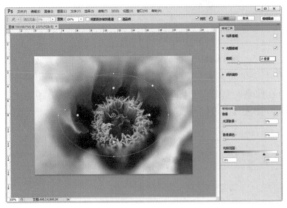

图 11-195

步骤02 拖拽控制框右上角的控制点即可改变控制框的形状，如图 11-196 所示。拖拽控制框内侧的圆形控制点可以调整模糊过渡的效果，如图 11-197 所示。

图 11-196　　　　　　　图 11-197

步骤03 拖拽控制框上的控制点可以将控制框进行旋转，如图 11-198 所示。拖拽"中心点"可以调整模糊的位置，如图 11-199 所示。

 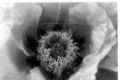

图 11-198　　　　　　　图 11-199

步骤04 设置完成后，单击"确定"按钮，效果如图 11-200 所示。

图 11-200

[重点] 11.3.3　倾斜偏移：轻松打造移轴摄影

"移轴摄影"是一种特殊的摄影类型，从画面上看所拍摄的照片效果就像是缩微模型一样，非常特别。如图 11-201 和图 11-202 所示为移轴摄影作品。移轴摄影，即移轴镜摄影，泛指利用移轴镜头创作的作品。没有"移轴镜头"想要制作移轴效果怎么办？答案当然是通过 PS 进行后期调整。在 Photoshop 中使用"倾斜偏移"滤镜可以轻松地模拟"移轴摄影"效果。

图 11-201

图 11-202

步骤01 打开一张图片，如图 11-203 所示。接着执行"滤镜 > 模糊 > 倾斜偏移"命令，操作界面发生了变化，在其右侧控制模糊的强度，如图 11-204 所示。

制框，如图 11-207 所示。参数调整完成后单击"确定"按钮，效果如图 11-208 所示。

图 11-203 　　　　　　图 11-204

步骤02 如果想要调整画面中清晰区域的范围，可以按住并拖拽"中心点"的位置，如图 11-205 所示。拖拽上下两端的"虚线"可以调整清晰和模糊范围的过渡效果，如图 11-206 所示。

步骤03 按住鼠标左键拖拽实线上圆形的控制点可以旋转控

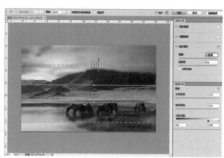

图 11-205 　　　　　　图 11-206

图 11-207 　　　　　　图 11-208

【重点】11.3.4 表面模糊

"表面模糊"滤镜常用于将接近的颜色融合为一种颜色，从而减少画面的细节，或降噪。打开一张图片，如图 11-209 所示。执行"滤镜 > 模糊 > 表面模糊"命令，打开"表面模糊"对话框如图 11-210 所示。此时图像在保留边缘的同时模糊了图像，如图 11-211 所示。

- 半径：用于设置模糊取样区域的大小。如图 11-212 所示为半径为 3 像素和半径为 15 像素的对比效果。
- 阈值：用于控制相邻像素色调值与中心像素值相差多大时才能成为模糊的一部分，色调值差小于阈值的像素将被排除在模糊之外。如图 11-213 所示为阈值为 30 色阶和阈值为 100 色阶的对比效果。

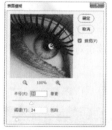

图 11-209 　　图 11-210 　　图 11-211

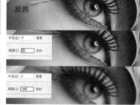

图 11-212 　　　　　　图 11-213

【重点】11.3.5 动感模糊：制作运动模糊效果

"动感模糊"可以模拟出高速跟拍而产生的带有运动方向的模糊效果。打开一张图片，如图 11-214 所示。接着执行"滤镜 > 模糊 > 动感模糊"命令，在弹出的"动感模糊"对话框中进行设置，如图 11-215 所示。然后单击"确定"按钮，动感模糊效果如图 11-216 所示。"动感模糊"滤镜可以沿指定的方向（-360°～360°），以指定的距离（1~999）进行模糊，所产生的效果类似于在固定的曝光时间拍摄一个高速运动的对象。

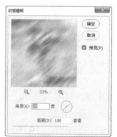

图 11-214 　　图 11-215 　　图 11-216

- 角度：用来设置模糊的方向。如图 11-217 和图 11-218 所示为不同"角度"的对比效果。

图 11-217

图 11-218

- 距离：用来设置像素模糊的程度。如图 11-219 和图 11-220 所示为不同"距离"的对比效果。

图 11-219

图 11-220

练习实例：使用"动感模糊"滤镜制作运动画面

文件路径	资源包\第11章\练习实例：使用"动感模糊"滤镜制作运动画面
难易指数	★★★★★
技术掌握	智能滤镜、"动感模糊"滤镜

案例效果

案例效果如图 11-221 所示。

图 11-221

操作步骤

步骤01 执行"文件>打开"命令，打开素材 1.jpg，如图 11-222 所示。选择背景图，使用快捷键 Ctrl+J 将背景图层复制一份。接着选择复制的图层，执行"滤镜>转换为智能滤镜"命令，如图 11-223 所示。

扫一扫，看视频

图 11-222

图 11-223

步骤02 执行"滤镜>模糊>动感模糊"命令，在弹出的对话框中设置"角度"为30度，"距离"为298 像素，单击"确定"按钮，如图 11-224 所示。此时画面效果如图 11-225 所示。

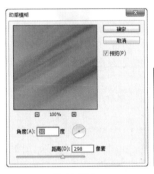
图 11-224

图 11-225

步骤03 接着将人像显现出来。在"图层"面板选中智能滤镜的图层蒙版。单击工具箱中的"画笔工具"按钮，在其选项栏中设置画笔"大小"为150 像素，"硬度"为50%，将前景色设置为黑色，然后在人像的位置涂抹，人像就会显现出来，如图 11-226 所示。继续进行涂抹，最终效果如图 11-227 所示。

图 11-226

图 11-227

11.3.6 方框模糊

"方框模糊"滤镜能够以"方块"的形式对图像进行模糊处理。打开一张图片，如图 11-228 所示。执行"滤镜>模糊>方框模糊"命令，如图 11-229 所示。此时软件基于相邻像素的平均颜色值来模糊图像，生成的模糊效果类似于方块，如图 11-230 所示。"半径"选项用于调整计算指定像素平均值的区域大小。数值越大，产生的模糊效果越强，效果如图 11-231 所示。

中文版Photoshop CS6从入门到精通（微课视频 全彩版）

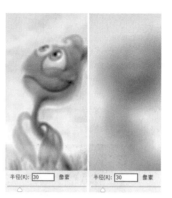

图 11-228　　　　　　　图 11-229　　　　　　　图 11-230　　　　　　　图 11-231

【重点】11.3.7　高斯模糊：最常用的模糊滤镜

　　"高斯模糊"滤镜是"模糊"滤镜组中使用频率最高的滤镜。该滤镜应用十分广泛，例如制作景深效果、制作模糊的投影效果等。打开一张图片（也可以绘制一个选区，在选区内操作），如图 11-232 所示。接着执行"滤镜 > 模糊 > 高斯模糊"命令，在弹出的"高斯模糊"对话框中设置合适的参数，然后单击"确定"按钮，如图 11-233 所示。画面效果如图 11-234 所示。"高斯模糊"滤镜的工作原理是在图像中添加低频细节，使图像产生一种朦胧的模糊效果。

图 11-232　　　　　　　图 11-233　　　　　　　图 11-234

　　其中"半径"选项用于调整计算指定像素平均值的区域大小。数值越大，产生的模糊效果越强烈。如图 11-235 和图 11-236 所示为半径为 30 像素和 60 像素的对比效果。

图 11-235　　　　　　　　　　图 11-236

举一反三：制作模糊阴影效果

　　添加阴影能够让画面效果更加真实、自然，在使用画笔工具或其他工具绘制阴影图形后，如果阴影显得十分生硬，如图 11-237 所示。此时可以将这个图形进行"高斯模糊"，如图 11-238 所示。然后适当调整"不透明度"，如图 11-239 所示，就能够让阴影效果变得自然，如图 11-240 所示。

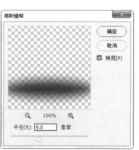

图 11-237　　　　　　　图 11-238　　　　　　　图 11-239　　　　　　　图 11-240

练习实例：使用"高斯模糊"滤镜柔化皮肤

文件路径	资源包\第11章\练习实例：使用"高斯模糊"滤镜柔化皮肤
难易指数	★★★★★
技术掌握	"高斯模糊"滤镜

案例效果

案例效果如图11-241所示。

扫一扫，看视频

图 11-241

操作步骤

步骤01 执行"文件>打开"命令，打开素材1.jpg，如图11-242所示。按快捷键Ctrl+J，将背景图层复制一份。选择复制的图层，执行"图层>智能对象>转换为智能对象"命令，将该图层转换为智能图层，如图11-243所示。

图 11-242   图 11-243

步骤02 执行"滤镜>模糊>高斯模糊"命令，在弹出的

"高斯模糊"对话框中设置"半径"为9.2像素，单击"确定"按钮，如图11-244所示。效果如图11-245所示。

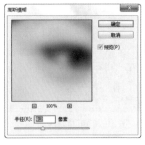

图 11-244   图 11-245

步骤03 接下来，需要通过智能滤镜中的图层蒙版还原五官的像素，使其变得清晰。选中图层蒙版，设置前景色为黑色，按Alt+Delete键填充颜色。设置前景色为白色，单击工具箱中的"画笔工具"按钮，在其选项栏中设置画笔"大小"为78，"硬度"为0，接着在人像皱纹的位置上按住鼠标左键拖动，将皱纹遮盖住，如图11-246所示。继续进行涂抹，最终效果如图11-247所示。

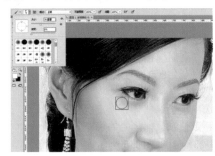

图 11-246   图 11-247

11.3.8 进一步模糊

"进一步模糊"滤镜的模糊效果比较弱，也没有参数设置对话框。打开一张图片，如图11-248所示。执行"滤镜>模糊>进一步模糊"，画面效果如图11-249所示。该滤镜可以平衡已定义的线条和遮蔽区域的清晰边缘旁边的像素，使变化显得柔和。"进一步模糊"滤镜生成的效果比"模糊"滤镜强3~4倍。

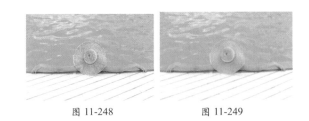

图 11-248   图 11-249

11.3.9 径向模糊

"径向模糊"滤镜用于模拟缩放或旋转相机时所产生的模糊效果。打开一张图片，如图11-250所示。执行"滤镜>模糊>径向模糊"命令，在弹出的"径向模糊"对话框中设置模糊的方法、品质以及数量，然后单击"确定"按钮，如图11-251所示。画面效果如图11-252所示。

- 数量：用于设置模糊的强度。数值越高，模糊效果越明显。如图11-253所示为"数量"为10和60的对比效果。

- 模糊方法：选中"旋转"单选按钮时，图像可以沿同心圆环线产生旋转的模糊效果，如图11-254所示。

中文版Photoshop CS6从入门到精通（微课视频 全彩版）

选中"缩放"单选按钮时，可以从中心向外产生反射模糊效果，如图11-255所示。

图 11-250　　　　　图 11-251　　　　　图 11-252

图 11-253　　　　　　　　　图 11-254

- 中心模糊：将光标放置在设置框中，按住鼠标左键拖拽可以定位模糊的原点。原点位置不同，模糊中心也不同，如图11-256和图11-257所示分别为不同原点的旋转模糊效果。

图 11-255　　　　　图 11-256　　　　　图 11-257

- 品质：用来设置模糊效果的质量。"草图"的处理速度较快，但会产生颗粒效果；"好"和"最好"的处理速度较慢，但是生成的效果比较平滑。

【重点】11.3.10　镜头模糊：模拟大光圈 / 浅景深效果

摄影爱好者对"大光圈"这个词肯定不会陌生，使用大光圈镜头可以拍摄出主体物清晰、背景虚化柔和的效果，也就是专业术语中所说的"浅景深"。这种"浅景深"效果在拍摄人像或者景物时非常常用，而在 Photoshop 中，"镜头模糊"滤镜能模仿出非常逼真的浅景深效果。这里所说的"逼真"是因为"镜头模糊"滤镜可以通过"通道"或"蒙版"中的黑白信息为图像中的不同部分施加不同程度的模糊，而"通道"和"蒙版"中的信息则是我们可以轻松控制的。

步骤 01 打开一张图片，然后制作出需要进行模糊的选区，如图11-258所示。进入"通道"面板中，新建 Alpha 1 通道。由于需要模糊的是铁轨以外的部分，所以可以将铁轨部分在通道中填充为黑色。铁轨以外的部分需要按照远近关系进行填充（因为真实世界中的景物存在"近实远虚"的视觉效果，越近的部分应该越清晰，越远的部分应该越模糊）。此处为铁轨以外的部分按照远近填充由白色到黑色的渐变，如图11-259所示。在通道中白色的区域为被模糊的区域，所以天空位置为白色，地平线的位置为灰色，而且前景为黑色。

 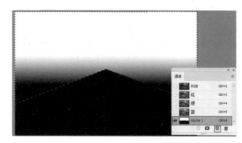

图 11-258　　　　　　　　　　　　图 11-259

步骤 02 接着单击 RGB 复合通道，使用快捷键 Ctrl+D 取消选区的选择。回到"图层"面板中，选择风景图层。接着执行"滤镜 > 模糊 > 镜头模糊"命令，在弹出的"镜头模糊"对话框中，先设置"源"为 Alpha 1，"模糊焦距"为20，"半径"为50，如图11-260所示。设置完成后单击"确定"按钮，浅景深效果如图11-261所示。

- 预览：用来设置预览模糊效果的方式。选中"更快"单选按钮，可以提高预览速度；选中"更加准确"单选按钮，可以查看模糊的最终效果，但生成的预览时间更长。

- 深度映射：从"源"下拉列表框中可以选择使用 Alpha 通道或图层蒙版来创建浅景深效果（前提是图像中存在 Alpha 通道或图层蒙版），其中通道或蒙版中的白色区域将被模糊，而黑色区域则保持原样；"模糊焦距"选项用来设置位于焦点内的像素的深度；"反相"下拉列表框用来反转 Alpha 通道或图层蒙版。

图 11-260   图 11-261

- 光圈：该选项组用来设置模糊的显示方式。"形状"下拉列表框用来选择光圈的形状；"半径"选项用来设置模糊的数量；"叶片弯度"选项用来设置对光圈边缘进行平滑处理的程度；"旋转"选项用来旋转光圈。

- 镜面高光：该选项组用来设置镜面高光的范围。"亮度"选项用来设置高光的亮度；"阈值"选项用来设置亮度的停止点，比停止点值亮的所有像素都被视为镜面高光。

- 杂色："数量"选项用来在图像中添加或减少杂色；"分布"选项用来设置杂色的分布方式，包含"平均"和"高斯分布"两种；如果选择"单色"选项，则添加的杂色为单一颜色。

练习实例：使用"镜头模糊"滤镜虚化背景

文件路径	资源包\第11章\练习实例：使用"镜头模糊"滤镜虚化背景
难易指数	★★★★★
技术掌握	"镜头模糊"滤镜

案例效果

案例处理前后的对比效果如图 11-262 和图 11-263 所示。

图 11-262   图 11-263

操作步骤

步骤01 执行"文件>打开"命令，打开素材 1.jpg，如图 11-264 所示。选中置入的素材，按下 Ctrl+J 组合键复制背景图层，如图 11-265 所示。

图 11-264   图 11-265

步骤02 选择图层"背景 拷贝"，单击工具箱中的"快速选

择工具"按钮，在素材中的人像上按住鼠标左键拖动得到人物选区，如图 11-266 所示。可以先通过"通道"面板将选区存储起来。打开"通道"面板，单击底部的"将选区存储为通道"按钮，如图 11-267 所示。

扫一扫，看视频

图 11-266   图 11-267

步骤03 想要制作出逼真的景深效果，就需要在通道中处理好黑白关系。主体人物后的 3 个人物由于远近不同，所以模糊程度也应该不同。此时需要利用通道的黑白灰关系进行处理。选择刚刚新建的通道，使用半透明的白色柔角画笔在 3 个人物的上方进行涂抹。越远的人物越接近黑色，越近的人物越接近白色，如图 11-268 所示。

图 11-268

步骤 04 执行"滤镜 > 模糊 > 镜头模糊"命令，在弹出的"镜头模糊"对话框中设置"源"为新建的 Alpha 1 通道，设置"模糊焦距"为 255，设置"半径"为 70 像素，单击"确定"按钮，如图 11-269 所示。效果如图 11-270 所示。

读书笔记

图 11-269 　　　　　　　　　图 11-270

11.3.11　模糊

"模糊"滤镜因为比较"轻柔"，主要用于为显著颜色变化的地方消除杂色。打开一张图片，如图 11-271 所示。接着执行"滤镜 > 模糊 > 模糊"命令，画面效果如图 11-272 所示。该滤镜没有对话框。"模糊"滤镜与"进一步模糊"滤镜都属于轻微模糊滤镜。相比"进一步模糊"滤镜，"模糊"滤镜的模糊效果要低 3~4 倍左右。

图 11-271 　　　　　　　　　图 11-272

11.3.12　平均

"平均"滤镜常用于提取出画面中颜色的"平均值"。打开一张图片或者在图像上绘制一个选区，如图 11-273 所示。接着执行"滤镜 > 模糊 > 平均"命令，效果如图 11-274 所示。"平均"滤镜可以查找图像或选区的平均颜色，并使用该颜色填充图像或选区，以创建平滑的外观效果。

使用该滤镜得到的颜色与画面整体色感非常统一，所以该颜色可以作为与原图相搭配的其他元素的颜色，如图 11-275 和图 11-276 所示。

图 11-275　　　　　　　　　图 11-276

图 11-273　　　　　　　　　图 11-274

11.3.13　特殊模糊

"特殊模糊"滤镜常用于模糊画面中的褶皱、重叠的边缘，还可以进行图片"降噪"处理。如图 11-277 所示为一张图片的细节图，可以看到其中有轻微噪点。执行"滤镜 > 模糊 > 特殊模糊"命令，在弹出的"特殊模糊"对话框中进行相关参数的设置，如图 11-278 所示。设置完成后单击"确定"按钮，效果如图 11-279 所示。"特殊模糊"滤镜只对有微弱颜色变化的区域进行模糊，模糊效果细腻。添加该滤镜后既能够最大程度上保留画面内容的真实形态，又能够使小的细节变得柔和。

图 11-277 　　　　图 11-278　　　　图 11-279

- 半径：用来设置要应用模糊的范围。
- 阈值：用来设置像素具有多大差异后才会被模糊处理。如图 11-280 和图 11-281 所示为"阈值"为 30 与 60 的对比效果。

图 11-280　　　　　　　　图 11-281

- 品质：设置模糊效果的质量，包含"低""中等"和

"高"3 种。

- 模式：选择"正常"选项，不会在图像中添加任何特殊效果，如图 11-282 所示；选择"仅限边缘"选项，将以黑色显示图像，以白色描绘出图像边缘像素亮度值变化强烈的区域，如图 11-283 所示；选择"叠加边缘"选项，将以白色描绘出图像边缘像素亮度值变化强烈的区域，如图 11-284 所示。

图 11-282　　　　图 11-283　　　　图 11-284

11.3.14　形状模糊

"形状模糊"滤镜能够以特定的"图形"对画面进行模糊化处理。选择一张需要模糊的图片，如图 11-285 所示。执行"滤镜 > 模糊 > 形状模糊"命令，弹出"形状模糊"对话框，从中选择一个合适的形状，设置"半径"数值，如图 11-286 所示。单击"确定"按钮，效果如图 11-287 所示。

预设的形状或外部的形状。如图 11-290 和图 11-291 所示为不同形状的对比效果。

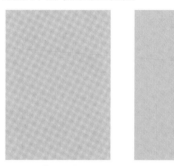

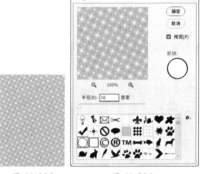

图 11-285　　　　图 11-286　　　　图 11-287

图 11-288　　　　　　　　图 11-289

图 11-290　　　　　　　　图 11-291

- 半径：用来调整形状的大小。数值越大，模糊效果越好。如图 11-288 和图 11-289 所示为"半径"为 15 像素和 60 像素的对比效果。
- 形状列表：在形状列表中选择一个形状，可以使用该形状来模糊图像。单击形状列表右侧的 图标，可以载入

11.4　"扭曲"滤镜组

执行"滤镜 > 扭曲"命令，在弹出的子菜单中可以看到多种滤镜，如图 11-292 所示。不同滤镜效果如图 11-293 所示。

图 11-292　　　　　　　　图 11-293

11.4.1 波浪

　　"波浪"滤镜可以在图像上创建类似于波浪起伏的效果。使用"波浪"滤镜可以制作带有波浪纹理的效果，或制作带有波浪线边缘的图像。首先绘制一个矩形，如图11-294所示。接着执行"滤镜>扭曲>波浪"命令，在弹出的"波浪"对话框中进行相关参数的设置，如图11-295所示。设置完成后单击"确定"按钮，效果如图11-296所示。这种图形应用非常广泛，例如包装边缘的撕口、平面设计中的元素、服装设计中的元素等。

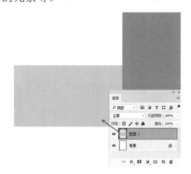

图 11-294

图 11-295　　　　　　图 11-296

- **生成器数**：用来设置波浪的强度。
- **波长**：用来设置相邻两个波峰之间的水平距离，包含"最小"和"最大"两个选项，其中"最小"数值不能超过"最大"数值。
- **波幅**：设置波浪的宽度（最小）和高度（最大）。
- **比例**：设置波浪在水平方向和垂直方向上的波动幅度。
- **类型**：选择波浪的形态，包括"正弦""三角形"和"方形"3种形态，如图11-297、图11-298和图11-299所示。

图 11-297　　　　图 11-298　　　　图 11-299

- **随机化**：如果对波浪效果不满意，可以单击该按钮，以重新生成波浪效果。
- **未定义区域**：用来设置空白区域的填充方式。选中"折回"单选按钮，可以在空白区域填充溢出的内容；选中"重复边缘像素"单选按钮，可以填充扭曲边缘的像素颜色。

11.4.2 波纹

　　"波纹"滤镜可以通过控制波纹的数量和大小制作出类似水面的波纹效果。打开一张素材图片，如图11-300所示。接着执行"滤镜>扭曲>波纹"命令，在弹出的"波纹"对话框进行参数的设置，如图11-301所示。设置完成后单击"确定"按钮，效果如图11-302所示。

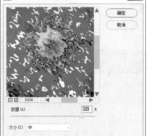

图 11-300　　　　图 11-301　　　　图 11-302

- **数量**：用于设置产生波纹的数量。如图11-303和图11-304所示为不同参数值的对比效果。

图 11-303　　　　　　图 11-304

- **大小**：选择所产生的波纹的大小。如图11-305、图11-306和图11-307所示分别为小、中、大的对比效果。

图 11-305　　　　图 11-306　　　　图 11-307

"极坐标"滤镜可以将图像从平面坐标转换到极坐标，或从极坐标转换到平面坐标。简单来说，该滤镜的两种方式分别可以实现以下两种效果：第一种是将水平排列的图像以图像左右两侧作为边界，首尾相连，中间的像素将会被挤压，四周的像素被拉伸，从而形成一个"圆形"；第二种则相反：将原本圆形图像从中"切开"，并"拉"成平面。"极坐标"滤镜常用于制作"鱼眼镜头"特效。

步骤01 打开一张图片，然后将"背景"图层转换为普通图层，如图 11-308 所示。接着执行"滤镜 > 扭曲 > 极坐标"命令，在弹出的"极坐标"对话框中选中"平面坐标到极坐标"单选按钮，如图 11-309 所示。

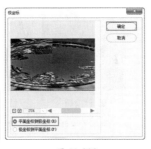

图 11-308　　　　　　　　图 11-309

步骤02 若选中"极坐标到平面坐标"单选按钮，则使圆形图像变为矩形图像，如图 11-310 所示。

图 11-310

步骤03 单击"确定"按钮，画面效果如图 11-311 所示。使用快捷键 Ctrl+T 调出定界框，然后将其不等比缩放。这样"鱼眼镜头"特效就制作完成了，如图 11-312 所示。

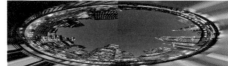

图 11-311　　　　　　　图 11-312

举一反三：翻转图像后应用"极坐标"滤镜

在应用"极坐标"滤镜之前，将图像垂直翻转，如图 11-313 所示。使用"极坐标"滤镜处理出的效果会相反，原本中心部分的内容到了四周，四周的内容到了中心处，形成了一个小星球的效果，如图 11-314 所示。

图 11-313　　　　　　　图 11-314

练习实例：使用"极坐标"滤镜制作奇妙星球

文件路径	资源包\第11章\练习实例：使用"极坐标"滤镜制作奇妙星球
难易指数	★★★★★
技术掌握	"极坐标"滤镜

案例效果

案例效果如图 11-315 所示。

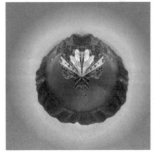

图 11-315

操作步骤

步骤01 执行"文件 > 打开"命令，打开素材1.jpg，如图 11-316 所示。接着按住 Alt 键双击背景图层，将该图层转换为普通图层，如图 11-317所示。

扫一扫，看视频

图 11-316　　　　　　　图 11-317

步骤02 选择该图层，执行"编辑 > 变换 > 垂直翻转"命令，将图像垂直翻转，如图 11-318 所示。

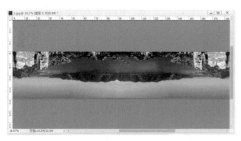

图 11-318

步骤03 执行"滤镜 > 扭曲 > 极坐标"命令，在弹出的对话框中选中"平面坐标到极坐标"单选按钮，然后单击"确定"按钮完成设置，如图 11-319 所示。此时画面效果如图 11-320 所示。

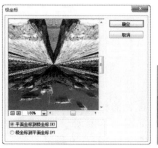

图 11-319　　　　　　　图 11-320

步骤04 选择图层，使用快捷键 Ctrl+T 调出定界框，将光标移动到图形右侧的控制点，按住鼠标左键向左拖动，如图 11-321 所示。接下来，按下 Enter 键完成变换。执行"图

像 > 裁切"命令，在弹出的"裁切"对话框中选中"透明像素"单选按钮，然后单击"确定"按钮，如图 11-322 所示。

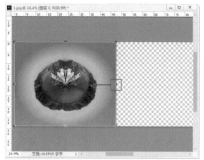

图 11-321　　　　　　　图 11-322

步骤05 裁切掉透明像素后，案例完成效果如图 11-323 所示。

图 11-323

11.4.4　挤压

"挤压"滤镜可以将选区内的图像或整个图像向外或向内挤压，与"液化"滤镜中的"膨胀工具"与"收缩工具"类似。打开一张图片，如图 11-324 所示。执行"滤镜 > 扭曲 > 挤压"命令，在弹出的"挤压"对话框进行参数的设置，如图 11-325 所示。单击"确定"按钮完成挤压变形操作，效果如图 11-326 所示。

其中"数量"选项用来控制挤压图像的程度。当数值为负值时，图像会向外挤压，如图 11-327 所示。当数值为正值时，图像会向内挤压，如图 11-328 所示。

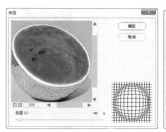

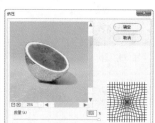

图 11-327　　　　　　　图 11-328

读书笔记

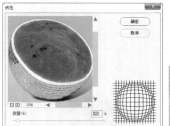

图 11-324　　　　图 11-325　　　　图 11-326

11.4.5　切变

"切变"滤镜可以将图像按照设定好的"路径"进行左右移动，图像一侧被移出画面的部分会出现在画面的另外一侧。该滤镜可以用来制作飘动的彩旗。打开一张图片，如图 11-329 所示。执行"滤镜 > 扭曲 > 切变"命令，在打开的"切变"

对话框中拖拽曲线，此时可以沿着这条曲线进行图像的扭曲，如图 11-330 所示。设置完成后单击"确定"按钮，效果如图 11-331 所示。

形效果，如图 11-332 和图 11-333 所示为不同的变形效果。

- 折回：在图像的空白区域中填充溢出图像之外的图像内容，如图 11-334 所示。
- 重复边缘像素：在图像边界不完整的空白区域填充扭曲边缘的像素颜色，如图 11-335 所示。

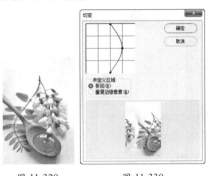

图 11-329　　　　　图 11-330　　　　　图 11-331

- 曲线调整框：通过控制曲线的弧度来控制图像的变

图 11-332　　图 11-333　　图 11-334　　图 11-335

11.4.6　球面化

"球面化"滤镜可以将选区内的图像或整个图像向外"膨胀"成为球形。打开一张图片，在画面中绘制一个选区，如图 11-336 所示。执行"滤镜 > 扭曲 > 球面化"命令，在弹出的"球面化"对话框中进行"数量"和"模式"的设置，如图 11-337 所示。单击"确定"按钮，球面化效果如图 11-338 所示。

- 数量：用来设置图像球面化的程度。当设置为正值时，图像会向外凸起，如图 11-339 所示；当设置为负值时，图像会向内收缩，如图 11-340 所示。

图 11-336　　　　　图 11-337　　　　　图 11-338

图 11-339　　　　　　　图 11-340

- 模式：用来选择图像的挤压方式，包含"正常""水平优先"和"垂直优先"3 种方式。

举一反三：制作"大头照"

想要制作"大头照"，首先就要在头部绘制一个圆形选区，如图 11-341 所示。接着为该选区应用"球面化"滤镜，在"球面化"对话框中将"数量"滑块向右调整，增大数值，如图 11-342 所示。可以看到小狗的头部明显变大了很多，而且看起来也更加贴近"镜头"，如图 11-343 所示。

图 11-341　　　　　图 11-342　　　　　图 11-343

11.4.7　水波

"水波"滤镜可以模拟石子落入平静水面而形成的涟漪效果。例如，绿茶广告中常见的茶叶掉落在水面上形成的波纹，就可以使用"水波"滤镜来制作。选择一个图层或者绘制一个选区，如图11-344所示。执行"滤镜>扭曲>水波"命令，在打开的"水波"对话框中进行参数的设置，如图11-345所示。设置完成后单击"确定"按钮，效果如图11-346所示。

图 11-347　　　　　　　图 11-348

- 起伏：用来设置波纹的数量。数值越大，波纹越多。
- 样式：用来选择生成波纹的方式。选择"围绕中心"选项时，可以围绕图像或选区的中心产生波纹，如图11-349所示；选择"从中心向外"选项时，波纹将从中心向外扩散，如图11-350所示；选择"水池波纹"选项时，可以产生同心圆形状的波纹，如图11-351所示。

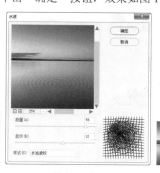

图 11-344　　　　　　图 11-345　　　　　　图 11-346

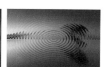

图 11-349　　　　　图 11-350　　　　　图 11-351

- 数量：用来设置波纹的数量。当设置为负值时，将产生下凹的波纹，如图11-347所示。当设置为正值时，将产生上凸的波纹，如图11-348所示。

11.4.8　旋转扭曲

"旋转扭曲"滤镜可以围绕图像的中心进行顺时针或逆时针的旋转。打开一张图片，如图11-352所示。执行"滤镜>扭曲>旋转扭曲"命令，打开"旋转扭曲"对话框，如图11-353所示。

接着调整"角度"选项，当设置为正值时，会沿顺时针方向进行扭曲，如图11-354所示。当设置为负值时，会沿逆时针方向进行扭曲，如图11-355所示。

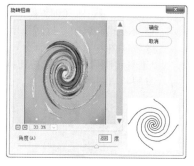

图 11-352　　　　　　　　　图 11-353

图 11-354　　　　　　　图 11-355

【重点】11.4.9　动手练：置换

"置换"滤镜是利用一个图像文档（必须为PSD格式文件）的亮度值来置换另外一个图像像素的排列位置，常用于制作形态复杂的透明体，或带有褶皱的服装印花等，如图11-356和图11-357所示。

步骤01　打开一张图片，如图11-358所示。接着准备一个PSD格式的文档（无需打开该PSD文件），如图11-359所示。

步骤02　选择素材图片所在图层，执行"滤镜>扭曲>置换"命令，在弹出的"置换"对话框中进行参数的设置，如图11-360所示。单击"确定"按钮，在弹出的"选取一个置换图"对话框中选择之前准备的PSD格式文档，单击"打开"按钮，如图11-361所示。此时画面效果如图11-362所示。

图 11-356　　　　　　　　　　　图 11-357

图 11-358　　　　　　　　　　　图 11-359

图 11-360　　　　　　图 11-361　　　　　　图 11-362

- 水平 / 垂直比例：可以用来设置水平方向 / 垂直方向所移动的距离，如图 11-363 和图 11-364 所示为水平 / 垂直比例均为 10 和 200 的对比效果，数值越大置换效果越明显。

图 11-363　　　　　　　　图 11-364

- 置换图：用来设置置换图像的方式，包括"伸展以适合"和"拼贴"两种。

- 未定义区域：选择因置换后像素位移而产生的空缺的填充方式，选中"折回"单选按钮会使用超出画面区域的内容填充空缺部分，如图 11-365 所示；选中"重复边缘像素"单选按钮则会将边缘处的像素多次复制并填充整个画面区域，如图 11-366 所示。

图 11-365　　　　　　　　图 11-366

11.5　"锐化"滤镜组

在 Photoshop 中"锐化"与"模糊"是相反的关系。"锐化"就是使图像"看起来更清晰"，而这里所说的"看起来更清晰"并不是增加了画面的细节，而是使图像中像素与像素之间的颜色反差增大、对比增强，从而产生一种"锐利"的视觉感受。

如图 11-367 所示两幅图像看起来右侧会比较"清晰"一些。放大细节观看一下：左侧图中大面积红色区域中每个方块（像素）颜色都比较接近，甚至红黄两色之间带有一些橙色像素，这样柔和的过渡带来的结果就是图像会显得比较模糊；而右图中原有的像素数量没有变，原有的内容也没有增加，红色还是红色，黄色还是黄色，但是图像中原本色相、饱和度、明度都比较相近的像素之间的颜色反差被增强了，比如分割线处的暗红色变得更暗，橙红色变为了红色，中黄色变成更亮的柠檬黄。从图 11-368 就能看出，所谓的"清晰感"并不是增加了更多的细节，而是增强了像素与像素之间的对比反差，从而产生"锐化"之感。

图 11-367

图 11-368

"锐化"操作能够增强颜色边缘的对比，使模糊的图形变得清晰，但是过度的锐化会造成噪点、色斑的出现，所以

锐化的数值要适当。在图 11-369 中，可以看到同一图像中模糊、正常与锐化过度 3 种效果。

执行"滤镜 > 锐化"命令，在弹出的子菜单中可以看到多种用于锐化的滤镜，如图 11-370 所示。这些滤镜应用的场合不同，"USM 锐化"、"智能锐化"是最为常用的锐化图像的滤镜，参数可调性强，"进一步锐化"、"锐化"、"锐化边缘"属于"无参数"滤镜，无参数可供调整，适合于轻微锐化的情况。

模糊　　　　正常　　　　锐化过度

图 11-369

| USM 锐化… |
| 进一步锐化 |
| 锐化 |
| 锐化边缘 |
| 智能锐化… |

图 11-370

提示：在进行锐化时，有两个误区。

误区一："将图片进行模糊后再进行锐化，能够使图像变成原图的效果。"这是一种错误的观点，这两种操作是不可逆转的，画面一旦经过模糊处理后，原始细节会彻底丢失，不会因为锐化操作而被找回。

误区二："一幅特别模糊的图像，经过锐化可以变得很清晰、很真实。"这也是一种很常见的错误观点。锐化操作是对模糊图像的一种"补救"，实属"没有办法的办法"。只能在一定程度上增强画面感官上的锐利度，因为无法增加细节，所以不会使图像变得更真实。如果图像损失特别严重，是很难仅通过锐化将其变得又清晰又自然的。就像 30 万像素镜头的手机，无论把镜头擦得多干净，也拍不出 2000 万像素镜头的效果。

{重点} 11.5.1　USM 锐化：使图像变清晰的常用滤镜

"USM 锐化"滤镜可以查找图像中颜色差异明显的区域，然后将其锐化。这种锐化方式能够在锐化画面的同时，不增加过多的噪点。打开一张图片，如图 11-371 所示。执行"滤镜 > 锐化 >USM 锐化"命令，在打开的"USM 锐化"对话框中进行相关参数的设置，如图 11-372 所示。单击"确定"按钮，效果如图 11-373 所示。

- 数量：用来设置锐化效果的精细程度。如图 11-374 和图 11-375 所示为不同参数值的对比效果。
- 半径：用来设置图像锐化的半径范围大小。

图 11-371　　　　图 11-372　　　　图 11-373

图 11-374　　　　　图 11-375

· 阈值：只有相邻像素之间的差值达到所设置的"阈值"时才会被锐化。该值越高，被锐化的像素就越少。

11.5.2　进一步锐化

"进一步锐化"滤镜没有参数设置对话框，同时它的效果也比较弱，适合那种只有轻微模糊的图片。打开一张图片，如图 11-376 所示。执行"滤镜 > 锐化 > 进一步锐化"命令，即可应用该滤镜。如果锐化效果不明显，那么使用快捷键 Ctrl+Shift+F 多次进行锐化，如图 11-377 所示为应用 3 次"进一步锐化"滤镜的效果。

图 11-376　　　　　图 11-377

11.5.3　锐化

"锐化"滤镜也没有参数设置对话框，它的锐化效果比"进一步锐化"滤镜更弱一些。执行"滤镜 > 锐化 > 锐化"命令，即可应用该滤镜。

11.5.4　锐化边缘

对于画面内容色彩清晰、边界分明、颜色区分强烈的图像，使用"锐化边缘"滤镜可以轻松地进行锐化处理。这个滤镜既简单又快捷，而且锐化效果明显，对于不太会调参数的新手非常实用。打开一张图片，如图 11-378 所示。执行"滤镜 > 锐化 > 锐化边缘"命令（该滤镜没有参数设置对话框），即可看到锐化效果。此时的画面可以看到颜色差异边界被锐化了，而颜色差异边界以外的区域内容仍然较为平滑，如图 11-379 所示。

图 11-378　　　　　图 11-379

【重点】11.5.5　智能锐化：增强图像清晰度

"智能锐化"滤镜是"锐化"滤镜组中最为常用的滤镜之一，具有"USM 锐化"滤镜所没有的锐化控制功能，可以设置锐化算法，或控制阴影和高光区域中的锐化量，而且能避免"色晕"等问题。如果想达到更好的锐化效果，那么这个滤镜必须学会！

如图 11-380 和图 11-381 所示为原始图像与"智能锐化"对话框。

1.设置基本选项

在"智能锐化"对话框中选中"基本"选项，可以设置"智能锐化"滤镜的基本锐化功能。

图 11-380　　　　　图 11-381

· 设置：单击"存储当前设置的拷贝"按钮，可以将当前设置的锐化参数存储为预设参数；单击"删除当前设置"按钮，可以删除当前选择的自定义锐化配置。

- 数量：用来设置锐化的精细程度。数值越高，越能强化边缘之间的对比度，如图 11-382 所示分别是设置"数量"为 100% 和 500% 时的锐化效果。

数量：100%　　　　数量：500%

图 11-382

- 半径：用来设置受锐化影响的边缘像素的数量。数值越高，受影响的边缘就越宽，锐化的效果也越明显。如图 11-383 所示分别是设置"半径"为 3 像素和 6 像素时的锐化效果。

半径：3像素　　　　半径：10像素

图11-383

- 移去：选择锐化图像的算法。选择"高斯模糊"选项，可以使用"USM 锐化"滤镜的方法锐化图像；选择"镜头模糊"选项，可以查找图像中的边缘和细节，并对细节进行更加精细的锐化，以减少锐化的光晕；选择"动感模糊"选项，可以激活下面的"角度"选项，通过设置"角度"值可以减少由于相机或对象移动而产生的模糊效果。
- 更加准确：选中该复选框，可以使锐化效果更加精确。

2. 设置高级选项

在"智能锐化"对话框中选中"高级"选项，可以设置"智能锐化"滤镜的高级锐化功能。高级锐化功能包含"锐化""阴影"和"高光"3 个选项卡，如图 11-384、图 11-385 和图 11-386 所示，其中"锐化"选项卡中的参数与基本锐化选项完全相同。

图 11-384　　　图 11-385　　　图 11-386

- 渐隐量：用于设置阴影或高光中的锐化程度。
- 色调宽度：用于设置阴影和高光中色调的修改范围。
- 半径：用于设置每个像素周围的区域的大小。

11.6 "视频"滤镜组

"视频"滤镜组中包含两种滤镜："NTSC 颜色"和"逐行"。这两个滤镜可以处理从以隔行扫描方式运行的设备中提取的图像，如图 11-387 所示。

NTSC 颜色
逐行...

图 11-387

11.6.1　NTSC 颜色

"NTSC 颜色"滤镜可以将色域限制在电视机重现可接受的范围内，以防止过饱和颜色渗到电视扫描行中。

11.6.2　逐行

"逐行"滤镜可以移去视频图像中的奇数或偶数隔行线，使在视频上捕捉的运动图像变得平滑。如图 11-388 所示是"逐行"对话框。

图 11-388

- 消除：用来控制消除行的方式，包括"奇数行"和"偶数行"两种。
- 创建新场方式：用来设置消除行以后用何种方式来填充空白区域。选中"复制"单选按钮，可以复制被删除部分周围的像素来填充空白区域；选中"插值"单选按钮，可以利用被删除部分周围的像素，通过插值的方法进行填充。

11.7 "像素化"滤镜组

"像素化"滤镜组可以将图像进行分块或平面化处理。执行"滤镜>像素化"命令，在弹出的子菜单中可以看到7种滤镜："彩块化""彩色半调""点状化""晶格化""马赛克""碎片""铜版雕刻"，如图11-389所示。如图11-390所示为不同滤镜效果。

| 图 11-389 | 图 11-390 |

11.7.1 彩块化

"彩块化"滤镜常用来制作手绘图像、抽象派绘画等艺术效果。打开一张图片，如图11-391所示。执行"滤镜>像素化>彩块化"命令（该滤镜没有参数设置对话框），即可将纯色或相近色的像素结成相近颜色的像素块，效果如图11-392所示。

| 图 11-391 | 图 11-392 |

11.7.2 彩色半调

"彩色半调"滤镜可以模拟在图像的每个通道上使用放大的半调网屏的效果。打开一张图片，如图11-393所示。执行"滤镜>像素化>彩色半调"命令，在弹出的"彩色半调"对话框中进行参数设置，如图11-394所示。设置完成后单击"确定"按钮，效果如图11-395所示。

| 图 11-393 | 图 11-394 | 图 11-395 |

- 最大半径：用来设置生成的最大网点的半径。如图11-396和图11-397所示为"最大半径"为8和50的对比效果。

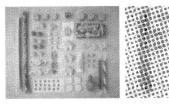

| 图 11-396 | 图 11-397 |

- 网角（度）：用来设置图像各个原色通道的网点角度。

11.7.3 点状化

"点状化"滤镜可以从图像中提取颜色，并以彩色斑点的形式将画面内容重新呈现出来。该滤镜常用来模拟制作"点彩绘画"效果。打开一张图片，如图11-398所示。执行"滤镜>像素化>点状化"命令，在弹出的"点状化"对话框中进行参数设置，如图11-399所示。设置完成后单击"确定"按钮，效果如图11-400所示。

| 图 11-398 | 图 11-399 | 图 12-400 |

其中"单元格大小"选项用来设置每个多边形色块的大小。如图11-401和图11-402所示为不同参数值的对比效果。

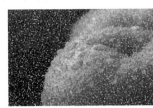
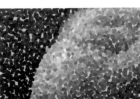

| 图 11-401 | 图 11-402 |

✍ 读书笔记

中文版Photoshop CS6从入门到精通（微课视频 全彩版）

11.7.4　晶格化

　　"晶格化"滤镜可以使图像中相近的像素集中到多边形色块中，产生类似结晶颗粒的效果。打开一张图片，如图11-403所示。执行"滤镜>像素化>晶格化"命令，在弹出的"晶格化"对话框中进行参数设置，如图11-404所示。然后单击"确定"按钮，效果如图11-405所示。

　　其中"单元格大小"选项用来设置每个多边形色块的大小。如图11-406和图11-407所示为不同参数值的对比效果。

图11-406　　　　　　图11-407

 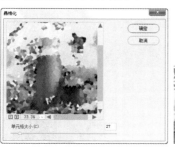

图11-403　　　　　　图11-404　　　　　　图11-405

重点 11.7.5　马赛克

　　"马赛克"滤镜常用于隐藏画面的局部信息，也可以用来制作一些特殊的图案效果。打开一张图片，如图11-408所示。执行"滤镜>像素化>马赛克"命令，在弹出的"马赛克"对话框中进行参数设置，如图11-409所示。然后单击"确定"按钮，可以使像素结为方形色块，效果如图11-410所示。

　　其中"单元格大小"选项用来设置每个多边形色块的大小。如图11-411和图11-412所示为不同参数值的对比效果。

 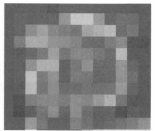

图11-411　　　　　　图11-412

图11-408　　　　　　图11-409　　　　　　图11-410

11.7.6　碎片

　　"碎片"滤镜可以将图像中的像素复制4次，然后将复制的像素平均分布，并使其相互偏移。打开一张素材图片，如图11-413所示。执行"滤镜>像素化>碎片"命令（该滤镜没有参数设置对话框），效果如图11-414所示。

图11-413　　　　　　图11-414

11.7.7　铜版雕刻

　　"铜版雕刻"滤镜可以将图像转换为由黑白像素以及完全饱和的纯色像素组合成的图像效果。打开一张图片，如图11-415所示。执行"滤镜>像素化>铜版雕刻"命令，在弹出的"铜版雕刻"对话框中选择合适的"类型"，如图11-416所示。然后单击"确定"按钮，效果如图11-417所示。

图 11-415　　　　　图 11-416　　　　　图 11-417

其中"类型"下拉列表框用于选择铜版雕刻的类型，包含"精细点""中等点""粒状点""粗网点""短直线""中长直线""长直线""短描边""中长描边"和"长描边"10种类型。

11.8 "渲染"滤镜组

"渲染"滤镜组在滤镜中算是"另类"，该滤镜组中的滤镜的特点是其自身可以产生图像。比较典型的就是"云彩"滤镜和"纤维"滤镜，这两个滤镜可以利用前景色与背景色直接产生效果。执行"滤镜 > 渲染"命令，即可看到该滤镜组中的滤镜，如图 11-418 所示。如图 11-419 所示为该组中的滤镜效果。

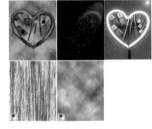

图 11-418　　　　　图 11-419

11.8.1 分层云彩

"分层云彩"滤镜可以结合其他技术制作火焰、闪电等特效。该滤镜将彩色数据与现有的像素以"差值"方式进行混合。打开一张图片，如图 11-420 所示。执行"滤镜 > 渲染 > 分层云彩"命令（该滤镜没有参数设置对话框）。首次执行并应用该滤镜时，图像的某些部分会被反相成云彩图案，效果如图 11-421 所示。

图 11-420　　　　　图 11-421

11.8.2 动手练：光照效果

"光照效果"滤镜可以在 2D 的平面世界中添加灯光，并且通过参数的设置制作出不同效果的光照。除此之外，还可以使用灰度文件作为凹凸纹理图，制作出类似 3D 的效果。

步骤 01 选择需要添加滤镜的图层，如图 11-422 所示。执行"滤镜 > 渲染 > 光照效果"命令，默认情况下画面中会显示一个"聚光灯"光源的控制框，如图 11-423 所示。

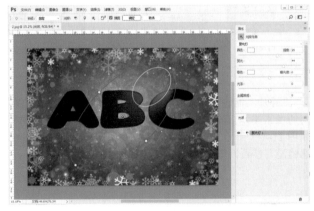

图 11-423

步骤 02 以这一盏灯的操作为例。按住鼠标左键拖拽控制点可以更改光源的位置、形状，如图 11-424 所示。配合右侧的"属性"面板可以对光源的颜色、强度等选项进行调整，如图 11-425 所示。

图 11-422

图 11-424

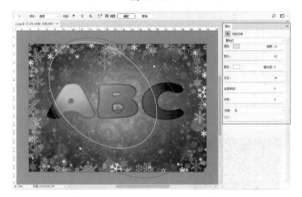

图 11-425

- **颜色**：控制灯光的颜色。
- **强度**：控制灯光的强弱。
- **聚光**：用来控制灯光的光照范围。该选项只能用于聚光灯。
- **着色**：单击以填充整体光照。
- **曝光度**：控制光照的曝光效果。数值为负时，可减少光照；数值为正时，可增加光照。
- **光泽**：用来设置灯光的反射强度。
- **金属质感**：用于设置反射的光线是光源色彩，还是图像本身的颜色。该数值越高，反射光越接近反射体本身的颜色；该值越低，反射光越接近光源颜色。
- **环境**：漫射光，使该光照如同与室内的其他光照相结合一样。
- **纹理**：在该下拉列表中选择通道，为图像应用纹理通道。
- **高度**：启用"纹理"后，该选项可用。可以控制应用纹理后凸起的高度。

步骤 03 在选项栏中的"预设"下拉列表中包含多种预设的光照效果，如图 11-426 所示。选中某一项即可更改当前画面效果，如图 11-427 所示为"蓝色全光源"效果。

- **存储**：若要存储预设，则在"预设"下拉列表中选择"存储"，在弹出的对话框中选择存储位置并命名该样式，然后单击"确定"按钮。存储的预设包含每种光照的所有设置，并且无论何时打开图像，存储

的预设都会出现在"样式"菜单中。

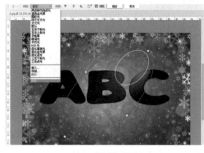

图 11-426　　　　　　　　图 11-427

- **载入**：若要载入预设，则在"预设"下拉列表中选择"载入"，在弹出的对话框中选择文件并单击"确定"按钮即可。
- **删除**：若要删除预设，需要选择该预设，在"预设"下拉列表中选择"删除"。
- **自定**：若要创建光照预设，需要从"预设"下拉列表中选择"自定"，然后单击"光照"图标以添加点光、点测光和无限光类型。按需要重复，最多可获得 16 种光照。

步骤 04 在选项栏中单击"光源"右侧的按钮即可快速在画面中添加光源，单击"重置当前光照"按钮 即可对当前光源进行重置。如图 11-428、图 11-429 和图 11-430 所示分别为 3 种光源的对比效果。

图 11-428　　　　　　　　图 11-429

图 11-430

步骤 05 在"光源"面板（执行"窗口 > 光源"命令，打开"光源"面板）中可以看到当前场景中创建的光源。当然，也可以通过单击 按钮，删除不需要的光源，如图 11-431 所示。

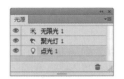

图 11-431

- 聚光灯 ：投射一束椭圆形的光柱。预览窗口中的线条定义光照方向和角度，而手柄定义椭圆边缘。若要移动光源，需要在外部椭圆内拖动光源。若要旋转光源，需要在外部椭圆外拖动光源。若要更改聚光角度，需要拖动内部椭圆的边缘。若要扩展或收缩椭圆，需要拖动 4 个外部手柄中的一个；按住 Shift 键并拖动，可使角度保持不变而只更改椭圆的

大小；按住 Ctrl 键并拖动可保持大小不变并更改点光的角度或方向。若要更改椭圆中光源填充的强度，可拖动中心部位强度环的白色部分。

- 点光 ：像灯泡一样使光在图像正上方的各个方向照射。若要移动光源，需要将光源拖动到画布上的任何地方。若要更改光的分布（通过移动光源使其更近或更远来反射光），需要拖动中心部位强度环的白色部分。

- 无限光 ：像太阳一样使光照射在整个平面上。若要更改方向需要拖动线段末端的手柄，若要更改亮度需要拖动光照控件中心部位强度环的白色部分。

〔重点〕 11.8.3　镜头光晕：为画面添加唯美眩光

"镜头光晕"滤镜常用于模拟由于光照射到相机镜头产生的折射，在画面中实现眩光的效果。虽然在拍摄照片时经常需要避免这种眩光的出现，但是很多时候眩光的应用能使画面效果更加丰富。

步骤01 打开一张图片，如图 11-432 所示。因为该滤镜需要直接作用于画面，这样会给原图造成破坏，因此新建一个图层，并填充为黑色（将黑色图层"混合模式"设置为"滤色"即可完美去除黑色部分，并且不会对原始画面造成损伤），如图 11-433 所示。

图 11-432　　　　　图 11-433

步骤02 选择黑色的图层，执行"滤镜 > 渲染 > 镜头光晕"命令，弹出"镜头光晕"对话框。在该对话框中先在缩览图中拖拽"十"字标志的位置，即可调整光晕的位置。在对话框的下方调整光源的亮度、类型，然后单击"确定"按钮，如图 11-434 所示。设置黑色图层的"混合模式"为"滤色"，此时画面效果如图 11-435 所示。如果觉得效果不满意，可以在黑色图层上进行位置或缩放比例的修改，同时避免了对原图层的破坏。

- 预览窗口：在该窗口中可以通过拖拽"十"字标志来调节光晕的位置。

图 11-434　　　　　　图 11-435

- 亮度：用来控制镜头光晕的亮度，其取值范围为 10%~300%。如图 11-436 和图 11-437 所示分别是设置"亮度"值为 100% 和 200% 时的效果。

图 11-436　　　　　　图 11-437

- 镜头类型：用来选择镜头光晕的类型，包括"50-300毫米变焦""35 毫米聚焦""105 毫米聚焦"和"电影镜头"4 种类型，如图 11-438~ 图 11-441 所示。

图 11-438　　　图 11-439　　　图 11-440　　　图 11-441

11.8.4　纤维

"纤维"滤镜可以在空白图层上根据前景色和背景色创建出纤维感的双色图案。首先设置合适的前景色与背景色，如

图 11-442 所示。执行"滤镜 > 渲染 > 纤维"命令，在弹出的对话框中进行参数设置，如图 11-443 所示。然后单击"确定"按钮，效果如图 11-444 所示。

图 11-444　　　　　图 11-445　　　　　图 11-446

图 11-442　　　　　　　图 11-443

图 11-447　　　　　　　图 11-448

- 差异：用来设置颜色变化的方式。较低的数值可以生成较长的颜色条纹，如图 11-445 所示。较高的数值可以生成较短且颜色分布变化更大的纤维，如图 11-446 所示。
- 强度：用来设置纤维外观的明显程度。数值越高强度越大，如图 11-447 和图 11-448 所示为不同参数值的对比效果。
- 随机化：单击该按钮，可以随机生成新的纤维。如图 11-449 和图 11-450 所示为随机化产生的纤维效果。

图 11-449　　　　　　　图 11-450

11.8.5　动手练：云彩

步骤 01 "云彩"滤镜常用于制作云彩、薄雾的效果。该滤镜可以根据前景色和背景色随机生成云彩图案。打开一张图片，新建一个图层。分别设置前景色与背景色为黑色与白色（因为黑色部分可以通过图层的"滤色"混合模式去掉，而其他颜色则不行），如图 11-451 所示。执行"滤镜 > 渲染 > 云彩"命令（该滤镜没有参数设置对话框），此时画面效果如图 11-452 所示。

图 11-451　　　　　　　图 11-452

步骤 02 设置该图层的"混合模式"为"滤色"，此时画面中只保留了白色的"雾气"。为了让"雾气"更加自然，可以适当降低"不透明度"，如图 11-453 所示。最后使用"橡皮擦工具"擦除挡住主体物的"雾气"，画面效果如图 11-454 所示。

图 11-453　　　　　　　图 11-454

11.9　"杂色"滤镜组

　　"杂色"滤镜组可以添加或移去图像中的杂色，这样有助于将选择的像素混合到周围的像素中。"杂色"或者说是"噪点"，一直都是大部分摄影爱好者最为头疼的问题。在较暗环境下拍照，好好的照片放大一看全是细小的噪点。有时想要拍一张复古感的"年代照片",却怎么也弄不出合适的杂点。这些问题都可以在"杂色"滤镜组中寻找答案。

"杂色"滤镜组中包含5种滤镜:"减少杂色""蒙尘与划痕""去斑""添加杂色""中间值"。"添加杂色"滤镜常用于画面中添加杂点,如图11-455所示。而另外4种滤镜都是用于降噪,也就是去除画面的杂点。对比效果如图11-456和图11-457所示。

图 11-455　　　图 11-456　　　图 11-457

【重点】 11.9.1　减少杂色:图像降噪

"减少杂色"滤镜可以进行降噪和磨皮。该滤镜可以对整个图像进行统一的参数设置,也可以对各个通道的降噪参数分别进行设置,在保留边缘的前提下尽可能多地减少图像中的杂色。

步骤01 打开一张照片,可以看到人物面部皮肤比较粗糙,如图11-458所示。执行"滤镜>杂色>减少杂色"命令,打开"减少杂色"对话框,选中"基本"单选按钮,设置"减少杂色"滤镜的基本参数。可反复进行参数的调整,直到人物皮肤表面变得光滑,如图11-459所示。如图11-460所示为对比效果。下面来了解一下各个参数的设置。

图 11-458　　　　　图 11-459

- **强度**:用来设置应用于所有图像通道的明亮度杂色的减少量。
- **保留细节**:用来控制保留图像的边缘和细节(如头发)的程度。数值为100%时,可以保留图像的大部分细节,但是会将明亮度杂色减到最低。
- **减少杂色**:移去随机的颜色像素。数值越大,减少的颜色杂色越多。
- **锐化细节**:用来设置移去图像杂色时锐化图像的程度。

【重点】 11.9.2　蒙尘与划痕

"蒙尘与划痕"滤镜常用于照片的降噪或者"磨皮"(磨皮是指肌肤质感的修饰,使肌肤变得光滑柔和),也能够制作照片转手绘的效果。打开一张图片,如图11-465所示。

- **移除JPEG不自然感**:选中该复选框后,可以移去因JPEG压缩而产生的不自然感。

步骤02 在"减少杂色"对话框中选中"高级"单选按钮,可以设置"减少杂色"滤镜的高级参数。其中"整体"选项卡与基本参数完全相同,如图11-461所示;"每通道"选项卡可以基于红、绿、蓝通道来减少通道中的杂色,如图11-462~图11-464所示。

图 11-460　　　　　图 11-461

图 11-462　　　　图 11-463　　　　图 11-464

执行"滤镜>杂色>蒙尘与划痕"命令,在弹出的对话框中进行参数的设置,如图11-466所示。随着参数的调整会发现画面中的细节在不断减少,画面中大部分接近的颜色都被

中文版Photoshop CS6从入门到精通(微课视频 全彩版)

合并为一种颜色。设置完成后单击"确定"按钮，效果如图 11-467 所示。通过这样的操作可以将噪点与周围正常的颜色融合以达到降噪的目的，也能够减少照片细节，使其更接近绘画作品。

图 11-465　　　　　图 11-466　　　　　图 11-467

- 半径：用来设置柔化图像边缘的范围。数值越大模糊程度越高，如图 11-468 和图 11-469 所示为不同参数值的对比效果。

图 11-468　　　　　　　图 11-469

- 阈值：用来定义像素的差异有多大才被视为杂点。数值越高，消除杂点的能力越弱。如图 11-470 和图 11-471 所示为不同参数值的对比效果。

图 11-470　　　　　　　图 11-471

11.9.3　去斑

"去斑"滤镜可以检测图像的边缘（发生显著颜色变化的区域），并模糊那些边缘外的所有区域，同时保留图像的细节。打开一张图片，如图 11-472 所示。执行"滤镜 > 杂色 > 去斑"命令（该滤镜没有参数设置对话框），此时画面效果如图 11-473 所示。此滤镜也常用于细节的去除和降噪操作。

图 11-472　　　　　　　图 11-473

【重点】11.9.4　添加杂色

"添加杂色"滤镜可以在图像中添加随机的单色或彩色的像素点。打开一张图片，如图 11-474 所示。执行"滤镜 > 杂色 > 添加杂色"命令，在弹出的"添加杂色"对话框中进行参数设置，如图 11-475 所示。设置完成后单击"确定"按钮，此时画面效果如图 11-476 所示。

图 11-477　　　　　　　图 11-478

图 11-474　　　　　图 11-475　　　　　图 11-476

"添加杂色"滤镜也可以用来修缮图像中经过重大编辑过的区域。图像在经过较大程度的变形或者绘制涂抹后，表面细节会缺失，使用"添加杂色"滤镜能够在一定程度上为该区域增添一些略有差异的像素点，以增强细节感。

- 数量：用来设置添加到图像中的杂点的数量。如图 11-477 和图 11-478 所示为不同参数值的对比效果。

- 分布：选择"平均分布"选项，可以随机向图像中添加杂点，杂点效果比较柔和；选择"高斯分布"选项，可以沿一条钟形曲线分布杂色的颜色值，以获得斑点状的杂点效果。

- 单色：选中该复选框后，杂点只影响原有像素的亮度，但像素的颜色不会发生改变，如图 11-479 所示。

图 11-479

练习实例：使用"添加杂色"滤镜制作雪景

文件路径	资源包\第11章\练习实例：使用"添加杂色"滤镜制作雪景
难易指数	★★★★★
技术掌握	"添加杂色"滤镜

案例效果

实例效果如图11-480所示。

扫一扫，看视频

图 11-480

操作步骤

步骤01 执行"文件>打开"命令，打开素材1.jpg，如图11-481所示。新建一个图层，设置前景色为黑色；单击工具箱中的"矩形选框工具"按钮，绘制一个矩形选区；按快捷键Alt+Delete键将其填充为黑色，按快捷键Ctrl+D取消选择，如图11-482所示。

图 11-481　　　　　　　图 11-482

步骤02 选择"图层1"，执行"滤镜>杂色>添加杂色"命令，在弹出的对话框中设置"数量"为25%，选中"高斯分布"单选按钮和"单色"复选框，单击"确定"按钮完成设置，如图11-483所示。效果如图11-484所示。

图 11-483　　　　　　　图 11-484

步骤03 选中"图层1"，使用"矩形选框工具"绘制一个小一些的矩形选区，如图11-485所示。然后使用快捷键Ctrl+Shift+I将选区反选，按下Delete键删除。接着使用快捷键Ctrl+D取消选区的选择，此时只保留一小部分图形，如图11-486所示。

图 11-485　　　　　　　图 11-486

步骤04 使用快捷键Ctrl+T调出定界框，然后将图形放大到与画布等大，如图11-487所示。接着选择该图层，执行"滤镜>模糊>动感模糊"命令，在弹出的对话框中设置"角度"为-40度，"距离"为30像素，单击"确定"按钮，如图11-488所示。

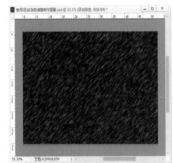

图 11-487　　　　　　　图 11-488

步骤05 选择该图层，在"图层"面板中设置"混合模式"为"滤色"，"不透明度"为75%，如图11-489所示。画面效果如图11-490所示。

图 11-489　　　　　　　图 11-490

步骤06 丰富雪的层次。选择该图层，使用快捷键Ctrl+J将图层进行复制，然后按快捷键Ctrl+T，按住Shift键等比例扩大，按下Enter键完成设置。最终效果如图11-491所示。

图 11-491

11.9.5 中间值

"中间值"滤镜可以混合选区中像素的亮度来减少图像的杂色。打开一张图片，如图 11-492 所示。执行"滤镜 > 杂色 > 中间值"命令，在弹出的"中间值"对话框中进行参数设置，如图 11-493 所示。设置完成后单击"确定"按钮，此时画面效果如图 11-494 所示。该滤镜会搜索像素选区的半径范围以查找亮度相近的像素，并且会扔掉与相邻像素差异太大的像素，然后用搜索到的像素的中间亮度值来替换中心像素。

其中"半径"选项用于设置搜索像素选区的半径范围。如图 11-495 和图 11-496 所示为不同参数值的对比效果。

图 11-492　　　　　　图 11-493　　　　　　图 11-494

图 11-495　　　　　　图 11-496

11.10　"其他"滤镜组

"其他"滤镜组中包含 HSB/HSL 滤镜、"高反差保留"滤镜、"位移"滤镜、"自定"滤镜、"最大值"滤镜与"最小值"滤镜。

11.10.1 高反差保留

"高反差保留"滤镜可以在具有强烈颜色变化的地方按指定的半径来保留边缘细节，并且不显示图像的其余部分。例如，在去除脸上较为密集的斑点、痘痘时可以应用该滤镜（用于提取斑点选区），如图 11-497 所示；也可以在需要强化图像细节时使用（用于与原图叠加混合，以起到锐化细节的作用），如图 11-498 所示。

图 11-497　　　　　　图 11-498

打开一张图片，如图 11-499 所示。执行"滤镜 > 其他 > 高反差保留"命令，在弹出的"高反差保留"对话框中进行参数设置，如图 11-500 所示。单击"确定"按钮，效果如图 11-501 所示。

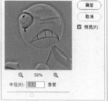

图 11-499　　　　　　图 11-500　　　　　　图 11-501

其中"半径"选项用来设置滤镜分析处理图像像素的范围。数值越大，所保留的原始像素就越多；当数值为 0.1 像素时，仅保留图像边缘的像素。如图 11-502 和图 11-503 所示为不同参数值对比效果。

图 11-502　　　　　　图 11-503

11.10.2 位移

"位移"滤镜常用于制作无缝拼接的图案。该滤镜能够在水平或垂直方向上偏移图像。打开一张图片，如图 11-504 所示。执行"滤镜 > 其他 > 位移"命令，在弹出的"位移"对话框中进行参数设置，如图 11-505 所示。单击"确定"按钮，画面效果如图 11-506 所示。如果将该图像定义为"图案"，并使用"油漆桶工具""填充"命令或"图案叠加"图层样式进行填充，则会实现无缝对接。

图 11-504　　　　　　图 11-505　　　　　　图 11-506

- 水平：用来设置图像像素在水平方向上的偏移距离。数值为正值时，图像会向右偏移，同时左侧会出现

空缺。
- 垂直：用来设置图像像素在垂直方向上的偏移距离。数值为正值时，图像会向下偏移，同时上方会出现空缺。
- 未定义区域：用来选择图像发生偏移后填充空白区域的方式。选中"设置为透明 / 背景"单选按钮时，可以用透明 / 背景色填充空缺区域（当被选中的图层为普通图层时，此单选按钮为"设置为透明"；当被选中的图层为背景图层，此单选按钮为"设置为背景色"）。选中"重复边缘像素"单选按钮时，可以在空缺区域填充扭曲边缘的像素颜色。选中"折回"单选按钮时，可以在空缺区域填充溢出图像之外的图像内容。

举一反三：自制无缝拼接图案

首先绘制基本图形，如图 11-507 所示。执行"滤镜 > 其他 > 位移"命令，在弹出的"位移"对话框中进行参数设置。单击"确定"按钮，得到一个移动后的图像，如图 11-508 所示。执行"编辑 > 定义为图案"命令，然后使用"油漆桶工具""填充"命令即可为画面进行图案的填充，效果如图 11-509 所示。

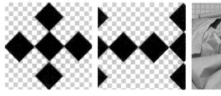

图 11-507　　　　图 11-508　　　　图 11-509

11.10.3　自定

利用"自定"滤镜可以设计用户自己的滤镜效果。该滤镜可以根据预定义的"卷积"数学运算来更改图像中每个像素的亮度值。执行"滤镜 > 其他 > 自定"命令，在弹出的"自定"对话框中进行参数设置，然后单击"确定"按钮即可，如图 11-510 所示。

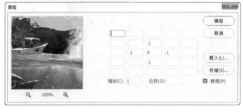

图 11-510

11.10.4　最大值

"最大值"滤镜可以在指定的半径范围内，用周围像素的最高亮度值替换当前像素的亮度值。该滤镜对于修改蒙版非常有用。打开一张图片，如图 11-511 所示。执行"滤镜 > 其他 > 最大值"命令，打开"最大值"对话框，如图 11-512 所示。设置"半径"选项，该选项是用来设置用周围像素的最高亮度值来替换当前像素的亮度值的范围。设置完成后单击"确定"按钮，效果如图 11-513 所示。该滤镜具有阻塞功能，可以展开白色区域，而阻塞黑色区域。

图 11-511　　　　图 11-512　　　　图 11-513

11.10.5　最小值

"最小值"滤镜具有伸展功能，可以扩展黑色区域，而收缩白色区域。打开一张图片，如图 11-514 所示。执行"滤镜 > 其他 > 最小值"命令，打开"最小值"对话框，如图 11-515

所示。设置"半径"选项，该选项是用来设置滤镜扩展黑色区域、收缩白色区域的范围。设置完成后单击"确定"按钮，效果如图 11-516 所示。

图 11-514

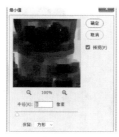

图 11-515

图 11-516

综合实例：使用"彩色半调"滤镜制作音乐海报

文件路径	资源包＼第 11 章＼综合实例：使用"彩色半调"滤镜制作音乐海报
难易指数	★★★
技术掌握	"彩色半调"滤镜、"黑白""阈值"命令

案例效果

实例效果如图 11-517 所示。

扫一扫，看视频

图 11-517

操作步骤

步骤 01 执行"文件 > 新建"命令，新建一个空白文档，如图 11-518 所示。执行"文件 > 置入"命令，置入素材 1.jpg；然后将置入对象调整到合适的大小、位置，按 Enter 键完成置入操作；接着将该图层栅格化，如图 11-519 所示。

图 11-518　　　　图 11-519

步骤 02 单击工具箱中的"椭圆选框工具"按钮，在人物头部按住 Shift 键绘制一个正圆选区，如图 11-520 所示。接着单击工具箱中的"多边形套索工具"按钮，单击选项栏中的"从选区减去"按钮，然后在正圆左侧绘制一个图形，如图 11-521 所示。

图 11-520　　　　图 11-521

步骤 03 得到一个不完整的圆形选区，使用快捷键 Ctrl+Shift+I 将选区反选，如图 11-522 所示。选择照片图层，按 Delete 键删除选区中的像素，效果如图 11-523 所示。

图 11-522　　　　图 11-523

步骤 04 选中素材图层，执行"图像 > 调整 > 黑白"命令，在弹出的"黑白"对话框中单击"确定"按钮完成设置，如图 11-524 所示。将素材移动到合适位置，此时画面效果如图 11-525 所示。

步骤 05 选中素材图层，执行"滤镜 > 像素化 > 彩色半调"命令，在弹出的"彩色半调"对话框中设置"最大半径"为 8 像素，单击"确定"按钮完成设置，如图 11-526 所示。此时画面效果如图 11-527 所示。

图 11-524

图 11-525

图 11-526

图 11-527

步骤 06 单击工具箱中的"钢笔工具"按钮,在其选项栏中设置"绘制模式"为"形状",填充颜色为中黄色,接着在画面上绘制一个半圆图形,如图 11-528 所示。在该图层上单击鼠标右键,在弹出的快捷菜单中选择"栅格化图层"命令。

图 11-528

步骤 07 选中绘制图形的图层,执行"像素化 > 彩色半调"命令,在弹出的"彩色半调"对话框中设置"最大半径"为 12 像素,单击"确定"按钮完成设置,如图 11-529 所示。此时画面效果如图 11-530 所示。

图 11-529

图 11-530

步骤 08 选中该图层,设置"混合模式"为"正片叠底",如图 11-531 所示。此时画面效果如图 11-532 所示。

图 11-531

图 11-532

步骤 09 选中绘制图形的图层,执行"图层 > 新建调整图层 > 阈值"命令,在打开的"属性"面板中设置"阈值色阶"为128,单击"此调整剪切到此图层"按钮 ,如图 11-533 所示。此时画面效果如图 11-534 所示。

图 11-533

图 11-534

步骤 10 执行"图层 > 新建调整图层 > 渐变映射"命令,在打开的"属性"面板中单击"渐变编辑器",在弹出的对话框中设置一种黄色系渐变,单击"确定"按钮完成设置,如图 11-535 所示。在"属性"面板中单击"此调整剪切到此图层"按钮 ,效果如图 11-536 所示。

图 11-535

图 11-536

步骤 11 单击工具箱中的"直线工具"按钮,在选项栏中设置绘制模式为"形状","填充"为无,"描边"为黑色,描边宽度为"1 像素",描边类型为直线,然后在画面中按住鼠标左键拖拽绘制一段直线,如图 11-537 所示。

步骤 12 输入文字。单击工具箱中的"横排文字工具"按钮,在选项栏上设置合适的字体、字号,设置文本颜色为黑色,在画面上单击输入文字,如图 11-538 所示。继续输入文字,如图 11-539 所示。

图 11-537

图 11-538　　　　　　图 11-539

图 11-544

步骤 13 单击工具箱中的"椭圆工具"按钮，在选项栏中设置绘制模式为"形状"，"填充"为黑色。然后在画面的左下角按住 Shift 键的同时按住鼠标左键拖拽绘制一个正圆，如图 11-540 所示。接着再绘制一个正圆，如图 11-541 所示。

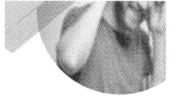

图 11-540　　　　　　图 11-541

步骤 14 继续使用"横排文字工具"在画面的底部输入文字，如图 11-542 所示。接着参照文字的位置，使用"直线工具"绘制分割线，如图 11-543 所示。

图 11-542　　　　　　图 11-543

步骤 15 案例最终效果如图 11-544 所示。

读书笔记

Chapter
12
第 12 章

通道

本章内容简介：

本章讲解了通道相关的知识，其实通道的部分操作在前面的章节中也有涉及，例如调色时对个别通道进行调整，利用通道进行抠图等。在本章中我们主要来了解一下利用通道进行这些操作的原理。

重点知识掌握：

- 了解通道的原理；
- 掌握通道与选区之间的转换；
- 掌握专色通道的创建与编辑方法。

通过本章学习，我能做什么？

通过本章的学习，我们可了解通道的工作原理，利用通道与选区的关系，可以制作出各种复杂的选区，还可以利用通道进行调色。除此之外，专色通道的创建与使用也是印刷设计行业必须了解的知识。

[重点] 12.1 认识"通道"

我们都知道，一张 RGB 颜色模式的彩色图像是由 R（红）、G（绿）、B（蓝）三种颜色构成的。每个颜色以特定的数量通过一定的模式进行混合，得到彩色的图像。而每种颜色所占的比例则由黑、白、灰在通道中体现，如图 12-1 所示。

图 12-1

"通道"具有存储颜色信息和选区信息的功能。在 Photoshop 中有三种类型的通道："颜色通道""专色通道"和"Alpha 通道"。"颜色通道"和"专色通道"是用于存储颜色信息，而"Alpha 通道"则是用于存储选区。执行"窗口 > 通道"命令，打开"通道"面板，在通道面板中可以看到一个彩色的缩览图和几个灰色的缩览图，这些就是通道。"通道"面板主要用于创建、存储、编辑和管理通道，如图 12-2 所示。

图 12-2

- 复合通道：该通道用来记录图像的所有颜色信息。
- 颜色通道：用来记录图像颜色信息。不同颜色模式的图像显示的颜色通道个数不同，例如 RGB 图像显示红通道、绿通道和蓝通道三个颜色通道，而 CMYK 则显示青色、洋红、黄色、黑色四个通道。
- Alpha 通道：用来保存选区的通道，可以在 Alpha 通道中绘画、填充颜色、填充渐变、应用滤镜等。在 Alpha 通道中白色部分为选区内部，黑色部分为选区外部，灰色部分则为半透明的选区。
- 将通道作为选区载入⊙：单击该按钮可以载入所选通道的选区。在通道中白色部分为选区内部，黑色部分为选区外部，灰色部分则为半透明的选区。
- 将选区存储为通道▣：如果图像中有选区，单击该按钮，可以将选区中的内容存储到通道中。选区内部会被填充为白色，选区外部会被填充为黑色，羽化的选区为灰色。
- 创建新通道▣：单击该按钮，可以新建一个 Alpha 通道。
- 删除当前通道🗑：将通道拖到该按钮上，可以删除选择的通道。在删除颜色通道时，特别要注意，如果删除的是红、绿、蓝通道中的一个，那么 RGB 通道也会被删除。如果删除的是复合通道，那么将删除 Alpha 通道和专色通道以外的所有通道。

> 🤖 **提示：通道的存储。**
>
> 默认情况下打开通道就会显示颜色通道。只要是支持图像颜色模式的格式，都可以保留颜色通道。如果要保存 Alpha 通道，可以将文件存储为 PDF、TIFF、PSB 或 Raw 格式。如果要保存专色通道，可以将文件存储为 DCS 2.0 格式。

12.2 颜色通道

颜色通道是将构成整体图像的颜色信息整理并表现为单色图像。默认显示为灰度图像。默认情况下，打开一个图片，通道面板中显示的是颜色通道。这些颜色通道与图像的颜色模式是一一对应的。例如 RGB 颜色模式的图像，其通道面板显示着 RGB 通道、R 通道、G 通道和 B 通道，如图 12-3 所示。RGB 通道属于复合通道，显示整个图像的全通道效果，其他三个颜色通道则控制着各自颜色在画面中显示的多少。根据图像颜色模式的不同，颜色通道的数量也不同。CMYK 颜色模式的图像有 CMYK、青色、洋红、黄色、黑色 5 个通道，如图 12-4 所示。而索引颜色模式的图像只有一个通道，如图 12-5 所示。

图 12-3　　　　图 12-4　　　　图 12-5

12.2.1 动手练：选择通道

在"通道"面板中单击即可选中某一通道，如图12-6所示。每个通道后面有对应的"Ctrl+数字"快捷键，比如在图12-7中"红"通道后面有Ctrl+3组合键，这就表示按Ctrl+3组合键可以单独选择"红"通道。按住Shift键并单击可以加选多个通道。

图12-6　　　　　　图12-7

单击某一通道后，会自动隐藏其他通道，如图12-8所

示。如果想要观察整个画面的全通道效果，可以单击最顶部的复合通道前方的图标，使之变为 👁，如图12-9所示。

图12-8　　　　　　图12-9

 提示：隐藏通道。

隐藏任何一个颜色通道时，复合通道都会被隐藏。

举一反三：将通道中的内容粘贴到图像中

默认情况下通道显示为灰度图像，如果想要使用某个通道中的灰度图像，则可以将通道中的内容复制出来。

步骤01 执行"窗口>通道"命令，打开"通道"面板，在"通道"面板中单击选择某个通道，画面中会显示该通道的灰度图像，如图12-10和图12-11所示。

图12-10　　　　　　图12-11

步骤02 按下全选快捷键Ctrl+A，按下复制快捷键Ctrl+C。如图12-12所示。单击RGB复合通道，显示完整的彩色图像。回到图层面板，按下粘贴快捷键Ctrl+V，即可将通道中的灰度图像粘贴到一个新的图层中，如图12-13所示。

图12-12　　　　　　图12-13

步骤03 得到的灰度图像不仅可以用于制作黑白照片，更能够通过设置黑白图像的混合模式，制作特殊的色调效果，如图12-14和图12-15所示。

图12-14　　　　　　图12-15

练习实例：水平翻转通道制作双色图像

文件路径	资源包\第12章\练习实例：水平翻转通道制作双色图像
难易指数	★★★★★
技术掌握	选择通道、变换操作

案例效果

案例效果如图12-16和图12-17所示。

图12-16　　　　　　图12-17

扫一扫，看视频

操作步骤

步骤01 执行"文件>打开"命令，打开素材1.jpg。如图12-18所示。打开"通道"面板，按下Ctrl+3组合键或直接单击选择"红"通道，如图12-19所示。

图12-18　　　　　　图12-19

步骤 02▶ 按下 Ctrl+A 全选当前图像，如图 12-20 所示。然后执行"编辑 > 变换 > 水平翻转"命令，此时图像效果如图 12-21 所示。

图 12-20　　　　　　　　图 12-21

步骤 03▶ 单击复合通道，如图 12-22 所示。此时可以看到图形变为红色和青色，并出现两个人像。最终效果如图 12-23 所示。

图 12-22　　　　　　　　图 12-23

12.2.2　动手练：使用通道调整颜色

在前面章节中，学习了调色命令的使用，很多调色命令中都带有通道的设置，例如曲线命令。如果针对 RGB 通道进行调整，那么则会影响画面整体的明暗和对比度，如果对红、绿、蓝通道进行调整，则会使画面的颜色倾向发生更改，如图 12-24 和图 12-25 所示。

扫一扫，看视频

 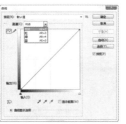

图 12-24　　　　　　　　图 12-25

例如提亮"红"的曲线，如图 12-26 所示。其实就相当于使红通道中明度升高，如图 12-27 所示。而红通道明度的升高就意味着画面中红色的成分被增多，所以画面会倾向于红色，如图 12-28 所示。

如果压暗了"蓝"的曲线，如图 12-29 所示，就相当于使蓝通道的明度降低，如图 12-30 所示。画面中蓝色的成分减少，反之红和绿的成分会增多，画面会更倾向于红绿相加

的颜色，也就是黄色，如图 12-31 所示。所以，如果想要对图像的颜色倾向进行调整，也可以直接对通道中的明暗程度进行调整。

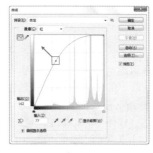

图 12-26　　　　　图 12-27　　　　图 12-28

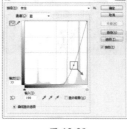 

图 12-29　　　　　图 12-30　　　　图 12-31

举一反三：替换通道制作奇特的色调

通过前面的学习了解到通道的明暗直接影响到画面的颜色，那么可以尝试一下"替换通道"的内容，改变画面颜色。

步骤 01▶ 例如打开一张图片，在"通道"面板中单击其中一个通道，如图 12-32 和图 12-33 所示。接着对画面进行全选并复制，如图 12-34 所示。

图 12-32　　　　　图 12-33　　　　图 12-34

步骤 02▶ 然后单击另一个通道进行粘贴，如图 12-35 所示。单击 RGB 复合通道，显示出完整效果，此时画面颜色发生了变化，如图 12-36 和图 12-37 所示。

图 12-35　　　　　图 12-36　　　　图 12-37

步骤 03▶ 也可以尝试替换其他通道，效果如图 12-38 和图 12-39 所示。

图 12-38　　　　　　　　图 12-39

步骤 04▶ 还可以做一些更大胆的尝试，例如直接在通道中绘画，如图 12-40 所示为通道效果，如图 12-41 所示为颜色变化效果。

图 12-40　　　　　　　　图 12-41

12.2.3　分离通道

在 Photoshop 中可以将图像以通道中的灰度图像为内容，拆分为多个独立的灰度图像。以一张 RGB 颜色模式的图像为例，如图 12-42 所示。在"通道"面板的菜单中执行"分离通道"命令，如图 12-43 所示。软件会自动将红、绿、蓝 3 个通道单独分离成 3 张灰度图像并关闭彩色图像，如图 12-44 所示。

图 12-42　　　　图 12-43　　　　图 12-44

12.2.4　动手练：合并通道

"合并通道"命令与"拆分通道"命令相反，合并通道可以将多个灰度图像合并为一个图像的通道。需要注意的是，要合并的图像必须满足以下几个条件：全部在 Photoshop 中打开、已拼合图像、灰度模式、像素尺寸相同，否则"合并通道"命令将不可用。图像的数量决定了合并通道时可用的颜色模式。比如，4 张图像可以合并为一个 CMYK 图像，而打开 3 张图像则能够合并出 RGB 模式图像。

步骤 01▶ 打开三张尺寸相同的图像，如图 12-45~ 图 12-47 所示。对 3 张图像分别执行"图像 > 模式 > 灰度"菜单命令。在弹出对话框中单击"扔掉"按钮，将图片全部转换为灰度图像，如图 12-48 所示。

图 12-45　　图 12-46　　图 12-47　　图 12-48

步骤 02▶ 图像全部变为灰度，如图 12-49~ 图 12-51 所示。

图 12-49　　　　图 12-50　　　　图 12-51

步骤 03▶ 然后在第 1 张图像的"通道"面板菜单中执行"合并通道"命令，如图 12-52 所示。在打开的"合并通道"对话框中设置"模式"为"RGB 颜色"，单击"确定"按钮，如图 12-53 所示。

图 12-52　　　　　　　　　　图 12-53

步骤 04▶ 随即会弹出"合并 RGB 通道"对话框，在该对话框中可以指定哪个图像来作为红色、绿色、蓝色通道，如图 12-54 所示。选择好通道图像以后单击"确定"按钮，此时在"通道"面板中会出现一个 RGB 颜色模式的图像，如图 12-55 所示。

图 12-54　　　　　　　　图 12-55

练习实例：通道调色打造复古感风景照片

文件路径	资源包\第12章\练习实例：通道调色打造复古感风景照片
难易指数	★★★★★
技术掌握	通道、曲线

案例效果

案例处理前后对比效果如图 12-56 和图 12-57 所示。

扫一扫，看视频

图 12-56　　　　　　　　图 12-57

中文版Photoshop CS6从入门到精通（微课视频 全彩版）

操作步骤

步骤01 执行"文件>打开"命令，打开素材1.jpg，如图12-58所示。

图 12-58

步骤02 执行"图层>新建调整图层>曲线"命令，在属性面板中设置"通道"为"蓝"，在曲线上的高光部分单击并向下拖动，然后在阴影部分单击并向上拖动，如图12-59所示。此操作相当于在亮部减少蓝色，在暗部增加蓝色，此时画面效果如图12-60所示。

图 12-59   图 12-60

步骤03 接着设置通道为"RGB"，在高光部分单击并向上微移，接着在阴影部分单击并向下微移，如图12-61所示。画面最终效果如图12-62所示。

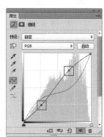

图 12-61   图 12-62

12.3 Alpha 通道

与其说 Alpha 通道是一种"通道"，不如说它是一个选区存储与编辑的工具。Alpha 通道能够以黑白图的形式存储选区，白色为选区内部，黑色为选区外部，灰色为羽化的选区。将选区以图像的形式进行表现，更方便进行形态的编辑。

【重点】 12.3.1 创建新的空白 Alpha 通道

单击"创建新通道" 按钮，可以新建一个 Alpha 通道，如图12-63所示。此时的 Alpha 通道为纯黑色，没有任何选区，如图12-64所示。

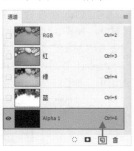

图 12-63   图 12-64

接下来可以在 Alpha 通道中填充渐变、绘图等操作，如图12-65所示。单击该 Alpha 通道，并单击面板底部的"将通道作为选区载入"按钮，如图12-66所示，得到选区，如图12-67所示。

图 12-65   图 12-66   图 12-67

提示：重命名通道。

要重命名 Alpha 通道或专色通道，可以在"通道"面板中双击该通道的名称，激活输入框，然后输入新名称即可。默认的颜色通道的名称是不能进行重命名的。

【重点】12.3.2 复制颜色通道得到 Alpha 通道

在图像编辑的过程中，经常需要制作一些选区，以限定图像编辑的区域。而有的选区非常复杂，几乎无法直接创建。但是我们知道，通道内容与选区是可以相互转换的。那么就可以尝试在通道面板中，通过对通道内容的黑白关系进行调整，来获取可以制作出合适选区的黑白图像，如图 12-68 和图 12-69 所示。这就是通道抠图的基本思路。

对原有的颜色通道进行复制也可以得到新的 Alpha 通道。选择通道，单击鼠标右键，然后在弹出的菜单中选择"复制通道"命令，如图 12-70 所示，即可得到一个相同内容的 Alpha 通道，如图 12-71 所示。接下来可以在这个 Alpha 通道中进行各种各样的编辑，可将通道转换为选区，并进行抠图，或者图像编辑等操作。

图 12-68　　　　　图 12-69

图 12-70　　　　　图 12-71

【重点】12.3.3 以当前选区创建 Alpha 通道

以当前选区创建 Alpha 通道相当于将选区存储在通道中，需要使用的时候可以随时调用。而且将选区创建 Alpha 通道后，选区变为了可见的灰度图像，对灰度图像进行编辑即可实现对选区形态编辑的目的。

步骤01 当图像中包含选区时，如图 12-72 所示。单击"通道"面板底部的"将选区存储为通道" ▣ 按钮，如图 12-73 所示。即可得到一个 Alpha 通道，其中选区内的部分填充为白色，选区外的部分被填充为黑色，如图 12-74 所示。

步骤02 取消选区后，可以对 Alpha 通道的内容进行绘制编辑，如图 12-75 所示。接着可以选择这个 Alpha 通道，单击底部的"将通道作为选区载入" ○ 按钮，如图 12-76 所示。此时可以得到编辑后的选区，如图 12-77 所示。

图 12-75　　　　图 12-76　　　　图 12-77

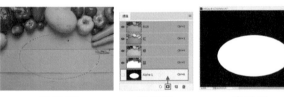

图 12-72　　　　图 12-73　　　　图 12-74

✎ 读书笔记

举一反三：将图像中的内容粘贴到通道中

图像内容可以粘贴到通道中，粘贴到通道中的图像只保留其灰度内容。

步骤01 在 Photoshop 中打开两张图片，如图 12-78 和图 12-79 所示。

步骤02 在其中一个图片的文档窗口中按 Ctrl+A 组合键全选图像，然后按 Ctrl+C 组合键复制图像，如图 12-80 所示。切换到另外一个图片的文档窗口，进入"通道"面板，单击"创建新通道"按钮 ▣，新建一个 Alpha1 通道，接着按 Ctrl+V 组合键将复制的图像粘贴到通道中，如图 12-81 所示。

图 12-78　　　　　图 12-79

图 12-80　　　　　图 12-81

步骤 03 显示出 RGB 复合通道与 Alpha 通道（显示 Alpha 通道时，通道内容会显示为半透明的红色效果），如图 12-82 所示。也可以粘贴到原有的颜色通道上，图像的颜色会发生变化，如图 12-83 所示。

图 12-82　　　　　　　图 12-83

12.3.4　通道计算：混合得到新通道 / 选区

"计算"命令可以混合两个来自一个源图像或多个源图像的单个通道，得到的混合结果可以是新的灰度图像或选区、通道。

步骤 01 首先打开一张图片，如图 12-84 所示。接着置入一张图片，并将其栅格化，如图 12-85 所示。

图 12-84　　　　　　　图 12-85

步骤 02 执行"图像 > 计算"菜单命令，打开"计算"对话框。先勾选"预览"选项，随时查看调整效果，如图 12-86 所示。在"源 1"选项中选择需要计算的文档，接着选择需要计算的"图层"，接着设置所选图层中的通道，如图 12-87 所示。

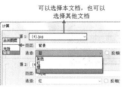

图 12-86　　　　　　　图 12-87

步骤 03 接着设置"源 2"选项，该选项用来选择与"源 1"混合的第二个源图像、图层和通道，如图 12-88 所示。接着设置计算的混合效果，如图 12-89 所示。

图 12-88　　　　　　　图 12-89

步骤 04 所有参数设置完成后，在"结果"选项中选择计算的结果，其中有"新建文档""新建通道"和"选区"三个选项。选择"新建文档"选项后会得到一个新文档；选择"新建通道"选项可以将计算结果保存到一个新的通道中；选择"选区"方式，可以生成一个新的选区。如图 12-90~图 12-93 所示。

图 12-90　　　图 12-91　　　图 12-92　　　图 12-93

12.3.5　应用图像

图层之间可以通过图层的混合模式来进行混合，通道之间可以通过"应用图像"对话框进行混合。

步骤 01 打开一张图片，如图 12-94 所示。接着执行"图像 > 应用图像"命令，打开"应用图像"对话框，如图 12-95 所示。

图 12-94　　　　　　　图 12-95

- 源：用来设置参与混合的文件，默认为当前文件，也

可以选择使用其他文件来与当前图像进行混合，但是该文件必须是打开的，并且与当前文件具有相同尺寸和分辨率的图像。

- 图层：用来选择一图层进行混合，当文件中有多个图层，并且需要将所有图层进行混合时可以选择"合并图层"。
- 通道：用来设置源文件中参与混合的通道。
- 反相：可将通道反相后再进行混合。
- 混合：在下拉列表中包含多种混合模式。
- 不透明度：控制混合的强度，数值越高混合强度越大。
- 保留透明度区域：当勾选该选项后将混合效果限定在图层的不透明区域内。

- 蒙版：当勾选"蒙版"后会显示隐藏的选项，然后选择保护蒙版的图像和图层。

步骤02 接着进行参数的设置。将"源"设置为本文档，单击"通道"下拉按钮在下拉列表中选择"红"通道。然后设置"混合"为"滤色"，为了让混合效果不那么强烈，可以适当的降低"不透明度"，如图 12-96 所示。设置完成后单击确定按钮，效果如图 12-97 所示。

图 12-96

图 12-97

12.4 专色通道

我们都知道，彩色印刷品的印刷是通过将 C（青色）、M（洋红）、Y（黄色）、K（黑色）四种颜色的油墨以特定的比例混合形成各种各样的色彩，如图 12-98 所示。而"专色"则是指在印刷时，不通过 C、M、Y、K 四色合成的颜色，而是专门用一种特定的油墨印刷的颜色，如图 12-99 所示。

扫一扫，看视频

图 12-98 　　　　　　　　 图 12-99

使用专色可使颜色印刷效果更加精准。通过标准颜色匹配系统（如 Pantone 彩色匹配系统）的预印色样卡，能看到该颜色在纸张上的准确的颜色。但是需要注意的是，并不是我们随意设置出来的"专色"都能够被印刷厂准确地调配出来，所以没有特殊要求的情况下不要轻易使用自己定义的专色。

什么时候适合使用专色印刷？ 例如画面中只包含一种颜色，这种颜色想要通过四色印刷则需要两种颜色进行混合而成。而使用专色印刷只需要一个就可以，不但色彩准确，而且成本也会降低。包装印刷中经常采用专色印刷工艺印刷大面积底色。

专色通道是什么？ 专色通道就是用来保存专色信息的一种通道。每个专色通道可以存储一种专色的颜色信息以及该颜色所处的范围。除位图模式无法创建专色通道外，其他色彩模式的图像都可以建立专色通道。

下面来学习一下如何创建专色通道。

步骤01 创建通道之前，首先需要得到用于专色印刷区域的选区，如图 12-100 所示。接着打开"通道"面板，单击"面板菜单"按钮，执行"新建专色通道"命令，如图 12-101 所示。

步骤02 接着会弹出"新建专色通道"对话框。在该对话框中可以设置专色通道的名称，然后单击"颜色"按钮，会

弹出"拾色器"对话框，单击该对话框中的"颜色库"按钮，如图 12-102 所示。接着会弹出"颜色库"对话框。在该对话框可以从色库列表中选择一个合适的色库。每个色库都有很多预设的颜色，选择一种颜色，单击"确定"按钮，如图 12-103 所示。

图 12-100 　　　　　　 图 12-101

 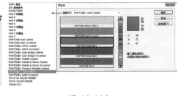

图 12-102 　　　　　　 图 12-103

步骤03 然后在"新建专色通道"对话框中可以通过"密度"数值来设置颜色的浓度。单击"确定"按钮，如图 12-104 所示。专色通道新建完成，此时画面效果如图 12-105 所示。

图 12-104 　　　　　　 图 12-105

 提示：专色通道中的黑与白。

在专色通道中，黑色区域为使用专色的区域；用白色涂抹的区域无专色。

中文版Photoshop CS6从入门到精通（微课视频 全彩版）

步骤 04 如果要修改专色通道的颜色设置，可以双击专色通道的缩览图，即可重新打开"专色通道选项"对话框，如图 12-106 所示。效果如图 12-107 所示。

📝 *读书笔记*

图 12-106 图 12-107

综合实例：使用 lab 颜色模式进行通道调色

文件路径	资源包\第12章\综合实例：使用lab颜色模式进行通道调色
难易指数	★★★★★
技术掌握	转换lab颜色模式

案例效果

案例处理前后的对比效果如图 12-108 和图 12-109 所示。

图 12-108 图 12-109

操作步骤

步骤 01 执行"文件>打开"命令，打开素材 1.jpg。如图 12-110 所示。执行"图像 > 模式 >lab 颜色"命令。

图 12-110

步骤 02 执行"图层>新建调整图层>曲线"命令，打开"属性"面板，此时通道列表中的通道变为"明度"、a、b。首先设置通道为"明度"，单击曲线中间调部分并向上轻移，如图 12-111 所示。此时画面变亮，如图 12-112 所示。

图 12-111 图 12-112

扫一扫，看视频

步骤 03 继续在属性面板中设置通道为"a"，在曲线的高光部分单击并向上拖动，然后在曲线的阴影部分单击并向下拖动，如图 12-113 所示。此时画面原本黄绿色的部分倾向于青色，皮肤部分显得更加粉嫩，如图 12-114 所示。

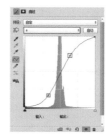

图 12-113 图 12-114

步骤 04 继续在属性面板中设置通道为 b，在曲线的高光部分单击并向下拖动，然后在曲线的阴影部分单击并向上拖动，如图 12-115 所示。此时画面效果如图 12-116 所示。执行"图像 > 模式 >RGB 颜色"命令，将之前的颜色模式转换回来。

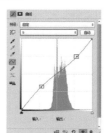

图 12-115 图 12-116

📝 *读书笔记*